U0226431

机械工业出版社高职高专土建类
"十二五"规划教材

建筑施工技术

第 2 版

主　编　侯洪涛
副主编　李东朋　唐　芳
参　编（以姓氏笔画为序）
　　　　王喜红　朱　峰　刘　宇
　　　　赵继伟　葛文慧
主　审　刘振华

机 械 工 业 出 版 社

本书分 11 章，内容有土石方工程、桩基工程、脚手架及垂直运输机械、砌筑工程、钢筋混凝土工程、预应力混凝土工程、结构安装工程、屋面及地下防水工程、建筑地面工程、装饰工程、季节性施工等。

本书力求全面、实用，但又不同于施工规范与施工规程等工具书，对比较特殊的施工工艺方法，只简单介绍其工艺流程，对一些专业分项工程，只讲主要内容。每一种分项工程主要内容包括基础知识、施工方法、质量检验和安全措施等。

本书可作为高职高专院校土建类专业及其他成人高校相应专业的教材，也可供建筑施工技术人员参考。

图书在版编目（CIP）数据

建筑施工技术／侯洪涛主编. —2 版. —北京：
机械工业出版社，2014.8（2016.7 重印）

机械工业出版社高职高专土建类"十二五"规划教材
ISBN 978-7-111-46961-2

Ⅰ. ①建… Ⅱ. ①侯… Ⅲ. ①建筑工程—工程施工—
高等职业教育—教材 Ⅳ. ①TU74

中国版本图书馆 CIP 数据核字（2014）第 120751 号

机械工业出版社（北京市百万庄大街 22 号 邮政编码 100037）
策划编辑：张荣荣 责任编辑：张荣荣
版式设计：霍永明 责任校对：陈延翔
封面设计：张 静 责任印制：乔 宇
北京铭成印刷有限公司印刷
2016 年 7 月第 2 版第 2 次印刷
184mm×260mm · 19.75 印张 · 479 千字
标准书号：ISBN 978-7-111-46961-2
定价：42.00 元

凡购本书，如有缺页、倒页、脱页，由本社发行部调换
电话服务 网络服务
服务咨询热线：010-88361066 机 工 官 网：www.cmpbook.com
读者购书热线：010-68326294 机 工 官 博：weibo.com/cmp1952
 010-88379203 金 书 网：www.golden-book.com
封面无防伪标均为盗版 教育服务网：www.cmpedu.com

第 2 版序

　　近年来，随着国家经济建设的迅速发展，建设工程的发展规模不断扩大，建设速度不断加快，对建筑类具备高等职业技能的人才需求也随之不断加大。2008 年，我们通过深入调查，组织了全国三十余所高职高专院校的一批优秀教师，编写出版了本套教材。

　　本套教材以《高等职业教育土建类专业教育标准和培养方案》为纲，编写中注重培养学生的实践能力，基础理论贯彻"实用为主、必需和够用为度"的原则，基本知识采用广而不深、点到为止的编写方法，基本技能贯穿教学的始终。在教材的编写过程中，力求文字叙述简明扼要、通俗易懂。本套教材结合了专业建设、课程建设和教学改革成果，在广泛的调查和研讨的基础上进行规划和编写，在编写中紧密结合职业要求，力争能满足高职高专教学需要并推动高职高专土建类专业的教材建设。

　　本套教材出版后，经过四年的教学实践和行业的迅速发展，吸收了广大师生、读者的反馈意见，并按照国家最新颁布的标准、规范进行了修订。第 2 版教材强调理论与实践的紧密结合，突出职业特色，实用性、实操性强，重点突出，通俗易懂，配备了教学课件，适用于高职高专院校、成人高校及二级职业技术院校、继续教育学院和民办高校的土建类专业使用，也可作为相关从业人员的培训教材。

　　由于时间仓促，也限于我们的水平，书中疏漏甚至错误之处在所难免，殷切希望能得到专家和广大读者的指正，以便修改和完善。

本教材编审委员会

第2版前言

"建筑施工技术"是高等职业教育建筑工程专业学生的一门必修的专业主干课，主要研究建筑工程施工技术一般规律的技术课程。

本学科涉及的专业知识面广，专业的实践性和法规性强，综合性大、发展快，必须结合实际情况，综合运用有关学科的基本理论和知识，采用新技术和现代科学成果，解决生产实际问题。

本书共分11章：土石方工程、桩基工程、脚手架及垂直运输机械、砌筑工程、钢筋混凝土工程、预应力混凝土工程、结构安装工程、屋面及地下防水工程、建筑地面工程、装饰工程、季节性施工。本书着重基本理论、基本工艺和基本方法的学习和应用，阐述主要分项工程的主要施工工艺和方法、常用的工程机械、工具、质量要求、安全技术措施以及新工艺、新技术的发展方向。

建筑施工技术是一门实践性很强的专业技术课，学习中应结合工程实际组织学生到施工现场去参观、学习。

本书可作为土建类专业高职高专建筑施工技术课程教材，也可作为土建工程技术人员的参考用书。通过本书的学习，学生可以掌握施工技术的基本知识。

本书可用于土建工程技术人员的岗位培训。配套教材有教师用书：施工组织设计和专项方案；实训指导书：指导学生在工地现场实习；电子教案。

本书由济南工程职业技术学院侯洪涛任主编，济南工程职业技术学院李东朋、炎黄职业技术学院唐芳任副主编。全书由侯洪涛统稿，绪论、第9章、第10章（部分）由侯洪涛编写；第1章、第8章由济南工程职业技术学院赵继伟编写；第2章、第7章由济南工程职业技术学院朱峰编写；第3章、第6章由济南工程职业技术学院刘宇编写；第4章由山西综合职业技术学院葛文慧编写；第10章（部分）、第11章由李东朋编写，第5章由炎黄职业技术学院唐芳和济南工程职业技术学院王喜红共同编写。

在本书编写过程中，得到土建学科高等职业教育教学委员会和编写者所在单位的大力支持，在此一并致谢。

限于编者的水平，书中尚有不足之处，恳切希望读者批评指正。

目　　录

绪　　论

1. 建筑施工技术课程的研究对象和任务

建筑产品的各项功能满足了人们生产、生活需要，与建筑产品生产有关的行业有房地产业、建筑业、建材业等，现阶段，这些行业在国民经济发展和四个现代化建设中起着重要的作用。

建筑产品(项目)的建设过程是一个复杂的过程，一般要经历决策、设计、施工、竣工验收这四个阶段。建筑产品生产过程，即施工阶段是实现建设过程的一个重要环节，在这个阶段就是将设计图纸变成高楼大厦。本课程就是从技术层面上研究如何将设计图纸变成建筑产品，就是以建筑工程为研究对象，研究其施工规律、施工工艺、施工方法、质量要求和施工安全措施。

建筑产品比起一般的工业产品，是体形庞大、功能复杂的产品。为了便于施工和验收，我们常将建筑的施工划分为若干分部和分项工程。根据《建筑工程施工质量验收统一标准》(GB 50300—2013)，将单位建筑工程分为地基与基础，主体结构，建筑装饰装修，建筑屋面，建筑给水、排水及采暖，建筑电气，智能建筑，通风与空调，电梯等九个分部工程，前四项称为土建工程，是本书的研究内容。

土建各分部工程可以按材料种类、施工特点、施工程序、专业系统及类别等划分为土石方工程、桩基工程、砌筑工程、混凝土结构工程、预应力混凝土工程、结构安装工程、屋面工程、楼地面工程、抹灰工程等子分部工程。子分部工程可以按主要工种、材料、施工工艺、设备类别等划分为分项工程。

这样，建筑产品生产就是完成各个分项工程的施工。为此，必须研究各分项工程的施工规律、施工工艺、施工方法(工种、材料、机具)、质量要求和施工安全措施等。

2. 我国建筑施工技术发展和现状

古代，我们的祖先在建筑技术上有着辉煌的成就，如殷代用木结构建造的宫室，秦朝所修筑的万里长城，唐代的山西五台山佛光寺大殿，辽代修建的山西应县 66m 高的木塔及北京故宫建筑，都说明当时我国的建筑技术已达到相当高的水平。

新中国成立 50 多年来，随着社会主义建设事业的发展，我国的建筑施工技术也得到了不断的发展和提高。建设部自 1994 年开始在建筑业推广应用 10 项新技术，现已扩充为以房屋建筑工程为主要内容的 10 大类新技术。通过各地示范工程的带动，对促进建筑业进步发挥了积极作用。随着建筑市场秩序逐步规范，科学技术作为第一生产力的作用日益突出，一批具有核心竞争力、技术实力强的企业在市场竞争中迅速做大做强。但总体看，我国建筑业仍处于增长方式粗放、效益较低的发展阶段，一些企业缺乏主动采用新材料、新工艺、新技术的动力，众多工程仍在使用落后的工艺和技术。为了树立和落实科学发展观，促进经济增长方式的转变，要在建筑业继续加大以 10 项新技术为主要内容的新技术推广力度，带动全行业整体技术水平的提高。

在地基基础和地下空间工程施工中推广了灌注桩后注浆、水泥粉煤灰碎石桩(CFG 桩)

复合地基成套技术、强夯法处理大块石高填方地基、深基坑支护及边坡防护、复合土钉墙支护、预应力锚杆、组合内支撑支护、逆作法、盾构法、非开挖埋管等新技术。

对于钢筋混凝土结构，在混凝土工程中推广应用了混凝土裂缝防治、自密实混凝土、清水混凝土、超高泵送混凝土、高强混凝土、商品混凝土等技术；在钢筋工程采用了高效钢筋（HRB400、冷轧带肋钢筋）、焊接钢筋网、粗直径钢筋直螺纹机械连接等技术；在模板工程中应用了清水混凝土模板、大模板、早拆模板、爬模、滑模等技术；在预应力施工技术方面，由有粘结预应力发展到无粘结预应力、拉索施工技术。

脚手架工程中在广泛应用扣件式脚手架的基础上，推广了碗扣式脚手架、爬升脚手架、外挂式脚手架、悬挑式脚手架等技术。

随着国民经济的发展，钢结构技术得到迅速发展，钢结构 CAD 设计与 CAM 制造、厚钢板焊接、钢结构安装施工仿真技术、大跨度空间结构与大型钢构件的滑移施工、大跨度空间结构与大跨度钢结构的整体顶升与提升施工、劲钢混凝土结构、预应力钢结构、住宅钢结构、高强度钢材的应用、钢结构的防火防腐等技术得到发展并逐渐成熟。

在节能和环保建筑方面，一大批应用技术出现在各种建筑中，主要有：新型墙体材料、节能门窗应用、节能建筑检测与评估技术、新型空调和供暖技术、地源热泵供暖空调技术、供热系统温控与热计量技术、预拌砂浆等技术。

为解决中国建筑渗漏的通病，各种新型防水材料和技术的应用起到了很好的效果，如：高聚物改性沥青防水卷材应用、自粘型橡胶沥青防水卷材、合成高分子防水卷材、建筑防水涂料、建筑密封材料、刚性防水砂浆、防渗堵漏技术等。

在施工过程监测和控制技术方面，GPS（全球定位系统）、全站仪、激光投垂仪等先进仪器在施工过程测量、施工控制网、施工放样中的应用极大地提高了测量精度，降低了施工技术人员的工作强度。另外，地下工程自动导向测量、特殊施工过程监测和控制技术、深基坑工程监测和控制、大体积混凝土温度监测和控制、大跨度结构施工过程中受力与变形监测和控制等方面也有大的发展和进步。

当今世界进入信息化时代，建筑企业管理信息化技术在工具、管理信息、信息标准化等方面也得到一定的发展。

但是，我国目前的施工技术水平，与发达国家的一些先进施工技术相比，还存在一定的差距，特别是在机械化施工水平、安全保障、新材料的施工工艺、建筑节能及信息化技术的应用方面，尚需加倍努力，加快实现建筑施工现代化的步伐。

3. 本课程的学习要求

建筑施工技术是一门综合性很强的专业技术课。它与建筑工程测量、建筑材料、建筑力学、建筑结构、地基与基础、建筑机械、房屋建筑学、建筑施工组织、建筑工程概预算等学科领域有密切联系，学习中应注意与相关课程的有关内容衔接、配合。

本书是以教材为目的编写的，不是工具书，只介绍了主要分项工程的常用施工工艺的主要施工方法，学习中要结合国家颁发的建筑工程施工和验收规范和规程，这些规范、规程是我国建筑科学技术和实践经验的结晶，规范是建筑产品要达到的国家技术标准，也是建筑人员必须遵守的准则。各地区或企业的施工规程是将规范落实到具体施工工艺过程中。规范规定了标准，规程阐明了方法。只有按规程施工，才能达到规范要求。

建筑施工技术是一门实践性很强的专业技术课。学习中应理论、经验和实践相结合；课堂讲授和幻灯、录像等电化教学方法相结合；理论教学、认识实习相结合；并应重视习题和课程设计、技能训练。在掌握大量理论知识的基础上，到施工现场进行生产实习，参与施工，培养施工管理和解决技术问题的能力，为继续提高打下基础。

第1章　土石方工程

土石方工程是建筑施工主要分部工程之一，也是建筑工程施工过程中的第一道工序。通常包括场地平整，土方的开挖、填筑和运输等主要施工过程，以及排水、降水和基坑支护等辅助工作。其特点是工程量大，劳动繁重，施工条件复杂，受地形、水文地质和气候影响大。

1.1　概述

1.1.1　土的工程分类与现场鉴别方法

土的种类繁多，其分类方法各异。土方工程施工中，按土的开挖难易程度分为八类，见表1-1。表中一至四类为土，五至八类为岩石。在选择施工挖土机械和套用建筑安装工程劳动定额时要依据土的工程类别。

表1-1　土的工程分类与现场鉴别方法

土的分类	土的名称	可松性系数		开挖方法及工具
		K_S	K_S'	
一类土（松软土）	砂；粉土；冲积砂土层；种植土；泥炭（淤泥）	1.08~1.17	1.01~1.03	能用锹、锄头挖掘
二类土（普通土）	粉质黏土；潮湿的黄土；夹有碎石、卵石的砂；种植土；填筑土及粉土混卵（碎）石	1.14~1.28	1.02~1.05	用锹、条锄挖掘，少许用镐翻松
三类土（坚土）	中等密实黏土；重粉质黏土；粗砾石；干黄土及含碎石、卵石的黄土、粉质黏土；压实的填筑土	1.24~1.30	1.04~1.07	主要用镐，少许用锹、条锄挖掘
四类土（砂砾坚土）	坚硬密实的黏性土及含碎石、卵石的黏土；粗卵石；密实的黄土；天然级配砂石；软泥灰岩及蛋白石	1.26~1.32	1.06~1.09	整个用镐、条锄挖掘，少许用撬棍挖掘
五类土（软石）	硬质黏土；中等密实的页岩、泥灰岩、白恶土；胶结不紧的砾岩；软的石灰岩	1.30~1.45	1.10~1.20	用镐或撬棍、大锤挖掘，部分用爆破方法
六类土（次坚石）	泥岩；砂岩；砾岩；坚实的页岩；泥灰岩；密实的石灰岩；风化花岗岩；片麻岩	1.30~1.45	1.10~1.20	用爆破方法开挖，部分用风镐
七类土（坚石）	大理岩；辉绿岩；玢岩；粗、中粒花岗岩；坚实的白云岩、砂岩、砾岩、片麻岩、石灰岩、微风化的安山岩、玄武岩	1.30~1.45	1.10~1.20	用爆破方法开挖
八类土（特坚石）	安山岩；玄武岩；花岗片麻岩、坚实的细粒花岗岩、闪长岩、石英岩、辉长岩、辉绿岩、玢岩	1.45~1.50	1.20~1.30	用爆破方法开挖

注：K_S——最初可松性系数。

K_S'——最后可松性系数。

1.1.2 土的基本性质

1. 土的组成

土一般由土颗粒(固相)、水(液相)和空气(气相)三部分组成,这三部分之间的比例关系随着周围条件的变化而变化,三者之间比例不同,反映出土的物理状态不同,如干燥、稍湿或很湿,密实、稍密或松散。这些指标是最基本的物理性质指标,对评价土的工程性质、进行土的工程分类具有重要意义。

土的三相物质是混合分布的,为阐述方便,一般用三相图(图1-1)表示。三相图中,把土的固体颗粒、水、空气各自划分开来。

图中 m——土的总质量($m = m_s + m_w$)(kg);

m'_s——土中固体颗粒的重量(kg);

m'_w——土中水的质量(kg);

V——土的总体积($V = V_a + V_w + V_s$)(m³);

V_a——土中空气体积(m³);

V_s——土中固体颗粒体积(m³);

V_w——土中水所占的体积(m³);

V_v——土中孔隙体积($V_v = V_a + V_w$)(m³)。

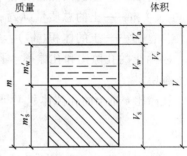

图1-1 土的三相示意图

2. 土的物理性质

(1) 土的可松性与可松性系数 天然土经开挖后,其体积因松散而增加,虽经振动夯实,仍然不能完全复原,这种现象称为土的可松性。土的可松性用可松性系数表示,即:

最初可松性系数:

$$K_s = \frac{V_2}{V_1} \tag{1-1}$$

最终可松性系数:

$$K'_s = \frac{V_3}{V_1} \tag{1-2}$$

式中 K_s、K'_s——土的最初、最后可松性系数;

V_1——土在天然状态下的体积(m³);

V_2——土挖后松散状态下的体积(m³);

V_3——土经压(夯)实后的体积(m³)。

经分析可知 $K_s > K'_s > 1$。可松性系数对土方的调配,计算土方运输量都有影响。各类土的可松性系数见表1-1。

(2) 土的天然含水量 在天然状态下,土中水的质量与固体颗粒质量之比的百分率叫土的天然含水量,反映了土的干湿程度,用 ω 表示,即:

$$\omega = \frac{m_w}{m_s} \times 100\% \tag{1-3}$$

式中 m_w——土中水的质量(kg);

m_s——土中固体颗料的重量(kg)。

ω 的取值范围是 $0 < \omega < \infty$,当然,若 ω 值过大(例如 $60 < \omega$)则意味着湿土呈泥浆状态,

没有工程意义，所以我们不去研究。

（3）土的天然密度和干密度　土在天然状态下单位体积的质量，叫土的天然密度（简称密度）。一般黏土的密度约为 $1800 \sim 2000 \mathrm{kg/m^3}$，砂土约为 $1600 \sim 2000 \mathrm{kg/m^3}$。土的密度按式 (1-4) 计算：

$$\rho = \frac{m}{V} \tag{1-4}$$

干密度是土的固体颗粒质量与总体积的比值，用式 (1-5) 表示：

$$\rho_d = \frac{m_s}{V} \tag{1-5}$$

式中　ρ、ρ_d——土的天然密度和干密度；

m——土的总质量（kg）；

V——土的体积（$\mathrm{m^3}$）。

（4）土的孔隙比和孔隙率　孔隙比和孔隙率反映了土的密实程度。孔隙比和孔隙率越小土越密实。

孔隙比 e 是土的孔隙体积 V_v 与固体体积 V_s 的比值，用式 (1-6) 表示：

$$e = \frac{V_v}{V_s} \tag{1-6}$$

孔隙率 n 是土的孔隙体积 V_v 与总体积 V 的比值，用百分率表示：

$$n = \frac{V_v}{V} \times 100\% \tag{1-7}$$

（5）土的渗透系数　土的渗透性系数表示土中的水在单位水力坡度作用下，单位时间内渗透的距离，即：$K = v/i$（v 表示水的渗透速度，i 表示水力坡度），K 的单位由 m/d 表示。根据土的渗透系数不同，可分为透水性土（如砂土）和不透水性土（如黏土）。它影响施工降水与排水的速度，一般土的渗透系数见表 1-2。

表 1-2　土的渗透系数参考表

土 的 名 称	渗透系数 $K/(\mathrm{m/d})$	土 的 名 称	渗透系数 $K/(\mathrm{m/d})$
黏土	<0.005	中砂	5.00 ~ 20.00
粉质黏土	0.005 ~ 0.10	均质中砂	35 ~ 50
粉土	0.10 ~ 0.50	粗砂	20 ~ 50
黄土	0.25 ~ 0.50	圆砾石	50 ~ 100
粉砂	0.50 ~ 1.00	卵石	100 ~ 500
细砂	1.00 ~ 5.00		

1.2　场地平整

1.2.1　确定场地平整后的设计标高

有时候考虑到市政排水、道路和城市规划等因素，设计文件中明确规定了场地平整后的设计标高，施工单位只能依照设计文件施工。若设计文件对场地设计标高无明确规定或要求，则可通过计算来确定设计标高。计算方法一般采用方格网法。

确定场地设计标高时应考虑以下因素：

1）满足建筑规划和生产工艺及运输的要求。

2）尽量利用地形，减少挖填方数量。

3）场地内的挖、填土方量力求平衡，使土方运输费用最少。

4）有一定的排水坡度，满足排水要求。

1.2.2 场地平整施工准备

土方开挖前需做好下列主要准备工作：

（1）场地清理 场地清理包括拆除房屋、古墓，拆迁或改建通信、电力线路、上下水道以及其他建筑物，迁移树木，去除耕植土及河塘淤泥等工作。

（2）排除地面水 地面水的排除一般采用排水沟、截水沟、挡水土坝等措施。

应尽量利用自然地形来设置排水沟，使水直接排至场外，或流向低洼处再用水泵抽走。主排水沟最好设置在施工区域的边缘或道路的两旁，其横断面和纵向坡度应根据最大流量确定。一般排水沟的横断面尺寸不小于 0.5m×0.5m，纵向坡度一般不小于 3‰。平坦地区，如排水困难，其纵向坡度不应小于 2‰，沼泽地区可减至 1‰。场地平整过程中，要注意排水沟保持畅通。

（3）测量放线 边线、方格网线及零线的水平位置由经纬仪确定，木桩(钢桩、混凝土桩等)固定，然后用白石灰撒出控制线；各角点的施工标高由水准仪确定并标定在木桩(钢桩、混凝土桩等)上，由标定位置向上、向下进行控制；长度尺寸由钢尺量取。通常采用回测或闭合回路来消除测量误差。场地平整时若要确定实际网格边长，应将边长尺寸换算成坡面斜长。

1.2.3 土方工程的机械化施工

1. 推土机施工

推土机(图 1-2)是集铲、运、平、填于一身的综合性机械，由于操纵灵活，运转方便，

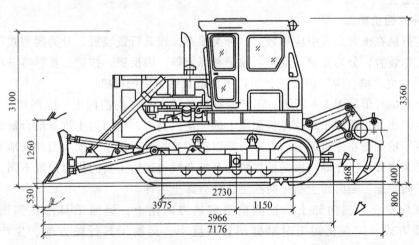

图 1-2 T-180 型推土机外形图

所需工作面较小、行驶速度快、易于转移，能爬30°左右的缓坡，因此应用较广。多用于场地清理和平整、开挖深度1.5m内的基坑，填平沟坑，以及配合铲运机、挖土机工作等。推土机可以推挖一至三类土，经济运距100m以内，效率最高为60m。

推土机的生产率主要决定于推土机推移土的体积及切土、推土、回程等工作的循环时间。为了提高推土机的生产率，可采取下坡推土、并列推土、多刀送土和利用前次推土的槽推土等方法来提高推土效率，缩短推土时间和减少土的失散。

（1）下坡推土　在斜坡上推土机顺下坡方向切土与推运（图1-3a）可以提高生产率，但坡度不宜超过15°，以免后退时爬坡困难。下坡推土也可与其他推土方法结合使用。

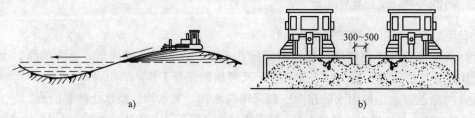

图1-3　推土机推土方法
a）下坡推土　b）并列推土

（2）并列推土　用2~3推土机并列作业（图1-3b），铲刀相距15~30cm，可减少土的散失，提高生产率。一般采用两机并列推土可增加堆土量15%~30%，采用三机并列可增大推土量30%~40%。平均运距不宜超过50~75m，也不宜小于20m。

（3）多刀送土　在硬质土中，切土深度不大，可将土先堆积在一处，然后集中推送到卸土区。这样可以有效地提高推土的效率，缩短运土时间。但堆积距离不宜大于30m，推土高度以2m内为宜。

（4）槽形推土　推土机重复在一条作业线上切土和推土，使地面逐渐形成一条浅槽，在槽中推运土可减少土的散失，可增加10%~30%的推运土量。槽的深度在1m左右为宜，土埂宽约50cm。当推出多条槽后，再将土梗推入槽中运出。当推土层较厚，运距远时，采用此法较为适宜。

2. 单斗挖掘机施工

单斗挖掘机在土方工程中应用较广，种类很多。按其行走装置，分为履带式和轮胎式两类。按其工作装置，分为正铲、反铲、拉铲和抓铲等。因反铲、拉铲、抓铲等三种类型的挖土机适用于"坑、槽、沟"的开挖，所以下面着重讲正铲挖掘机。

正铲挖掘机外形如图1-4所示。正铲挖掘机的特点是"向前向上，强制切土"。其挖掘能力大，生产率高，适用于开挖停机面以上的一至三类土，它与运土汽车配合能完成整个挖运任务。由于挖掘面在停机面的前上方，所以正铲挖掘机适用于开挖大型的低地下水位的且排水通畅的基坑以及土丘等。根据挖掘机的开挖路线与运输工具的相对位置不同，其开挖方式可分为正向挖土、侧向卸土和正向挖土、后方卸土两种。

（1）正向挖土、侧向卸土　挖掘机沿前进方向挖土，运输工具停在侧面装土。采用这种作业方式，挖掘机卸土时动臂回转角度小，运输工具行驶方便，生产率高，使用广泛。

（2）正向挖土、后方卸土　挖土机沿前进方向挖土，运输工具停在挖掘机身后装土。

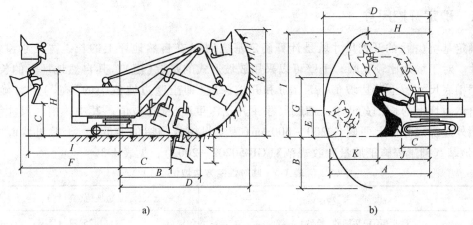

图 1-4 正铲挖掘机与外形图

a）机械式　b）液压式

这种作业方式所开挖的工作面较大，但挖掘机卸土时动臂回转角大，生产率低，运输车辆要倒车开入，一般只宜用来开挖工作面较狭小且较深的基坑。

3. 土方机械的选择

土方机械的选择，通常先根据工程特点和技术条件提出几种可行方案，然后进行技术经济比较，一般可选用土方单价最小的机械。选择要点如下：

（1）当地形起伏坡度在 20° 以内，挖填平整土方的面积较大，土的含水量适当，平均运距短（一般在 1km 以内）时，采用铲运机较为合适。如果土质坚硬或冬季冻土层厚度超过 100～150mm 时，必须由其他机械辅助翻松再铲运。当一般土的含水量大于 25%，或坚硬的黏土含水量超过 30%，铲运机要陷车，必须使水疏干后再施工。

（2）地形起伏较大的丘陵地带，一般挖土高度在 3m 以上，运输距离超过 1km，工程量较大且又集中时，可采用下述三种方式进行挖土和运土。

1）正铲挖土机配合自卸汽车进行施工，并在弃土区配备推土机平整土堆。选择铲斗容量时，应考虑到土质情况、工程量和工作面高度。当开挖普通土，集中工程量在 1.5 万 m³ 以下时，可采用 0.5m³ 的铲斗；当开挖集中工程量为 1.5～5 万 m³ 时，以选用 1.0m³ 的铲斗为宜，此时，普通土和硬土都能开挖。

2）用推土机将土推入漏斗，并用自卸汽车在漏斗下承土并运走。该法适用于挖土层厚度在 5～6m 以上的地段。漏斗上口尺寸为 3m 左右，宽 3.5m 的框架支承。其位置应选择在挖土段的较低处，并预先挖平。漏斗左右及后侧土壁应予支撑。

3）用推土机预先把土推成一堆，用装载机把土装到汽车上运走，效率也很高。

1.3 基坑（槽）开挖

场地平整工程完成后其后续工作就是基坑（槽）的开挖。在开挖基坑（槽）之前，首先应根据有关规范、规程和具体现场的地质水文情况确定开挖尺寸、制定边坡稳定措施，进而计算土方工程量，然后现场定位放线、实施开挖，最后验槽。

1.3.1 确定开挖尺寸

确定基坑(槽)的开挖尺寸就是计算确定基坑(槽)在自然地坪上的长、宽尺寸和开挖深度尺寸。对于场地比较宽阔,土壁可以采用放坡形式的基坑(槽),其自然地坪上的长、宽,是依据槽底尺寸、土壁边坡值(高/宽)和开挖深度(即土壁边坡值中的"高")反算确定的,即:自然地坪上的长、宽尺寸=槽底尺寸+开挖深度/土壁边坡值。其中,槽底尺寸等于基础垫层外边缘尺寸加上两侧各200~300mm(为支设模板预留的空间);土壁边坡值可根据《建筑地基基础工程施工质量验收规范》(GB 50202—2002),见表1-3。

表1-3 临时性挖方边坡值

土 的 类 别		边坡值(高:宽)
砂土(不包括细砂、粉砂)		1:1.25~1:1.5
一般黏性土	硬	1:0.75~1:1
	硬、塑	1:1~1:1.25
	软	1:1.50 或更缓
碎石类土	充填坚硬、硬塑黏性土	1:0.5~1:1
	充填砂土	1:1~1:1.5

注:1. 设计有要求时,应符合设计标准。
2. 如采用降水或其他加固措施,可不受本表限制,但应计算复核。
3. 开挖深度,对软土不应超过4m,对硬土不应超过8m。

开挖深度应根据设计基础埋深、已确定的室内地坪标高及地基持力层位置,进行综合分析确定。对于采用板桩、钢筋混凝土桩、重力式深层搅拌水泥土桩等形式进行护壁的基坑(槽),其开挖长、宽范围应以护壁结构所围的范围为准,开挖深度的确定与上述相同。

1.3.2 保证边坡稳定的措施

1. 土方边坡

土方边坡的坡度是以土方挖方深度 H 与底宽 B 之比表示。即

$$土方边坡坡度 = \frac{H}{B} = \frac{1}{\dfrac{B}{H}} = \frac{1}{m}$$

式中,$m = B/H$ 称为边坡系数。

土方边坡的大小主要与土质、开挖深度、开挖方法、边坡留置时间的长短、边坡附近的各种荷载状况及排水情况有关。对临时性挖方边坡值应按表1-3规定取用。

2. 土壁支撑

在基坑或沟槽开挖时,为了缩小施工面,减少土方量或因受场地条件的限制不能放坡时,可采用设置土壁支撑的方法施工。

(1) 横撑式支撑 开挖较窄的沟槽多用横撑式支撑。横撑式支撑根据挡土板的不同,分为水平挡土板(图1-5a)和垂直挡土板(图1-5b)两类,前者挡土板的布置又分断续式和连

续式两种。湿度小的黏性土挖土深度小于3m时，可用断续式水平挡土板支撑；松散、湿度大的土可用连续式水平挡土板支撑，挖土深度可达5m。对松散和湿度很大的土可用垂直挡土板式支撑，挖土深度不限。

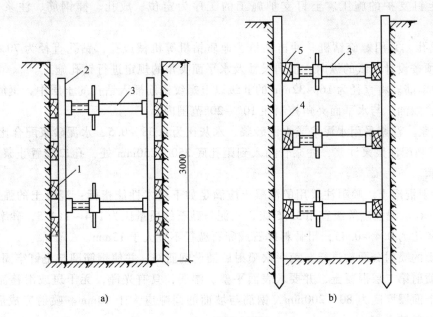

图 1-5　横撑式支撑

a）断续式水平挡土板支撑　b）垂直挡土板支撑

1—水平挡土板　2—竖楞木　3—工具式横撑　4—竖直挡土板　5—横楞木

采用横撑式支撑时，应随挖随撑，支撑要牢固。施工中应经常检查，如有松动、变形等现象时，应及时加固或更换。支撑的拆除应按回填顺序依次进行，多层支撑应自下而上逐层拆除，随拆随填。

（2）土钉支护　基坑开挖的坡面上，采用机械钻孔，孔内放入钢筋注浆，在坡面上安装钢筋网，喷射厚度为80～200mm的C20混凝土，使土体、钢筋与喷射混凝土面板结合为一体，强化土体的稳定性。这种深基坑的支护结构称为土钉支护，又称喷锚支护、土钉墙。

1）土钉支护的作用机理。基坑开挖的边坡中应用土钉，可形成复合土体。由于土钉本身具有刚度和强度以及在土体内，浆体与土体粘结而形成复合土体的骨架，骨架起约束土体变形的作用。

在复合土体内，土钉与土体共同承受外荷载和自重应力。土钉有很强的抗拉、抗剪能力及与土体无法相比的抗弯刚度，所以当土体进入塑性状态后，应力逐渐向土钉转移，当土体出现裂缝时，土钉内出现弯剪、拉剪等复合应力，导致土钉锚体中浆体碎裂，钢筋屈曲。复合土体塑料变形延迟、渐进性开裂，与土钉支护的分担作用是密切相关的。土钉支护通过应力传递作用，将滑裂区域内的部分应力传递到后面稳定土体中，并分散到较大范围的土体内，降低了应力集中程度。

喷射混凝土面板对坡面起约束作用，面板约束力取决于土钉表面与土的摩阻力。复合土体开裂面区域扩大并连成片时，摩阻力主要来自开裂区域后面的稳定复合土体。

由于土钉形成的复合土体有效地提高了土体的整体刚度，弥补了土体抗拉、抗剪的不足，通过相互作用，显著地提高了土体的整体稳定性。

2）土钉支护的施工。土钉支护施工的工序为定位、成孔、插钢筋、注浆、喷射混凝土。

① 成孔。采用螺旋钻机、冲击钻机、地质钻机等机械成孔，钻孔直径为 70～120mm。成孔时必须按设计图纸的纵向、横向尺寸及水平面夹角的规定进行钻孔施工。

② 插钢筋。将直径为 16～32mm 的 Ⅱ 级以上螺纹钢筋插入钻孔的土层中，钢筋应平直，必须除锈、除油、与水平面夹角控制在 10°～20° 范围内。

③ 注浆。注浆采用水泥浆或水泥砂浆，水灰比为 0.38～0.5，水泥砂浆配合比为 1∶0.8 或 1∶1.5。利用注浆泵注浆，注浆管插入到距孔底 250～250mm 处，孔口设置止浆塞，以保证注浆饱满。

④ 喷射混凝土。喷射注浆用的混凝土应满足如下技术性能指标：混凝土的强度等级不低于 C20，其水泥强度等级宜用 32.5 级，水泥与砂石的质量比为 1∶4～1∶4.5，砂率为 45%～55%，水灰比为 0.4～0.45，粗骨料碎石或卵石粒径不宜大于 15mm。

混凝土的喷射分两次进行。第一次喷射后铺设钢筋网，并使钢筋网与土钉牢固连接。在此之后再喷射第二层混凝土，并要求表面平整、湿润，具有光泽，无干斑或滑移流淌现象。喷射混凝土面层厚度为 80～200mm，钢筋与坡面的间隙应大于 20mm。喷射完成后终凝 2h 后进行洒水养护 3～7d。

1.3.3 计算土方量

基坑土方量可按立体几何中的拟柱体体积公式计算（图 1-6）。即

$$V = \frac{H}{6}(A_1 + 4A_0 + A_2) \tag{1-8}$$

式中　H——基坑深度（m）；

A_1、A_2——基坑上、下的底面积（m²）；

A_0——基坑中截面面积（m²）。

注意：A_0 一般情况下不等于 A_1、A_2 之和的一半，而应该按侧面几何图形的边长计算出中位线的长度，然后再计算中截面面积 A_0。

基槽和路堤管沟的土方量计算：若沿长度方向其断面形状或断面面积显著不一致时，可以按断面形状相近或断面面积相差不大的原则，沿长度方向分段后，用同样方法计算各分段土方量，如图 1-7 所示。最后将各段土方量相加即得总土方量 $V_总$。即：

$$V_i = \frac{L_i}{6}(A_1 + 4A_0 + A_2) \tag{1-9}$$

式中　V_i——第 i 段的土方量（m³）；

L_i——第 i 段的长度（m）。

$$V_总 = \sum V_i \tag{1-10}$$

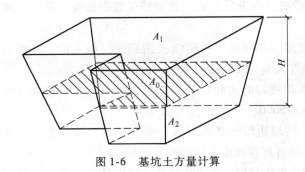

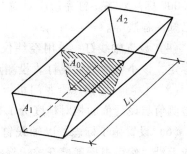

图 1-6 基坑土方量计算　　　　　　　　　图 1-7 基槽分段施工示意图

1.3.4 定位放线

基坑(槽)的定位、抄平、放线是紧密相连的，它是基坑(槽)开挖之前的一道重要工序。其具体方法步骤如下：

1. 测设轴线控制桩

如图 1-8 所示，轴线控制桩又称为引桩或保险桩，一般设置在基槽边线外 2~3m，不受施工干扰而又便于引测的地方。当现场条件许可时，也可以在轴线延长线两端的固定建筑物上直接作标记。

为了保证轴线控制桩的精度，最好在轴线测设的同时标定轴线控制桩。若单独进行轴线控制桩的测设，可采用经纬仪定线法或者顺小线法。

2. 测设龙门板

在建筑的施工测量中，为了便于恢复轴线和抄平(即确定某一标高的平面)，可在基槽外一定距离钉设龙门板，如图 1-9 所示。钉设龙门板的步骤如下：

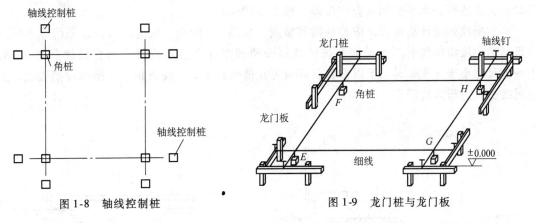

图 1-8 轴线控制桩　　　　　　　　　　　图 1-9 龙门桩与龙门板

(1) 钉龙门桩　在基槽开挖线外 1.0~1.5m 处(应根据土质情况和挖槽深度等确定)钉设龙门桩，龙门桩要钉得竖直、牢固，木桩外侧面与基槽平行。

(2) 测设 ±0.000 标高线　根据建筑场地水准点，用水准仪在龙门桩上测设出建筑物 ±0.000 标高线，若现场条件不允许，也可测设比 ±0.000 稍高或稍低的某一整分米数的标高线，并标明之。龙门桩标高测设的误差一般应不超过 ±5mm。

(3) 钉龙门板　沿龙门桩上 ±0.000 标高线钉龙门板，使龙门板上沿与龙门桩上的

±0.000 标高对齐。钉完后应对龙门板上沿的标高进行检查，常用的检核方法有仪高法、测设已知高程法等。

（4）设置轴线钉　采用经纬仪定线法或顺小线法，将轴线投测到龙门板上沿，并用小钉标定，该小钉称为轴线钉。投测点的容许误差为 ±5mm。

（5）检测　用钢尺沿龙门板上沿检查轴线钉间的间距是否符合要求。一般要求轴线间距检测值与设计值的相对精度为 1/2000~1/5000。

（6）设置施工标志　以轴线钉为准，将墙边线、基础边线与基槽开挖边线等标定于龙门板上沿。然后根据基槽开挖边线拉线，用石灰在地面上撒出开挖边线。

龙门板的优点是标志明显，使用方便，可以控制 ±0.000 标高，控制轴线以及墙、基础与基槽的宽度等，但其耗费的木材较多，占用场地且有时有碍施工，尤其是采用机械挖槽时常常遭到破坏，所以，目前在施工测设中，较多地采用轴线控制桩。

3. 基坑（槽）开挖的抄平放线

施工中基坑（槽）是根据所设计的基坑（槽）边线（灰线）进行开挖的，当挖土快到坑（槽）底设计标高时，应在基坑（槽）壁上测设离基坑（槽）底设计标高为某一整数（如 0.500m）的水平桩（又称腰桩）（图1-10），用以控制基坑（槽）开挖深度。

基坑（槽）内水平桩常根据现场已测设好的 ±0.000 标高或龙门板上沿高进行测设。例如，槽底标高为 −1.500m（即比 ±0.000 低 1.500m），测设比坑（槽）底标高 0.500m 的水平桩。将后视水准尺置于龙门板上沿（标高为 ±0），得后视读数 $a=0.685$，测水平桩上皮的应有前视读数 $b= ±0m + a - (-1.500+0.500)m = 0.685m + 1.000m = 1.685m$。立尺于槽壁上下移动，当水准仪视线中丝读数为 1.685m 时，即可沿水准尺尺底在槽壁打入竹片（或小木桩），槽底就在距此水平桩上沿往下 0.5m 处。施工时常在槽壁每隔 3m 左右以及基槽拐弯处测设一水平桩，有时还根据需要，沿水平桩上表面拉上白线绳，或在槽壁上弹出水平墨线，作为清理槽底抄平时的标高依据。水平桩标高容许误差一般为 ±10mm。

当基槽挖到设计高度后，应检核槽底宽度。如图1-11所示，根据轴线钉，采用顺小线悬挂垂球的方法将轴线引测至槽底，按轴线检查两侧挖方宽度是否符合槽底设计宽度 a、b。当挖方尺寸小于 a 或 b 时，予以修整。此时可在槽壁钉木桩，使桩顶对齐槽底应挖边线，然后再按桩顶进行修边清底。

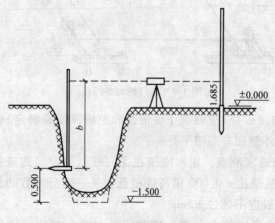

图 1-10　设置水平桩

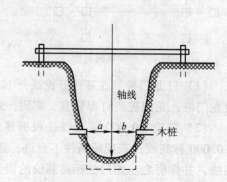

图 1-11　检核槽底宽度

1.3.5 基坑(槽)开挖施工

开挖基坑(槽)按规定的尺寸合理确定开挖顺序和分层开挖深度,连续地进行施工,尽快地完成。因土方开挖施工要求标高、断面准确,土体应有足够的强度和稳定性,所以在开挖过程中要随时注意检查。挖出的土除预留一部分用作回填外,不得在场地内任意堆放,应把多余的土运到弃土地区,以免妨碍施工。为防止坑壁滑坡,根据土质情况及坑(槽)深度,在坑顶两边一定距离(一般为0.8m)内不得堆放弃土,在此距离外堆土高度不得超过1.5m,否则,应验算边坡的稳定性。在桩基周围、墙基或围墙一侧,不得堆土过高。在坑边放置有动载的机械设备时,也应根据验算结果,离开坑边较远距离,如地质条件不好,还应采取加固措施。为了防止基底土(特别是软土)受到浸水或其他原因的扰动,基坑(槽)挖好后,应立即做垫层或浇筑基础,否则,挖土时应在基底高以上保留150~300mm厚的土层,待基础施工时再行挖去。如用机械挖土,为防止基底土被扰动,结构被破坏,不应直接挖到坑(槽)底,应根据机械种类,在基底标高以上留出200~300mm,待基础施工前用人工铲平修整。挖土不得超过基坑(槽)的设计标高,如个别处超挖,应用与基土相同的土料填补,并夯实到要求的密实度,如用原土填补不能达到要求的密实度时,应用碎石类土填补,并仔细夯实。重要部位如被超挖时,可用低强度等级的混凝土填补。

深基坑开挖过程中,随着土的挖除,下层土因逐渐卸载而有可能回弹,尤其在基坑挖至设计标高后,如搁置时间过久,回弹更为显著。如弱性隆起在基坑开挖和基础工程初期发展很快,它将加大建筑物的后基沉降。因此,对深基坑开挖后的土体回弹,应有适当的估计,如在勘察阶段,土样的压缩试验中应补充卸荷弹性试验等。还可以采取结构措施,在基底设置桩置等,或事先对结构下部土质进行深层地基加固。施工中减少基坑弹性隆起的一个有效方法是把土体中有效应力的改变降低到最少。具体方法有加速建造主体结构,或逐步利用基础的重量来代替被挖去土体的质量。

1.3.6 验槽

基槽开挖完毕后应及时进行钎探。钎探就是运用锤击的方法将特制钢钎沉入基底持力层中,然后拔出钢钎并向钎孔进行灌水检查。钎探的目的是:根据锤击沉钎的难易程度和灌水的渗透快慢,判断基底持力层是否均匀,是否有孔洞、墓穴、孤石等不利情况。钎探所用工具有:直径为30mm、长为3.2m的钢钎(为了减小沉钎时钎杆与土的摩擦力,其下端通常做成直径稍大的尖端),5~10kg重铁锤,高凳子。钎孔深度应按设计要求确定,当设计无要求时可取2.5m。钎孔的平面布置:当基槽宽≤800mm时,钎孔可沿基槽中线布置一列,间距为800mm;当800mm<槽宽≤1200mm时,钎孔可沿各距基槽壁200mm处错开布置两列,间距为800mm;当槽宽≥1200mm或全开挖基坑时,钎孔不少于三列,最外一列钎孔应距坑(槽)壁200mm,中间钎孔则星状布置,间距为800~1000mm。

钎探前应按比例画出基坑(槽)平面图,并标明孔位,编注编号,而后据此在现场用半砖头和白石灰粉,将图上孔位放到基坑(槽)底。钎探时应选用三名体力相当人员,一人负责扶钎、数数、记录,两人轮流锤击,锤击落距应始终控制在75mm左右。要求记录人员如实记录每一孔位编号及每500mm的锤击数。全部钎探完后要及时灌水检查,观察液面下降并记录下异常情况。每一钎孔灌水检查后必须及时用细砂回填密实。

钎探完毕后，由建设单位负责组织建设、地质勘探、设计、监理、施工等单位的相关人员，一同在基坑（槽）现场查看切土断面，评价土质是否与地质勘查相符、是否满足设计要求，并辅以钎探和灌水记录确定能否进行基础工程施工。

1.4 基坑施工排水与降低地下水位

在开挖基坑、地槽、管沟或其他土方时，土的含水层常被切断，地下水将会不断地渗入坑内。雨期施工时，地面水也会流入坑内。为了保证施工的正常运行，防止边坡塌方和地基承载能力的下降，必须做好基坑降水工作。降水方法分明排水法和人工降低地下水位法两类。

1.4.1 明排水法

在基坑或沟槽开挖时，采用截、疏、抽的方法来进行排水。开挖时，沿坑底周围或中央开挖排水沟，再在沟底设集水井，使基坑内的水经排水沟流向集水井，然后用水泵抽走（如图 1-12 所示）。

明排水法由于设备简单和排水方便，采用较为普通。但当开挖深度大、地下水位较高而土质又不好时，用明排水法降水，挖至地下水水位以下时，有时坑底面的土颗粒会形成流动状态，随地下水能入基坑，这种现象称为流砂现象。发生流砂时，土完全丧失承载能力，使施工条件恶化，难以达到开挖设计深度，严重时会造成边坡塌方及附近建筑物下沉、倾斜、倒塌等。总

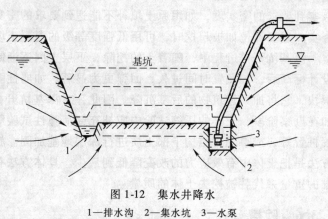

图 1-12 集水井降水
1—排水沟　2—集水坑　3—水泵

之，流砂现象对土方施工和附近建筑物有很大危害。

实践经验表明，具备下列性质的土，在一定动水压力作用下，就有可能发生流砂现象。①土的颗粒组成中，黏粒含量小于 10%，粉粒（颗粒为 0.005 ~ 0.05mm）含量小于 75%；②颗粒级配中，土的不均匀系数小于 5；③土的天然孔隙比大于 0.75；④土的天然含水量大于 30%。因此，流砂现象经常发生在细砂、粉砂及粉土中。经验还表明：在可能发生流砂的土质处，基坑挖深超过地下水位线 0.5m 左右，就会发生流砂现象。

1.4.2 人工降低地下水位

人工降低地下水位，就是在基坑开挖前，预先在拟挖基坑的四周埋设一定数量的滤水管（井），利用抽水设备从中不间断抽水，使地下水位降落在坑底以下，然后开挖基坑、基础施工、槽边回填，最后撤除人工降水装置。这样，可使动水压力方向向下，防止流砂发生（此为人工降低地下水位的主要目的），所挖的土始终保持干燥状态，改善施工条件，并增加土中有效应力，提高土的强度或密实度。因此，人工降低地下水位不仅是一种施工措施，也是一种地基加固方法。采用人工降低地下水位，可适当改陡边坡以减少挖土数量，但在降

水过程中，基坑附近的地基土壤会有一定的沉降，施工时应加以注意。

人工降低地下水位的方法有：轻型井点、喷射井点、电渗井点、管井井点及深井泵等。各种方法的选用，视土的渗透系数、降低水位的深度、工程特点、设备及经济技术比较等具体条件参照表1-4选用。其中以轻型井点采用较广，下面作重点介绍。

表1-4 各类井点的适用范围

项　　次	井点类别	土层渗透系数/(cm/s)	降低水位深度/m
1	单层轻型井点	$10^{-2} \sim 10^{-5}$	3~6
2	多层轻型井点	$10^{-2} \sim 10^{-5}$	6~12(由井点层数而定)
3	喷射井点	$10^{-3} \sim 10^{-6}$	8~20
4	电渗井点	$< 10^{-6}$	宜配合其他形式降水使用
5	深井井管	$\geqslant 10^{-5}$	>10

1. 轻型井点降低地下水位

（1）轻型井点设备　由管路系统和抽水设备组成，如图1-13所示。

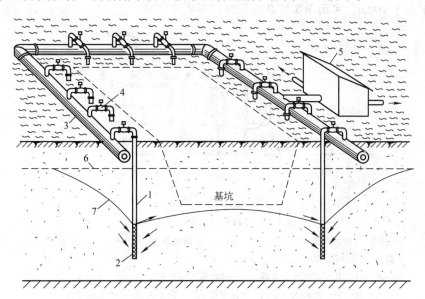

图1-13　轻型井点降低地下水位图
1—井点管　2—滤管　3—总管　4—弯联管　5—水泵房
6—原有地下水位线　7—降低后地下水位线

管路系统包括：滤管、井点管、弯联管及总管等。

滤管（图1-14）为进水设备，通常采用长1.0~1.2m，直径38mm或51mm的无缝钢管，管壁钻有直径为12~19m的呈星棋状排列的滤孔，滤孔面积为滤管表面积的20%~25%。骨架管外面包以两层孔径不同的铜丝布或塑料布滤网。为使流水畅通，在骨架管与滤网之间用塑料管或梯形钢丝隔开，塑料管沿骨架管绕成螺旋形。滤网外面再绕一层8号粗钢丝保护网，滤管下端为一锥形铸铁头。滤管上端与井点管连接。井点管为直径38mm或51mm、长5~7m的钢管，可整根或分节组成。井点管的上端用弯联管与总管相连。

集水总管用直径 100～127mm 的无缝钢管，每段长 4m，其上装有与井点管连接的短接头，间距 0.8m 或 1.2m。

抽水设备是由真空泵、离心泵和水气分离器（又叫集水箱）等组成，其工作原理如图 1-15 所示。抽水时先开动真空泵 19 将水气分离器 10 内部抽成一定程度的真空，使土中的水分和空气受真空吸力作用而吸出，经管路系统，再经过滤箱 8（防止水流中的细砂进入离心泵引起磨损）进入水气分离器 10。水气分离器内有一浮筒 11，能沿中间导杆升降。当进入水气分离器内的水多起来时，浮筒即上升，此时即可开动离心水泵 24，将水气分离器内的水经离心水泵排出，空气集中在上部由真空泵排出。为防止水进入真空泵（因为真空泵为干式），水气分离器顶装有阀门 12，并在真空泵与进气管之间装一副水气分离器 16。为对真空泵进行冷却，特设一个冷却循环水泵 23。

一套抽水设备的负荷长度（即集水总管长度），采用 W5 型真空泵时，不大于 100m；采用 W6 型真空泵时，不大于 200m。

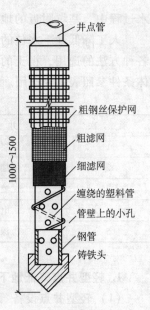

图 1-14　滤管的构造

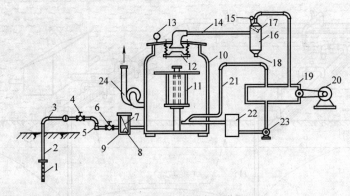

图 1-15　轻型井点设备工作原理

1—滤管　2—井点管　3—弯管　4—阀门　5—集水总管　6—闸门　7—滤管　8—过滤箱　9—淘沙孔　10—水气分离器　11—浮筒　12—阀门　13—真空计　14—进水管　15—真空计　16—副水气分离器　17—挡水板　18—放水口　19—真空泵　20—电动机　21—冷却水管　22—冷却水箱　23—循环水泵　24—离心水泵

（2）轻型井点的布置　应根据基坑大小与深度、土质、地下水位高低与流向、降水深度要求等确定。

1）平面布置。当基坑或沟槽宽度小于 6m，水位降低值不大于 5m 时，可用单排线状井点，布置在地下水流的上游一侧，两端延伸长一般不小于沟槽宽度（图 1-16）。如沟槽宽度大于 6m，或土质不良，宜用双排井点（图 1-17）。面积较大的基坑宜用环状井点（图 1-18）。有时也可布置为 U 形，以利挖掘机械和运输车辆出入基坑，环状井点四角部分应适当加密，井点管距离基坑一般为 0.7～1.0m，以防漏气。井点管间距一般为 0.8～1.5m，或由计算和经验确定。

采用多套抽水设备时，井点系统应分段，各段长度应大致相等。分段地点宜选择在基坑转弯处，以减少总管弯头数量，提高水泵抽吸能力。水泵宜设置在各段总管中部，使泵两边

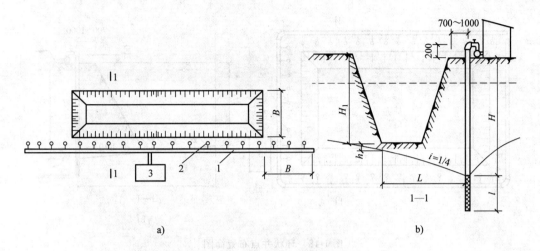

图 1-16 单排线状井点的布置

a) 平面布置 b) 高程布置

1—总管 2—井点管 3—抽水设备

水流平衡。分段处应设阀门或将总管断开，以免管内水流紊乱，影响抽水效果。

2）高程布置。轻型井点的降水深度在考虑设备水头损失后，不超过6m。井点管的埋设深度 H（不包括滤管长）按式（1-11）计算（图1-16、图1-17、图1-18）。

$$H \geqslant H_1 + h + IL \tag{1-11}$$

式中　H_1——井管埋设面至基坑底的距离（m）；

　　　h——基坑中心处基坑底面（单排井点时，取远离井点一侧坑底边缘）至降低后地下水位的距离，一般为 $0.5 \sim 1.0\text{m}$；

　　　I——地下水水力坡度，环状井点取 $1/10$，双排线状井点取 $1/7$，单排线状井点取 $1/4$；

　　　L——井点管至基坑中心的水平距离（m）（在单排井点中，为井点管至基坑另一侧的水平距离）。

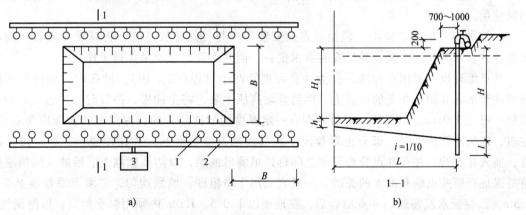

图 1-17 双排线状井点布置图

a) 平面布置 b) 高程布置

1—井点管 2—总管 3—抽水设备

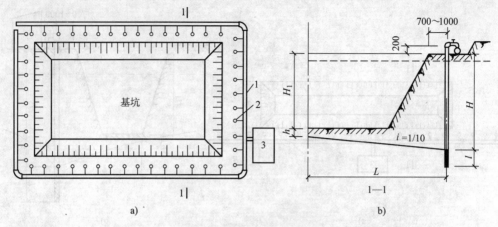

图 1-18　环状井点布置简图

a）平面布置　b）高程布置

1—总管　2—井点管　3—抽水设备

此外，确定井点埋深时，还要考虑到井点管一般要露出地面 0.2m 左右。如果计算出的 H 值大于井点管长度，则应降低井点管的埋置面（但以不低于地下水位线为准）以适应降水深度的要求。在任何情况下，滤管必须埋在透水层内。为了充分利用抽吸能力，总管的布置标高宜接近地下水位线（可事先挖槽），水泵轴心标高宜与总管平行或略低于总管。总管应具有 0.25%~0.5% 坡度（坡向泵房）。各段总管与滤管最好分别设在同一水平面，不宜高低悬殊。当一级井点系统达不到降水深度要求，可视其具体情况采用其他方法降水。如上层土的土质较好时，先用集水井排水法挖去一层土再布置井点系统；也可采用二级井点，即先挖去第一级井点所疏干的土，然后再在其底部装设第二级井点。

（3）抽水设备的选择　真空泵主要有 W5、W6 型，按总管长度选用。当总管长度不大于 100m 时可选用 W5 型，总管长度不大于 200m 时可选用 W6 型。

水泵按涌水量的大小选用，要求水泵的抽水能力应大于井点系统的涌水量（约增大 10%~20%）。通常一套抽水设备配两台离心水泵，即可轮换备用，又可在地下水量较大时同时使用。

（4）井点管的安装使用　轻型井点的安装程序是：先排放总管，再埋设井点管，用弯联管将井点管与总管接通，最后安装抽水设备。而井点管的埋设是关键工作之一。

井点管埋设一般用水冲法，分为冲孔和埋管两个过程（图 1-19）。冲孔时，先用起重设备将冲管吊起并插在井点的位置上，然后开动高压水泵，将土冲松，冲管时边冲边沉。冲孔直径一般为 300mm，以保证井点管四周有一定厚度的砂滤层；冲孔深度宜比滤管底深 0.5m 左右，以防冲管拔出时，部分土颗粒沉于底部而触及滤管底部。井孔冲成后，立即拔出冲管，插入井点管，并在井点管与孔壁之间迅速填灌砂滤层，以防孔壁塌土。砂滤层的填灌质量是保证轻型井点顺利抽水的关键。一般宜选用干净粗砂，填灌均匀，并填至滤管顶上 1~1.5m，以保证水流畅通。井点填砂后，在地面以下 0.5~1.0m 内须用黏土封口，以防漏气。

井点管埋设完毕，应接通总管与抽水设备进行试抽水，检查有无漏水、漏气，出水是否正常，有无淤塞等现象，如有异常情况，应检修好后方可使用。

轻型井点使用时，一般应连续抽水（特别是开始阶段）。时抽时停滤网容易堵塞，出水

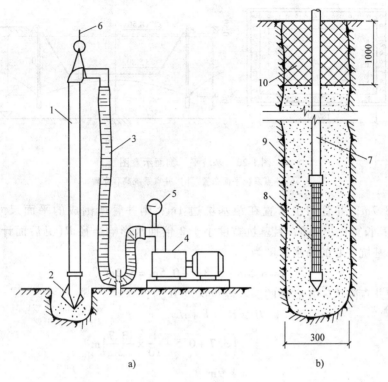

图 1-19　井点管的埋设

a）冲孔　b）埋管

1—冲管　2—冲嘴　3—胶皮管　4—高压水泵　5—压力表

6—起重机吊钩　7—井点管　8—滤管　9—填砂　10—黏土封口

浑浊容易引起附近建筑物由于土颗粒流失而沉降、开裂。同时由于中途停抽，使地下水回升，也可能引起边坡塌方等事故。抽水过程中，应调节离心水泵的出水阀以控制水量，使抽吸排水保持均匀，做到细水长流。正常的出水规律是"先大后小，先浑后清"。真空泵的真空度是判断井点系统工作情况是否良好的尺寸，必须经常观察，并检查观测井中水位下降情况，真空度一般应不低于 55.3 ~ 66.7kPa。造成真空度不足的原因很多，有管子接头不严、抽水设备工作不正常，但大多是井点系统有漏气现象，应及时检查并采取措施。在抽水过程中，还应检查有无堵塞的"死井"（工作正常的井管,用手探摸时,应有冬暖夏凉的感觉），如死井太多，严重影响降水效果时，应逐个用高压水反冲洗或拔出重埋。为观察地下水位的变化，可在影响半径内设观察孔。

井点降水工作结束后所留的井孔，必须用砂砾或黏土填实。

（5）轻型井点系统降水设计实例　某厂房设备基础施工，基坑底宽 8m，长 15m，深 4.2m；挖土边坡 1:0.5，基坑平剖面图如图 1-20 所示。地质资料表明，在天然地面以下为 0.8m 黏土层，其下有 8m 厚的砂砾层（渗透系数 $K = 12m/d$），再下面为不透水的黏土层。地下水位在地面以下 1.5m。现决定采用轻型井点降低地下水位，试进行井点系统设计。

解　1）井点系统位置：为使总管接近地下水位和不影响地面交通，将总管埋设在地面下 0.5m 处，即先挖 0.5m 的沟槽，然后在槽底铺设总管，此时基坑上口（ +9.5m）平面尺寸

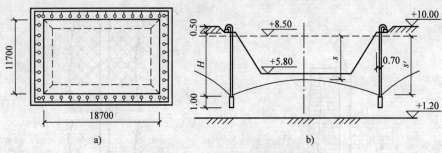

图 1-20　基坑平、剖面示意图

a) 井点系统平面布置　b) 井点系统高程布置

为 11.7m × 18.7m，井管初步布置在距基坑边 1m；则井管所围成的平面尺寸为 13.7m × 20.7m，由于其长宽比小于 5，且基坑宽度小于 2 倍抽水影响半径 R（见后面计算），故按环状井点布置。基坑中心的降水深度为：

$$s = 8.5m - 5.8m + 0.5m = 3.2m$$

采用一级井点降水，井点管的要求埋设深度 H 为：

$$H \geqslant H_1 + h + IL$$

$$= \left(3.7 + 0.5 + \frac{1}{10} \times \frac{13.7}{2}\right)m$$

$$= 4.9m$$

采用长 6m、直径 38mm 的井点管，井点管外露 0.2m，作为安装总管用，则井管埋入土中的实际深度为 6.0 - 0.2 = 5.8m，大于要求埋设深度，故高程布置符合要求。

2）基坑涌水量计算：取滤水管长度 $l = 1m$，则井点管及滤管总长 6m + 1m = 7m，滤管底部距不透水层为 1.3m，可按无压非完整井环形井点系统计算，其涌水量计算式为：

$$Q = 1.366K\frac{(2H_0 - s)s}{\lg R - \lg x_0}$$ 有效抽水影响深度 H_0 计算，查有关表有：

$$\frac{s'}{s' + l} = \frac{3.9}{3.9 + 1} = 0.80$$ 查表得：

$$H_0 = 1.85(s' + l) = 9.07m$$

由于实际含水层厚度 $H = (8.5 - 1.2)m = 7.3m$，而 $H_0 > H$，故取 $H_0 = H = 7.3m$。

抽水影响半径 R：

$$R = 1.95s\sqrt{H_0 K} = 1.95 \times 3.2\sqrt{7.3 \times 12}m = 58.40m$$

基坑假想圆半径 x_0：

$$x_0 = \sqrt{\frac{F}{\pi}} = \sqrt{\frac{13.7 \times 20.7}{3.14}}m = 9.50m$$

涌水量为：

$$Q = 1.366 \times 12 \times \frac{(2 \times 7.3 - 3.2) \times 3.2}{\lg 58.4 - \lg 9.5}m = 758.19m^3/d$$

3）计算井点管数量及井距：单根井点管出水量（选井管直径为 $\phi 38$）：

$$q = 65dlk^{1/3} = 65 \times 3.14 \times 0.038 \times 1 \times 12^{1/3}m^3/d = 17.76m^3/d$$

井点管数量：

$$n = 1.1 \times \frac{Q}{q} = 1.1 \times \frac{758.19}{17.76} = 47.0 \text{ 根}$$

井距：

$$D = \frac{L}{n} = \frac{68.5}{47} \text{m} = 1.46 \text{m}$$

取井距为 1.4m，井点管实际总根数为 49 根。

基坑施工时，井点系统的布置如图 1-20 所示。

4）选择抽水设备：抽水设备所带动的总管长度为 68.8m，可选用 W5 型干式真空泵。

水泵抽水流量：

$$Q_1 = 1.1Q = 1.1 \times 758.19 \text{m}^3/\text{d} = 834.01 \text{m}^3/\text{d} = 34.75 \text{m}^3/\text{h}$$

水泵吸水扬程：

$$H_s \geq (6.0 + 1.0) \text{m} = 7.0 \text{m}$$

根据 Q_1 及 H_s 查得，选用 3B33 型离心水泵。

5）井点管埋设：采用水冲法安装埋设井点管。

2. 深井井点降低地下水位

深井井点降水是将抽水设备放置在深井中进行抽水来达到降低地下水位的目的。适用于抽水量大、降水较深的砂类土层，降水深度可达 50m 以内。

（1）深井井点系统的组成及设备　深井井点系统主要由井管和水泵组成，如图 1-21 所示。

井管用钢管、塑料管或混凝土管制成，管径一般为 300mm，井管内径一般应大于水泵外径 50mm。井管下部过滤部分带孔，外面包裹两层 41 孔/cm² 钢丝网或尼龙网，再包裹两层 10 孔/cm² 钢丝网。

（2）深井布置　深井井点系统总涌水量可按无压完整井环形井点系统公式计算。一般沿基坑四周每隔 15～30m 设一个深井井点。

（3）深井井点的埋设　深井成孔方法可根据土质条件和孔深要求采用冲击钻孔、回转钻孔、潜水钻钻孔或水冲法成孔，用泥浆或自造泥浆护壁，孔口设置护筒，一侧设排泥沟、泥浆坑。孔径应较井管直径大 300mm 以上，钻孔深度根据抽水期内可能沉积的高度适当加深。一般沿工程周围每隔 15～30m 设一个深井井点。

深井井管沉放前应清孔，一般用压缩空气洗孔或用吊筒反复上下取出洗孔。井管安放力求垂直。井管过滤部分应设置在含水层中的适当范围内。井管与土壁间填充砂滤料，料径应大于滤网的孔径，周围填砂滤料后，按规定清洗滤井，冲除管中沉渣后即可安放水泵。深井内安设潜水泵，潜水泵可用绳吊入水滤层部位，潜水电动机、电缆及接头应有可靠绝缘，并配置保护开关控制。设置深井泵时，电动机的机座应安放平稳牢固，严禁电动机机体发生逆转（应有阻逆装置），防止转动轴解体。安

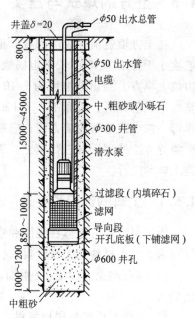

图 1-21　深井构造

设完毕应进行试抽，满足要求方可转入正常工作。

深井井点施工程序为：井位放样→做井口→安护筒→钻机部位→钻孔→回填井底砂垫层→吊放井管→回填管壁与孔壁间的过滤层→安装抽水控制电路→试抽→降水井正常工作。

1.4.3　降水对周围建筑的影响及防止措施

在弱透水层和压缩性大的黏土层中降水时，由于地下水流失造成地下水位下降、地基自重应力增加和土层压缩等原因，会产生较大的地面沉降；又由于土层的不均匀性和降水后地下水位呈漏斗曲线，四周土层的自重应力变化不一而导致不均匀沉降，使周围建筑物基础下沉或房屋开裂。因此，在建筑物附近进行井点降水时，为防止降水影响或损害区域内的建筑物，就必须阻止建筑物下的地下水流失。为达到此目的，除可在降水区和原有建筑物之间的土层中设置一道固体抗渗屏幕外，还可用回灌井点补充地下水的办法保持地下水位。使降水井点和原有建筑物下的地下水位保持不变或降低较少，从而阻止建筑物下地下水的流失。这样，也就不会因降水而使地面沉降或减少沉降值。

为了观测降水及回灌后四周建筑物、管线的沉降情况及地下水位的变化情况，必须设置沉降观测点及水位观测井，并定时测量记录，以便及时调节灌、抽量，使灌、抽基本达到平衡，确保周围建筑物或管线等的安全。

1.5　土方的填筑与压实

在土方填筑前，应清除坑、槽中的积水、淤泥、垃圾、树根等杂物。在土质较好、地面坡度小于等于1/10的较平坦场地的填方，可不清除基底上的草皮，但应割除长草。在稳定山坡上填方，当山坡坡度为1/10～1/15时，应清除基底上的草皮；坡度陡于1/5时，应将基底挖成阶梯形，阶宽不小于1m。当填方基底为耕植土或松土时，应将基底碾压密实。在水田、沟渠或池塘内填方前，应根据实际情况采用排水疏干、挖除淤泥或抛填块石、砂砾、矿渣等方法处理后再进行填土。填土区如遇地下水或滞水时，必须设置排水措施，以保证施工顺利进行。

1.5.1　土料的选用和要求

为了保证填方土体在强度和稳定性方面的要求，必须正确选择土料。填方土料应符合设计要求。填土材料如无设计要求，应符合下列规定：

1）碎石类土、砂土（使用细、粉砂时应取得设计单位同意）和爆破石碴，可作表层以下地填料。

2）黏性土可作各层地填料，但填筑前应检查其含水量是否在控制范围内。含水量大的黏土不宜作为填土用。

3）碎块草皮和有机含量大于8%的土，吸水后容易变形，承载能力降低；含水溶性硫酸盐大于5%的土，在地下水的作用下，硫酸盐会逐渐溶解消失，形成孔洞，影响土的密实性，所以仅限用于无压实要求的填方。

4）人工杂填土，应视土质情况决定取舍，原则上不用于地基回填土。若成分复杂、稳定性差的土则弃之勿用。

5）淤泥、淤泥质土、冻土和膨胀土等均不能用作回填土料。回填土宜优先利用基槽中挖出的优质土，第一是较为经济，第二是回填压实后与坑底、坑壁的原土亲和力较强。

1.5.2 填筑与压实方法

1. 填筑

填土应分层进行，若工作面太大而采用分段施工时，则每层接缝处应做成30°斜面，上下层接缝应错开不小于500mm的距离。应尽量采用同类土填筑，如采用不同土填筑时，应先填筑透水性较大的土后填筑透水性较小的土，不能将各种土混杂在一起使用，以免填方内形成水囊。碎石类土或爆破石渣作填料时，其最大料径不得超过每层铺土厚度的2/3，以黏土作回填土料时，应使土料过筛，除去石块、草根、树枝，填筑前视其干湿情况进行洒水或摊晒。使用振动碾时，不得超过每层铺土厚度的3/4，铺填时，大块料不应集中，且不得填在分段接头或填方与山坡连接处。

2. 填土的压实方法——碾压、夯实和振动压实

（1）碾压法 是利用机械滚轮的压力压实土壤，使之达到所需的密实度，此法多用于大面积填土工程。碾压机械有光面碾（压路机）、羊足碾和气胎碾。光面碾对砂土、黏性土均可压实；羊足碾需要较大的牵引力，且只宜压实黏性土，因在砂土中使用羊足碾会使土颗粒受到"羊足"较大的单位压力后向四周移动，从而使土的结构遭到破坏，气胎碾在工作时是弹性体，其压力均匀，填土质量较好。还可利用运土机械进行碾压，也是较经济合理的压实方案，施工时使运土机械行驶路线能大体均匀地分布在填土面积上，并达到一定重复行驶遍数，使其满足填土夯实质量的要求。

碾压填方时，机械的行驶速度不宜过快；一般平碾控制在2km/h，羊足碾控制在3km/h。否则会影响压实效果。

（2）夯实法 是利用夯锤自由下落的冲击力来夯实土壤。夯实法分人工夯实和机械夯实两种。

夯实机械有夯锤、内燃夯土机和蛙式打夯机（如图1-22所示），用于基槽或面积小于1000m²的基坑回填。人工夯土用的工具有木夯、石夯等，主要用于碾压机无法到达的坑边坑角的夯实。夯锤是借助起重机悬持一重锤进行夯土的夯实机械，适用于夯实砂性土、湿陷性黄土、杂填土以及含有石块的填土。一台打夯机必须两人同时使用，一人扶把掌控前进速度和方向，一人牵提电缆，以防发生触电事故。

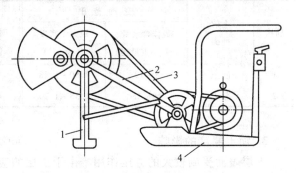

图1-22 蛙式打夯机
1—夯头 2—夯架 3—三角带 4—底盘

（3）振动压实法 是在松土层表面，振动压实机产生振动力，使土颗粒在振动的状态下发生相对位移并在振动压实机的重压下达到紧密状态。这种方法用于振实非黏性土效果较好。如使用振动碾进行碾压，可使土受振动和碾压两种作用。碾压效率高，适用于大面积填方工程。

无论哪一种方法，都要求每一行碾压夯实的幅宽要有至少100mm的搭接，若采用分层夯实且气候较干燥，应在上一层虚土铺摊之前将下层填土表面适当喷水湿润，增加土层之间的亲和程度。

1.5.3 影响填土压实的因素

填土压实的影响因素较多，主要有压实功、土的含水量以及每层铺土厚度。

1. 压实功的影响

填土压实后的密度与压实机械在其上所施加的功有一定的关系。土的密度与所耗的功的关系如图1-23所示。当土的含水量一定，在开始压实时，土的密度急剧增加，待到接近土的最大密度时，压实功虽然增加许多，而土的密度则变化甚小。实际施工中，对于砂土只需碾压夯击2~3遍，对粉土只需3~4遍，对粉质黏土只需5~6遍。此外，松土不宜用重型碾压机械直接滚压，否则土层有强烈起伏现象，效率不高。如果先用轻碾压实，再用重碾压实就会取得较好效果。

2. 含水量的影响

在同一压实功条件下，填土的含水量对压实质量有直接影响。较为干燥的土颗粒之间的摩阻力较大，因而不易压实。当含水量超过一定限度时，土颗料之间孔隙由水填充而呈饱和状态，也不能压实。当土的含水量适当时，水起了润滑作用，土颗粒之间的摩阻力减少，压实效果好。所以，在使用同样的压实功进行压实，所得到的土的密度最大时

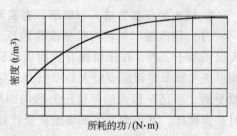

图1-23 土的密度与压实功的关系示意图

的含水量叫做最佳含水量。各种土的最佳含水量和最大干密度可参考表1-5。工地简单检验黏性土含水量的方法一般是以手握成团落地开花为适宜。为了保证填土在压实过程中处于最佳含水量状态，当土过湿时，应予翻松晾干，也可掺入同类干土或吸水性土料；当土过干时，则应预先洒水润湿。

表1-5 土的最佳含水量和最大干密度参考表

项次	土的种类	变动范围		项次	土的种类	变动范围	
		最佳含水量（%）（重量比）	最大干密度/（g/cm³）			最佳含水量（%）（重量比）	最大干密度/（g/cm³）
1	砂土	8~12	1.80~1.88	3	粉质黏土	12~15	1.85~1.95
2	黏土	19~23	1.58~1.70	4	粉土	16~22	1.61~1.80

3. 铺土厚度的影响

土层表面受到较大的夯压作用，由于土层的应力扩散，使得压实应力随深度增加而快速减少，因此，只有在一定深度内土体才能被有效压实，该有效压实深度与压实机械、土的性质和含水量等有关。铺土厚度应小于压实机械的作用深度，但其中还有最优土层厚度问题，铺得过厚，要压很多遍才能达到规定的密实度；铺得过薄，则容易起皮且影响施工进度，费工费时。最优的铺土厚度应能使土方压实而机械的功耗费最少。可按照表1-6选用。在表中规定压实遍数范围中，轻型压实机械取大值，重型的取小值。

表 1-6　填方每层的铺土厚度和压实遍数

压 实 机 具	每层铺土高度/mm	每层压实遍数/遍	压 实 机 具	每层铺土高度/mm	每层压实遍数/遍
平碾	250～300	6～8	柴油打夯机	200～250	3～4
振动压实机	250～350	3～4	人工打夯	<200	3～4

上述三方面因素之间是互相影响的。为了保证压实质量，提高压实机械的生产率，重要工程应根据土质和所选用的压实机械在施工现场进行压实试验，以确定达到规定密实度所需的压实遍数、铺土厚度及最优含水量。

1.5.4　填土的质量检验

填土必须具有一定的密实度，以避免建筑物的不均匀沉陷。填土密实度以设计规定的控制干密度 ρ_d 作为检查标准。土的控制干密度与最大干密度之比称为压实系数 λ_c。利用填土作为地基时，设计规范规定了各种结构类型、各种填土部位的压实系数值。如砖石承重结构和框架结构在地基的主要持力范围内的填土压实系数 λ_c 应大于 0.96，而在地基主要持力范围以下，则为 0.93～0.96。

土的最大密度一般在实验室由击实试验确定。土的最大干密度乘以规范规定的压实系数，即可算出填土控制干密度 ρ_d 的值。在填土施工时，土的实际干密度大于或等于 ρ_d 时，则符合质量要求。

土的实际干密度可用"环刀法"测定。其取样组数为：基坑回填每 20～50m^2 取样一组；基槽管沟回填每层按长度 20～50m 取样一组；室内填土每层按 100～500m^2 取样一组；场地平整填土每层按 400～900m^2 取样一组，取样部位应在每层压实后的下半部分。试样取出后称出土的天然密度并测出含水量，然后用式(1-12)计算土的实际干密度 ρ_0。

$$\rho_0 = \frac{\rho}{1 + 0.01\omega} \quad (\text{g/cm}^3) \tag{1-12}$$

式中　ρ——土的天然密度(g/cm³)；

ω——土的天然含水量(%)。

本 章 小 结

本章主要介绍了土的分类及性质、场地平整、基坑(槽)开挖、基坑施工排水与降低地下水位、土方的填筑与压实。重点掌握基坑(槽)开挖施工；土方填筑、压实方法与质量检验。

思考题与习题

1. 土的可松性对土方施工有何影响？
2. 土方工程的土按什么进行分类？分哪几类？各用什么方式开挖？
3. 试述基坑及基槽土方量的计算方法。
4. 试述场地平整土方量计算的步骤和方法。
5. 试述推土机、铲运机的工作特点、适用范围及提高生产率的措施。

6. 单斗挖土机有哪几种类型？正铲挖土机开挖方式有哪几种？

7. 试述土的最佳含水量的概念，土的含水量和控制干密度对填土质量有何影响？

8. 某建筑基坑底面积为 40m×25m，深 5.5m 基坑，边坡系数为 1∶0.5，设天然地面相对标高为 ±0.000，天然地面至 -1.000 为粉质黏土，-1.000~-9.5 为砂砾层，下部为黏土层(可视为不透水层)；地下水为无压水，水位在地面下 1.5m 渗透系数 $K=25m/d$。现拟用轻型井点系统降低地下水位，试：

(1) 绘制井点系统的平面和高程布置。

(2) 计算涌水量、井点管数量和间距(井点管直径为 φ38)。

9. 实训题：在校园实训场地组织学生开挖一处 L 形的基坑，上口尺寸如下图，指导教师指定 ±0.00 点，基底标高 -0.7m 基坑四边放坡，边坡坡度 1∶0.5。

要求：

(1) 编制施工组织设计。

(2) 学生学会放线、设置龙门架。

(3) 计算土方开挖工程量、回填夯实后的外运虚土量(指导教师事先测定土的两个可松性系数)。

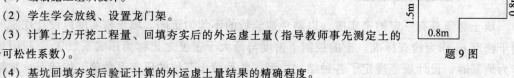

题 9 图

(4) 基坑回填夯实后验证计算的外运虚土量结果的精确程度。

第2章 桩基工程

一般多层建筑物当地基较好时，多采用天然浅基础或人工地基。但是，当深部土层也较弱，或者上部荷载比较大，而且是对沉降有严格要求时，需要使用深基础。其中桩基础应用比较多。

2.1 桩基的作用和分类

1. 作用

桩基一般由设置于土中的桩和承接上部结构的承台组成，如图2-1所示。桩的作用在于将上部建筑物的荷载传递到深处承载力较大的土层上；或使软弱土层挤压，以提高土壤的承载力和密实度，从而保证建筑物的稳定性和减少地基沉降。

2. 分类

（1）按承载性质分类

1）摩擦型桩。摩擦型桩又可分为摩擦桩和端承摩擦桩。摩擦桩是指在极限承载力状态下，桩顶荷载由桩侧阻力承受的桩；端承摩擦桩是指在极限承载力状态下，桩顶荷载主要由桩侧阻力承受的桩。

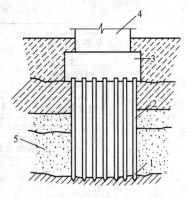

图 2-1 桩基础示意图
1—持力层　2—桩　3—桩基承台
4—上部建筑物　5—软弱层

2）端承型桩。端承型桩又可分为端承桩和摩擦端承桩。端承桩是指在极限承载力状态下，桩顶荷载由桩端阻力承受的桩；摩擦端承桩是指在极限承载力状态下，桩顶荷载主要由桩端阻力承受的桩。

（2）按桩身材料分类　混凝土桩、钢桩、组合材料桩。

（3）按成桩方法分类　非挤土桩(如干作业法桩、泥浆护壁法桩、套筒护壁法桩)、部分挤土桩(如部分挤土灌注桩、预钻孔打入式预制桩等)、挤土桩(如挤土灌注桩、挤土预制桩等)。

（4）按桩制作工艺分类　预制桩和现场灌注桩，现在使用较多的是现场灌注桩。

2.2 混凝土预制桩工程

混凝土预制桩是在地面预先制作成形并通过锤击或静压的方法沉至设计标高而形成的桩。它坚固耐用，施工速度快，但是其施工对周围环境影响较大。

1. 分类

混凝土预制桩可分为普通钢筋混凝土方桩、预应力混凝土方桩、预应力混凝土管桩、普通钢筋混凝土三角桩等。普通钢筋混凝土预制方桩施工应用较多。

2. 适用范围

预制桩一般适合淤泥和淤泥质土、黏性土、填土、粉土、黄土等地层，不适合穿越较厚砂层、碎石层等地层，宜以硬塑黏性土、密实砂层、碎石层及风化岩石等地层为桩端持力层。

3. 设计要求

桩的断面尺寸常见的有 250mm×250mm，300mm×300mm，350mm×350mm，400mm×400mm，450mm×450mm，500mm×500mm 等多种，单节长一般十余米，最长不超过 18m。桩基需要长桩时，可进行接桩将单节桩连接成所需桩长。预制桩接头连接形式一般可采用硫磺胶泥法、钢帽焊接法和法兰接法等，最常用接桩方法为硫磺胶泥法和焊接法。

4. 施工工艺

预制桩施工工艺主要包括桩预制、桩的吊装、运输、堆放，打桩等工艺。

（1）施工工艺流程

1）制桩工艺流程：

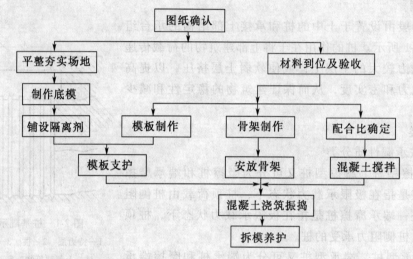

2）钢筋骨架制作工艺流程：

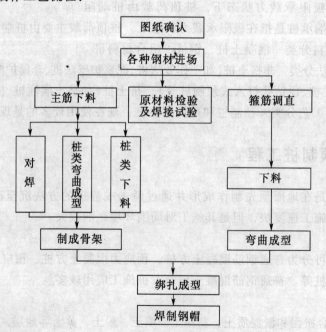

3）打桩工艺流程：

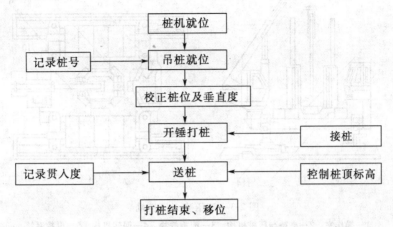

（2）静力压桩施工工艺　静力压桩是在软土地基上，利用静力压桩机或液压压桩机用无振动的静压力（自重和配重）将预制桩压入土中的一种沉桩新工艺，在我国沿海软土地基上较为广泛地采用。与锤击沉桩相比，它具有施工无噪声、无振动、节约材料、降低成本、提高施工质量、沉桩速度快等特点，特别适宜于扩建工程和城市内桩基工程施工。

1）压桩机有两种。一种是机械静力压桩机，另一种是液压静力压桩机，如图 2-2、图 2-3 所示。

2）静力压桩的施工程序：

测量定位→桩机就位→吊桩插桩→桩身对中调直→静压沉桩→接桩→再静压沉桩→终止压桩→切割桩头。

5. 施工方法

（1）现场制桩工艺方法

1）钢筋笼加工。

2）混凝土浇筑成桩。

（2）桩的吊桩、运输、堆放　桩强度达到设计强度的 75% 方可起吊。桩运输之前，将试

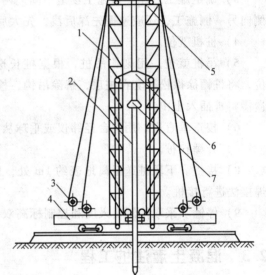

图 2-2　机械静力压桩机

1—桩架　2—桩　3—卷扬机　4—底盘

5—顶梁　6—压梁　7—桩帽

块进行试压确认桩强度达到 100% 后，方可开始运桩，桩下面用垫木垫平，垫木位置应设在吊点附近，且上下两层桩垫木须在同一截面上。运输时车速应平稳。桩堆放场地应平整坚实，堆放层数不宜超过 4 层。

（3）沉桩施工工艺方法

1）定位放线。

2）标高确定。根据基准点 ±0.000 位置，以水准仪按区域测量场地地面高程，并换算出桩入土深度。

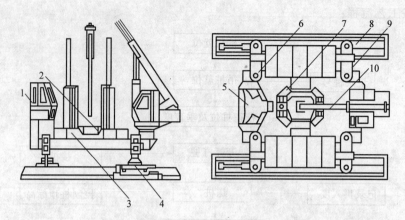

图 2-3 液压静力压桩机

1—操作室 2—夹持与压桩机构 3—配重铁块 4—回转机构 5—电控系统
6—液压系统 7—导向架 8—长船行走机构 9—支腿式底盘结构 10—液压起重机

3）确定施工顺序。由施工场地中间向两个方向或四周对称施打，或由毗邻建筑物的一侧向另一侧施工，还应遵循先深后浅，先大后小，先长后短的原则确定施工顺序。

4）桩机就位。

5）吊桩就位。用副钩吊桩，根据桩长选择合适的吊点将桩起吊，并使其垂直对准桩位，将桩帽徐徐松下套在桩顶，解除吊钩，检查并使桩锤、桩帽和桩身在同一直线上，然后慢慢将桩插入土中。

6）校正垂直度。用两台经纬仪或垂球从两个角度检查桩的垂直度。

7）开锤打桩。

8）接桩。下段桩送至离地表约 1m 处，停止打桩，然后将上段桩吊好，采用锚接法或焊接法进行接桩。

9）停锤。采取控制贯入度和控制标高双控的方法确定停锤标准。

2.3 混凝土灌注桩工程

灌注桩是直接在桩位上就地成孔，然后在孔内安放钢筋笼，灌注混凝土而成。

2.3.1 混凝土灌注桩的一般规定

1. 分类

混凝土灌注桩按成孔方法不同分为钻孔灌注桩、沉管灌注桩、人工挖孔灌注桩、螺旋成孔灌注桩、冲击成孔灌注桩和旋挖成孔灌注桩。根据各工艺不同，钻孔桩有正、反循环成孔；沉管桩有锤击沉管、振动沉管和夯扩沉管；螺旋成孔有长、短螺旋成孔。

2. 混凝土灌注桩适应条件

（1）泥浆护壁钻孔灌注桩适用于黏性土、粉土、砂土、填土、碎（砾）石土及风化岩层，以及地质情况复杂，夹层多，风化不均，软硬变化大的岩层；冲击成孔灌注桩除适应上述地质情况外，还能穿透旧基础、大弧石等障碍物，但在岩溶发育地区慎重使用。

（2）沉管灌注桩适用于黏性土、粉土、淤泥质土、砂土及填土；在厚度较大、灵敏度较高的淤泥和流塑状态的黏性土等软弱土层中采用时，应制定质量保证措施，并经工艺试验成功后，方可实施。

（3）干作业成孔（人工挖孔、螺旋成孔）灌注桩适用于地下水位以上的黏性土、粉土、填土、中等密实以上的砂土、风化岩层。人工挖孔桩在地下水位较高，特别是有承压水的砂土层、滞水层，厚度较大的高压缩性淤泥层和流塑淤泥质土层中施工时，必须有可靠的技术措施和安全措施。

3. 钻孔灌注桩用泥浆的制备和处理

（1）除能自行造浆的土层外，均应制备泥浆。泥浆制备应选用高塑性黏土。拌制泥浆应根据施工机械、工艺及穿越土层进行配比设计。

（2）泥浆护壁应符合下列规定：

1）施工期间护筒内的泥浆面应高出地下水位，在受水位涨落影响时，泥浆面应高出最高水位。

2）在清孔过程中，应不断置换泥浆，直至浇筑水下混凝土。

3）在容易产生泥浆渗漏的土层中应采取维护孔壁稳定的措施。

4）废弃的泥浆、渣应按环境保护的有关规定处理。

4. 混凝土工程

（1）混凝土配合比。混凝土应按国家现行标准《普通混凝土配合比设计规程》（JGJ 55—2011）的有关规定，能够满足设计强度以及施工工艺要求。

（2）混凝土拌制：

1）粗骨料宜选用卵石或碎石，其最大粒径沉管灌注桩不宜大于50mm，且不宜大于钢筋笼主筋最小净距的1/3，对于素混凝土桩不得大于桩径的1/4，并不大于70mm。

2）混凝土原材料投料时，应先投粗骨料，然后依次投入细骨料、水泥、掺合料和外加剂。不得先投入水泥、外加剂。

3）混凝土搅拌过程中，应按要求做好坍落度测试和混凝土试块制作。

4）拌制好的混凝土应以最短的距离运至灌注点，并尽快灌注。混凝土因运输周转产生离析现象，应重新搅拌后，才能使用。

5）对大直径深桩宜采用预拌混凝土。

5. 钢筋笼制作和安装规定

钢筋笼的成型方法，宜采用卡板成型法、支架成型法、加强筋成型法。

（1）钢筋笼的制作：

1）钢筋笼的直径除符合设计尺寸外，对于沉管成孔，从管内埋设的钢筋笼，其外径至少比桩管内径小60mm；对于用导管灌注水下混凝土桩，其钢筋笼内径应比导管连接处的外径大100mm以上。

2）主筋净距必须大于混凝土粗骨料粒径3倍以上。

3）加劲箍宜设计主筋外侧，主筋一般不设弯钩，根据施工工艺要求所设弯钩不得向内圆伸露，以免妨碍导管工作。

4）钢筋笼宜分段制作，其长度以5~8m为宜，两段钢筋笼连接时应采用焊接，焊接时，主筋接头应互相错开，保证同一截面内的接头不多于主筋总根数的50%，在钢筋笼轴线方向两个接头的间距应大于500mm。

5）钢筋笼设置订位钢筋环、混凝土垫块。孔内对称设置4根导向钢管或导向钢筋，以确保保护层厚度。主筋的混凝土保护层，干法灌注其保护层厚度不小于30mm；水下灌注混凝土其保护层厚度不得小于50mm。

6）主筋在制作前，必须调直，调直后的主筋弯曲度应不大于长度的1%。主筋一般应尽量用整根钢筋。

（2）钢筋笼安装：

1）钢筋笼应经中间验收合格后方可安装。

2）钢筋笼在起吊、运输和安装中应采取措施防止变形。起吊吊点宜设在加强筋部位。

3）钢筋安装入孔时，应保持垂直状态，对准孔内慢慢轻放，避免碰撞孔壁，下笼时若遇阻碍不得强行下入，应查明原因酌情处理后，再继续下笼。

4）钢筋笼安装深度应符合设计要求，其允许偏差±100mm。

5）安放要对准孔位，避免碰撞孔壁，钢筋笼全部安装入孔后，应检查安装位置，确认符合要求后，将钢筋笼吊筋进行固定，以使钢筋笼定位，避免混凝土灌注时，钢筋笼上拱。

2.3.2 钻孔灌注桩(正、反循环)施工工艺

泥浆循环护壁是用泥浆循环来保护孔壁，排除土碴而成孔。

1. 钻孔灌注桩施工设备要求

钻孔施工法分为反循环钻孔施工法和正循环钻孔施工法，采用泥浆循环护壁，适用于各种土层和基岩施工灌注桩。正、反循环钻进的主要机械包括钻机、泵组、液压系统及空气压缩机。

2. 钻孔灌注桩(正、反循环)施工工艺流程

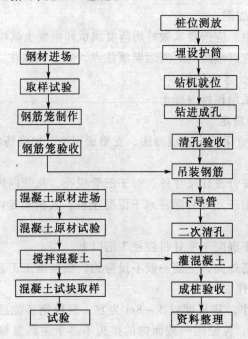

3. 钻孔(正、反循环)灌注桩施工工艺要点

（1）测量定位　使用检验、校准合格的经纬仪、水准仪、钢直尺。

（2）护筒埋设　埋设护筒之前应对其桩位用钢直尺进行复核，护筒埋设时，护筒中心轴线对正测定的桩位中心，其偏差小于或等于20mm，并保持护筒的垂直，护筒的四周要用黏土捣实，以起到固定护筒和止水作用。护筒上口应高出地面200mm，护筒两侧设置吊环，以便吊放、起拔护筒。

（3）设备安装

（4）循环系统设置

（5）钻进成孔　钻进中应严格按规范操作，建立岗位责任制、交接班制度、质量检查制度等。钻进中若出现坍孔、涌砂、掉钻等异常情况，应及时分析事故原因，作出判断，立即处理。钻进的技术参数应根据地层情况确定。采用牙轮或滚刀钻头钻进硬岩时，要采用配重加压，配重数量视不同口径和地层情况而定。

（6）清孔　采用正循环或反循环清孔，端承桩孔底沉渣不宜大于50mm，摩擦桩孔底沉渣不宜大于300mm，摩擦端承桩、端承摩擦桩不宜大于100mm。

（7）钢筋笼吊放：

1）钢筋笼在运往桩位的过程中要保持水平，严禁拖拉以致钢筋笼变形。

2）吊放钢筋笼入孔时，应对准孔位，轻放、慢放，不得左右旋转，若遇阻应停止下放，查明原因进行处理。严禁高起猛落，强行下放。

3）分节制作的钢筋笼在孔口焊接时，上下两节主筋位置应对正，使钢筋笼的上下两节轴线一致。

（8）混凝土灌注：

1）导管：根据桩孔直径确定导管直径。

2）宜用水泥隔水塞或插板隔水塞，隔水塞位置应在泥浆面以上400mm处。

3）根据初灌量确定漏斗体积。

4）灌注时，应先配制0.1~0.3m³水泥砂浆置于隔水塞上面，然后按混凝土配比灌注，并测定初灌量埋管深度，做好钻孔灌注桩混凝土灌注记录。

5）初灌量正常后，应连续不断地进行灌注，中间间断时间不宜超过15min，灌注过程中，应经常用测锤测混凝土面的上升高度，保持导管埋深在2~6m。

（9）桩顶控制：桩顶标高控制应比设计桩顶标高高出0.5~1.0m。拆卸导管时轻提、慢放，防止导管刮、提钢筋笼。灌注完毕及时清洗导管。

（10）做好各项记录，原始记录要求真实、准确、及时，客观反映施工情况。

4. 机械扩底桩施工

1）下扩底钻头前，检查钻头动作的灵活性，与钻杆或地面检测系统的对应联动准确、可靠。

2）扩底钻头入孔后，先空转，然后逐渐撑开扩刀接触孔壁，切土扩底。

3）扩孔钻进速度不宜大于15cm/min。

4）扩底完毕，应继续回转钻头数圈，才能收拢扩刀，扩刀全部收拢后，才能提升钻具，并及时清孔。

5）应采用相对密度和黏度较大的泥浆护壁，确保扩孔孔段孔壁稳定。

6）灌注混凝土前要准确计算扩底部位的初灌量，选择合适的坍落度，保证混凝土能流向扩孔部位，达到埋管深度要求。

2.3.3 人工挖孔桩施工工艺

1. 人工挖孔桩施工工艺流程

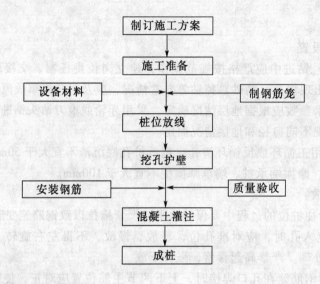

2. 人工挖孔桩施工工艺要点

（1）放线定位　按设计图纸放线，定桩位。

（2）测量控制。

（3）分节挖土和出土　采取分段开挖，每段高度取决于孔壁稳定状态，一般以0.8～1.0m为一施工段。扩底部分采取先挖桩身圆柱体，再按扩底尺寸从上到下削土修成扩底形。如遇大量渗水，采取排水措施。挖出的土方应及时运走，不得堆放在孔口附近。

（4）安装护壁钢筋和护壁模板

1）挖孔桩护壁模板一般做成通用（标准）模板。直径小于200mm的桩孔，模板由5～8块组成。模板高度由施工段高度确定，一般模板高度宜为0.8～1.0m。

2）护壁厚度一般为100～150mm，大直径桩护壁厚度为200～300mm。

3）护壁钢筋按设计要求执行，应先安放钢筋，然后才能安装护壁模板。

（5）灌注混凝土一般采用干浇法和水下灌注法　当孔内无水时，采用干浇法，一般采用串筒注入桩孔的方法。混凝土离开串筒的出口自由下落高度宜始终控制在2m以内。当孔内有水时采用水下灌注法。

2.3.4 螺旋成孔灌注桩施工工艺

1. 施工方法

钻机钻孔前，应做好现场准备土作。钻孔场地必须平整、碾压或夯实，雨期施工时需要加白灰碾压以保证钻孔行车安全。钻机按桩位就位时，钻杆要垂直对准桩位中心，放下钻机使钻头触及土面。钻孔时，开动转轴旋动钻杆钻进，先慢后快，避免钻杆摇晃，并随时检查钻孔偏移，有问题应及时纠正。施工中应注意钻头在穿过软硬土层交界处时，应保持钻杆垂直，缓慢进尺。在含砖头、瓦块的杂填土或含水量较大的软塑黏性土层中钻进时，应尽量减小钻杆晃动，以免扩大孔径及增加孔底虚土。当出现钻杆跳动、机架摇晃、钻不进等异常现象，应立即停钻检查。钻进过程中应随时清理孔口积土，遇到地下水、缩孔、坍孔等异常现象，应会同有关单位研究处理。

钻孔至要求深度后，可用钻机在原处空转清土，然后停止回转，提升钻杆卸土。如孔底虚土超过容许厚度，可用辅助掏土工具或二次投钻清底。清孔完毕后应用盖板盖好孔口。

桩孔钻成并清孔后，先吊放钢筋笼，后浇筑混凝土。为防止孔壁坍塌，避免雨水冲刷，成孔经检查合格后，应及时浇筑混凝土。若土层较好，没有雨水冲刷，从成孔至混凝土浇筑的时间间隔，也不得超过 24h。灌注桩的混凝土强度等级不得低于 C15，坍落度一般采用 80~100mm；混凝土应连续浇筑，分层捣实，每层的高度不得大于 1.50m；当混凝土浇筑到桩顶时，应适当超过桩顶标高，以保证在凿除浮浆层后，使桩顶标高和质量能符合设计要求。

2. 长螺旋钻孔灌注桩施工工艺要点

（1）螺旋钻机就位　钻机就位后，调直桩架导杆，纵横调平钻机，再用对位圈对桩位，调钻深标尺的零点。

（2）成孔　钻进时要合理选择钻压、转速、钻具输土速度，并可通过电流表来控制进尺速度，电流值增大，孔内阻力大，应降低钻进速度。钻进至设计深度后，应使钻具在孔内空转数圈清除虚土，然后起钻，盖好孔口盖，防止杂物落入。

（3）清孔　土层螺旋钻进，孔底一般都有较厚的虚土，需要进行专门处理。一种方法是采用 25~30kg 的重锤对孔底虚土进行夯实，或投入低坍落度素混凝土，再用重锤夯实。另一方法是空转清土。

3. 短螺旋钻孔灌注桩施工工艺要点

（1）成孔　短螺旋钻孔，是通过钻头切削下来的土块钻屑落在短螺旋叶片上，靠提钻反转甩落在地上。钻孔的过程需要钻进、提钻和甩土。

（2）短螺旋钻进　每回次进尺宜控制在钻头长度的 2/3 左右，砂层、粉土层可控制在 0.8~1.2m。

4. 灌注混凝土与钢筋笼安放

1）混凝土应随钻随灌，成孔后不宜超过 12h 灌注。

2）钢筋笼必须在浇灌混凝土前放入，放时要缓慢，并保持竖直，注意防止放偏和刮土下落，放到预定深度时，将钢筋笼上端固定。

3）桩顶以下 5m 内的桩身混凝土，必须随灌注随振捣。

4）混凝土灌至接近桩顶时，应随时测量桩身混凝土顶面标高，以准确控制桩顶标高。

5）桩顶插筋，要保持竖直插进，保证足够的保护层厚度，防止插斜插偏。

6）应将混凝土灌入量及坍落度进行记录。

38

2.3.5 冲击成孔灌注桩施工工艺

1. 钢绳冲击成孔灌注桩工艺流程

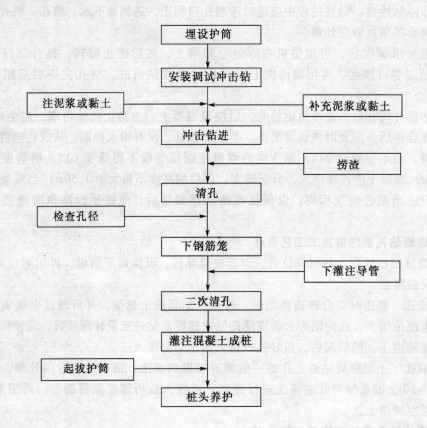

2. 钢绳冲击成孔灌注桩施工工艺

（1）钢绳冲击钻进：

1）开孔时，应低锤密击。如表土为淤泥、细砂等软弱土层，可加黏土块夹小片石反复冲击造壁，孔内泥浆面应保持稳定。

2）冲击钻进成孔施工总的原则是根据地层情况，合理选择技术参数，"少松绳（指长度）、勤松绳（指次数）、勤掏碴"。防止打空锤。

3）应在钢丝绳上作标识以控制冲程。

4）每次捞碴后或停钻后，再冲击钻进时，应由短冲程逐渐增大到正常冲程，以免卡钻。

5）冲击钻具，起吊平稳，防止冲撞护筒和孔壁。

6）进入基岩后，应低锤冲击或间断冲击，如发现偏孔应回填片石至偏孔上方 300 ~ 500mm 处，然后重新冲孔。

（2）冲击反循环施工工艺：

冲击反循环工艺流程：

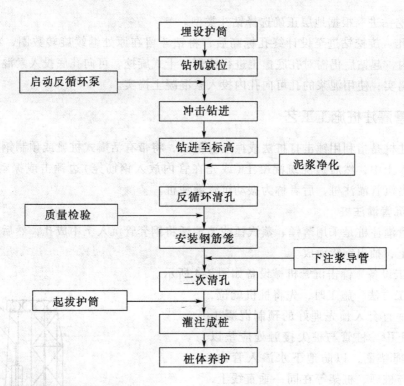

2.3.6 旋挖成孔灌注桩施工工艺

1. 旋挖成孔灌注桩工艺流程

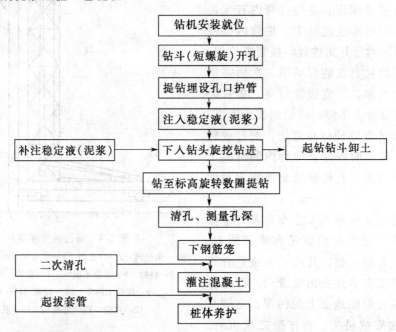

2. 旋挖成孔灌注桩施工工艺要点

（1）钻斗提升时，泥浆在钻斗与孔壁之间的流动速度加快，并产生压力激动，易造成孔壁坍塌，故须控制钻斗提升速度。

（2）旋挖钻进 根据地层正确选择钻斗类型。

（3）清孔 旋挖钻进至设计终孔标高后，将钻斗留在原处继续旋转数圈，将孔底虚土尽量装入斗内，起钻后仍需对孔底虚土进行清理。干式旋挖，可向孔底投入素混凝土捣实或直接将虚土捣实；使用泥浆的孔可向孔内投入素混凝土捣实。

2.3.7 沉管灌注桩施工工艺

沉管灌注桩是指利用锤击打桩法或振动打桩法，将带有活瓣式桩靴或预制钢筋混凝土桩尖的钢管沉入土中，然后边浇筑混凝土（或先在管内放入钢筋笼）边锤击或振动拔管而成。前者称为锤击沉管灌注桩，后者称为振动沉管灌注桩。

1. 锤击沉管灌注桩

锤击沉管灌注桩是采用落锤、蒸汽锤或柴油锤将钢套管沉入土中成孔，然后灌注混凝土或钢筋混凝土，抽出钢管而成。

（1）施工设备 锤击沉管机械设备如图2-4所示。

（2）施工方法 施工时，先将桩机就位，吊起桩管，垂直套入预先理好的预制混凝土桩尖，压入土中。桩管与桩尖接触处应垫以稻草绳或麻绳垫圈，以防地下水渗入管内。当检查桩管与桩锤、桩架等在同一垂直线上，即可在桩管上扣上桩帽，起锤沉管。先用低锤轻击，观察无偏移后方可进入正常施工，直至符合设计要求深度，并检查管内有无泥浆或水进入，即可灌注混凝土。桩管内混凝土应尽量灌满，然后开始拔管。拔管要均匀，第一次拔管高度控制在能容纳第二次所需灌入的混凝土量为限，不宜拔管过高。拔管时应保持连续密锤低击不停，并控制拔出速度。在管底未拔到桩顶设计标高之前，倒打或轻击不得中断。拔管时应注意使管内的混凝土量保持略高于地面，直到桩管全部拔出地面为止。

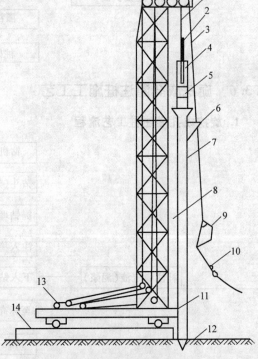

图2-4 锤击沉管灌注桩

1—钢丝绳 2—滑轮组 3—吊斗钢丝绳 4—桩锤
5—桩帽 6—混凝土漏斗 7—套管 8—争桩架
9—混凝土吊斗 10—回绳 11—钢管
12—桩尖 13—卷扬机 14—枕木

上面所述的这种施工工艺称为单打灌注桩的施工。为了提高桩的质量和承载能力，常采用复打扩大灌注桩。其施工方法是在第一次单打法施工完毕并拔出桩管后，清除桩管外壁上和桩孔周围地面上的污泥，立即在原桩位上再次安放桩尖，再作第二次沉管，使未凝固的混凝土向四周挤压扩大桩径，然后灌注第二次混凝土，拔管方法与第一次相同。复打施工时要注意前后两次沉管的轴线应重合，复打必须在第一次灌注的混凝土初凝之前进行。

2. 振动沉管灌注桩

振动沉管灌注桩是采用激振器或振动冲击锤将钢套管沉入土中成孔而成的灌注桩，其沉管原理与振动沉桩完全相同。

施工方法：施工时，先安装好桩机，将桩管下端活瓣合起来，对准桩位，徐徐放下桩管，压入土中，勿使偏斜，即可开动激振器沉管。当桩管下沉到设计要求的深度后，便停止振动，立即利用吊斗向管内灌满混凝土，并再次开动激振器，进行边振动边拔管，同时在拔管过程中继续向管内浇筑混凝土。如此反复进行，直至桩管全部拔出地面后即形成混凝土桩身。

3. 施工中常遇问题及处理

（1）断桩 断桩一般都发生在地面以下软硬土层的交接处，并多数发生在黏性上中，砂土及松土中则很少出现。产生断桩的主要原因是桩距过小，受邻桩施打时挤压的影响；桩身混凝土终凝不久就受到振动和外力；以及软硬土层间传递水平力大小不同，对桩产生切应力等。

处理方法是经检查有断桩后，应将断桩段拔去，略增大桩的截面面积或加箍筋后，再重新浇筑混凝土。或者在施工过程中采取预防措施，如施工中控制桩中心距不小于3.5倍桩径，采用跳打法或控制时间间隔的方法，使邻桩混凝土达设计强度等级的50%后，再施打中间桩等。

（2）瓶颈桩 瓶颈桩是指桩的某处直径缩小形似"瓶颈"，其截面面积不符合设计要求。多数发生在黏性土、土质软弱、含水率高，特别是饱和的淤泥或淤泥质软土层中。

产生瓶颈桩的主要原因是：在含水率较大的软弱土层中沉管时，土受挤压便产生很高的孔隙水压，拔管后便挤向新灌的混凝土，造成缩颈。拔管速度过快，混凝土量少、和易性差，混凝土出管扩散性差也会造成缩颈现象。

处理方法是：施工中应保持管内混凝土略高于地面，使之有足够的扩散压力，拔管时采用复打或反插法，并严格控制拔管速度。

（3）吊脚桩 吊脚桩是指桩的底部混凝土隔空或混进泥砂而形成松散层部分的桩。

产生的主要原因是：预制钢筋混凝土桩尖承载力或钢活瓣桩尖刚度不够，沉管时被破坏或变形，因而水或泥砂进入桩管；拔管时桩靴未脱出或活瓣未张开，混凝土未及时从管内流出等。

处理方法是：应拔出桩管，填砂后重打；或者可采取密振动慢拔，开始拔管时先反插几次再正常拔管等预防措施。

2.3.8 主要工程质量通病与治理

钻孔灌注桩、沉管桩、人工挖孔桩、螺旋成孔灌注桩、冲击成孔灌注桩、旋挖桩共性质量通病有桩位偏差、垂直度偏差超过规范要求等。

1. 桩位偏差

（1）桩位偏位的主要原因：

1）测量放线有误或放样标识点变位，而未加以校核纠正。

2）设备安装不水平，钻具回转中心或冲锤中心没有对正桩中心点。

3）开孔施工时，遇孤石或坚硬障碍导致施工设备位移。

4）灌注过程中钢筋笼未固定好导致桩位偏移。

（2）桩位偏位的预防措施及处理方法：

1）加强测量放线定位的精确性，及时检查和校正坐标控制点和水准点。

2）设备安装要水平、周正，桩中心、钻具中心、设备回转（冲击）中心三点一线。

3）开孔时要轻压慢转（或采用小冲击规程），遇有孤石或坚硬障碍物应及时采取措施。

4）固定钢筋笼使钢筋笼中心与桩中心一致，并时刻观察钢筋笼的固定情况。

2. 桩身弯曲

（1）桩身弯曲的主要原因：

1）施工过程中，钻机移位或钻机未保持水平状态，挖孔桩未及时进行垂直度校正。

2）采用超规程技术参数，尤其是自由加压。

3）地层情况，软硬互层或遇有孤石。

4）桩端进入持力层时，岩石风化不均匀。

5）钻杆或螺旋钻杆弯曲。

（2）预防措施及处理方法：

1）施工过程中保持钻机不位移和水平状态，挖孔施工及时校正孔深垂直度。

2）采用合理规程技术参数。

3）遇软硬互层或孤石时，应控制钻进速度；采用冲、捞、抓的方法消除孤石的影响。

4）桩端持力层风化不均匀时，应采用孔底加压或小规程冲击钻进。

本 章 小 结

地基基础在建筑物中的作用非常突出，如何根据地质、水文、周围环境要求选择合理的施工方案，对施工的质量、进度、安全及成本起到至关重要的作用。通过本章学习本章系统介绍了常用的桩基础，包括各自的适用范围、施工工艺、质量验收标准等。要求学生掌握桩基础的施工工艺、质量验收标准及检测方法，重点掌握桩基础的施工要点和质量检查要求。

思考题与习题

1. 试述桩基的作用和分类。

2. 静力压桩机有何特点？适用范围如何？施工时应注意哪些问题？

3. 现浇混凝土桩的成孔方法有几种？各种方法的特点及适用范围如何？

4. 灌注桩常易发生哪些质量问题？如何预防和处理？

5. 试述人工挖孔灌注桩的施工工艺和施工中应注意的主要问题。

6. 简述灌注桩工程质量验收要求。

7. 人工挖孔桩主要的工序有哪些？

第3章　脚手架及垂直运输机械

3.1　脚手架

3.1.1　概述

1. 脚手架的作用与要求

脚手架是建筑施工中不可缺少的临时设施。它是为解决在建筑物高部位施工而专门搭设的，用作操作平台、施工作业和运输通道，并能临时堆放施工用材料和机具。因此，脚手架在建筑产品生产中是必不可少的。

脚手架的使用要求是：必须具有足够的强度、刚度、稳定性；结构简单，装拆方便；加速周转，降低成本。目前脚手架的发展趋势是采用金属制作的、具有多种功用的组合式脚手架，可以适用不同情况作业的要求。国内一些企业引进国外先进技术，开发了多种新型脚手架，如插销式脚手架、CRAB 模块脚手架、圆盘式脚手架、方塔式脚手架，以及各种类型的爬架。

2. 脚手架的分类

脚手架可根据与施工对象的位置关系、支承特点、结构形式以及使用的材料等划分为多种类型。

（1）按照支承部位和支承方式分类

1）落地式。搭设（支座）在地面、楼面、屋面或其他平台结构之上的脚手架。

2）悬挑式。采用悬挑方式支固的脚手架，其挑支方式又有以下三种：架设于专用悬挑梁上；架设于专用悬挑三角桁架上；架设于由撑拉杆件组合的支挑结构上。其支挑结构有斜撑式、斜拉式、拉撑式和顶固式等多种。

3）附墙悬挂脚手架。在上部或中部挂设于墙体挑挂件上的定型脚手架。

4）悬吊脚手架。悬吊于悬挑梁或工程结构之下的脚手架。

5）附着升降脚手架（简称"爬架"）。附着于工程结构依靠自身提升设备实现升降的悬空脚手架。

6）水平移动脚手架。带行走装置的脚手架或操作平台架。

（2）按其结构形式分类　可分为多立杆式、碗扣式、门型、方塔式、附着式升降脚手架及悬吊式脚手架等。

3.1.2　扣件式钢管脚手架

1. 扣件式脚手架的特点

扣件式钢管脚手架多搭成多立杆式（图 3-1），是由标准的钢管杆件和特制扣件组成的脚手架骨架与脚手板、防护构件、连墙件等组成的（图 3-2）。它的基本构造形式与木脚手架基本相同，有单排和双排两种，在立杆、大横杆、小横杆三杆的交叉点称为主节点。主节点处立杆和大横杆的连接扣件与大横杆与小横杆的连接扣件的间距应小于15cm。在脚手架使用期间，主节点处的大、小横杆、纵横向扫地杆及连墙件不能拆除。

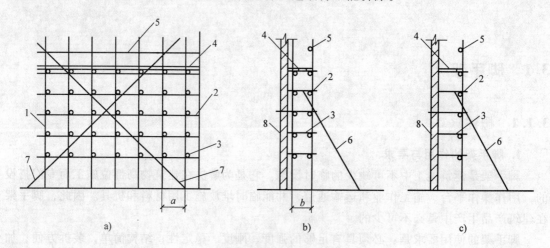

图 3-1　多立杆式脚手架

a）立面图　b）侧面图（双排）　c）侧面图（单排）

1—立杆　2—大横杆　3—小横杆　4—脚手板　5—栏杆

6—抛撑　7—斜撑（剪刀撑）　8—墙体

图 3-2　扣件式脚手架及剪刀撑接长节点

其特点是杆配件数量少；装卸方便，利于施工操作；搭设灵活，能搭设高度大；坚固耐用，使用方便，每步架高可根据施工需要灵活布置；周转次数多，加工简单，一次投资费用低，比较经济；取材方便，钢、木、竹等均可应用。但也存在着扣件（尤以其中的螺杆、螺母）易丢易损、螺栓上紧程度差异较大、节点在力作用线之间有偏心或交汇距离等缺点。

（1）钢管杆件　包括立杆、大横杆、小横杆、剪刀撑、斜杆和抛撑（在脚手架立面之外设置的斜撑）（图3-3）。《建筑施工扣件式钢管脚手架安全技术规范》（JGJ 130—2011）修订了钢管的规格。取消 $\phi51\times3.0$ 钢管，为符合《焊接钢管尺寸及单位长度重量》(GB/T 21835—2008)，将原标准中 $\phi48\times3.5$ 的脚手架用钢管改为 $\phi48.3\times3.6$；对钢管壁厚的下差限制更严格，将原规定壁厚下差为 0.5mm 改为 0.36mm。当所用钢管的壁厚不符合规范规定时，可以按钢管的实际尺寸进行设计计算。根据钢管在脚手架中的位置和作用不同，钢管则可分为立杆、纵向水平杆、横向水平杆、连墙杆、剪刀撑、水平斜拉杆等。贴地面设置的大横杆亦称扫地杆；在作业层设置的用于拦护的平杆亦称为栏杆。其作用如下：

图 3-3　钢管杆件

1) 立杆平行于建筑物并垂直于地面，是把脚手架荷载传递给基础的受力杆件。

2) 纵向水平杆平行于建筑物并在纵向水平连接各立杆，是承受并传递荷载给立杆的受力杆件。

3) 横向水平杆垂直于建筑物并在横向水平连接内、外排立杆，是承受并传递荷载给立杆的受力杆件。

4) 剪刀撑设在脚手架外侧面并与墙面平行的十字交叉斜杆，可增强脚手架的纵向刚度。

5) 连墙杆连接脚手架与建筑物，是既要承受并传递荷载，又可防止脚手架横向失稳的受力杆件。

6) 水平斜拉杆设在有连墙杆的脚手架内、外排立杆间的步架平面内的"之"字形斜杆，可增强脚手架的横向刚度。

7) 纵向水平扫地杆连接立杆下端，是距底座下方 200mm 处的纵向水平杆，起约束立杆底端在纵向发生位移的作用。

8) 横向水平扫地杆连接立杆下端，是位于纵向水平扫地杆上方处的横向水平杆，起约束立杆底端在横向发生位移的作用。

用于立杆、大横杆、剪刀撑和斜杆的钢管最大长度为 4～6.5m，最大重量不宜超过 250N，以便适合人工操作。用于小横杆的钢管长度宜在 1.8～2.2m，以适应脚手板的宽度。

(2) 扣件　是钢管与钢管之间的连接件，有可锻铸铁扣件和钢板轧制扣件两种，其基本形式有三种：直角扣件、旋转扣件和对接扣件，如图 3-4 所示。

1) 直角扣件。用于两根垂直相交钢管的连接，依靠扣件与钢管表面间的摩擦力来传递荷载。

2) 旋转扣件。用于两根任意角度相交钢管的连接。

3) 对接扣件。用于两根钢管对接接长的连接。

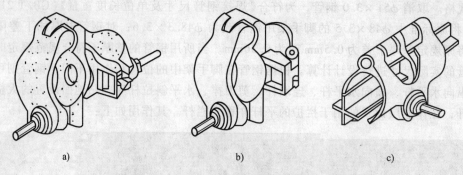

图 3-4　扣件形式

a）直角扣件　b）旋转扣件　c）对接扣件

（3）脚手板　一般用厚 2mm 的钢板压制而成，长度 2~4m，宽度 250mm，表面应有防滑措施。也可采用厚度不小于 50mm 的杉木板或松木板，长度 3~6m，宽度 200~250mm；或者采用竹脚手板，有竹笆板和竹片板两种形式。脚手板的材质应符合规定，且脚手板不得有超过允许的变形，如图 3-5 所示。

（4）连墙件　将立杆与主体结构连接在一起，可用钢管、型钢或粗钢筋等制成，其间距见表 3-1。柔性连墙件的做法粗糙、可靠性差、不符合安全要求，本次《建筑施工扣件式钢管脚手架安全技术规范》（JGJ 130—2011）修订中予以取消。

图 3-5　脚手板

每个连墙件抗风荷载的最大面积应小于 40m²。连墙件需从底部第一根纵向水平杆处开始设置，附墙件与结构的连接应牢固，通常采用预埋件连接。连墙杆每 3 步 5 跨设置一根，其作用不仅防止架子外倾，同时增加立杆的纵向刚度，如图 3-6 所示。

表 3-1　连墙件的布置　　　　　　　　　　　　　　　　（单位：m）

脚手架类型	脚手架高度	垂直间距	水平间距	脚手架类型	脚手架高度	垂直间距	水平间距
双排	≤60	≤6	≤6	单排	≤24	≤6	≤6
	>50	≤4	≤6				

（5）底座　扣件式钢管脚手架的底座设在立杆下端，可用钢管与钢板焊接，也可用铸铁制成，用于承受脚手架立柱传递下来的荷载。底座一般采用厚 8mm，边长 150~200mm 的钢板作底板，上焊 150mm 高的钢管。底座形式有内插式和外套式两种（图 3-7），内插式的外径 D_1 比立杆内径小 2mm，外套式的内径 D_2 比立杆外径大 2mm。

（6）安全网　安全网是保证施工安全和减少灰尘、噪声、光污染的措施，包括立网和平网两部分。安全网防护原理是：平网作用是挡住坠落的人和物，避免或减轻坠落及物击伤害；立网作用是防止人或物坠落。网受力强度必须经承受住人体及携带工具等物品坠落时重

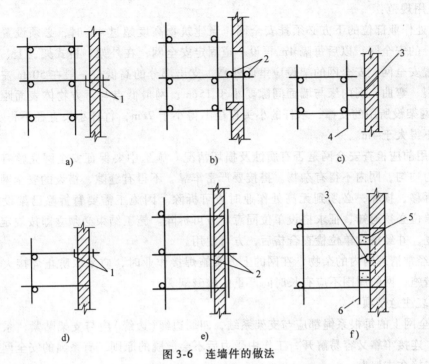

图 3-6 连墙件的做法

a)、b)、c) 双排 d) 单排(剖面图) e)、f) 单排

1—扣件 2—短钢管 3—钢丝与墙内埋设的钢筋环拉住 4—顶墙横杆 5—木楔 6—短钢管

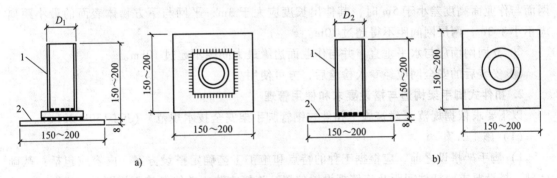

图 3-7 扣件式钢管脚手架底座

a) 内插式底座 b) 外套式底座

1—承插钢管 2—钢板底座

量和冲击距离纵向拉力、冲击强度。

1) 安全网的质量检查。安全网分为平网(P)、立网(L)、密目式安全网(ML)。平网和立网都应具有耐冲击性。立网不能代替平网,应根据施工需要及荷载高度分清用平网还是立网。平网荷载强度要求大于立网,所用材料较多,重量大于立网。一般情况下,平网大于5.5kg,立网大于2.5kg。

平网宽度不小于3m,立网和密目式安全网宽度不小于1.2m。系绳长度不小于0.8m。安全网系绳与系绳间距不应大于0.75m。密目式安全网系绳与系绳间距不应大于0.45m,安全网系绳间距离不得太小,一般规定在0.3m以上。

2）使用规范：

① 高处作业部位的下方必须挂安全网；当建筑物高度超过 4m 时，必须设置一道随墙体逐渐上升的安全网，以后每隔 4m 再设一道固定安全网；在外架、桥式架，上、下对孔处都必须设置安全网。安全网的架设应里低外高，支出部分的高低差一般在 50cm 左右；支撑杆件无断裂、弯曲；网内缘与墙面间隙要小于 15cm；网最低点与下方物体表面距离要大于 3m。安全网架设所用的支撑，木杆的小头直径不得小于 7cm，竹杆小头直径不得小于 8cm，撑杆间距不得大于 4m。

② 使用前应检查安全网是否有腐蚀及损坏情况。施工中要保证安全网完整有效、支撑合理、受力均匀，网内不得有杂物。搭接要严密牢靠，不得有缝隙，搭设的安全网，不得在施工期间拆移、损坏，必须到无高处作业时方可拆除。因施工需要暂拆除已架设的安全网时，施工单位必须通知、征求搭设单位同意后方可拆除。施工结束必须立即按规定要求由施工单位恢复，并经搭设单位检查合格后，方可使用。

③ 要经常清理网内的杂物，在网的上方实施焊接作业时，应采取防止焊接火花落在网上的有效措施；网的周围不应有长时间严重的酸碱烟雾。

3）安装注意事项：

① 安全网上的每根系绳都应与支架系结，四周边绳（边缘）应与支架贴紧，系结应符合打结方便、连接牢靠又容易解开，工作中受力后不会散脱的原则，有系绳的安全网安装时还应把系绳连接在支架上。

② 平网网面不宜绷得过紧，当网面与作业高度大于 5m 时，其伸出长度应大于 4m，当网面与作业面高度差小于 5m 时，其伸出长度应大于 3m，平网与下方物体表面的最小距离应不小于 3m，两层网间距不得超过 10m。

③ 立网网面应与水平垂直，并与作业面边缘最大间隙不超过 10cm。

④ 安装后的安全网应经专人检验后，方可使用。

2. 扣件式脚手架构造与搭设要求和使用管理

以下要求依据规范《建筑施工扣件式钢管脚手架安全技术规范》（JGJ 130—2011）。

（1）施工方案

1）脚手架搭设之前，应根据工种的特点和施工工艺确定搭设方案，内容应包括：基础处理、搭设要求、杆件间距及连墙杆设置位置、连接方法，并绘制施工详图及大样图。

2）脚手架的搭设高度超过规范规定的要进行计算。

① 扣件式钢管脚手架搭设尺寸符合规范要求时，相应杆件可不再进行设计计算。但连墙件及立杆地基承载力等仍应根据实际荷载进行设计计算并绘制施工图。

② 当搭设高度在 25～50m 时，应对脚手架整体稳定性从构造上进行加强。如纵向剪刀撑必须连续设置，增加横向剪刀撑，连墙杆的强度相应提高，间距缩小，以及在多风地区对搭设高度超过 40m 的脚手架，考虑风涡流的上翻力，应在设置水平连墙件的同时，还应有抗上升翻流作用的连墙措施等，以确保脚手架的使用安全。

③ 当搭设高度超过 50m 时，可采用分段卸荷，沿脚手架全高分段将脚手架与梁板结构用钢丝绳吊拉，将脚手架的部分荷载传给建筑物承担；或采用分段搭设，将各段脚手架荷载传给由建筑物伸出的悬挑梁、架承担。

（2）立杆基础

1）脚手架立杆基础应符合方案要求。

① 搭设高度在 25m 以下时，可素夯实找平，上面铺 5cm 厚木板，长度为 2m 时垂直于墙面放置；长度大于 3m 时平行于墙面放置。

② 搭设高度在 25～50m 时，应根据现场地耐力情况设计基础做法或采用回填土分层夯实达到要求时，可用枕木支垫，或在地基上加铺 20cm 厚道碴，其上铺设混凝土板，再仰铺 12～16 号槽钢。

③ 搭设高度超过 50m 时，应进行计算并根据地耐力设计基础作法，或于地面下 1m 深处采用灰土地基，或浇注 50cm 厚混凝土基础，其上采用枕支垫。

2）扣件式钢管脚手架的底座有可锻铸铁底座与焊接底座两种，搭设时应将木垫板铺平，放好底座，再将立杆放入底座内，不准将立杆直接置于木板上，否则将改变垫板受力状态。底座下设置垫板有利于荷载传递，试验表明：标准底座下加设木垫板（板厚 5cm，板长 ≥ 200cm），可将地基土的承载能力提高 5 倍以上。当木板长度大于 2 跨时，将有助于克服两立杆间的不均匀沉陷。

3）当立杆不埋设时，离地面 20cm 处，设置纵向及横向扫地杆。设置扫地杆的做法与大横杆相同，其作用以固定立杆底部，约束立杆水平位移及沉陷，从试验中看，不设置扫地杆的脚手架承载能力也有下降。

（3）架体与建筑结构拉结

1）脚手架高度在 7m 以下时，可采用设置抛撑方法以保持脚手架的稳定，当搭设高度超过 7m 不便设置抛撑时，应与建筑物进行连接。

2）连墙杆必须与建筑结构部位连接，以确保承载能力。

① 连墙杆位置应在施工方案中确定，并绘制做法详图，不得在作业中随意设置。严禁在脚手架使用期间拆除连墙杆。

② 连墙杆与建筑物应采用柔性连接或刚性连接。柔性连接可在墙体内预埋 φ8 钢筋环，用双股 8 号（φ4）钢丝与架体拉接的同时增加支顶措施，限制脚手架里外两侧变形。当脚手架搭设高度超过 24m 时，不准采用柔性连接。

③ 在搭设脚手架时，连墙杆应与其他杆件同步搭设；在拆除脚手架时，应在其他杆件拆到连墙杆高度时，最后拆除连墙杆。最后一道连墙杆拆除前，应先设置抛撑，再拆连墙杆，以确保脚手架拆除过程中的稳定性。

（4）杆件间距与剪刀撑

1）立杆是脚手架的主要受力杆件，间距应均匀设置，不能加大间距，否则会降低立杆承载能力；大横杆步距的变化也直接影响脚手架承载能力，当步距由 1.2m 增加到 1.8m 时，临界荷载下降 27%。

2）剪刀撑是防止脚手架纵向变形的重要措施，合理设置剪刀撑还可以增强脚手架的整体刚度，提高脚手架承载能力 12% 以上。

① 每组剪刀撑跨越立杆根数为 5～7 根（>6m），斜杆与地面夹角在 45°～60° 之间。

② 高度在 24m 以下的单、双排脚手架，均必须在外侧立面的两端各设置一组剪刀撑，由底部至顶部随脚手架的搭设连续设置；中间部分可间距不大于 15m。

③ 高度在 25m 以上的双排脚手架，在外侧立面必须沿长度和高度连续设置。

④ 剪刀撑斜杆应与立杆和伸出的小横杆进行连接，底部斜杆的下端应置于垫板上。

⑤ 剪刀撑斜杆的接长，均采用搭接，搭接长度不小于0.5m，设置2个旋扣件。

3）横向剪刀撑。脚手架搭设高度超过24m时，为增强脚手架横向平面的刚度，可在脚手架拐角处及中间沿纵向每隔6跨，在横向平面内加设斜杆，使之成为"之"字形或"十"字形。遇操作层时可临时拆除，转入其他层时应及时补设。

(5) 脚手板与防护栏杆

1）脚手板是施工人员的作业平台，必须按照脚手架的宽度满铺，板与板之间紧靠。采用对接时，接头处下设两根小横杆；采用搭接时，接槎应顺重车方向；竹笆脚手板应按主竹筋垂直于大横杆方向铺设，且采用对接平铺，四角应用φ1.2mm镀锌钢丝固定在大横杆上。

2）脚手板可采用竹、木、钢等材料，其材质应符合规范要求。竹脚手板应采用由毛竹或楠竹制作的竹串片板、竹笆板。竹板必须是空钉牢固，无残缺竹片；木脚手板应是5cm厚，非脆性木材(如桦木等)，无腐朽、劈裂板；钢脚手板用2mm厚板材冲压制成，如有锈蚀、裂纹者不能使用。

3）凡脚手板伸出小横杆以外大于20cm的称为探头板。由于目前铺设脚手板大多不与脚手架绑扎牢固，若遇探头板有可能造成坠落事故，为此必须严禁探头板出现。当操作层不需沿脚手架长度满铺脚手板时，可在端部采用护栏及立网将作业面限定，把探头板封闭在作业面以外。

4）脚手板的外侧应按规定设置密目安全网，安全网设置在外排立杆的里面。密目安全网必须用符合要求的系绳将网周边每隔45cm(每个环扣间隔)系牢在脚手管上。

5）遇作业层时，还要在脚手架外侧大横杆与脚手板之间，按临边防护的要求设置防护栏杆和挡脚板，防止作业人员坠落和脚手板上物料滚落。

(6) 小横杆设置

1）规范规定应该在立杆与大横杆的交点处设置小横杆，小横杆应紧靠立杆用扣件与大横杆扣牢。设置小横杆的作用有三：一是承受脚手板传来的荷载；二是增强脚手架横向平面的刚度；三是约束双排脚手架里外两排立杆的侧向变形，与大横杆组成一个刚性平面，缩小立杆的长细比，提高立杆的承载能力。当遇作业层时，应在两立杆中间再增加一道小横杆，以缩小脚手板的跨度，当作业层转入其他层时，中间处小横杆可以随脚手板一同拆除，但交点处小横杆不应拆除。

2）双排脚手架搭设的小横杆，必须在小横杆的两端与里外排大横杆扣牢，否则双排脚手架将变成两片脚手架，不能共同工作，失去脚手架的整体性；当使用竹笆脚手板时，双排脚手架的小横杆两端应固定在立杆上，大横杆搁置在小横杆上固定，大横杆间距≤40cm。

3）单排脚手架小横杆的设置位置，与双排脚手架相同。不能用于半砖墙、18cm墙、轻质墙、土坯墙等稳定性差的墙体。小横杆在墙上的搁置长度不应小于18cm，小横杆入墙过小一是影响支点强度，另外单排脚手架产生变形时，小横杆容易拔出。

(7) 杆件搭接

1）木脚手架的立杆及大横杆的接长应采用搭接方法，搭接长度不小于1.5m并应大于步距和跨距，防止受力后产生转动。

2）钢管脚手架的立杆及大横杆的接长应采用对接方法。立杆若采用搭接，当受力时，因扣件的销轴受剪，降低承载能力。试验表明：对接扣件的承载能力比搭接大2倍以上；大横杆采用对接可使小横杆在同一水平面上，利于脚手架搭设；剪刀撑由于受拉(压)，所以接长时应采用搭接，搭接长度不小于50cm，接头处设置扣件不少于两个。考虑脚手架的各杆件接头处传力性能差，所以接头应交错排列不得设置在一个平面内。

（8）架体内封闭

1）脚手架铺设脚手板一般应至少两层，上层为作业层下层为防护层，当作业层脚手板发生问题而落人物时，下层有一层起防护作用。当作业层的脚手板下无防护层时，应尽量靠近作业层处挂一层平网作防护层，平网不应离作业层过远，应防止坠落时平网与作业层之间小横杆的伤害。

2）当作业层脚手板与建筑物之间缝隙（≥15cm）已构成落物、落人危险时，也应采取防护措施，不使落物对作业层以下造成伤害。

（9）通道

1）各类人员上下脚手架必须在专门设置的人行通道（斜道）行走，不准攀爬脚手架，通道可附着在脚手架上设置，也可靠近建筑物独立设置。

2）通道（斜道）构造要求：

① 人行通道宽度不小于1m，坡度宜用1:3；运料斜道宽度不小于1.5m，坡度1:6。

② 拐弯处应设平台，通道及平台按临边防护要求设置防护栏杆及挡脚板。

③ 脚手板横铺时，横向水平杆中间增设纵向斜杆；脚手板顺铺时，接头采用搭接，下面板压住上面板。

④ 通道应设防滑条，间距不大于30cm。

（10）卸料平台

1）施工现场所用各种卸料平台，必须单独专门做出设计并绘制施工图纸。

2）卸料平台的施工荷载一般可按砌筑脚手架施工荷载3kN/m计算，当有特殊要求时，按要求进行设计。卸料平台应制作成定型化、工具化的结构，无论采用钢丝绳吊拉或型钢支承式，都应能简单合理地与建筑结构连接。

3）卸料平台应自成受力系统，禁止与脚手架连接，防止给脚手架增加不利荷载，影响脚手架的稳定性和平台的安全使用。

4）卸料平台应便于操作，脚手板铺平绑牢，周围设置防护栏杆及挡脚板并用密目安全网封严，平台应在明显处设置标志牌，规定使用要求和限定荷载。

3.1.3 碗扣式脚手架

1. 概述

（1）发展现状 碗扣脚手架系统是一种世界上使用最广泛、最成功的标准脚手架，碗扣脚手架因其独特的锁定功能让它在施工中更快速、安全、经济，同时也成为业界安全脚手架的典范。目前我国大量使用的是WDJ碗扣型多功能脚手架。该脚手架独创了带齿碗扣接头，不仅拼拆迅速省力，而且结构简单，受力稳定可靠，完全避免了螺栓作业，不易丢失零散扣件，并配备较完善的系列配件，功能多，使用安全、方便和经济。目前，这种新型脚手架正迅速得以推广，在建筑施工中发挥越来越重要的作用。

（2）基本构造 碗扣式钢管脚手架杆件节点处采用碗扣连接，由于碗扣是固定在钢管上的，构件全部轴向连接，力学性能好，其连接可靠，组成的脚手架整体性好，不存在扣件丢失问题。

碗扣式钢管脚手架由钢管立杆、横杆、碗扣接头等组成。其基本构造和搭设要求与扣件式钢管脚手架类似，不同之处主要在于碗扣接头。

　碗扣接头是该脚手架系统的核心部件，它由上碗扣、下碗扣、横杆接头和上碗扣的限位销等组成，如图3-8所示。上碗扣、下碗扣和限位销按60cm间距设置在钢管立杆之上，其中下碗扣和限位销则直接焊在立杆上。组装时，将上碗扣的缺口对准限位销后，把横杆接头插入下碗扣内，压紧和旋转上碗扣，利用限位销固定上碗扣。碗扣接头可同时连接4根横杆，可以互相垂直或偏转一定角度。

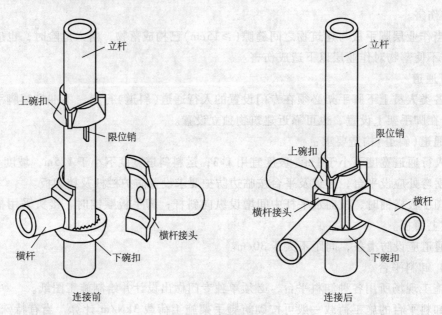

图3-8　碗扣节点构成图

2. 碗扣式脚手架搭设方案

（1）双排外脚手架

1）双排外脚手架应根据使用条件及荷载要求选择结构设计尺寸，横杆步距宜选用1.8m，廊道宽度（横距）宜选用1.2m，立杆纵向间距可选择不同规格的系列尺寸。

2）曲线布置的双排外脚手架组架，应按曲率要求使用不同长度的内外横杆组架，曲率半径应大于2.4m。

3）双排外脚手架拐角为直角时，宜采用横杆直接组架（图3-9a）；拐角为非直角时，可采用钢管扣件组架（图3-9b）。

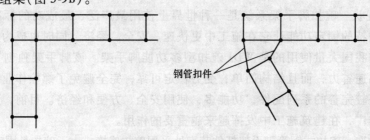

图3-9　拐角组架图

a）横杆组架　b）钢管扣件组架

4）脚手架首层立杆应采用不同的长度交错布置，底部横杆（扫地杆）严禁拆除，立杆应配置可调底座（图3-10）。

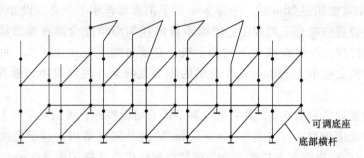

图 3-10　首层立杆布置图

5）脚手架专用斜杆设置应符合下列规定：斜杆应设置在有纵向及廊道横杆的碗扣节点上；脚手架拐角处及端部必须设置竖向通高斜杆（图3-11）；脚手架高度≤20m时，每隔5跨设置一组竖向通高斜杆；脚手架高度大于20m时，每隔3跨设置一组竖向通高斜杆；斜杆必须对称设置（图3-11）；斜杆临时拆除时，应调整斜杆位置，并严格控制同时拆除的根数。

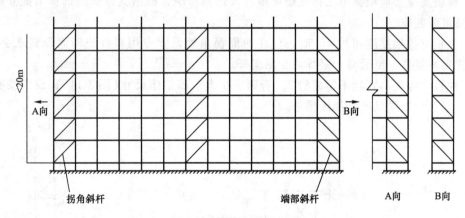

图 3-11　专用斜杆设置图

6）当采用钢管扣件做斜杆时应符合下列规定：斜杆应每步与立杆扣接，扣接点距碗扣节点的距离宜 ≤150mm；当出现不能与立杆扣接的情况时也可采取与横杆扣接，扣接点应牢固；斜杆宜设置成八字形，斜杆水平倾角宜在45°～60°之间，纵向斜杆间距可间隔1～2跨（图3-12）；脚手架高度超过20m时，斜杆应在内外排对称设置。

7）连墙杆的设置应符合下列规定：连墙杆与脚手架立面及墙体应保持垂直，每层连墙杆应在同一平面，水平间距应不大于4跨；连墙杆应设置在有廊道横杆的碗扣节点处，采用钢管扣件做连墙杆时，连墙杆应采用直角扣件与立杆连接，连接点距碗扣节点距离应≤150mm；连墙杆必须采用可承受拉、压荷载的刚性结构。

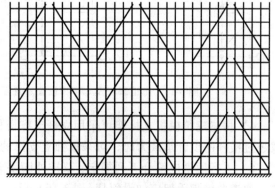

图 3-12　钢管扣件斜杆设置图

8）当连墙件竖向间距大于 4m 时，连墙件内外立杆之间必须设置廊道斜杆或十字撑（图 3-13）。

9）当脚手架高度超过 20m 时，上部 20m 以下的连墙杆水平处必须设置水平斜杆。

10）脚手板设置应符合下列规定：钢脚手板的挂钩必须完全落在廊道横杆上，并带有自锁装置，严禁浮放；平放在横杆上的脚手板，必须与脚手架连接牢靠，可适当加设间横杆，脚手板探头长度应小于 150mm；作业层的脚手板框架外侧应设挡脚板及防护栏，护栏应采用两道横杆。

11）人行坡道坡度可为 1:3，并在坡道脚手板下增设横杆，坡道可折线上升。

12）人行梯架应设置在尺寸为 1.8m×1.8m 的脚手架框架内，梯子宽度为廊道宽度的 1/2，梯架可在一个框架高度内折线上升。梯架拐弯处应设置脚手板及扶手。

13）脚手架上的扩展作业平台挑梁宜设置在靠建筑物一侧，按脚手架离建筑物间距及荷载选用窄挑梁或宽挑梁。宽挑梁可铺设两块脚手板，宽挑梁上的立杆应通过横杆与脚手架连接。

（2）模板支撑架

1）模板支撑架应根据施工荷载组配横杆及选择步距，根据支撑高度选择组配立杆、可调托撑及可调底座。

2）模板支撑架高度超过 4m 时，应在四周拐角处设置专用斜杆或四面设置八字斜杆，并在每排每列设置一组通高十字撑或专用斜杆。

3）模板支撑架高宽比不得超过 3，否则应扩大下部架体尺寸（图 3-14），或者按有关规定验算，采取设置缆风绳等加固措施。

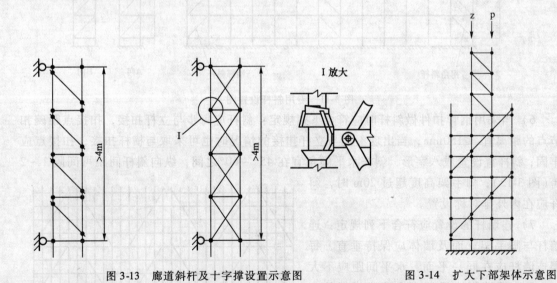

图 3-13　廊道斜杆及十字撑设置示意图　　　　　　图 3-14　扩大下部架体示意图

4）房屋建筑模板支撑架可采用立杆支撑楼板、横杆支撑梁的梁板合支方法。当梁的荷载超过横杆的设计承载力时，可采取独立支撑的方法，并与楼板支撑连成一体（图 3-15）。

5）人行通道应符合下列规定：双排外脚手架人行通道设置时，应在通道上部架设专用梁，通道两侧脚手架应加设斜杆（图 3-16）。

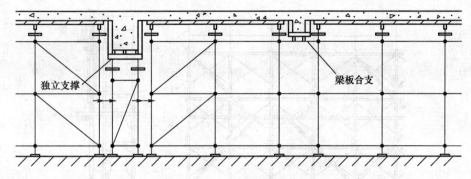

图 3-15 房屋建筑模板支撑架

模板支撑架人行通道设置时，应在通道上部架设专用横梁，横梁结构应经设计计算确定。通道两侧支撑横梁的立杆根据计算应加密，通道周围脚手架应组成一体。通道宽度应≤4.8m。洞口顶部必须设置封闭的覆盖物，两侧设置安全网。通行机动车的洞口，必须设置防撞设施。

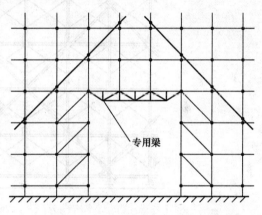

图 3-16 双排外脚手架人行通道设置图

3.1.4 其他脚手架

1. 门式脚手架

（1）门式脚手架概述 门式脚手架是建筑用脚手架中，应用最广的脚手架之一。由于主架呈"门"字型，所以称为门式或门型脚手架，也称鹰架或龙门架。这种脚手架主要由主框、横框、交叉斜撑、脚手板、可调底座等组成。门式脚手架体系，在一些高层建筑工程施工中应用。它不但能用作建筑施工的内外脚手架，又能用作楼板、梁模板支架和移动式脚手架等，具有较多的功能，所以又称多功能脚手架。门式脚手架不仅可作为外脚手架，也可作为内脚手架或满堂脚手架。

（2）门式脚手架构造要求

1）门式钢管脚手架组成。是以门架、交叉支撑、连接棒、挂扣式脚手板或水平架、锁臂等组成基本结构，再设置水平加固杆、剪刀撑、扫地杆、封口杆、托座与底座，并采用边墙件与建筑物主体结构相连的一种标准化钢管脚手架。

① 门架。门式钢管脚手架的主要构件，由立杆、横杆及加强杆焊接组成（图 3-17）。

② 配件。门式钢管脚手架的其他构件（图 3-18），包括连接棒、锁臂、交叉支撑、水平架、挂扣式脚手板、底座与托座。

③ 连接棒。用于门架立杆竖向组装的连接件。

④ 锁臂。门架立杆组装接头处的拉接件。

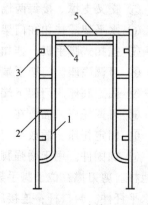

图 3-17 门架
1—立杆加强杆 2—立杆 3—锁销
4—横杆加强杆 5—横杆

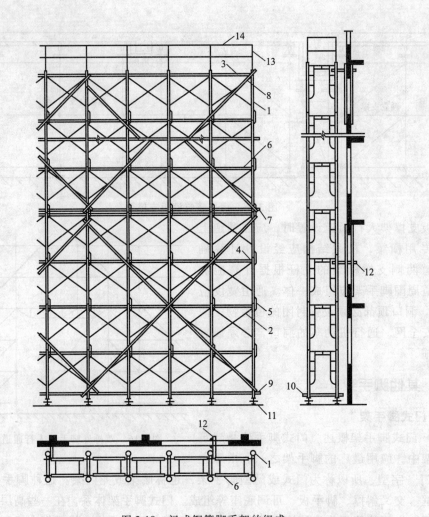

图 3-18　门式钢管脚手架的组成

1—门架　2—交叉支撑　3—脚手板　4—连接棒　5—锁臂　6—水平架　7—水平加固杆
8—剪刀撑　9—扫地杆　10—封口杆　11—底座　12—连墙件　13—栏杆　14—扶手

⑤　交叉支撑。接每两榀门架的交叉拉杆。

⑥　水平架。挂扣在门架横杆上的水平构件。

⑦　挂扣式脚手板。挂扣在门架横杆上的脚手板。

⑧　可调底座。门架下端插放其中,传力给基础,并可调整高度的构件。

⑨　固定底座。门架下端插放其中,传力给基础,不能调整高度的构件。

⑩　可调托座。插放在门架立杆上端,承接上部荷载,并可调整高度的构件。

⑪　固定托座。插放在门架立杆上端,承接上部荷载,不能调整高度的构件。

⑫　加固件。用于增强脚手架刚度而设置的杆件,包括剪刀撑、水平加固件、封口杆与扫地杆。剪刀撑:位于脚手架外侧,与墙面平行的交叉杆件。水平加固件:与墙面平行的纵向水平杆件。封口杆:连接底步门架立杆下端的纵向水平杆件。扫地杆:连接底步门架立杆下端的纵向水平杆件。

⑬　连墙件。将脚手架连接于建筑物主体结构的构件。

2）落地门式钢管脚手架的搭设高度不宜超过表3-2的规定。

表3-2　落地门式钢管脚手架搭设高度

施工荷载标准值 $\Sigma Q_k /$（kN/m^2）	搭设高度/m
3.0 ~ 5.0	≤45
≤3.0	≤60

3）门架

① 门架跨距应符合现行行业标准《门式钢管脚手架》（JGJ 76—1991）的规定，并与交叉支撑规格配合。

② 门架立杆离墙面净距不宜大于150mm；大于150mm时应采取内挑架板或其他离口防护的安全措施。

4）配件

① 门架的内外两侧均应设置交叉支撑并应与门架立杆上的锁销锁牢。

② 上、下榀门架的组装必须设置连接棒及锁臂，连接棒直径应小于立杆内径的1~2mm。

③ 有脚手架的操作层上应连续满铺与门架配套的挂扣式脚手板，并扣紧挡板，防止脚手板脱落和松动。

④ 水平架设置应符合下列规定：

a. 在脚手架的顶层门架上部、连墙件设置层、防护棚设置处必须设置。

b. 当脚手架搭设高度 H≤45m 时，沿脚手架高度，水平架应至少两步一设；当脚手架搭设高度 H>45m 时，水平架应每步一设；不论脚手架多高，均应在脚手架的转角处、端部及间断处一个跨距范围内每一步一设。

c. 水平架在其设置层面内应连续设置。

d. 当因施工需要，临时局部拆除脚手架内侧交叉支撑时，应在拆除交叉支撑的门架上方及下方设置水平架。

e. 水平架可由挂扣式脚手板或门架两侧设置的水平加固杆代替。

f. 底部门架的立杆下端应设置固定底座或可调底座。

5）加固件

① 剪刀撑设置应符合下列规定：

a. 脚手架高度超过20m时，应在脚手架外侧连续设置。

b. 剪刀撑斜杆与地面的倾角宜为45°~60°，剪刀撑宽度宜为4~8m。

c. 剪刀撑应采用扣件与门架立杆扣紧。

d. 剪刀撑斜杆若采用搭接接长，搭接长度不宜小于600mm，搭接处应采用两个扣件扣紧。

② 水平加固杆设置应符合下列规定：

a. 当脚手架高度超过20m时，应在脚手架外侧每隔4步设置一道，并宜在有连墙件的水平层设置。

b. 设置纵向水平加固杆应连续，并形成水平闭合圈。

c. 在脚手架的底部门架下端应加封口杆，门架的内、外两侧应设通长扫地杆。

　　d. 水平加固杆应采用扣件与门架立杆扣牢。

　　e. 转角处门架连接。

　　③ 在建筑物转角处的脚手架内、外两侧应按步设置水平连接杆，将转角处的两门架连成一体(图3-19)：

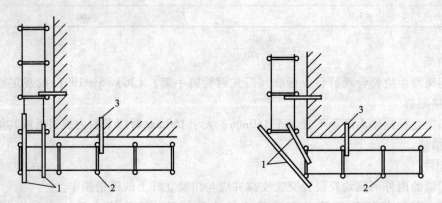

图 3-19　转角处脚手架连接
1—连接钢管　2—门架　3—连墙件

　　a) 水平连接杆应采用钢管，其规格应与水平加固杆相同。

　　b) 水平连接杆应采用扣件与门架立杆及水平加固杆扣紧。

　　6) 连墙件

　　① 脚手架必须采用连墙件与建筑物做到可靠连接。连墙件的设置应满足表3-3的要求。

表 3-3　连墙件间距

脚手架搭设高度 /m	基本风压 $w_0/(\text{kN/m}^2)$	连墙件的间距/m	
		竖　向	水　平　向
≤45	≤0.55	≤6.0	≤8.0
	>0.55	≤4.0	≤6.0
>45	—		

　　② 在脚手架的转角处、不闭合(一字形、槽形)脚手架的两端应增设连墙件，其竖向间距不应大于4.0m。

　　③ 在脚手架外侧因设置防护棚或安全网而承受偏心荷载的部位，应增设连墙件，其水平间距不应大于4.0m。

　　④ 连墙件应能承受拉力与压力，其承载力标准值不应小于10kN；连墙件与门架、建筑物的连接也应具有相应的连接强度。

　　7) 通道洞口：

　　① 通道洞口高不宜大于2个门架，宽不宜大于1个门架跨距。

　　② 通道洞口应按以下要求采取加固措施：当洞口宽度为一个跨距时，应在脚手架洞口上方的内外侧设置水平加固杆，在洞口两个上角加斜撑杆(图3-20)；当洞口宽为两个及两个以上跨距时，应在洞口上方设置经专门设计和制作的托架，并加强洞口两侧的门

架立杆。

（3）门式脚手架搭设的安全技术要求。依据《建筑施工门式钢管脚手架安全技术规范》（JGJ 128—2010）。

1）门式钢管脚手架的最大搭设高度，可根据下表确定。

施工荷载标准值/（kN/m²）	搭设高度/m
3.0～5.0	≤45
≤3.0	≤60

2）对门架配件、加固件进行检查验收，禁止使用不合格的构配件。

3）对脚手架的搭设场地进行清理、平整，并做好排水。

4）基础处理。为保证地基具有足够的承载能力，立杆基础施工应满足构造要求和施工组织设计的要求；在脚手架基础上应弹出门架立杆位置线，垫板、底座安放位置要准确。

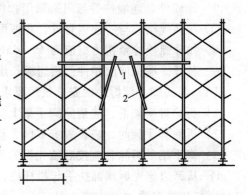

图 3-20　通道洞口加固示意图
1—水平加固杆　2—斜撑杆

5）门式脚手架搭设程序：

① 脚手架的搭设，应自一端延伸向另一端，自下而上按步架设，并逐层改变搭设方向，减少误差积累。不可自两端相向搭设或相间进行，以避免结合处错位，难于连接。

② 脚手架搭设的顺序。铺设垫木（板）+安入底座→自一端起立门架并随即装交叉支撑→安装水平架（或脚手板）→安装钢梯→安装水平加固杆→安装连墙件→按照上述步骤，逐层向上安装+按规定位置安装剪刀撑→装配顶步栏杆。

③ 脚手架的搭设必须配合施工进度，一次搭设高度不应超过最上层连墙件三步或自由高度小于 6m，以保证脚手架稳定性。

6）架设门架及配件安装注意事项：

① 交叉支撑、水平架、脚手板、连接棒、锁臂的设置应符合构造规定。

② 不同产品的门架与配件不得混合使用于同一脚手架。

③ 交叉支撑、水平架及脚手板应紧随门架的安装及时设置。

④ 各部件的锁、搭钩必须处于锁住状态。

⑤ 水平架或脚手板应在同一步内连续设置，脚手板应满铺。

⑥ 钢梯的位置应符合组装布置图的要求，底层钢梯底部应加设 $\phi42$ 钢管并用扣件扣紧在门架立杆上，钢梯跨的两侧均应设置扶手。每段钢梯可跨越两步或三步门架再行转折。

⑦ 挡脚板（笆）应在脚手架施工层两侧设置，栏板（杆）应在脚手架施工层外侧设置，栏杆、挡脚板应在门架立杆的内侧设置。

7）水平加固杆、剪刀撑的安装：

① 水平加固杆、剪刀撑安装应符合构造要求，并与脚手架的搭设同步进行。

② 水平加固杆采用扣件与门架在立杆内侧连牢，剪刀撑应采用扣件与门架立杆外侧

连牢。

8）连墙件的安装：

① 连墙件的安装必须随脚手架搭设同步进行，严禁搭设完毕补作。

② 当脚手架操作层高出相邻连墙件以上两步时，应采用临时加强稳定措施，直到连墙件搭设完毕后方可拆除。

③ 连墙件埋入墙身的部分必须牢固可靠，连墙件必须垂直于墙面，不允许向上倾斜。

④ 连墙件应连于上、下两榀门架的接头附近。

⑤ 当采用一支一拉的柔性连墙构造时，拉、支点间距应不大于400mm。

9）加固件、连墙件等与门架采用扣件连接时应满足下列要求：

① 扣件规格应与所连钢管外径相匹配。

② 扣件螺栓拧紧扭力矩值为45~65N·m，并不得小于40N·m。

③ 各杆件端头伸出扣件盖板边缘长度应不小于100mm

（4）门式脚手架拆除的安全技术要求

1）拆除脚手架前，应清除脚手架上的材料、工具和杂物。

2）拆除脚手架时，应设置警戒区，设立警戒标志，并由专人负责警戒。

3）脚手架的拆除，应按后装先拆的原则，按下列程序进行：

① 从跨边起先拆顶部扶手与栏杆柱，然后拆脚手板（或水平架）与扶梯段，再卸下水平杆加固杆和剪刀撑。

② 自顶层跨边开始拆卸交叉支撑，同步拆下顶撑连墙杆与顶层门架。

③ 继续向下同步拆除第二步门架与配件。脚手架的自由悬臂高度不得超过三步，否则应加设临时拉结。

④ 连续同步往下拆卸。对于连墙杆、长水平杆、剪刀撑，必须在脚手架拆卸到相关跨门架后，方可拆除。

⑤ 拆除扫地杆、底层门架及封口杆。

⑥ 拆除基座，运走垫板和垫块。

4）脚手架的拆卸必须遵守下列安全要求：

① 工人必须站在临时设置的脚手板上进行拆除作业。

② 拆除工作中，严禁使用锤子等硬物击打、撬挖。拆下的连接棒应放入袋内，锁臂应先传递至地面并放入室内堆存。

③ 拆卸连接部件时，应先将锁座上的锁板与搭钩上的锁片转至开启位置，然后开始拆卸，不准硬拉，严禁敲击。

④ 拆除的门架、钢管与配件，应成捆用机械吊运或井架传送至地面，防止碰撞，严禁抛掷。

2. 附着升降式脚手架

升降式脚手架是沿结构外表面满搭的脚手架，在结构和装修工程施工中应用较为方便，但费料耗工，一次性投资大，工期亦长。因此，近年来在高层建筑及筒仓、竖井、桥墩等施工中发展了多种形式的外挂脚手架，其中应用较为广泛的是升降式脚手架，包括自升降式、互升降式、整体升降式三种类型。

（1）自升降式脚手架 自升降脚手架的升降运动是通过手动或电动葫芦交替对活动架

和固定架进行升降来实现的。从升降架的构造来看，活动架和固定架之间能够进行上下相对运动。当脚手架工作时，活动架和固定架均用附墙螺栓与墙体锚固，两架之间无相对运动；当脚手架需要升降时，活动架与固定架中的一个架子仍然锚固在墙体上，使用起重葫芦对另一个架子进行升降，两架之间便产生相对运动。通过活动架和固定架交替附墙，互相升降，脚手架即可沿着墙体上的预留孔逐层升降。

具体操作过程如下：

1）施工前准备。按照脚手架的平面布置图和升降架附墙支座的位置，在混凝土墙体上设置预留孔。预留孔尽可能与固定模板的螺栓孔结合布置，孔径一般为 40～50mm。为使升降顺利进行，预留孔中心必须在一直线上。脚手架爬升前，应检查墙上预留孔位置是否正确，如有偏差，应预先修正，墙面突出严重时，也应预先修平。

2）安装。该脚手架的安装在起重机配合下按脚手架平面图进行。先把上、下固定架用临时螺栓连接起来，组成一片，附墙安装。一般每两片为一组，每步架上用 4 根 $\phi 48 \times 3.5$ 钢管作为大横杆，把两片升降架连接成一跨，组装成一个与邻跨没有牵连的独立升降单元体。附墙支座的附墙螺栓从墙外穿入，待架子校正后，在墙内紧固。对壁厚的筒仓或桥墩等，也可预埋螺母，然后用附墙螺栓将架子固定在螺母上。脚手架工作时，每个单元体共有 8 个附墙螺栓与墙体锚固。为了满足结构工程施工，脚手架应超过结构一层的安全作业需要。在升降脚手架上墙组装完毕后，用 $\phi 48 \times 3.5$ 钢管和对接扣件在上固定架上面再接高一步。最后在各升降单元体的顶部扶手栏杆处设临时连接杆，使之成为整体，内侧立杆用钢管扣件与模板支撑系统拉结，以增强脚手架整体稳定。

3）爬升。爬升可分段进行，视设备、劳动力和施工进度而定，每个爬升过程提升 1.5～2m，每个爬升过程分两步进行（图 3-21）。

① 爬升活动架。解除脚手架上部的连接杆，在一个升降单元体两端升降架的吊钩处，各配置 1 只起重葫芦，起重葫芦的上、下吊钩分别挂入固定架和活动架的相应吊钩内。操作人员位于活动架上，起重葫芦受力后卸去活动架附墙支座的螺栓，活动架即被起重葫芦挂在固定架上，然后在两端同步提升，活动架即呈水平状态徐徐上升。爬升到达预定位置后，将活动架用附墙螺栓与墙体锚固，卸下起重葫芦，活动架爬升完毕。

② 爬升固定架。同爬升活动架相似，在吊钩处用起重葫芦的上、下吊钩分别挂入活动架和固定架的相应吊钩内，起重葫芦受力后卸去固定架附墙支座的附墙螺栓，固定架即被起重葫芦挂吊在活动架上。然后在两端同步抽动起重葫芦，固定架即徐徐上升，同样爬升至预定位置后，将固定架用附墙螺栓与墙体锚固，卸下起重葫芦，固定架爬升完毕。

4）下降。与爬升操作顺序相反，顺着爬升时用过的墙体预留孔倒行，脚手架即可逐层下降，同时把留在墙面上的预留孔修补完毕，最后脚手架返回地面。

5）拆除。拆除时设置警戒区，有专人监护，统一指挥。先清理脚手架上的垃圾、杂物，然后自上而下逐步拆除。拆除升降架可用起重机、卷扬机或起重葫芦。升降机拆下后要及时清理整修和保养，以利重复使用，运输和堆放均应设置地楞，防止变形。

（2）整体升降式脚手架　在超高层建筑的主体施工中，整体升降式脚手架有明显的优越性，它结构整体好、升降快捷方便、机械化程度高、经济效益显著，是一种很有推广使用价值的超高建（构）筑外脚手架，被建设部列入重点推广的 10 项新技术之一。

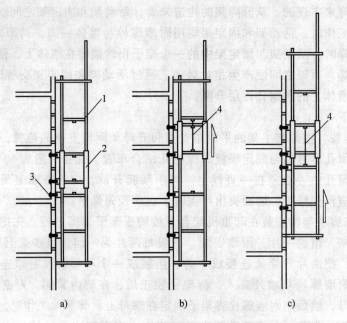

图 3-21　自升降式脚手架爬升过程
a）爬升前的位置　b）活动架爬升（半个层高）　c）固定架爬升（半个层高）
1—活动架　2—固定架　3—附墙螺栓　4—起重葫芦

　　整体升降式外脚手架以电动葫芦为提升机，使整个外脚手架沿建筑物外墙或柱整体向上爬升。搭设高度依建筑物施工层的层高而定，一般取建筑物标准层 4 个层高加 1 步安全栏的高度为架体的总高度。脚手架为双排，宽以 0.8～1m 为宜，里排杆离建筑物净距 0.4～0.6m。脚手架的横杆和立杆间距都不宜超过 1.8m，可将 1 个标准层高分为 2 步架，以此步距为基数确定架体横、立杆的间距。

　　架体设计时可将架子沿建筑物外围分成若干单元，每个单元的宽度参考建筑物的开间而定，一般在 5～9m 之间。

　　爬升操作如下：短暂开动电动葫芦，将电动葫芦与承力架之间的吊链拉紧，使其处在初始受力状态。松开架体与建筑物的固定拉结点。松开承力架与建筑物相连的螺栓和斜拉杆，开动电动葫芦开始爬升，爬升过程中应随时观察架子的同步情况，如发现不同步应及时停机进行调整。爬升到位后，先安装承力架与混凝土边梁的紧固螺栓，并将承力架的斜拉杆与上层边梁固定，然后安装架体上部与建筑物的各拉结点。待检查符合安全要求后，脚手架可开始使用，进行上一层的主体施工。在新一层主体施工期间，将电动葫芦及其挑梁摘下，用滑轮或手拉葫芦转至上一层重新安装，为下一层爬升做准备（如图 3-13 所示）。而下降与爬升操作顺序相反，利用电动葫芦顺着爬升用的墙体预留孔倒行，脚手架即可逐层下降，同时把留在墙面上的预留孔修补完毕，最后脚手架返回地面。

　　（3）附着升降脚手架控制要点

　　1）附着升降脚手架架体构造控制：

　　① 架体双排脚手架的宽度为 0.9～1.1m，每段脚手架下层支承跨度不大于 8m，架体全高与支承跨度的乘积不大于 100m²，使架体重心不偏高和利于稳定。脚手架的立杆按 1.5m 设置，扣件的坚固力矩 40～50N·m，并按规定加设剪刀撑和连墙杆。

② 水平梁架与竖向主框架，是架体荷载向建筑结构传力的，是刚性框架，不允许产生变形，以确保传力的可靠性。框架的杆件必须有足够的强度、刚度；杆件的节点必须是共性，半支撑框架与主框架不允许采用扣件连接，必须采用焊接或螺栓连接定型框架，以提高架体的稳定性。

③ 在架体与支承框架的组装中，必须牢固地将立杆与水平框架上弦连接，并使脚手架立杆与框架立杆成一垂直线，节点杆件轴线汇交于一点，荷载直接传给水平梁架。里外两榀支承框架的横向部分，按节点部位采用水平杆与斜杆，将两榀水平梁架连成一体，形成一个空间框架，杆件与水平梁架的连接也必须采用焊接或螺栓连接。

④ 在框架升降过程中，由于上部结构尚未达到要求强度或高度，故不能及时设置附着支撑而使架体上部形成悬臂，悬臂部分不得大于架体高度的 2/5 并不能超过 6.0m。

2）附着支撑施工控制：

① 附着支撑是附着式升降脚手架的主要承载传力装置。附着支撑与工程结构每个楼层都必须设连接点，框体主框架沿竖向侧，在任何尾部下均不得少于两处。

② 附着支撑或钢挑梁与工程结构的连接质量必须符合设计要求，必须严密、平整、牢固。对预埋件或预留孔应逐一进行检查，记录各层各点的检查结果和加固措施；当使用附墙支撑或钢挑梁时，其设置处混凝土强度应符合设计规定，并不得小于 C10。

3）升降装置控制：

① 脚手架的升降装置有：手拉葫芦、电动葫芦、专用卷杨机、穿芯液压千斤顶。用量较大的是电动葫芦，使用手拉葫芦最多只能同时使用两个吊点的单跨脚手架的升降。

② 升降必须有自动显示、自动控制、同步控制装置，对升降差和承载力两个方面进行控制。升降时控制各吊点同步差在 3cm 以内；吊点的承载力应控制在额定承载力的 80%，当实际承载力达到和超过额定承载力的 80% 时，该吊点应自动停止升降，防止发生超载。

③ 索具吊具的安全系数，按照《起重机械安全规程》（GB 6067—2010）规定，用于吊挂的钢丝绳其安全系数为 6。

④ 脚手架升降时，在同一主框架竖向平面附着支撑必须保持不少于两处，升降作业时，作业人员不准站在脚手架上操作。

4）防坠落、导向防倾装置控制：

① 为防止脚手架在升降情况下，发生断绳、折轴等故障造成的坠落事故和保障在升降情况下，脚手架不发生倾斜、晃动，所以规定必须设置防坠落和防倾斜装置。

② 防坠落装置必须灵敏可靠，由发生坠落到架体停住的时间不超过 3s，其坠落距离不大于 150mm。防坠落装置必须设置在主框架部位，两处以上的附着支撑把制动荷载及时传给工程结构承受。

③ 防倾斜装置必须具有可靠的刚度（不允许用扣件连接），可以控制架体升降过程中的倾斜度和晃动程度，在两个方向（向前、左右）均不超过 3cm。防倾斜装置的导向间隙应为 5mm，在架体升降过程中始终保持水平约束，确保升降状态的稳定和安全不倾翻。

④ 防坠落装置应能在施工现场提供动作试验，确认可靠、灵敏、符合要求。

5）脚手板安全防护控制：

① 脚手板应按每层架体间距合理铺设，铺满、铺严，无探头板与架体固定绑牢，有钢

丝绳穿过处的脚手板，其孔洞不能留有过大洞口，人员上下各作业层应设专用通道和扶梯，架体离墙空隙的翻板构造措施必须封严，防止落人落物。

② 脚手板质量符合要求，应使用厚度不小于 5cm 的木板或专用钢制板网，不准用竹脚手板。

③ 脚手架外侧用密目网封闭，安全网的搭接处必须严密并与脚手架绑牢，各作业层都应按临边防护的要求设置防护栏杆及挡脚板。

④ 最底作业层下方应同时采用密目网及平网挂牢封严，防止落人落物，升降脚手架上、下建筑物的门窗及预留洞，也应进行封闭。

3.2 垂直运输机械

垂直运输设施是指担负垂直输送材料和施工人员上下的机械设备和设施。在砌筑施工过程中，各种材料（砖、砂浆）、工具（脚手架、脚手板）及各层楼板安装时，垂直运输量较大，都需要用垂直运输机具来完成。目前，砌筑工程中常用的垂直运输设施有塔式起重机、井字架、龙门架、独杆提升机、建筑施工电梯等。

3.2.1 塔式起重机

塔式起重机是臂架安置在垂直的塔身顶部的可回转臂架型起重机。塔式起重机又称塔机或塔吊，是现代工程建设中一种主要的起重机械，它由钢结构、工作机构、电气系统及安全装置四部分组成。

1. 塔式起重机的型号

根据《建筑机械与设备产品型号编制方法》（ZBJ 04008—1988）的规定，塔式起重机的型号组成如下：

（1）QTZ 80H

QTZ——组、型、特性代号。

80——最大起重力矩（t·m）。

H——更新、变型代号。

（2）另外，现在有的塔机厂家，根据国外标准，用塔式起重机最大臂长（m）与臂端（最大幅度）处所能吊起的额定重量（kN）两个主参数来标记塔式起重机的型号。如中联的 QTZ100 又一标记为 TC5613，其意义：

T——塔的英语第一个字母（Tower）。

C——起重机英语第一个字母（Crane）。

56——最大臂长 56m。

13——臂端起重量 13kN（1.3t）。

2. 塔式起重机的主要性能参数

（1）起重量 G

1）起重量 G ——被起升重物的重量，单位为 t。

2）额定起重量 Gn——起重机允许吊起的重物连同吊具重量的总和。

3）最大起重量 Gmax——起重机正常工作条件下，允许吊起的最大额定起重量。

（2）幅度 L

1）幅度 L——起重机置于水平场地时，空载吊具垂直中心线至回转中心线之间的水平距离，单位为 m。

2）最大幅度 Lmax——起重机工作时，臂架倾角最小或小车在臂架最外极限位置时的幅度。

3）最小幅度 Lmin——臂架倾角最大或小车在臂架最内极限位置的幅度。

（3）起重力矩 M 幅度 L 和相应起吊物品重力 Q 的乘积称为起重力矩，单位为 kN·m。塔式起重机的起重能力是以起重力矩表示的。它是以最大工作幅度与相应的最大起重载荷的乘积作为起重力矩的标定值。

（4）起升高度 H 它是指起重机水平停车面至吊具允许最高位置的垂直距离，单位为 m。

3. 塔式起重机的分类与具体性能特点

塔式起重机的类型较多，按性能特点分为两大类：一般式塔式起重机与自升式塔式起重机。

（1）一般式塔式起重机 QT1-6 型为上回转动臂变幅式塔式起重机，适用于结构吊装及材料装卸工作，如图 3-22 所示。

QT-60/80 型为上回转动臂变幅式塔式起重机，适于较高建筑的结构吊装。

（2）自升式塔式起重机 自升式塔式起重机的型号较多，如 QTZ50、QTZ60、QTZ100、QTZ120 等。

QT4-10 型多功能（可附着、可固定、可行走、可爬升）自升塔式起重机，是一种上旋转、小车变幅自升式塔式起重机，随着建筑物的增高，利用液压顶升系统而逐步自行接高塔身，如图 3-23 所示。

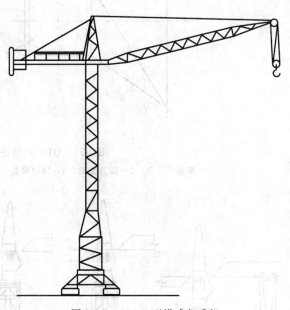

图 3-22　QT1-6 型塔式起重机

自升塔式起重机的液压顶升系统主要有：顶升套架、长行程液压千斤顶、支承座、顶升横梁、引渡小车、引渡轨道及定位销等。

液压千斤顶的缸体装在塔吊上部结构的底端支承座上，活塞杆通过顶升横梁支承在塔身顶部，其顶升过程如图 3-24 所示。

锚固装的附着杆布置形式如图 3-25 所示。

爬升式起重机其特点是：塔身短，起升高度大而且不占建筑物的外围空间；但司机作业时看不到起吊过程，全靠信号指挥，施工完成后拆塔工作处于高空作业等。

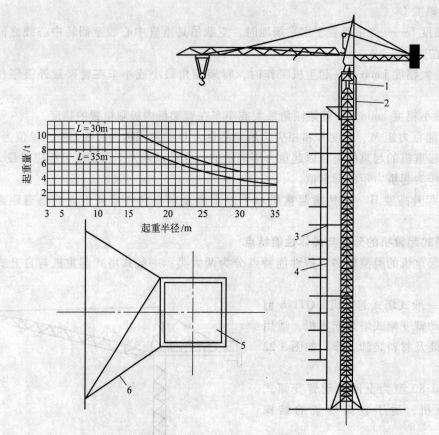

图 3-23 QT4-10 型塔式起重机

1—液压千斤顶 2—顶升套架 3—锚固装置 4—建筑物 5—塔身 6—附着杆

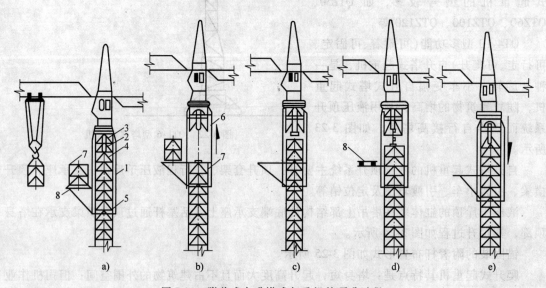

图 3-24 附着式自升塔式起重机的顶升过程

a）准备状态 b）顶升塔顶 c）推入塔身标准节 d）塔顶与塔身联成整体 e）顶升完成

1—顶升套架 2—液压千斤顶 3—支承座 4—顶升横梁 5—定位销 6—过渡节 7—标准节 8—摆渡小车

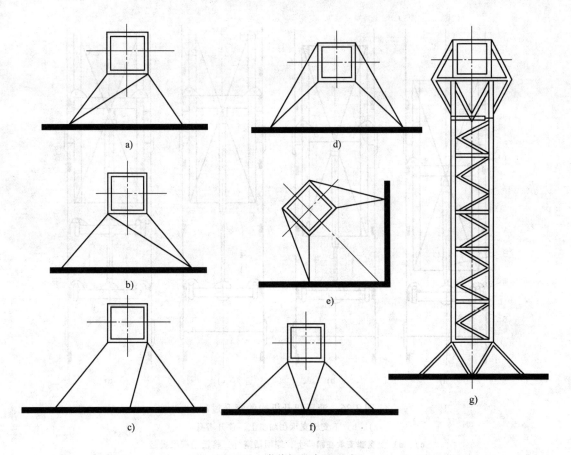

图 3-25　附着杆的布置形式

a)、b)、c) 三杆式附着杆系　d)、e)、f) 四杆式附着杆系　g) 空间桁架式附着杆

图 3-26 所示为爬升式起重机的爬升示意图。其主要型号有 QT5-4/40 型、QT5-4/60 型、QT3-4 型等。

4. 塔式起重机重点控制内容（GB/T 5031—2008）

（1）标识　制造商应在产品技术资料、样本和产品显著部位标识产品型号，型号中至少应包含塔式起重机的最大起重力矩，单位为 t·m。

（2）型式和型号　型号编制图示如下：

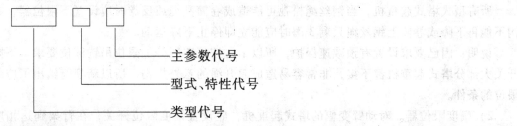

主参数代号
型式、特性代号
类型代号

标记示例：

公称起重力矩 400kN·m 的快装式塔式起重机：

塔式起重机 QTK　400　JG/T 5037

公称起重力矩 600kN·m 的固定塔式起重机：

塔式起重机 QTG　600　JG/T 5037

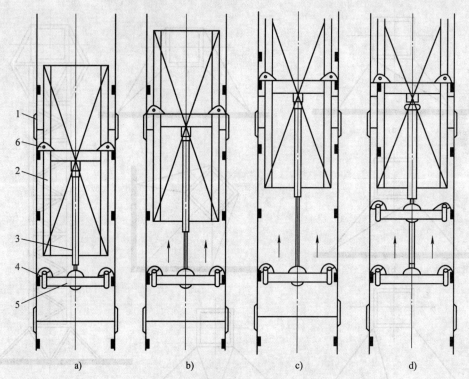

图 3-26　液压爬升机构的爬升过程

a)、b) 下支腿支承在踏步上，顶升塔身

c)、d) 上支腿支承在踏步上，缩回活塞杆，将活动横梁提起

1—爬梯　2—塔身　3—液压缸　4、6—支腿　5—活动横梁

（3）安全装置

1）起升高度限位器。对动臂变幅的塔式起重机，当吊钩装置顶部升至起重臂下端的最小距离为 800mm 处时，应能立即停止起升运动，对没有变幅重物平移功能的动臂变幅的塔式起重机，还应同时切断向外变幅控制回路电源，但应有下降和向内变幅运动。

对小车变幅的塔式起重机，吊钩装置顶部升至小车架下端的最小距离为 800mm 处时，应能立即停止起升运动，但应有下降运动。

所有型式塔式起重机，当钢丝绳松弛可能造成卷筒乱绳或反卷时应设置下限位器，在吊钩不能再下降或卷筒上钢丝绳只剩 3 圈时应能立即停止下降运动。

说明：因已要求设置有预减速保护，所以不再按倍率区分上限位吊钩停位要求。下限位开关大部分塔式起重机都不接，非常容易造成起升绳的意外损伤，所以新规范给出了应装下限位的条件。

2）幅度限位器。对动臂变幅的塔式起重机，应设置幅度限位开关，在臂架到达相应的极限位置前开关动作，停止臂架再往极限方向变幅。

对小车变幅的塔式起重机，应设置小车行程限位开关和终端缓冲装置。限位开关动作后应保证小车停车时其端部距缓冲装置最小距离为 200mm。

3）动臂变幅幅度限制装置。对动臂变幅的塔式起重机，应设置臂架极限位置的限制装置，该装置应能有效防止臂架向后倾翻。

说明：装置的强度应满足最小幅度空载状态，正常工作风力按最不利方向施加的作用。

4）运行限位器。对于轨道运行的塔式起重机，每个运行方向应设置限位装置，其中包括限位开关、缓冲器和终端止挡。应保证开关动作后塔式起重机停车时其端部距缓冲器最小距离为 1000mm，缓冲器距终端止挡最小距离为 1000mm。

5）起重力矩限制器和起重量限制器。当起重力矩大于相应幅度额定值并小于额定值的 110%时，应停止上升和向外变幅动作。力矩限制器控制定码变幅的触点和控制定幅变码的触点应分别设置，且能分别调整。对小车变幅的塔式起重机，其最大变幅速度超过 40m/min，在小车向外运行，且起重力矩达到额定值的 80%时，变幅速度应自动转换为不大于 40m/min 的速度运行。当起重量大于最大额定起重量并小于 110%额定起重量时，应停止上升方向动作，但应有下降方向动作。具有多档变速的起升机构，限制器应对各档位具有防止超载的作用。

6）小车断绳保护装置。对小车变幅塔式起重机应设置双向小车变幅断绳保护装置。

7）小车防坠落装置。对小车变幅塔式起重机应设置小车防坠落装置，即使车轮失效小车也不得脱离臂架坠落。

说明：在《塔式起重机安全规程》（GB5144—2006）中，该装置被称为"小车断轴保护装置"。但因有个别设计人员未准确理解其意义，起重小车各车轮、侧轮（侧辊）设计不合理，已引发了多起小车从臂架上脱轨坠落的事故。新规范中将其更名为"小车防坠落装置"，即要求在正常工作和维修中，即使车轮失效小车也不能从臂架上脱离坠落。

（4）钢丝绳和卷筒　钢丝绳的要求如下：

1）起升和变幅钢丝绳应符合《重要用途钢丝绳》（GB 8918—2006）的规定。

2）钢丝绳的选择应符合《塔式起重机设计规范》（GB/T 13752—1992）的规定。

3）《塔式起重机设计规范》（GB/T 13752）第 6.4.2 条规定：

钢丝绳结构型式的选择：起升用钢丝绳应优先采用不旋转钢丝绳；在腐蚀较大的环境采用镀锌钢丝绳。

说明：起升和变幅钢丝绳不能选择《一般用途钢丝绳》（GB/T 20118—2006）中的一般用途钢丝绳。

（5）起升机构　卷筒表面应光滑以防止钢丝绳的不正常磨损。

卷筒的最小卷绕直径应符合《塔式起重机设计规范》（GB/T 13752—1992）的规定，应采取措施以保证钢丝绳正确缠绕，钢丝绳偏离与卷筒轴垂直平面的角度不大于 1.5°。

卷筒宜加工绳槽。绳槽节距 p 应在以下范围内：$1.04d < p < 1.15d$，d 为钢丝绳直径。

3.2.2　施工电梯

目前，在高层建筑施工中常采用人货两用的建筑施工电梯，它的吊笼装在井架外侧，沿齿条式轨道升降，附着在外墙或其他建筑物结构上，可载重货物 1.0 ~ 1.2t，也可容纳 12 ~ 15 人。其高度随着建筑物主体结构施工而接高，可达 100m，如图 3-27 所示。它特别适用于高层建筑，也可用于高大建筑、多层厂房和一般楼房施工中的垂直运输。

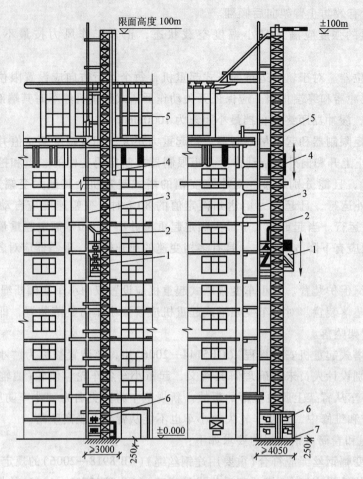

图 3-27 建筑施工电梯

1—吊笼 2—小吊杆 3—架设安装杆 4—平衡安装杆
5—导航架 6—底笼 7—混凝土基础

3.2.3 井字架和龙门架

1. 井字架概述

井字架以地面卷扬机为动力,由型钢组成井字形架体的提升机,吊篮(吊笼)在井孔内沿轨道作垂直运动。可组成单孔或多孔井架并联在一起使用。在垂直运输过程中,井字架的特点是稳定性好,运输量大,可以搭设较大的高度,是施工中最常用、最简便的垂直运输设施。除用型钢或钢管加工的定型井架外,还有用脚手架材料搭设而成的井架。井架多为单孔井架,但也可构成两孔或多孔井架。图 3-28 所示为用角钢制作的井架构造图。

2. 龙门架概述

龙门架以地面卷扬机为动力,由两根立柱与天梁和地梁构成门式架体的提升机,吊篮(吊笼)在两立柱中间沿轨道作垂直运动,也可由 2 台或 3 台门架并联在一起使用。龙门架由两立柱及天轮梁(横梁)构成。立柱由若干个格构柱用螺栓拼装而成,而格构柱是用角钢及钢管焊接而成或直接用厚壁钢管构成门架。龙门架设有滑轮、导轨、吊盘、安全装置以及起重索、缆风绳等，其构造如图 3-29 所示。

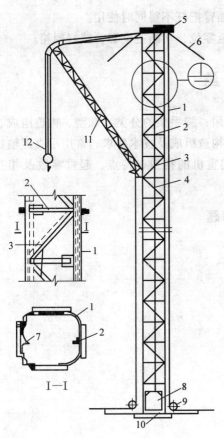

图 3-28　角钢井架

1—立柱　2—平撑　3—斜撑　4—钢丝绳　5—天轮
6—缆风绳　7—导轨　8—吊盘　9—地轮　10—垫木
11—摆臂拽杆　12—滑轮组

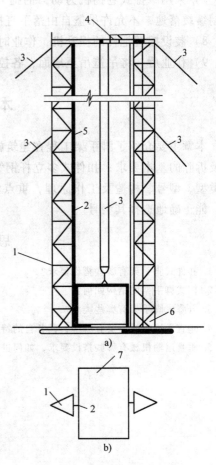

图 3-29　龙门架的基本构造形式

a）立面图　b）平面图

1—立杆　2—导轨　3、5—缆风绳
4、6—天轮　7—吊盘停车安全装置

3. 使用与管理

1）物料在吊篮内应均匀分布，不得超出吊篮。当长料在吊篮中立放时，应采取防滚落措施。散料应装箱或装笼，严禁超载使用。

2）严禁人员攀登、穿越提升机架体和乘吊篮上下。

3）高架提升作业时，应使用通信装置联系。低架提升机在多工种、多楼层同时使用时，应专设指挥人员，信号不清不得开机。作业中不论任何人发出紧急停车信号，应立即执行。

4）闭合主电源前或作业中突然断电时，应将所有开关扳回零位。在重新恢复作业前，应在确认提升机动作正常后方可继续使用。

5）发现安全装置、通信装置失灵时，应立即停机修复。作业中不得随意使用极限限位装置。

6）使用中要经常检查钢丝绳、滑轮工作情况，如发现磨损严重，必须按照有关规定及时更换。

7）采用摩擦式卷扬机为动力的提升机，吊篮下降时，应在吊篮行至离地面 1~2m 处，控制缓缓落地，不允许吊篮自由落下直接降至地面。

8）装设摇臂把杆的提升机，作业时，吊篮与摇臂把杆不得同时使用。

9）作业后，将吊篮吊至地面，各控制开关扳至零位，切断主电源，锁好闸箱。

本 章 小 结

本章主要介绍了脚手架工程在建筑施工中的作用；脚手架的分类、选型、构造组成、搭设及拆除的基本要求；扣件式多立杆钢管脚手架的构造组成及技术要求；常用垂直运输机械的类型、型号、构造及工作原理，重点掌握塔式起重机的构造、特点，起重参数及相互关系，能正确地选择其型号。

思考题与习题

1. 扣件式脚手架有哪些搭设要求？
2. 门式脚手架的结构如何？
3. 升降式脚手架有哪些类型？
4. 垂直运输机械主要有哪些，其各自的特点是什么？
5. 垂直运输机械有哪些搭设要求，如何进行安全管理？

第4章 砌筑工程

砌筑工程是指以烧结普通砖、多孔砖、硅酸盐类砖、石材和各类砌块的砌筑，即用砌筑砂浆将砖、石、砌块等砌成所需形状，如墙、基础等砌体。砖石砌体结构作为一项传统结构，从古至今一直被广泛使用，而我国也素有"秦砖汉瓦"之称，这种结构具有取材方便、造价低、耐久性、耐火性好，且有良好的保温隔热性能，但这种结构以手工砌筑为主，劳动强度大、生产效率低、抗震性能差、烧制黏土砖还大量占用耕地与农业争用土地，因而开发应用新型墙体材料、改善砌体施工工艺是砌筑工程改革的重点。

4.1 砌筑材料

砌筑工程所用的主要材料是砖（石）、各种砌块和砂浆。砌体工程所用的材料在施工中应有产品的合格证书，产品性能检测报告，块材、水泥、钢筋、外加剂等应有材料主要性能的进场复验报告。严禁使用国家明令淘汰的材料。

4.1.1 砖

砌筑工程所用的砖种类较多，包括有：烧结普通砖、烧结多孔砖、蒸压灰砂砖、粉煤灰砖等。

常用普通砖的外形为直角六面体，其标准尺寸为 240mm×115mm×53mm，根据抗压强度分为 MU30、MU25、MU20、MU15、MU10 五个强度等级。

强度、抗风化性能和放射性物质合格的砖，根据尺寸偏差、外观质量、泛霜和石灰爆裂分为优等品（A）、一等品（B）、合格品（C）三个质量等级，外观要求应尺寸准确、无裂纹、掉角、缺棱和翘曲等现象。优等品适用于清水墙和装饰墙，一等品、合格品可用于混水墙，中等泛霜的砖不能用于潮湿部位。

在砌筑时有时要砍砖，按尺寸不同分为七分头（也称七分找）、半砖、二寸条和二寸头（也称二分找），如图 4-1 所示。

砖要按规定及时进场，按砖

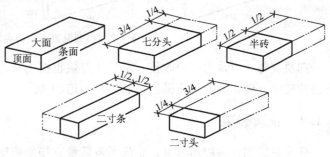

图 4-1 砖的名称

的强度等级、外观、几何尺寸进行验收，并应检查出厂合格证。用于清水墙、柱表面的砖，应边角整齐，色泽均匀。砖应每 15 万块为一验收批，不足 15 万块也按一批计，每一验收批随机抽取试样一组（10 块）。

74

4.1.2 石

砌筑用石料分为毛石和料石两大类。

毛石一般要求在一个方向有较平整的面，中部厚度不小于150mm，每块毛石重约20～30kg。在砌筑工程中一般用于基础、挡土墙、护坡、堤坝和墙体等。毛石砌体所用的石材应质地坚实、无分化剥落和裂纹。用于清水墙、柱表面的石材，应色泽均匀。

料石分为粗料石和细料石。粗料石又称块石，在砌筑工程中用于基础、房屋勒脚和毛石砌体的转角部位或单独砌筑墙体。细料石用于砌筑较高级房屋的台阶、勒脚、墙体等，也可用作高级房屋饰面的镶贴。

4.1.3 砌块

砌块为砌筑用人造块材，一般以混凝土或工业废料作原料制成实心或空心的块材。它具有自重轻、机械化和工业化程度高、施工速度快、生产工艺和施工方法简单且可大量利用工业废料等优点，因此，用砌块代替普通黏土砖是墙体改革的重要途径。

砌块按形状分有实心砌块和空心砌块两种。按制作原料分为粉煤灰、加气混凝土、混凝土、硅酸盐、石膏砌块等数种。按规格来分有小型砌块、中型砌块和大型砌块。砌块外形尺寸可达标准砖的6～60倍。高度在180～380mm的块体，一般称为小型砌块，高度在380～940mm的块体，一般称为中型砌块，大于940mm的块体，称为大型砌块。目前在工程中多采用中小型砌块，各地区生产的砌块规格不一。用于砌筑的砌块的外观、尺寸和强度应符合设计要求。常用的小型混凝土空心砌块如图4-2所示。

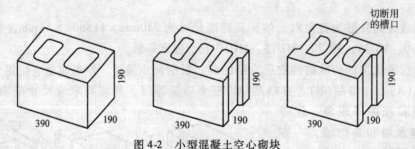

图4-2 小型混凝土空心砌块

砌块应每3万块为一验收批，不足3万块也按一批计，每批从尺寸偏差和外观质量检验合格的砖中，随机抽取抗压强度试验试样一组(5块)。

4.1.4 砌筑砂浆

砂浆是砖砌体的胶结材料，它的制备质量直接影响操作和砌体的整体强度。而砂浆制备质量要由原材料的质量和拌合质量共同保证。

砂浆是由胶结材料、细骨料及水组成的混合物。按照胶结材料的不同，砂浆可分为石灰砂浆、水泥砂浆和混合砂浆，其种类选择及其等级的确定，应根据设计要求而定。一般水泥砂浆用于基础、长期受水浸泡的地下室和承受较大外力的砌体；石灰砂浆主要用于砌筑干燥环境中以及强度要求不高的砌体；混合砂浆主要用于地面以上强度要求较高的砌体。混合砂浆由于加入了石灰膏，改善了砂浆的和易性，操作起来比较方便，有利于砌体密实度和工效的提高。

砂浆的强度等级有 M20、M15、M10、M7.5、M5、M2.5 六个等级。

砌筑砂浆使用的水泥品种及强度等级，应根据砌体部位和所处环境来选择。水泥在进场使用前，应分批对其强度、安定性进行复验（检验批应以同一生产厂家、同一编号为一批）。水泥储存时应保持干燥。当在使用中对水泥质量有怀疑或水泥出厂超过三个月（快硬硅酸盐水泥超过一个月）时，应复查试验，并按其结果使用。不同品种的水泥，不得混合使用。生石灰应熟化成石灰膏，并用滤网过滤，为使其充分熟化，一般在化灰池中的熟化时间不少于7d，化灰池中储存的石灰膏，应防止干燥、冻结和污染，脱水硬化后的石灰膏严禁使用。细骨料宜采用中砂并过筛，不得含有害杂物，其含泥量应满足下列要求：对水泥砂浆和强度等级不小于 M5 的水泥混合砂浆，不应超过 5%；对强度等级小于 M5 的水泥混合砂浆，不应超过 20%。凡在砂浆中掺入有机塑化剂、早强剂、缓凝剂、防冻剂等，应经试验和试配符合要求后，方可使用。拌制砂浆用水，水质应符合国家现行标准。

砂浆的配合比应经试验确定，并严格执行。当砌筑砂浆的组成材料有变更时，其配合比应重新确定（当施工中采用水泥砂浆代替水泥混合砂浆时，应重新确定砂浆强度等级）。现场拌制砂浆时，各组分材料应采用重量计量，计量时要准确：水泥、微沫剂的配料精度应控制在 ±2% 以内；砂、石灰膏、黏土膏、电石膏、粉煤灰的配料精度应控制在 ±5% 以内。砂浆应采用机械搅拌，自投料完算起，搅拌时间应符合下列规定：水泥砂浆和水泥混合砂浆不得少于 2min；水泥粉煤灰砂浆和掺用外加剂的砂浆不得少于 3min；掺用有机塑化剂的砂浆，应为 3~5min。为了便于操作，拌合后的砂浆应有较好的稠度和良好的保水性。对于砌筑实心砖墙、柱，砂浆稠度宜为 70~100mm；砌筑平拱过梁、拱及空斗墙宜为 50~70mm。砌空心砖墙、柱时，稠度宜为 60~80mm。

砂浆拌成后和使用时，宜盛入储灰斗内。如砂浆出现泌水现象，在使用前应重新拌合。砂浆应随拌随用，常温下，水泥砂浆和水泥混合砂浆应分别在 3h 与 4h 内使用完毕；当施工期间最高气温超过 30℃ 时，应分别在拌成后 2h 和 3h 内使用完毕。

对所用的砂浆应作强度检验。制作试块的砂浆，应在现场取样，每一楼层或每 250m³ 砌体中的各种强度等级的砂浆，每台搅拌机应至少检查一次，每次至少留一组试块（每组 6 块），其标准养护 28d 的抗压强度应满足设计要求。

4.2 砌砖施工

4.2.1 砖砌体施工

1. 砖砌体的施工准备工作

砖砌体的施工准备工作，包括砖的准备、砌筑砂浆的准备和施工机具的准备。

（1）砖的准备　在常温下砌筑，普通黏土砖、空心砖的含水率宜为 10%~15%，一般应提前 1~2d 浇水润湿，以免在砌筑时由于砖吸收砂浆中的大量水分，使砂浆流动性降低，砌筑困难，影响砂浆的粘结强度。但也要注意不能将砖浇得过湿，浇水过多会产生砌体走样或滑动，浇水程度以水浸入砖内 10~15mm 为宜。过湿过干都会影响施工速度和施工质量。试验证明，适宜的含水率不仅可以提高砖与砂浆之间的粘结力，提高砌体的抗剪强度，也可以使砂浆强度保持正常增长，提高砌体的抗压强度。如因天气酷热，砖面水分蒸发过快，操作时揉压困难，也可在脚手架上进行二次浇水。

（2）砂浆的准备　砂浆的作用是粘结砌体、传递荷载、密实孔隙、保温隔热。砂浆的准备主要是材料和砂浆的拌制。水泥进场使用前，应分批对水泥的强度和体积安定性两项指标进行复验。强度和安定性是判断水泥是否合格的重要指标。不同品种的水泥，不得混合使用，由于成分不一，如将不同水泥混合使用，会发生材性变化或强度降低的现象，容易引起工程质量问题。砂浆当中砂的含泥量也应满足规范要求；对于水泥砂浆和强度等级等于或大于 M5 的混合砂浆含泥量不超过 5%；在 M5 以下的混合砂浆含泥量不得超过 10%；含泥量大砂浆收缩值大，耐久性降低。

砌筑砂浆以使用中砂为好，粗砂的砂浆和易性差，不便于操作，细砂的砂浆强度较低，一般用于勾缝。

（3）施工机具的准备　砖砌体主要由砖、砂浆组成。原材料质量和砌筑质量是影响砌体质量的主要因素。但砌筑之前的准备工作做的好坏，同样会影响到工程质量与施工进度。因此，在砌筑施工前，必须按施工组织设计的要求组织垂直和水平运输机械、砂浆搅拌机械进场，并进行安装和调试等工作；确定各种材料堆放场地；同时，还要准备好脚手架、砌筑工具（如大铲、灰斗、瓦刀、皮数杆、托线板）等。

2. 砖基础砌筑

砖基础由垫层、大放脚和基础墙构成。基础墙是墙身向地下的延伸，大放脚是为了增大基础的承压面积，所以要砌成台阶形状，大放脚有等高式和间隔式两种砌法，如图 4-3 所示，等高式的大放脚是每两皮一收，每边各收进 1/4 砖长；间隔式大放脚是两皮一收与一皮一收相间隔，每边各收进 1/4 砖长，这种砌法在保证刚性角的前提下，可以减少用砖量。

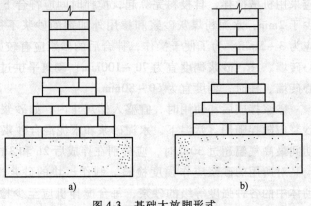

图 4-3　基础大放脚形式
a）等高式　b）间隔式

砖基础的砌筑高度，是用基础皮数杆来控制的。首先根据施工图标高，在基础皮数杆上划出每皮砖及灰缝的尺寸，然后在转角处、丁字墙基交接处、十字墙基交接处及高低踏步处立基础皮数杆，即可逐皮砌筑大放脚。立皮数杆时要利用水准仪进行抄平。

当发现垫层表面的水平标高相差较大时，要先用细石混凝土或用砂浆找平后再开始砌筑。砌大放脚时，先砌转角端头，以两端为标准，拉好准线，然后按此准线进行砌筑。

大放脚一般采用一顺一丁的砌法，竖缝至少错开 1/4 砖长，十字及丁字接头处要隔皮砌通。大放脚的最下一皮及每个台阶的上面一皮应以丁砌为主。

3. 砖墙砌筑

（1）砖墙的组砌形式　砖墙的组砌要求：上下错缝，内外搭接，以保证砌体的整体性；同时组砌要有规律，少砍砖，以提高砌筑效率，节约材料。实心砖墙常用的厚度有半砖（120mm）、一砖（240mm）、一砖半（370mm）、两砖（490mm）等。依其组砌形式不同，最常见的有以下几种:一顺一丁、三顺一丁、梅花丁等,如图4-4所示。

一顺一丁的砌法是由一皮全部顺砖与一皮全部丁砖相互交替砌成,上下皮间的竖缝相互错开1/4砖。砌体中无任何通缝,而且丁砖数量较多,能增强横向拉结力。这种砌法各皮间错缝搭接牢靠,墙体整体性较好,操作中变化小,易于掌握,砌筑时墙面也容易控制平直,但竖缝不易对齐,在墙的转角、丁字接头、门窗洞口等处都要砍砖,因此砌筑效率受到一定限制。当砌24墙时,顶砖层的砖有两个面露出墙面(也称出面砖较多),故对砖的质量要求较高。这种砌法在砌筑中采用较多,它的墙面形式有两种:一种是顺砖层上下对齐(称十字缝),一种是顺砖层上下相错半砖(称骑马缝)。

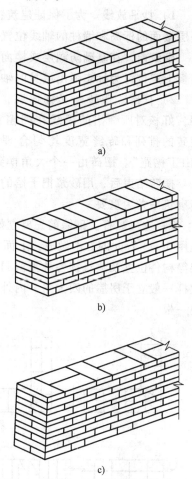

三顺一丁的砌法是三皮全部顺砖与一皮全部丁砖间隔砌成。上下皮顺砖间的竖缝错开1/2砖长;上下皮顺砖与丁砖间竖缝错开1/4砖长。这种砌法出面砖较少,顺砖较多,同时在墙的转角、丁字与十字接头,门窗洞口处砍砖较少,故可提高工效,但由于顺砖层较多,反面墙面的平整度不易控制,当砖较湿或砂浆较稀时,顺砖层不易砌平且容易向外挤出,影响质量,而且三皮顺砖内部纵向有通缝,整体性较差,一般使用较少。这种方法砌的墙,抗压强度接近一顺一丁砌法,受拉受剪力学性能均较"一顺一丁"的强。宜用于一砖半以上的墙体的砌筑或挡土墙的砌筑。

图4-4 砖墙的组砌形式
a) 一顺一丁 b) 三顺一丁 c) 梅花丁

梅花丁又称沙包式、十字式。梅花丁的砌法是每皮中丁砖与顺砖相隔,上皮丁砖中坐于下皮顺砖,上下皮间相互错开1/4砖长。该砌法内外竖缝每皮都能错开,故抗压整体性较好,墙面容易控制平整,竖缝易于对齐,特别是当砖长、宽比例出现差异时竖缝易控制。因丁、顺砖交替砌筑,且操作时容易搞错,比较费工,抗拉强度不如"三顺一丁"。因这种砌法内外竖缝每皮都能错开,灰缝整齐,而且墙面比较美观,但砌筑效率较低。砌筑清水墙或当砖的规格不一致时,采用这种砌法较好。

全丁砌筑法就是全部用丁砖砌筑,上下皮竖缝相互错开1/4砖长,此法仅用于圆弧形砌体,如水池、烟囱、水塔等。

为了使砖墙的转角处各皮间竖缝相互错开,必须在外角处砌七分头砖(3/4砖长)。当采用一顺一丁组砌时,七分头的顺面方向依次砌顺砖,丁面方向依次砌丁砖(图4-5a)。

砖墙的丁字接头处,应分皮相互砌通,内角相交处竖缝应错开1/4砖长,并在横墙端头处加砌七分头砖(图4-5b)。

砖墙的十字接头处,应分皮相互砌通,交角处的竖缝应错开1/4砖长(图4-5c)。

(2)砖墙的施工工艺 抄平、放线、摆砖样、立皮数杆、盘角、挂线、砌筑、勾缝和

78

清理等。

1）抄平放线。为了保证建筑物平面尺寸和各层标高的正确，在砌筑前必须准确地定出各层楼面的标高和墙柱的轴线位置，以作为砌筑时的控制依据。

砌筑前，在基础防潮层或楼面上先用 M7.5 水泥砂浆或 C10 细石混凝土找平，然后以龙门板上定位钉为标志弹出墙身的轴线、边线，定出门窗洞口的位置。

2）摆砖。摆砖样又称撂底，是在弹好线的基础顶面上按选定的组砌方式先用砖试摆，好核对所弹出的墨线在门窗洞口、墙垛等处是否符合砖模数，以便借助灰缝调整，使砖的排列和砖缝宽度均匀合理。摆砖时，要求山墙摆成丁砖，横墙摆成顺砖，又称"山丁檐跑"。摆砖由一个大角摆到另一个大角，砖与砖留 10mm 缝隙。

摆砖结束后，用砂浆把干摆的砖砌好，砌筑时注意其平面位置不得移动。摆砖样在清水墙砌筑中尤为重要。

3）立皮数杆。砌墙前先要立好皮数杆（又称线杆），作为砌筑的依据之一，皮数杆一般是用 5cm×7cm 的方木做成，上面划有砖的皮数，灰缝厚度、门窗、楼板、圈梁、过梁、屋架等构件位置及建筑物各种预留洞口和加筋的高度，它是墙体竖向尺寸的标志（图 4-6）。皮数杆一般立于房屋的四大角、内外墙交接处、楼梯间以及洞口多的地方，大约每隔 10~15m 立一根。

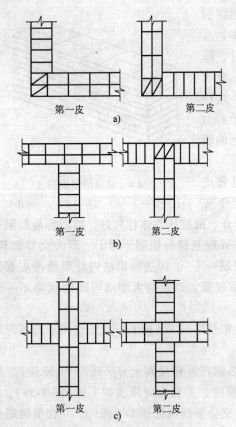

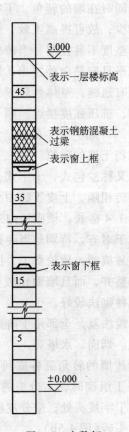

图 4-5　砖墙交接处组砌

a）一砖墙转角（一顺一丁）　b）一砖墙丁字交接处

（一顺一丁）　c）一砖墙十字交接处（一顺一丁）

图 4-6　皮数杆

4）盘角、挂线。砌筑时，应根据皮数杆先在墙角砌 4~5 皮砖，称为盘角，然后根据皮数杆和已砌的墙角挂准线，作为砌筑中间墙体的依据，每砌一皮或两皮，准线向上移动一次，以保证墙面平整。一砖厚的墙单面挂线，外墙挂外边，内墙挂任何一边；一砖半及以上厚的墙都要双面挂线。

5）砌筑。砌砖的操作方法很多，各地的习惯、使用工具也不尽相同。不论选择何种砌筑方法，首先应保证砖缝的灰浆饱满，其次还应考虑有较高生产效率。目前常用的砌筑方法主要有铺浆法和"三一砌筑法"。

铺浆法是先在砌体的上表面铺一段适当厚度的砂浆，然后拿砖向后持平连续向砖缝挤去，将一部分砂浆挤入竖向灰缝，水平灰缝靠手的揉压达到需要的厚度，达到上齐线下齐边，横平竖直的要求。这种砌筑方法的优点是效率较高，灰缝容易饱满，能保证砌筑质量。当采用铺浆法砌筑时，铺浆长度不得超过 750mm；施工期间气温超过 30℃ 时，铺浆长度不得超过 500mm。

"三一砌砖法"是先将灰抛在砌砖位置上，随即将砖挤揉，即"一铲灰、一块砖、一挤揉"，并随手将挤出的砂浆刮去。该砌筑方法的特点是上灰后立即挤砌，灰浆不宜失水，且灰缝容易饱满、粘结力好，墙面整洁，宜于保证质量。竖缝可采用挤浆或加浆的方法，使其砂浆饱满。砌筑实心墙时宜选用"三一砌砖法"。

6）勾缝和清理。勾缝是砌清水墙的最后一道工序，具有保护墙面并增加墙面美观的作用。

勾缝的方法有两种。墙较薄时，可用砌筑砂浆随砌随勾缝，称为原浆勾缝；墙较厚时，待墙体砌筑完毕后，用 1:1.5 水泥砂浆或加色砂浆勾缝，称为加浆勾缝。为了确保勾缝质量，勾缝前应清除墙面粘结的砂浆和杂物，并洒水润湿，在砌完墙后，应画出 1cm 的灰槽，灰槽可勾成平、斜、凹等形状。

当该层施工面墙体砌筑完成后，应及时对墙面和落地灰进行清理。

7）楼层轴线的引测。为了保证各层轴线的重合和施工方便，在弹墙身线时，应根据龙门板上标注的轴线位置将轴线引测到房屋的外墙基上。二层以上各层墙的轴线，可用经纬仪或垂球引测到楼层上去。轴线的引测是放线的关键，必须按图纸要求尺寸用钢皮尺进行校核。然后按楼层墙身中心线，弹出各墙边线，划出门窗洞口位置。

8）各层标高的控制。基础砌完之后，除要把主要墙的轴线由龙门桩或龙门板上引到基础墙上外，还要在基础墙上抄出一条 -0.1 或 -0.15 标高的水平线。楼层各层标高除立皮数杆控制外，也可用在室内弹出的水平线控制。

墙体标高可在室内弹出水平线控制。当底层砌到一定高度（500mm 左右）后，用水准仪根据龙门板上 ±0.000 标高，引出统一标高的测量点（一般比室内地坪高 200~500mm），在相邻两墙角的控制点间弹出水平线，作为过梁、圈梁和楼板标高的控制线。以此线到该层墙顶的高度计算出砖的皮数，并在皮数杆上划出每皮砖和砖缝的厚度，作为砌砖时的依据。此外，在建筑物四外墙上引测 ±0.000 标高，画上标志，当第二层墙砌到一定高度，从底层用尺往上量出第二层的标高的控制点，并用水准仪，以引上的第一个控制点为准，定出各墙面水平线，用以控制第二层楼板标高。

（3）砖墙砌筑的质量要求　砖墙是由砖块和砂浆通过各种形式的组合而搭砌成的整体，所以砌体质量的好坏取决于组成砌体的原材料质量和砌筑方法。在砌筑时应掌握正确的操作方法，做到横平竖直、砂浆饱满、错缝搭接、接槎可靠，以保证墙体有足够的强度与稳定性。

1）横平竖直。砌体的灰缝应横平竖直，上下对齐，厚薄均匀。横平，即每皮砖必须在同一平面上，要求每块砖必须摆平。竖直，即砌体表面轮廓垂直平整，竖向灰缝垂直对齐。

要做到横平竖直，首先应将基础找平，在砌筑时必须立设皮数杆、挂线砌筑，并随时用线锤和靠尺或者用 2m 托线板检查墙体垂直度，做到"三皮一吊、五皮一靠"，发现问题应及时纠正。

2）砂浆饱满。为保证砖块均匀受力和使块体紧密结合，要求水平灰缝砂浆饱满，厚薄均匀。水平灰缝厚度宜为 10mm，不应小于 8mm，也不应大于 12mm。水平灰缝太厚，在受力时砌体的压缩变形增大，还可能使砌体产生滑移，这对墙体结构很不利。如灰缝过薄，则不能保证砂浆的饱满度，对墙体的粘结力削弱，影响整体性。砂浆的饱满程度以砂浆饱满度表示，用百格网（图 4-7）检查；检查时，每检验批抽查不少于 5 处，每处掀 3 块取平均值；要求水平灰缝饱满度达到 80% 以上，竖向灰缝饱满度达

图 4-7　百格网

到 60% 以上。同样，竖向灰缝亦应控制厚度保证粘结，饱满的竖向灰缝可提高砌体的抗横向能力。施工时竖向灰缝宜采用挤浆或加浆方法，不得出现透明缝、瞎缝和假缝，以避免透风漏雨，影响保温性能。

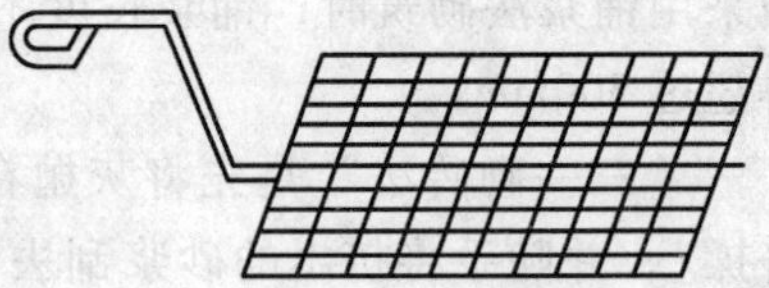

3）错缝搭接。为保证墙体的整体性和传力效果，砖块的排列方式应遵循内外搭接、上下错缝的原则。砖块的错缝搭接长度不应小于 1/4 砖长，避免出现垂直通缝（上下两皮砖搭接长度小于 25mm 皆称通缝），确保砌筑质量，以加强砌体的整体性。为此，应采用适宜的组砌方式。

4）接槎可靠。整个房屋的纵横墙应相互连接牢固，以增加房屋的强度和稳定性。砖砌体的转角处和交接处应同时砌筑，严禁无可靠措施的内外墙分砌施工。对不能同时砌筑而又必须留置的临时间断处应砌成斜槎，斜槎水平投影长度不应小于高度的 2/3。非抗震设防和抗震设防烈度为 6 度、7 度地区的临时间断处，当不能留斜槎时，除转角外，可留直槎。但直槎必须做成凸槎。留直槎处应加设拉结钢筋，拉结钢筋的数量为每 120mm 墙厚留 1ϕ6 的拉结钢筋（240mm 厚墙放置 2ϕ6 拉结钢筋），间距沿墙高不应超过 500mm，埋入长度从留槎处算起每边均不应小于 500mm，对抗震设防烈度 6 度、7 度的地区，不应小于 1000mm；末端应有 90° 的弯钩，如图 4-8 所示。

接槎即先砌砌体与后砌砌体之间的结合。接槎方式的合理与否，对砌体的质量和建筑物整体性影响极大。因留槎处的灰浆不易饱满，故应少留槎。斜槎和直砖砌体接槎时，必须将接槎处的表面清理干净，浇水润湿，并应填实砂浆，保持灰缝平直，使接槎处的前后砌体粘结牢固。

（4）砖墙砌筑的技术要求

1）施工洞口的留设。在墙上留置临时施工洞口，其侧边离交接处墙面不应小于 500mm，洞口净宽度不应超过 1m。抗震设防烈度为 9 度的地区建筑物的临时施工洞口位置，应会同设计单位确定。临时施工洞口应做好补砌。

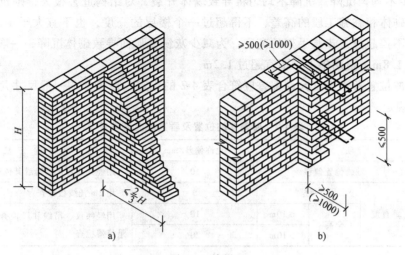

图 4-8　接槎

a）斜槎砌筑　b）直槎砌筑

2）不得在下列墙体或部位设置脚手眼：

① 120mm 厚墙、料石清水墙和独立柱。

② 过梁上与过梁成 60°角的三角形范围及过梁净跨度 1/2 的高度范围内。

③ 宽度小于 1m 的窗间墙。

④ 砌体门窗洞口两侧 200mm（石砌体为 300mm）和转角处 450mm（石砌体为 600mm）范围内。

⑤ 梁或梁垫下及其左右 500mm 范围内。

⑥ 设计不允许设置脚手眼的部位。

3）砌体自由高度的限制。在尚未安装楼板或屋面板的墙和柱，有可能遇到大风时，其允许自由高度不得超过表 4-1 的规定，否则应采取必要的临时加固措施。表 4-1 适合于施工处标高（H）在 10m 范围内的情况，如 10m < H ≤ 15m 和 15m < H ≤ 20m 时，表内允许自由高度值分别乘以 0.9 和 0.8 的系数；如 H > 20m 时，应通过抗倾覆验算确定其允许自由高度。若所有砌筑的墙有横墙或其他结构与其连接，而且间距小于表 4-1 所列限值的 2 倍时，砌筑高度可不受表 4-1 规定的限制。

表 4-1　墙和柱的允许自由高度表　　　　　　　　　　　（单位：m）

墙（柱）厚 /mm	砌体密度 > 1600（kg/m³）			砌体密度 1300 ~ 1600（kg/m³）		
	风荷载/（kN/m³）			风荷载/（kN/m³）		
	0.3（约7级风）	0.4（约8级风）	0.8（约9级风）	0.3（约7级风）	0.4（约8级风）	0.8（约9级风）
190	—	—	—	1.4	1.1	0.7
240	2.8	2.1	1.4	2.2	1.7	1.1
370	5.2	3.9	2.6	4.2	3.2	2.1
490	8.6	6.5	4.3	7.0	5.2	3.5
620	14.0	10.5	7.0	11.4	8.6	5.7

4）减少不均匀沉降。沉降不均匀将导致墙体开裂，对结构危害很大，砌筑施工中要严加注意。砖砌体相临施工段的高差，不得超过一个楼层的高度，也不宜大于4m；临时间断处的高度差不得超过一步脚手架的高度；为减少灰缝变形而导致砌体沉降，一般每日砌筑高度不宜超过1.8m，雨期施工，不宜超过1.2m。

砖砌体的位置及垂直度允许偏差应符合表4-2的规定。砖砌体的一般尺寸允许偏差应符合表4-3的规定。

表4-2　砖砌体的位置及垂直度允许偏差

项　次	项　目			允许偏差/mm	检　验　方　法
1	轴线位置偏移			10	用经纬仪和尺检验或其他测量仪器检查
2	垂直度	每层		5	用2m托线板检查
		全高	≤10m	10	用经纬仪、吊线和尺检查，或用其他测量仪器检查
			>10m	20	

表4-3　砖砌体一般尺寸允许偏差

项　次	项　目		允许偏差/mm	检　验　方　法	抽　检　数　量
1	基础顶面和楼面标高		±15	用水平仪和尺检查	不应少于5处
2	表面平整度	清水墙、柱	5	用2m靠尺和楔形塞尺检查	有代表性自然间10%，但不应少于3间，每间不应少于2处
		混水墙、柱	8		
3	门窗洞口高、宽（后口）		±5	用尺检查	检验批洞口的10%，且不应少于5处
4	外墙上下窗口偏移		20	以底层窗口为准，用经纬仪或吊线检查	检验批的10%，且不应少于5处
5	水平灰缝平直度	清水墙	7	拉10m线和尺检查	有代表性自然间10%，但不应少于3间，每间不应少于2处
		混水墙	10		
6	清水墙游丁走缝		20	吊线和尺检查，以每层第一皮砖为准	有代表性自然间10%，但不应少于3间，每间不应少于2处

4.2.2　构造柱和砖组合砌体的施工

1. 构造柱的构造

构造柱和砖组合墙体由钢筋混凝土构造柱、砖砌体以及拉结钢筋等组成。钢筋混凝土构造柱的截面尺寸不宜小于240mm×240mm，其厚度不应小于墙厚，边柱、角柱的截面宽度宜适当加大。构造柱内竖向受力钢筋，对于中柱不宜少于4根φ12的HRB335级钢筋；对于边柱、角柱，不宜少于4根φ14的HRB335级钢筋。构造柱的竖向受力钢筋的直径也不宜大于φ16。其箍筋一般部位宜采用φ6，间距200mm；楼层上下500mm范围内宜采用φ6，间距100mm。构造柱的竖向受力钢筋应在基础梁和楼层圈梁中锚固，并应符合受拉钢筋的锚固要求；构造柱的混凝土强度等级不宜低于C20。

所用砌砖的强度等级不应低于MU10，砌筑砂浆的强度等级不应低于M5。砖墙与构造柱的连接处应砌成马牙槎，每一个马牙槎的高度不宜超过300mm，并应沿墙高每隔500mm设置2φ6拉结筋，拉结筋每边伸入墙内不宜小于600mm（图4-9）。

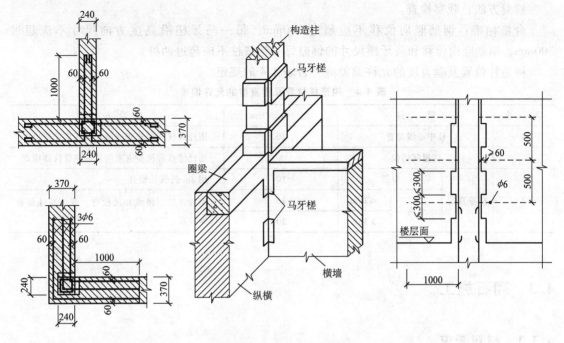

图4-9　构造柱示意图

2. 构造柱的施工

构造柱和砖组合墙体的施工程序：绑扎钢筋、砌砖墙、支模板、浇筑混凝土、拆模。

构造柱的模板可以采用木模板或组合钢模板。在每层砖墙及其马牙槎砌好后，应立即支设模板，模板必须与所在墙的两侧严密贴紧，支撑牢靠，防止模板缝漏浆。

构造柱底部（圈梁面上）应留出两皮砖高的孔洞，以便于清除模板内的杂物，清除后封闭。

构造柱浇筑混凝土前，必须将马牙槎部位和模板浇水湿润，将模板内的落地灰、砖渣等杂物清理干净，并在结合面处注入适量与构造柱混凝土相同的水泥砂浆。

构造柱的混凝土坍落度宜为50～70mm，石子粒径不宜大于20mm。混凝土随拌随用，拌合好的混凝土应在1.5h内浇筑完。

构造柱的混凝土浇筑可以分段进行，每段高度不宜大于2m。在施工条件较好并能确保混凝土浇筑密实时，亦可每层一次浇筑。

捣实构造柱混凝土时，宜采用插入式振捣棒，应分层振捣，振动棒随振随拔，每次振捣层的厚度不应超过振动棒长度的1.25倍。振捣棒应避免直接触碰砖墙，严禁通过砖墙传振。

钢筋的混凝土保护层厚度宜为20～30mm。

在砌完一层墙后和浇筑该层柱混凝土前，应及时对已砌好的独立墙加稳定支撑，必须在该层柱混凝土浇完后，才能进行向上一层的施工。

3. 构造柱的质量验收

构造柱与墙体的连接处应砌成马牙槎，马牙槎应先退后进，预留的拉结钢筋应位置准确，施工中不得任意弯折。

抽检数量：每验收批抽20%构造柱，且不少于3处。

检验方法：观察检查。

合格标准：钢筋竖向位移不应超过100mm，每一马牙槎沿高度方向尺寸不应超过300mm，钢筋竖向位移和马牙槎尺寸的偏差每一构造柱不应超过两处。

构造柱位置及垂直度的允许偏差应符合表4-4的规定。

表4-4　构造柱位置及垂直度的允许偏差

项　次	项　　目			允许偏差/mm	检　验　方　法
1	柱中心线位置			10	用经纬仪和尺检查或用其他测量仪器检查
2	柱层间错位			8	用经纬仪和尺检查或用其他测量仪器检查
3	柱垂直度	每层		10	用2m托线板检查
		全高	≤10m	15	用经纬仪、吊线和尺检查，或用其他测量仪器检查
			>10m	20	

4.3　砌石施工

4.3.1　材料要求

毛石砌体所用的石材应质地坚实，无风化剥落和裂纹，用于清水墙、柱表面的石材，应色泽均匀。石材表面的泥垢、水锈等杂质，砌筑前应清除干净。

毛石应呈块状，其中部厚度不易小于150mm。

砌筑砂浆的品种和强度等级应符合设计要求，砂浆稠度宜为30～50mm，雨期或冬期稠度应小些，在暑期或干燥气候情况下，稠度可大些。

4.3.2　毛石砌体施工

1. 毛石砌体的组砌形式

毛石砌体的组砌形式有三种：一是丁顺分层组砌法；二是丁顺混合组砌法；三是交错混合组砌法。由于所用的石料不规则，要求每砌一块石块要与左右上下有叠靠、于前后有搭接、砌缝要错开。每砌一块石块，都要放置稳固。

2. 毛石砌体砌筑工艺

毛石砌体应采用铺浆法砌筑。砂浆必须饱满，砂浆饱满度应大于80%。

毛石砌体应分皮卧砌，上下错缝，内外搭砌，不得采用外面侧立毛石中间填心的砌筑方法；中间不得有铲口石(尖石倾斜向外的石块)、斧刃石(尖石向下的石块)和过桥石(仅在两端搭砌的石块)。

毛石砌体的灰缝厚度宜为20～30mm，石块间不得有相互接触现象。石块间较大的空隙应填塞砂浆后用碎石块嵌实，不得采用先放碎石后填塞砂浆或干填碎石块的方法。

4.4 砌块施工

砌块代替普通黏土砖作为墙体材料是墙体改革的重要途径。近年来各地因地制宜，就地取材，以天然材料或工业废料为原材料制作各种砌块。目前工程中多采用中小型砌块。中型砌块施工，是采用各种吊装机械及夹具将砌块安装在设计位置，一般要按建筑物的平面尺寸及预先设计的砌块排列图逐块按次序吊装、就位、固定。小型砌块施工，与传统的砖砌体砌筑工艺相似，也是手工砌筑，但在形状、构造上有一定的差异。

4.4.1 砌块安装前的准备工作

1. 编制砌块排列图

砌块砌筑前，应根据施工图纸的平面、立面尺寸，并结合砌块的规格，先绘制砌块排列图（图4-10）。绘制砌块排列图时在立面图上按比例1:50或1:30绘出纵横墙，标出楼板、大梁、过梁、楼梯、孔洞等位置，在纵横墙上绘出水平灰缝线，然后以主规格为主、其他型号为辅，按墙体错缝搭砌的原则和竖缝大小进行排列。在墙体上大量使用的主要规格砌块，称为主规格砌块；与它相搭配使用的砌块，称为副规格砌块。小型砌块施工时，也可不绘制砌块排列图，但必须根据砌块尺寸和灰缝厚度计算皮数和排数，以保证砌体尺寸符合设计要求。

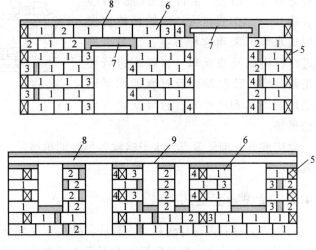

图4-10 砌块排列图

1—主规格砌块 2、3、4—副规格砌块 5—丁砌砌块
6—顺砌砌块 7—过梁 8—镶砖 9—圈梁

若设计无具体规定，砌块应按下列原则排列：

1）尽量多用主规格的砌块或整块砌块，其他各种型号的砌块为辅，以减少吊装次数，提高台班质量。

2）砌筑应符合错缝搭接的原则，搭接长度不得小于砌块高的1/3，且不应小于150mm。当搭接长度不足时，应在水平灰缝内设置$2\Phi^b4$的钢筋网片予以加强，网片两端离该垂直缝的距离不得小于300mm。

3）外墙转角处及纵横交接处，应用砌块相互搭接，如不能相互搭接，则每两皮应设置一道拉结钢筋网片。

4）水平灰缝一般为10~20mm，有配筋或柔性拉结条时水平灰缝为20~25mm。竖缝宽度为15~20mm，当竖缝宽度大于40mm时应用与砌块同强度的细石混凝土填实，当竖缝宽度大于100mm时，应用黏土砖镶砌。

5）当楼层高度不是砌块（包括水平灰缝）的整数倍时，用黏土砖镶砌。

6）对于空心砌块，上下皮砌块的壁、肋、孔均应垂直对齐，以提高砌体的承载能力。

2. 砌块的堆放及运输

砌块的堆放位置的原则是使场内运输路线最短，因此须在施工总平面图上周密安排，尽量减少二次搬运，以便于砌筑时起吊。堆放场地应平整夯实，使砌块堆放平稳，并做好排水工作；砌块不宜直接堆放在地面上，应堆在草袋、煤渣垫层或其他垫层上，以免砌块底面玷污；小型砌块的堆放高度不宜超过 1.6m，粉煤灰砌块不宜超过 3m。砌块的规格、数量必须配套，不同类型分别堆放。

砌块的装卸可用汽车式起重机、履带式起重机和塔式起重机。

3. 砌块的吊装方案

砌块墙的施工特点是砌块数量多，吊次也相应的多，但砌块的重量不很大。砌块安装方案与所选用的机械设备有关，通常采用的吊装方案有两种：一是以塔式起重机进行砌块、砂浆的运输，以及楼板等构件的吊装，由台灵架（图 4-11）吊装砌块。如工程量大，组织两栋房屋对翻流水等可采用这种方案；二是以井架进行材料的垂直运输，杠杆车进行楼板吊装，所有预制构件及材料的水平运输则用砌块车和劳动车，台灵架负责砌块的吊装。

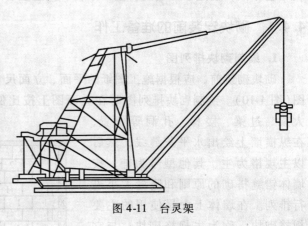

图 4-11　台灵架

除应准备好砌块垂直、水平运输和吊装的机械外，还要准备安装砌块的专用夹具和有关工具。

4.4.2　砌块施工工艺

砌块施工时需弹墙身线和立皮数杆，并按事先划分的施工段和砌块排列图逐皮安装。其安装顺序是先外后内、先远后近、先下后上。砌块砌筑时应从转角处或定位砌块处开始，并校正其垂直度，然后按砌块排列图内外墙同时砌筑并且错缝搭砌。如相邻砌体不能同时砌筑时，应留阶梯型斜槎，不允许留直槎。

砌块施工的主要工序：铺灰、吊砌块就位、校正、灌缝和镶砖等。

（1）铺灰　砌块墙体应采用稠度良好（50～70mm）的水泥砂浆，铺 3～5m 长的水平缝。夏季及寒冷季节应适当缩短，铺灰应均匀平整。水平灰缝的厚度和竖向灰缝的宽度宜为 8～12mm，水平灰缝的砂浆饱满度不得低于 90%，竖向灰缝的砂浆饱满度不得低于 80%。

（2）砌块安装就位　采用摩擦式夹具，按砌块排列图将所需砌块吊装就位。砌块就位应对准位置徐徐下落，使夹具中心尽可能与墙中心线在同一垂直面上，砌块光面在同一侧，垂直落于砂浆层上，待砌块安放稳妥后，才可松开夹具。小型砌块也可人工直接安装就位。

（3）校正　用线锤和托线板检查垂直度，用拉准线的方法检查水平度。用撬棍、楔块调整偏差。

（4）灌缝　采用砂浆灌竖缝，两侧用夹板夹住砌块，超过 30mm 宽的竖缝采用不低于 C20 的细石混凝土灌缝，收水后进行嵌缝，即原浆勾缝。以后，一般不应再撬动砌块，以防破坏砂浆的粘结力。

（5）镶砖　当砌块间出现较大竖缝或过梁找平时，应镶砖。镶砖在砌块校正后即可进行，不要在安装好一层墙身后才砌镶砖。采用 MU10 级以上的红砖，最后一皮用丁砖镶砌。镶砖时的灰缝控制在 15～30mm 以内，镶砖时应注意使砖的竖缝灌密实。

4.4.3　空心小型砌块施工

1. 混凝土小型砌块的构造要求

（1）对室内地面以下的砌体，应采用不低于 MU7.5 的普通混凝土小型砌块和不低于 M5 的水泥砂浆。

（2）五层及五层以上民用建筑的底层墙体，应采用不低于 MU7.5 的混凝土小型砌块和 M5 的砌筑砂浆。

（3）在墙体的下列部位，应用 C20 混凝土灌实砌块的孔洞。

1）底层室内地面以下或防潮层以下的砌体。

2）无圈梁的檩条和钢筋混凝土楼板支承面下的一皮砌块。

3）有设置混凝土垫块的屋架、梁等构件支承面处，灌实宽度不应小于 600mm，高度不应小于 600mm 的砌块。

4）挑梁支承面下，其支承部位的内外墙交接处，纵横各灌实 3 个孔洞，灌实高度不小于 3 皮砌块体。

（4）砌块墙与后砌隔墙交接处，应沿墙高每隔 400mm 在水平灰缝内设置不少于 2φ4、横筋间距不大于 200mm 的焊接钢筋网片，钢筋网片伸入后砌隔墙内不应小于 600mm，如图 4-12 所示。

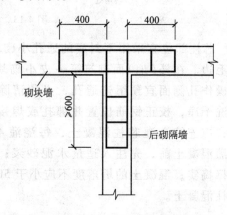

图 4-12　砌块墙与后砌隔墙交接处钢筋网片

2. 混凝土小型砌块的施工要求

普通混凝土小型砌块不宜浇水，当天气干燥炎热时，可在砌块上稍加喷水润湿；轻集料混凝土小砌块施工前可洒水，但不宜过多。龄期不足 28d 及潮湿的小砌块不得进行砌筑。

在房屋四角或楼梯间转角处设立皮数杆，皮数杆的间距不得超过 15m。在皮数杆上相对小砌块上边线之间拉准线，小砌块依准线砌筑。

小砌块砌筑应从转角或定位处开始，内外墙同时砌筑，纵横墙交错搭接。小砌块应对孔错缝搭砌，上下皮小砌块竖向灰缝相互错开 190mm。当无法对孔砌筑时，错缝长度不应小于 90mm，轻骨料混凝土不应小于 120mm；当不能满足要求时，应在水平灰缝中设置 2φ4 钢筋网片，钢筋网片每端均应超过该垂直灰缝，其长度不得小于 300mm。

小型砌块的灰缝厚度应控制在 8～12mm，水平灰缝的饱满度不得低于 90%，竖向灰缝的饱满度不得低于 80%。当缺少辅助规格小砌块时，砌体通缝不应超过两皮砌块。

3. 芯柱的施工

芯柱截面不宜小于 120mm×120mm，宜用不低于 C20 的细石混凝土浇灌；钢筋混凝土芯柱每孔内插竖筋不应小于 1φ10，底部应伸入室内地面下 500mm 或与基础圈梁锚固，顶部与屋盖圈梁锚固；在钢筋混凝土芯柱处，沿墙高每隔 600mm 应设 φ4 钢筋网片拉结，每边伸入墙体不小于 600mm，（如图 4-13 所示）。抗震设防地区芯柱与墙体连接处，沿墙高每隔 600mm 应设置 φ4 钢筋网片拉结，每边伸入墙体不小于 1000mm。

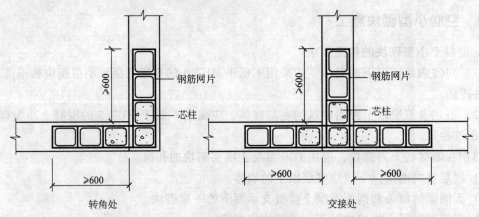

图 4-13　钢筋混凝土芯柱构造

芯柱部位宜采用不封底的通孔小砌块，当采用半封底小砌块时，砌筑前必须打吊孔洞毛边。在楼（地）面砌筑第一皮小砌块时，在芯柱部位应采用开口砌块砌初操作孔，在操作孔侧面宜预留连通孔，必须清除芯柱孔内的杂物及削掉孔内凸出的砂浆，用水冲洗干净，校正钢筋位置并绑扎或焊接固定后，方可浇灌混凝土。砌完一个楼层高度后，应连续浇灌芯柱混凝土，每浇灌 400～500mm 高度捣实一次，或边浇灌边捣实。浇灌混凝土前，先注入适量水泥砂浆；严禁灌满一个楼层后再捣实，宜采用插入式振捣棒捣实；混凝土的坍落度不应小于 50mm，砌筑砂浆强度达到 1.0MPa 以上方可浇灌芯柱混凝土。

4.4.4　砌块的质量验收

（1）填充墙砌体一般尺寸的允许偏差应符合表 4-5 的规定。抽检数量：对表中 1、2 项，检验批的标准间中随机抽查 10%，但不应少于 3 间，大面积房间和楼道按两个轴线或每 10 延长米按一标准间计数，每间检验不应少于 3 处；对表中 3、4 项，在检验批中抽检 10%，且不应少于 5 处。

表 4-5　填充墙砌体一般尺寸允许偏差

项　　次	项　　目		允许偏差/mm	检验方法
1	轴线位移		10	用尺检查
	垂直度	≤3m	5	用 2m 托线板或吊线、尺检查
		>3m	10	
2	表面平整度		8	用 2m 靠尺和楔形塞尺检查
3	门洞口高、宽（后塞口）		±5	用尺检查
4	外墙上、下窗口偏移		20	用经纬仪或吊线检查

（2）填充墙砂浆饱满度及检验方法应符合表4-6的规定。抽检数量：每步架子不少于3处，且每处不应少于3块。

表4-6　填充墙砌体的砂浆饱满度及检验方法

砌 体 分 类	灰 缝	饱满度及要求	检 验 方 法
空心砖砌体	水平	≥80%	采用百格网检查块材底面砂浆的粘结痕迹面积
	垂直	填满砂浆、不得有透明缝、瞎缝	
加气混凝土砌块和轻骨料混凝土小砌块砌体	表面平整度门洞口高、宽（后塞口）	≥80%	
	外墙上、下窗口偏移	≥80%	

（3）填充墙砌体留置的拉结筋或网片的位置应与块体皮数相符合。拉结筋或网片应置于灰缝中，埋置长度应符合设计要求，竖向位置偏差不应超过一皮高度。抽检数量：在检验批中抽检20%，且不应少于5处。检验方法：观察和用尺量检查。

（4）填充墙砌至接近梁、板底时，应留一定的空隙，待填充墙砌筑完并至少间隔7d后，再将其补砌挤紧。抽检数量：每验收批抽检10%填充墙片（每两柱间的填充墙为一墙片），且不应少于3片墙。检验方法：观察检查。

4.4.5　砌筑工程的安全与防护措施

为了避免事故的发生，做到文明施工，在砌筑过程中必须采取适当的安全措施。

砌筑操作前必须检查操作环境是否符合安全要求，脚手架是否牢固、稳定，道路是否通畅，机具是否完好，安全设施和防护用品是否齐全，经检查符合要求后方可施工。

在砌筑过程中，应注意：

1）砌基础时，应检查和注意基坑（槽）土质的情况变化，堆放砖、石料应离坑或槽边1m以上。

2）严禁站在墙顶上做划线、刮缝及清扫墙面或检查大角等工作。不准用不稳固的工具或物体在脚手板上垫高操作。

3）砍砖时应面向内打，以免碎砖跳出伤人。

4）墙身砌筑高度超过1.2m时应搭设脚手架。脚手架上堆料不得超过规定荷载，堆砖高度不得超过三皮侧砖，同一块脚手板上的操作人员不得超过两人。

5）夏季要做好防雨措施，严防雨水冲走砂浆，致使砌体倒塌。

6）严禁在刚砌好的墙上行走和向下抛掷东西。山墙砌完后，应立即安装桁条或临时支撑，防止倒塌。

7）在同一垂直面内上下交叉作业时，必须设置安全隔板，下方操作人员须戴安全帽。

8）砌体施工时，楼面和屋面堆载不得超过楼板的允许荷载值。施工层进料口楼板下，宜采取临时加撑措施。

4.5 砌体的冬期施工

当室外日平均气温连续 5d 稳定低于 5℃ 时，砌体工程应采取冬期施工措施。注：①气温根据当地气象资料确定；②冬期施工期限以外，当日最低气温低于 0℃ 时，也应按有关规定执行。

砖石砌体工程的冬期施工以采用掺盐砂浆法为主；对保温绝缘、装饰等方面有特殊要求的工程，可采用冻结法或其他施工方法。

4.5.1 掺盐砂浆法

掺入盐类的水泥砂浆、水泥混合砂浆或微沫砂浆称为掺盐砂浆。采用这种砂浆砌筑的方法称为掺盐砂浆法。

1. 掺盐砂浆法的原理和适应范围

掺盐砂浆法就是在砌筑砂浆内掺入一定数量的抗冻化学剂，来降低水溶液的冰点，以保证砂浆中有液态水存在，使水化反应在一定负温下不间断进行，使砂浆在负温下强度能够继续缓慢增长；同时，由于降低了砂浆中水的冰点，砖石砌体的表面不会立即结冰而形成冰膜，故砂浆和砖石砌体能较好地粘结。

掺盐砂浆中的抗冻化学剂，目前主要是氯化钠和氯化钙，其他还有亚硝酸钠、碳酸钾和硝酸钙等。

由于氯盐砂浆吸湿性大，使结构保温性能下降，并有析盐现象等，对下列工程严禁采用掺盐砂浆法施工：对装饰有特殊要求的建筑物，使用湿度大于 80% 的建筑物，接近高压电路的建筑物，配筋、钢埋件无可靠的防腐处理措施的砌体，处于地下水位变化范围内以及水下未设防水层的结构。

2. 掺盐砂浆法的施工工艺

对砌筑承重结构的砂浆强度等级应按常温施工时提高一级。拌和砂浆前要对原材料加热，且应优先加热水。当满足不了温度时，再进行砂的加热。当拌和水的温度超过 60℃ 时，拌制时的投料顺序是：水和砂先拌，然后再投放水泥，掺盐砂浆中掺入微沫剂时，盐溶液和微沫剂在砂浆拌和过程中先后加入。砂浆应采用机械进行拌和，搅拌时间应比常温季节增加一倍。拌和后的砂浆应注意保温。

由于氯盐对钢筋有腐蚀作用，掺盐法用于设有构造配筋的砌体时，钢筋可以涂樟丹 2 ～ 3 道或者涂沥青 1 ～ 2 道，以防钢筋锈蚀。

掺盐砂浆法砌筑砖砌体，应采用"三一"砌砖法进行操作。即一铲灰，一块砖，一揉压，使砂浆与砖的接触面能充分结合。砌筑时要求灰浆饱满，灰缝厚度均匀，水平缝和垂直缝的厚度和宽度，应控制在 8 ～ 10mm。采用掺盐砂浆法砌筑砌体，砌体转角处和交接处应同时砌筑，对不能同时砌筑而又必须留置的临时间断处，应砌成斜槎。砌体表面不应铺设砂浆层，宜采用保温材料加以覆盖，继续施工前，应先用扫帚扫净砖表面，然后再施工。

4.5.2 冻结法

冻结法是指采用不掺化学外加剂的普通水泥砂浆或水泥混合砂浆进行砌筑的一种冬期施

工方法。

1. 冻结法的原理和适应范围

冻结法的砂浆内不掺任何抗冻化学剂，允许砂浆在铺砌完后就受冻。受冻的砂浆可以获得较大的冻结强度，而且冻结的强度随气温降低而增高。但当气温升高而砌体解冻时，砂浆强度仍然等于冻结前的强度。当气温转入正温后，水泥水化作用又重新进行，砂浆强度可继续增长。

冻结法允许砂浆在砌筑后遭受冻结，且在解冻后其强度仍可继续增长。所以对有保温、绝缘、装饰等特殊要求的工程和受力配筋砌体以及不受地震区条件限制的其他工程，均可采用冻结法施工。

冻结法施工的砂浆，经冻结、融化和硬化三个阶段后，砂浆强度、砂浆与砖石砌体间的粘结力都有不同程度的降低。砌体在融化阶段，由于砂浆强度接近于零，将会增加砌体的变形和沉降。所以对下列结构不宜选用：空斗墙、毛石墙、承受侧压力的砌体；在解冻期间可能受到振动或动荷载的砌体，在解冻期间不允许发生沉降的砌体。

2. 冻结法的施工工艺

采用冻结法施工时，应按照"三一"砌筑方法，对于房屋转角处和内外墙交接处的灰缝应特别仔细砌合。砌筑时一般采用一顺一丁的砌筑方法。冻结法施工中宜采用水平分段施工，墙体一般应在一个施工段范围内，砌筑至一个施工层的高度，不得间断。每天砌筑高度和临时间断处均不宜大于1.2m。不设沉降缝的砌体，其分段处的高差不得大于4m。

砌体解冻时，由于砂浆的强度接近于零，所以增加了砌体解冻期间的变形和沉降，其下沉量比常温施工增加10%~20%。解冻期间，由于砂浆遭冻后强度降低，砂浆与砌体之间的粘结力减弱，所以砌体在解冻期间的稳定性较差。用冻结法砌筑的砌体，在开冻前需进行检查，开冻过程中应组织观测。如发现裂缝、不均匀下沉等情况，应分析原因并立即采取加固措施。

4.5.3 其他冬期施工方法

砌体工程的冬期施工应以采用掺盐砂浆法为主，对保温、绝缘、装饰等方面有特殊要求的工程，可采用冻结法或其他施工方法。可供选用的其他施工方法有蓄热法、暖棚法、电气加热法、蒸汽加热法、快硬砂浆法等。砌体用砖或其他块材不得遭水浸冻。

拌合砂浆宜采用两步投料法。水的温度不得超过80℃；砂的温度不得超过40℃。砂浆使用温度应符合下列规定。

1）采用掺外加剂法时，不应低于5℃。

2）采用氯盐砂浆法时，不应低于5℃。

3）采用暖棚法时，不应低于5℃。

4）采用冻结法当室外空气温度分别为0~-10℃、-11~-25℃、-25℃以下时，砂浆使用最低温度分别为10℃、15℃、20℃。

采用暖棚法施工，块材在砌筑时的温度不应低于5℃，距离所砌的结构底面0.5m处的棚内温度也不应低于5℃。

4.5.4 砌块砌体冬期施工

砌体冬期施工应遵守下列基本规定：

1）不得使用水浸后受冻的小砌块。砌筑前应清除冰雪等冻结物。小砌块工程冬期施工不得采用冻结法。

2）砌筑砂浆宜采用普通硅酸盐水泥拌制，砂内不得含有冰块和直径大于10mm的冻结块；石灰膏等应防止受冻，如遭冻结，应经融化后方可使用。拌合砂浆时，水的温度不得超过80℃；拌和抗冻砂浆使用的外加剂，掺量需经试验确定，不得随意变更掺量。

3）当日最低气温高于或等于－15℃时，采用抗冻砂浆的强度等级应按常温施工提高一级；气温低于－15℃时，不得进行砌块的组砌。

4）每日砌筑后，应使用保温材料覆盖新砌砌体。

5）解冻期间应对砌体进行观察，当发现裂缝、不均匀下沉等情况时，应分析原因并采取措施。

4.6 工程案例

4.6.1 工程概况

拟建建筑物主体结构形式为：裙房商铺部分为框架剪力墙结构，主楼为剪力墙结构，基础为筏板基础。本工程砌筑施工主要有户内隔墙、设备管井隔墙、强弱电井墙体及电梯间保温隔墙。地上结构200mm厚填充墙均采用加气混凝土砌块，容重不大于7.0kN/m³，采用M5混合砂浆砌筑，砂浆为现场自拌砂浆。

4.6.2 砌筑材料

本工程二次结构砌筑主要采用加气混凝土砌块（以下简称砌块）和工业灰渣轻骨料混凝土轻质隔墙板（以下简称隔墙板），材料强度等级≥MU3.5。施工时所用砌块的产品龄期不应小于28d，进场后进行复试。加气混凝土砌块试验要求：同品种、同规格、同等级的砌块，以1万块或200m³为一验收批，不足1万块或200m³时也按一批计。页岩砖试验要求：每10万块为一验收批，不足10万块也按一批计。

1）砌筑砂浆采用M5自拌混合砌筑砂浆，砂浆进场后应在3h内用完，当施工气温超过30℃时应在2h内用完。严禁使用隔夜砂浆。

2）同一验收批砂浆试块抗压强度平均值必须大于或等于设计强度等级所对应的立方体抗压强度；同一验收批砂浆试块抗压强度的最小一组平均值必须大于或等于设计强度等级所对应的立方体抗压强度的0.75倍。

3）砂浆稠度宜为70～100mm。施工时加气混凝土砌块的含水率一般宜小于15%。

4）砂浆：以同一砂浆强度等级、同一配合比、同种原材料每一楼层或250m³的砌体（基础可按一个楼层计）为一个取样单位，每取样单位标准养护试块的留置不得少于一组（每组6块）。

5）砌块及隔墙板进场必须有产品质量说明书，进入现场后须经质量检验部门按《蒸压加气混凝土砌块》（GB 11968—2006）及《建筑隔墙用轻质条板》（JG/T 169—2005）复验的标准进行检测，并出具检验报告，经现场验收，认为达到设计要求后方可使用。

4.6.3 工艺流程

墙体定位、放线→构造柱、过梁、墙体拉结筋植筋→构造柱钢筋绑扎→灰砖砌筑→砌块排列→铺砂浆→砌块就位→校正→勒缝。

1) 墙体放线：砌体施工前，将楼层结构按标高找平，20mm 以内用水泥砂浆找平，超过 30mm 用细石混凝土找平，依据砌筑图放出每一皮砌块的轴线、砌体边线和门窗洞口线。

2) 按照放线确定构造柱位置，注意避开配电箱、消防箱的位置，钢筋混凝土构造柱、过梁、墙体拉结筋的位置直接在结构施工时进行预埋。

墙体拉结筋：砌块墙体与框架柱或剪力墙相连时，设 2φ6 墙体拉结筋，间距 500mm 一道（两皮砌块高度）。

3) 砌体隔墙转角处、隔墙转角处悬臂梁隔墙端头、内外墙相交处、直墙端头以及电梯井道的四角加设构造柱。构造柱纵筋在结构施工时预留上下插筋。构造柱断面及配筋如下：

① 构造柱断面及配筋：断面尺寸 240mm×墙厚，纵筋 4φ12，箍筋 φ6@200；构造柱上下 600mm 范围内箍筋加密 φ6@100，箍筋弯钩 135°，平直段长度为 10d。主筋保护层厚度为 20mm。

② 构造柱与砌块墙体相连应设马牙槎，从每层柱脚开始，先退后进，形成 200mm 宽、250mm 高的马牙槎。构造柱钢筋应在砌筑前绑扎到位并做好隐检记录。

③ 构造柱插筋若漏设，可在构造柱设计位置用 φ10 膨胀螺钉固定 8mm 厚钢板，钢板尺寸为 200mm×墙厚，将构造柱纵筋与钢板焊接，焊接长度为单面焊 12cm，双面焊 6cm。

④ 墙体砌筑时，构造柱两侧均设置拉结筋，拉结筋长度为墙长的 1/5 且不小于 700mm。

4) 砌筑加气混凝土砌块墙体时，要先在下面砌筑 3 皮粉煤灰砖。3 皮粉煤灰砖上方设置 2φ6 拉结筋一道，拉结筋采用植筋方法与剪力墙连接。

5) 砌块排列：按砌块排列图在墙体线范围内分块定尺、划线。砌块砌体在砌筑前，应根据工程设计施工图，结合砌块的品种、规格绘制砌体砌块的排列图，经审核无误，按图排列砌块。砌块排列上、下皮应错缝搭砌，砌块搭接长度不宜小于砌块长度的 1/3；若砌块长度≤300mm，其搭接长度不小于块长的 1/2（搭接长度不足时，设置拉结筋）。为保证墙面立缝垂直，不游丁走缝。在操作中认真检查，发现偏差随时纠正，严禁事后砸墙。

6) 制配砂浆：砌筑砂浆±以上部位采用 M5 混合砂浆，±0.000 以下部位采用水泥砂浆。按设计要求的砂浆品种、强度制配砂浆，配合比应由实验室确定，采用重量比，应采用机械搅拌，搅拌时间不少于 1.5min。砂浆配合比用重量比，现场搅拌前过秤，计量精度：水泥为±2%，砂为±5%以内。磅秤须定期通过计量验证，确保准确。砌筑砂浆必须用机械拌合均匀，砂浆应随拌随用，2h 内用完，严禁使用过夜砂浆。砂浆稠度控制在 70~100mm 范围内。

7) 铺砂浆：砌块砌筑时水平砂浆用坐浆法，砌筑时铺浆长度以一块长度为宜，铺浆要均匀，厚薄适当、浆面平整，铺浆后立即放置砌块，一次摆正找平，如铺浆后不能立即放置砌块，砂浆失去塑性，则应铲去砂浆重铺；竖向灰缝应在已就位和即将就位砌块的端面同时抹砂浆，随即用挤浆法将新砌块就位，挤紧随后进行灰缝的勒缝。严禁用水冲缝灌浆。

砌筑前设立皮数杆，皮数杆应立于房屋四角及内外墙交接处，间距以 10~15m 为宜，砌块应按皮数杆拉线砌筑。

8）砌块就位与校正：每层应从转角处或定位砌块处开始砌筑。砌筑前一天应向砌块的砌筑面适量浇水，砌筑当天再浇一次，以水浸入砌块面内深度 8～10mm 为宜。砌筑就位应先远后近，先下后上，先外后内；每层开始时，从转角处或定位砌块处开始，应吊砌一皮，校正一皮，皮皮拉线控制砌体标高和墙面平整度，砌块安装时，起吊砌块应避免偏心。砌体灰缝应横平竖直、饱满、密实，砌块的垂直灰缝宽度为 20mm，水平灰缝厚度为 15mm。灰缝要求横平竖直，砂浆饱满。墙体的局部凹缺，必须用砌块修补砂浆填补，不得用其他材料填塞。修补砂浆的配合比为：1（水泥）:1（熟石膏粉）:3（加气混凝土碎末），用 1:4 的 107 胶水溶液拌合，调成糊状，在砌块需修补处也应刷 107 胶溶液，以增大粘结力。砌筑好的灰缝应在初凝前用原浆勾缝，深度一般为 3mm。严禁用水冲浆灌缝。

9）预留洞口做法：预留洞口宽度大于 300mm 时，应在洞口上设置过梁，窗洞口下方做 100mm 厚现浇混凝土配筋带，洞口上方按照过梁做法浇筑现浇混凝土过梁：如有安装要求需侧面固定时，每间隔一皮砌块砌筑预制混凝土块（做法见图 4-14），具体参照图纸要求及水、电、设备等专业交底。

10）窗台处详图如图 4-15 所示。

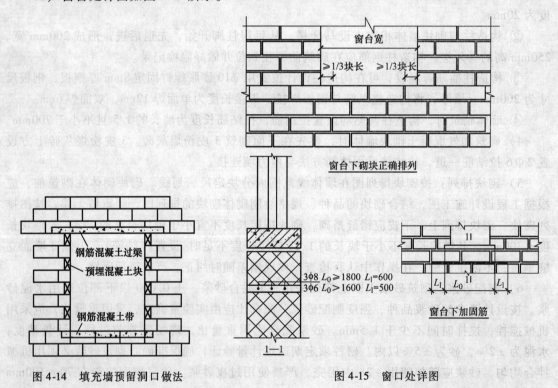

图 4-14　填充墙预留洞口做法　　　　　图 4-15　窗口处详图

4.6.4　注意事项

砌块排列应尽可能采用主规格，除必要部位外，尽量少镶嵌实心砖砌体，局部需要镶砖部位，宜分散、对称，以使砌体受力均匀。

砌筑外墙时，不得留脚手眼，采用双外排脚手架。

纵横墙应整体咬槎砌筑，临时间断可拖斜槎，接槎时，应先清理基面，浇水湿润，然后铺浆接砌，并做到灰缝饱满。

外墙转角及纵横墙交接处，应将砌块分皮咬槎，交错搭砌。如果不能咬槎时，按设计要求采取其他构造措施；砌体垂直缝与门窗洞口边线应避开通缝，且不得采用砖镶砌。

砌块排列尽量不镶砖或少镶砖，必须镶砖时，应用整砖平砌，且尽量分散，镶砌砖的强度不应小于砌块强度等级。

正常施工条件下，小砌块砌体每日砌筑高度不宜超过 1.4m 或一步脚手架高度。

框架柱上支设的墙柱拉结筋，应考虑砌块的高度，拉结筋应保证位置准确、平直，其外露部分在施工中不得任意弯折。

对现浇混凝土构件浇水养护时，应避免发生浸泡砌块现象。

切锯砌块应使用专用工具，不得用斧或瓦刀任意砍劈。洞口两侧应用规则整齐的砌块砌筑。

本 章 小 结

本章包括砌筑材料、砌砖施工、砌石施工、砌块施工、砌体的冬期施工、工程案例六部分内容。

重点介绍了砌筑材料和要求；砌体的组砌方法和施工工艺；砌体的质量要求和检验方法。本章的重点是砖墙砌体的组砌方式、施工工艺、砌体的质量要求及检验方法；配筋砌体的施工工艺等。本章的难点是砌体的质量要求和检验方法；砌块的施工工艺。学习要求：掌握砌体的施工工艺、砌体的质量要求；熟悉砌体对材料的要求；了解墙体改革的方向，了解新型墙体材料的使用。

思考题与习题

1. 普通黏土砖砌筑前为什么要浇水？浇湿到什么程度？
2. 砖墙砌体有哪几种组砌形式？
3. 砌筑前的撂底作用是什么？
4. 简述砖墙砌筑的施工工艺和施工要点。
5. 砖墙留槎有何要求？
6. 砖砌体质量有哪些要求？如何进行检查验收？
7. 皮数杆有何作用？如何布置？
8. 何谓"三一砌筑法"？其优点是什么？
9. 砖墙为什么要挂线？怎样挂线？
10. 砌筑时为什么要做到"横平竖直、灰浆饱满"？
11. 砌筑时如何控制砌体的位置与标高？
12. 简述毛石砌体的施工工艺。
13. 中小型砌块在砌筑前为什么要编制砌块排列图？
14. 试述中小型砌块的施工工艺和质量要求。

第 5 章　钢筋混凝土工程

混凝土结构是指以混凝土为主要材料制成的结构，包括素混凝土结构、钢筋混凝土结构和预应力混凝土结构等。混凝土结构工程在现代建筑工程的施工中占有重要的地位。本章主要介绍钢筋混凝土结构工程的施工，预应力混凝土结构的施工见第 6 章。

钢筋混凝土工程按施工方法可分为整体现浇钢筋混凝土工程和预制装配式钢筋混凝土工程。介于两者之间的，还有现浇与装配相结合的施工方法，生产出来的结构称为装配整体式结构。

钢筋混凝土工程是由模板工程、钢筋工程和混凝土工程所组成，在施工中三者之间要紧密配合，合理组织，加强管理，以保证工程的质量。其施工工艺流程如图 5-1 所示。

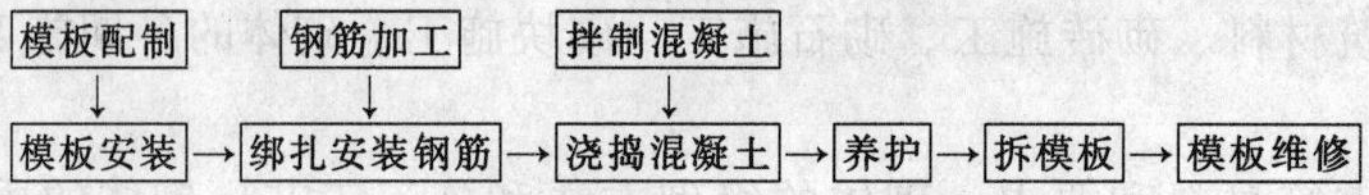

图 5-1　钢筋混凝土工程施工流程图

5.1　钢筋工程

从施工现场来角度，钢筋工程的施工过程一般可以简单分为原材料检验、加工、安装三大工序。钢筋加工包括钢筋的冷拉、冷拔、调直、除锈、钢筋配料、切断、弯曲成形、连接，钢筋安装包括钢筋的绑扎、固定、现场连接。钢筋经过这些工序由原料加工成半成品，再由半成品加工成成品。在工人进行这些工厂或现场操作之前，一个重要的工作就是编制钢筋料单，就是将图纸语言转换成工人能看懂的钢筋料单。

在钢筋的各个施工过程（钢筋料单编制、加工、安装等）中，必须严格按设计图纸施工，当钢筋的品种、级别或规格需作变更时，应办理设计变更文件。在施工过程中，当施工单位缺乏设计所要求的钢筋品种、级别或规格时，可进行钢筋代换。

5.1.1　钢筋料单编制

1. 钢筋下料长度的计算

钢筋切断时的直线长度即为下料长度。在结构施工图中所指的钢筋长度是钢筋外缘至外缘之间的尺寸，即外包尺寸。

单根钢筋下料长度为：

外包尺寸 − 中部弯曲梁差值 + 末端弯钩增长值

也可以表示为：

外包尺寸 − 中部弯曲梁差值 + 箍筋调整值

各种长度的确定：

（1）构件长度、构件净长　构件长度就是结构施工图上注明的构件满外尺寸，结构施工图上一般标明轴线和构件相对于轴线的位置，一般可分解为：轴线尺寸 ± 构件与轴线关系的几何参数。

构件净长就是施工图上注明的构件净跨尺寸，即：构件长度 – 支座宽度。

对于框架结构，梁长度为所支撑边柱的外边线间尺寸，梁净长为所支撑边柱的内边线间尺寸；板长度为所支撑的梁外边线间尺寸，板净长为所支撑的梁内边线间尺寸；各层间柱长度为基础底或楼层梁顶到上一层梁顶间尺寸，柱净长为基础顶或楼层梁顶到上一层梁底或屋面梁底间的尺寸。

（2）保护层　防止钢筋混凝土构件内的钢筋锈蚀，钢筋的外皮到混凝土构件外皮要有一定的厚度，这层混凝土就是钢筋的保护层。一般结构设计说明中都有规定，无规定时，按有关规范或图集。

（3）弯钩长度　弯钩可以分为两大类型：

1）规范规定：HPB300 级钢筋末端应作 180°弯钩，其弯弧内直径不应小于钢筋直径的 2.5 倍，弯钩的弯后平直部分长度不应小于钢筋直径的 3 倍。有抗震要求的按规范规定。

HPB300 级弯钩增加长度值可按下式计算：

弯 180°时，为 $0.5\pi(D+d) - (0.5D+d) +$ 平直长度

弯 90°时，为 $0.25\pi(D+d) - (0.5D+d) +$ 平直长度

弯 135°时，为 $0.37\pi(D+d) - (0.5D+d) +$ 平直长度

式中，D 为弯钩直径，d 为钢筋直径。将弯曲直径取为钢筋直径的 2.5 倍，弯钩平直部分长度取为钢筋直径的 3 倍，代入上式得：HPB300 级钢筋每个末端 180°弯钩长度的增加值约为 $6.25d$。

2）HRB335 级、HRB400 级钢筋为变形钢筋，其与混凝土连接性能良好，一般在两端不设 180°半圆弯钩，但由于锚固长度的原因钢筋的末端需做 90°直角弯钩或 135°的斜弯钩，弯曲后的直段直段长度要根据锚固长度和支座宽度确定。

（4）弯起增长　主要用在梁、板中，根据角度按图 5-2 计算。

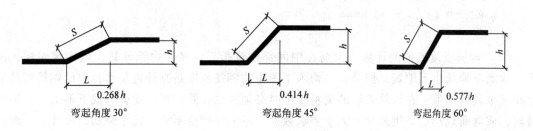

图 5-2　钢筋弯起增长计算

（5）锚固长度　锚固长度就是构件纵向受拉钢筋在混凝土支座锚固的长度，从支座内边沿算起。一般结构设计说明中都有规定，无规定时，按有关规范或图集，取决于混凝土强度等级、钢筋类型、抗震等级，表 5-1 就是平法图集中的一部分。

（6）钢筋连接调整长度　钢筋连接的方式有绑扎搭接、焊接连接、机械连接。

采用绑扎搭接的方式，钢筋连接调整长度即搭接长度，一般结构设计说明中都有规定，无规定时，按有关规范或图集，取决于锚固长度和接头百分率。

纵向受拉钢筋绑扎搭接长度 $l_{1E} = \zeta l_{aE}$（抗震）；$l_1 = \zeta l_a$（非抗震），ζ 见表 5-2。

采用焊接连接、机械连接时，要考虑各种接头的钢筋损失量。如：HPB300 级钢筋采用电弧焊中的单面搭接焊时，接头焊缝至少长 $8d$（d 为钢筋直径），钢筋下料长度要加长 $8d$；电渣压力焊接头处钢筋熔化量，一般为 $25 \sim 35mm$，钢筋下料长度相应加长。

表 5-1　纵向受拉钢筋抗震锚固长度 l_{aE} 和受拉钢筋的最小锚固长度 l_a

钢筋的种类与直径		混凝土强度等级与抗震等级										
		C25				C30				C35		
		一、二	三	四(l_a)		一、二	三	四(l_a)		一、二	三	四(l_a)
HPB235	普通钢筋	31d	28d	27d		27d	25d	24d		25d	23d	22d
HRB335 普通钢筋	$d \leqslant 25$	38d	35d	34d		34d	31d	30d		31d	29d	27d
	$^*d > 25$	42d	39d	37d		38d	34d	33d		34d	31d	30d
HRB400 普通钢筋	$d \leqslant 25$	46d	42d	40d		41d	37d	36d		37d	34d	33d
	$d > 25$	51d	46d	44d		45d	41d	39d		41d	38d	36d

注：1. 四级抗震等级，$l_{aE} = l_a$。

2. 当弯锚时，有些部位的锚固长度为 $0.4l_{aE} + 15d$，见各类构件的标准构造详图。

3. 当 HRB335，HRB400 和 RRB400 级纵向受拉钢筋末端采用机械锚固措施时，包括附加锚固端头在内的锚固长度可取为 l_a 和本表中锚固长度 l_{aE} 的 0.7 倍。

4. 当钢筋在混凝土施工过程中易受扰动（如滑模施工）时，其锚固长度应乘以修正系数 1.1。

5. 在任何情况下，锚固长度不得小于 250mm。

表 5-2　纵向受拉钢筋搭接长度修正系数 ζ

纵向钢筋搭接接头面积百分率（%）	$\leqslant 25$	50	100
ζ	1.2	1.4	1.6

注：1. 纵向受拉钢筋绑扎搭接长度 $l_{1E} = \zeta l_{aE}$（抗震）；$l_1 = \zeta l_a$（非抗震）

2. 当不同直径的钢筋搭接时，其 l_{1E}、l_1 值按较小的直径计算。

3. 在任何情况下 l_1 不得小于 300mm。

（7）弯折量度差值的计算　钢筋在中间部位弯折后，其外边缘伸长，内边缘缩短，而中心线既不伸长也不缩短。但是在结构施工图中的钢筋长度是其外包尺寸，因此钢筋弯曲后存在一个量度差值，在计算钢筋的下料长度时必须加以扣除，否则就会造成下料太长，浪费材料，或弯曲成形后的钢筋尺寸大于要求数值，造成保护层不够，甚至钢筋的尺寸大于模板尺寸而造成返工。

钢筋弯折后的量度差值与钢筋的弯折角度和钢筋的直径有关。

如果取钢筋弯曲直径为钢筋直径的 4 倍，钢筋弯折不同角度的量度差值详见表 5-3。

表 5-3　钢筋弯折不同角度的量度差值

钢筋弯曲角度	30°	45°	60°	90°	135°
钢筋弯曲调整值	0.3d	0.5d	1d	2d	3d

注：d 为钢筋直径。

（8）箍筋长度　箍筋长度的计算主要是弯钩长度和弯折量度差值的计算，计算时可以利用上面的方法，为了便于计算箍筋的下料长度，也可以用箍筋调整值的方法计算。调整值即为弯钩的增加长度和弯折量度差值之差。如表5-4所示，计算时将箍筋的外包尺寸（外周长）或内包尺寸（内周长）加上箍筋的调整值即为箍筋的下料长度。

箍筋弯后平直部分长度：对一般结构，不宜小于箍筋直径的5倍；对有抗震等要求的结构，不应小于箍筋直径的10倍。

表5-4　箍筋调整值　　　　　　　　　　　　（单位：mm）

钢筋量度方法	箍筋直径				
	4~5	6	8	10	12
量外包尺寸	75	110	150	190	230
量内包尺寸	110	160	210	270	320

注：弯曲半径为30mm，弯钩直段长10d，弯钩角度为135°。

数量 = 配置范围/间距 + 1 + 加密筋 + 附加筋

弯折点的计算要根据构件的下料长度、形状、在结构中的位置计算。一般从一端向另一端推算，将误差放在弯钩等非重要位置，确保钢筋直段长度。

2. 配料单与料牌

（1）钢筋配料单　钢筋配料单是根据配筋图中钢筋的品种、规格及外形尺寸进行编号并计算其下料长度和需用数量汇总的表格，编制钢筋配料单时，首先，要确定钢筋的品种、规格、长度、形状、数量；其次，要合理安排钢筋的接头位置，符合规范要求的同时，做到节约钢筋原材料和简化生产操作的效果。

编制钢筋配料单时，设计图纸中的钢筋配置细节问题没有注明时，一般可按构造要求处理；在配料计算时，要考虑钢筋的形状和尺寸在满足设计要求的前提下有利于加工和安装。在配料时还要考虑施工需要的附加钢筋。例如：基础双层钢筋网中保证上层钢筋网位置用的钢筋撑脚、墙板钢筋网中固定钢筋网间距用的钢筋拉钩、柱钢筋骨架增加的四面斜筋撑等。

钢筋配料单（表5-5）是钢筋加工的直接依据，在钢筋工程的施工过程中起着非常重要的作用。

钢筋配料单的作用可以概括为以下几个方面：

1）钢筋配料单是提出材料计划、签发任务单和限额领料单的依据。

2）钢筋配料单是操作工人加工，绑扎钢筋的直接依据。

3）熟悉钢筋配料单，可以使钢筋在加工过程中做到下料合理，节约钢筋原材料和简化生产操作。

4）熟悉钢筋配料单，可以在绑扎过程确保钢筋的品种、规格、数量、位置、间距等符合设计要求。

因此在钢筋生产加工前必须读懂钢筋配料单，做到下料合理与流水作业、连续生产兼顾按期完成生产任务，获得良好的经济效益。

（2）料牌　由于钢筋的加工工序很多，包括调直、拉伸、切断、弯曲成形直至焊接或绑扎、安装等，仅靠钢筋配料单是不够的，而且在一个钢筋加工场中，同时加工着很多单位

100

工程的各种构件、各个编号的钢筋，有些钢筋从外形上大同小异，如果在加工、绑扎钢筋的过程中不加标志，就会在施工中造成混淆和错误。因此需要为每一编号的钢筋制作一块料牌，作为加工过程的依据，以区别各个构件和各个编号的钢筋。

如图5-3所示，料牌可用木板或纤维板制成，将每一编号钢筋的有关资料如工程名称、图号、钢筋编号、根数、规格、式样及下料长度等注写在料牌的两面，并随着工艺流程传送，最后系在加工好的半成品钢筋上作为标志。在绑扎

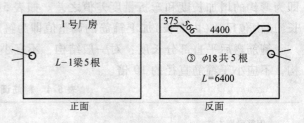

图 5-3　钢筋料牌

钢筋时对照配料单和料牌进行绑扎，钢筋的品种、规格、数量、位置、间距等符合设计要求。

【例】　如图5-4所示，做独立基础及插筋的钢筋配料单。

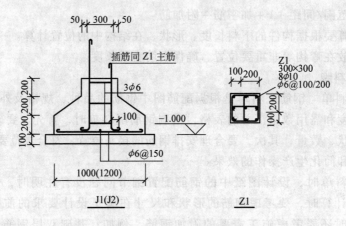

图 5-4　基础、柱配筋图

【解】　钢筋识图：基本构件由基础、柱插筋组成，梁、柱的混凝土保护层厚为25mm，基础的混凝土保护层厚度为30mm，混凝土强度等级C25，抗震等级三级，各构件的钢筋组成、规格和数量分述如下。

1. 基础钢筋

基础的底板筋：由一层双向$\phi6$的钢筋组成钢筋网，间距150mm。

2. 柱插筋

柱为矩形型柱，其钢筋构成为：

（1）主筋　由8根$\phi10$的钢筋组成，箍筋的角部布置4根，其余4根分布在截面中间。

（2）箍筋　沿柱方向上布置有3根箍筋，均匀分布。

（3）拉钩　沿柱方向上布置有3层拉钩，均匀分布。

3. 编制钢筋配料单

钢筋的配料单如表5-5所示。

（1）柱插筋

主筋：根据钢筋配料表中结施图中的尺寸，其：

下料长度 = 构件长度 - 保护层 - 底板钢筋厚 + 弯钩长度 + 搭接长度 l_1 + 接头位置调整 - 弯折量度差值(90°)

$$= 600 - 30 - 6 \times 2 + 100 + 6.25d \times 2 + 1.4 \times 28d + 100 - 2d \ (d = 10mm)$$

$$= 600 - 30 - 12 + 100 + 125 + 392 + 100 - 20 = 1255mm$$

共 4 根 ϕ10 的圆钢筋。

根据规范要求，接头要错开 $1.3l_1$，即 $1.3 \times 1.4 \times 28 \times 10 = 510mm$

所以，另 4 根的长度为 $1255 + 510 = 1765mm$

箍筋：

箍筋的内侧宽度、高度 = 结构截面宽 - 保护层厚度

$$= 300 - 2 \times 25 = 250mm$$

端部加工成 135°弯钩，考虑到抗震要求，设每个钩平直段长为 75mm。

箍筋的下料长度 $= 4 \times 150 + 160 + 15 \times 2 = 790mm$

共 3 根 ϕ6 的圆钢筋。

拉钩：（注意:拉钩拉在箍筋外）

拉钩的内侧宽度 = 结构截面宽 - 保护层厚度 + 箍筋直径 + 弯钩长度(135°弯钩)

$$= 300 - 2 \times 25 + 6 \times 2 + 11.8 \times 6 \times 2 = 404mm$$

共 6 根 ϕ6 的圆钢筋。

（2）基础钢筋

基础钢筋 J1 钢筋比较简单，双向钢筋均为两端带弯钩的直钢筋。弯钩平直段长为 3d。

钢筋的下料长度 = 基础尺寸 - 保护层厚度 + 弯钩长度

$$= 1000 - 30 \times 2 + 6.25d \times 2 \ (d = 6mm) = 1015mm$$

基础钢筋数量(单层) = 配置范围/间距 + 1

$$= (1000 - 30 \times 2)/150 + 1 = 7.27 (取为 8)$$

J1 钢筋共 16 根，ϕ6 的圆钢筋。

根据求出的各种钢筋的总长度，查有关的工程手册，可自行计算每种钢筋的总量，供编制预算和运输时参考。

表 5-5 钢筋配料单

构件名称	钢筋编号	规格	单位根数	每根下料长度/mm	总长/m	总重/kg	简　图
柱(Z1 两个)	1	ϕ10	4	1255			⌐ 1050 ⌐ 100
	2	ϕ10	4	1765			⌐ 1560 ⌐ 100
	3	ϕ6	3	1190			250 ｜ 250（内）
	4	ϕ6	6	404			272（内）
独立基础 (J1 两个)	1	ϕ6	16	1015			940

5.1.2 钢筋检验

1. 钢筋的种类和规格

（1）按生产工艺分类：

1）热轧钢筋：由轧钢厂经过热轧成材直接供施工生产使用的钢筋。热轧光圆钢筋直径在12mm以内的为盘圆（盘条）形式，直径在12mm以上及变形钢筋为直条形式。

2）冷加工钢筋：冷拉钢筋：将热轧钢筋在常温下进行强力拉伸使其强度提高的钢筋。冷拔低碳钢丝：是将直径为6~10mm的低碳钢钢筋在常温下通过拔丝模多次强力拉拔而制成的钢丝。

3）热处理钢筋：热处理钢筋又称调质钢筋，是热轧螺纹钢筋经淬火及回火的调质热处理而成的钢筋。

4）碳素钢丝：碳素钢丝是由优质高碳钢盘条经淬火、酸洗、拔制、回火等工艺而制成的钢丝。按生产工艺又可分为冷拉及矫直回火两个品种。

（2）按强度标准值分类　纵向受力普通钢筋宜采用HRB400、HRB500、HRBF400、HRBF500钢筋，也可采用HPB300、HRB335、HRBF335、RRB400钢筋。

1）HRB——普通热轧带肋钢筋；Hot-rolled Ribbed-steel Bar。

2）HRBF——细晶粒热轧带肋钢筋。

3）RRB——余热处理带肋钢筋。

4）HPB——热轧光圆钢筋。

　　HRBE——有较高抗震性能要求的普通热轧带肋钢筋。

增加强度为500MPa级的热轧带肋钢筋；推广400MPa、500MPa级高强热轧带肋钢筋作为纵向受力的主导钢筋；限制335MPa级热轧带肋钢筋的应用；用300MPa级光圆钢筋取代235MPa级光圆钢筋。在规范的过渡期及对既有结构进行设计时，235MPa级光圆钢筋的设计值按原规范取值。

推广具有较好的延性、焊接性、机械连接性能及施工适应性的HRB系列普通热轧带肋钢筋。列入靠控温轧制生产的HRBF系列细晶粒带肋钢筋。

余热处理钢筋由轧制的钢筋经高温淬水、余热处理后提高强度。其焊接性、机械连接性能及施工适应性降低，一般可用于对延性及加工性能要求不高的构件中，如基础、大体积混凝土以及楼板、墙体等。

箍筋用于抗剪、抗扭及抗冲切设计时，其抗拉强度设计值受到限制，宜采用400MPa级的钢筋。当用于约束混凝土的间接配筋（如连续螺旋配箍或封闭焊接箍）时，其高强度可以得到充分发挥，应用500MPa级钢筋具有一定的经济效益。

2. 钢筋原材料检验

1）钢筋进场时，应按现行国家标准的规定抽取试件作力学性能检验，其质量必须符合有关标准的规定。

首先检查产品合格证、出厂检验报告是否和现场相符，是否符合设计和有关材料、施工规范规定，不合格严禁进场。然后抽取试件做复验报告，复验报告的各项指标必须符合有关标准的规定。抽样要严格按规范进行，确保试件具有代表性。检查数量根据进场的批次和产品的抽样检验方案确定。本要求为规范强制性条文，应严格执行。

由于工程量、运输条件和各种钢筋的用量等的差异，很难对各种钢筋的进场检查数量作出统一规定。实际检查时，若有关标准中对进场检验数量作了具体规定，应遵照执行；若有关标准中只有对产品出厂检验数量的规定，则在进场检验时，检查数量可按下列情况确定：

① 当一次进场的数量大于该产品的出厂检验批量时，应划分为若干个出厂检验批量，然后按出厂检验的抽样方案执行。

② 当一次进场的数量小于或等于该产品的出厂检验批量时，应作为一个检验批量，然后按出厂检验的抽样方案执行。

③ 对连续进场的同批钢筋，当有可靠依据时，可按一次进场的钢筋处理。

2）对有抗震设防要求的框架结构，其纵向受力钢筋的强度应满足设计要求；当设计无具体要求时，对一、二级抗震等级，检验所得的强度实测值应符合下列规定。

① 钢筋的抗拉强度实测值与屈服强度实测值的比值不应小于1.25。

② 钢筋的屈服强度实测值与强度标准值的比值不应大于1.3。

③ 钢筋的最大力下总伸长率不应小于9%。

3）当发现钢筋脆断、焊接性能不良或力学性能显著不正常等现象时，应对该批钢筋进行化学成分检验或其他专项检验。

一般的进场复验报告中只有力学指标，没有化学成分检验，在钢筋施工过程中，若出现性能异常，应立即停止使用，并对同批钢筋进行专项检验。

钢筋应平直、无损伤，表面不得有裂纹、油污、颗粒状或片状老锈。

为了加强对钢筋外观质量的控制，钢筋进场时和使用前均应对外观质量进行检查。弯折钢筋不得敲直后作为受力钢筋使用。钢筋表面不应有颗粒状或片状老锈，以免影响钢筋强度和锚固性能。加工以后较长时期未使用而可能造成外观质量达不到要求的钢筋半成品也应检查外观质量。

5.1.3 钢筋加工

钢筋加工是指对经过质量检验符合质量规定标准的钢筋按配料单和料牌进行的钢筋制作。钢筋加工工艺包括钢筋的基本加工（除锈、调直、切断、弯曲成形、连接等），钢筋的冷加工（冷拉、冷拔等）。

钢筋的加工工艺流程主要应根据材料的供应形式、钢筋加工机械的配备及施工条件等具体情况来选定。非预应力现浇构件钢筋加工的工艺流程为

$$\boxed{盘圆钢筋} \rightarrow \boxed{冷拉、冷拔} \rightarrow \boxed{调直、切断} \rightarrow \boxed{弯曲成形} \rightarrow \boxed{半成品}$$

除锈在冷拉、冷拔、调直过程中完成，现在大部分调直机械可以一次完成调直、切断的工序。

$$\boxed{直条钢筋} \rightarrow \boxed{除锈} \rightarrow \boxed{切断} \rightarrow \boxed{弯曲成形} \rightarrow \boxed{连接} \rightarrow \boxed{半成品}$$

连接和弯曲成形工序可以根据现场情况确定先后，较短的一般先连接后弯曲，较长的一般先弯曲后连接，必要时，在现场完成。

1. 钢筋的冷拉工艺

钢筋的冷拉是在常温下对钢筋进行强力拉伸，使拉应力超过钢筋的屈服极限，使钢筋产生塑性变形，以达到调直钢筋、提高强度的目的。冷拉Ⅰ级钢筋适用于钢筋混凝土结构中的

受拉钢筋；冷拉Ⅱ、Ⅲ、Ⅳ级钢筋适用于预应力混凝土结构中的钢筋。

钢筋冷拉控制可用控制应力或控制冷拉率的方法。

2. 钢筋的冷拔工艺

钢筋冷拔是用强力将直径 6~10mm 的Ⅰ级光圆钢筋在常温下通过特制的钨合金拔丝模多次拉拔成比原钢筋直径小的钢丝。使钢筋产生塑性变形，以改变其物理力学性能。

与冷拉相比较，冷拉是纯拉伸的线应力，而冷拔是拉伸和压缩兼有的立体应力。钢筋冷拔后，横向压缩、纵向拉伸，钢筋内部晶格产生滑移，抗拉强度标准值可提高 50%~90%。但塑性降低，硬度提高。

3. 钢筋的除锈

钢筋按其表面的铁锈形成的程度不同，可分为水锈、陈锈和老锈。水锈在钢筋表面呈黄褐色，可以不予处理，必要时用麻布擦拭；陈锈在钢筋表面已有一层铁锈粉末，呈红褐色，对陈锈一定要清理干净，否则会影响钢筋与混凝土的共同受力，严重时会直接影响到构件的承载能力；老锈是在钢筋的表面以下带有颗粒状或片状的分离层的铁锈，呈深褐色或黑色，带有老锈的钢筋不能使用。

一般钢筋的直径在 12mm 以下，经机械调直或冷拔加工后就已经将钢筋表面的铁锈清除，所以不需要再进行除锈。钢筋常用的除锈方法有：钢丝刷除锈、砂盘除锈、机械除锈和酸洗除锈。

钢丝刷除锈效率不高，仅用于个别钢筋局部有锈痕的部位；砂盘除锈就是生锈的钢筋穿过放有干燥的粗砂和小石子砂盘，来回抽拉即可把钢筋表面的铁锈除掉；钢筋冷拔加工前，应用酸洗除锈。

4. 钢筋的调直

钢筋在使用前需要进行调直，否则混凝土结构中的曲折钢筋将会影响构筑物的抗拉和抗弯性能。钢筋的调直方法分为人工调直和机械调直。人工调直在施工现场一般不会采用。

钢筋机械调直在现场分为卷扬机调直和调直机调直。

直径 10mm 以下的Ⅰ级盘圆钢筋可采用卷扬机调直，它能同时完成除锈、拉伸、调直等三道工序。

钢筋调直机可以将成盘的细钢筋和经冷拔的低碳钢丝调直。自动调直机能在一次操作中完成对钢筋的调直、输送、切断和除锈作业。钢筋调直机的用途是：调直并定尺切断钢筋，同时清除钢筋表面的氧化皮和污迹。

钢筋宜采用无延伸功能的机械设备进行调直，也可采用冷拉方法调直。当采用冷拉方法调直时，HPB235、HPB300 光圆钢筋的冷拉率不宜大于 4%；HRB335、HRB400、HRB500、HRBF335、HRBF400、HRBF500 及 RRB400 带肋钢筋的冷拉率不宜大于 1%。钢筋调直过程中不应损伤带肋钢筋的横肋。调直后的钢筋应平直，不应有局部弯折。

5. 钢筋的切断

钢筋调直后，即可按钢筋的配料单进行切断。确保钢筋品种、规格、尺寸、外形、接头位置符合设计要求的同时，应根据工地的实有材料，确定下料方案，合理使用钢筋，长料长用，短料短用，使下脚料的长度最短，切断的下脚料可作为电焊接头的绑条或其他辅助短钢筋使用，力求减少钢筋的损耗。

钢筋的切断分为人工切断和机械切断两类，而机械切断工艺又有两种形式：一种是钢筋调直机附有的钢筋切断装置，能自动进行切断，并将切断，长度控制得十分精确；另一种形式是单独的切断机进行切断。

（1）手工切断

1）克子断料法。克子切断钢筋的工具，操作时首先把下克子插在铁砧长口内，然后将钢筋放在下克子的圆槽内，上克子对准下克子并压住钢筋，用大锤(12~16磅)猛击上克子，即可将钢筋切断。

2）断线钳断料。将断线钳手柄抬起使刃口张开后对准钢筋，然后在垂直于钢筋的方向上用力压下断线钳手柄将钢筋切断。此方法适用于剪断直径较小的钢筋、钢丝。断线钳如图5-5所示，按其全长尺寸分为450mm，600mm，750mm，900mm，1050mm几种规格，常用于钢筋卷扬机调直时使用。

3）手动切断器断料。手动切断器如图5-6所示，操作时首先抬起切断器手柄，使活动刀口与固定刀口对齐，然后将待切钢筋放入刀口内，再用力向下按动手柄使钢筋切断。此种方法可以切断16mm以内的钢筋。

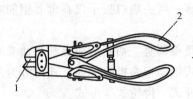

图 5-5　断线钳
1—钳口　2—手柄

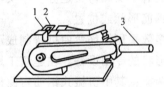

图 5-6　手动切断器
1—活动刀口　2—固定刀口　3—手柄

（2）机械切断　钢筋切断机是将钢筋原材料或已调直的钢筋切断成所需长度的专用机械，有机械传动式和液压传动式两种。

曲柄连杆式钢筋切断机属于机械传动式的一种，在建筑工地经常使用，如图5-7所示。它主要由电动机、传动系统、减速装置、曲柄连杆机构、机体和切断刀等组成。

曲柄连杆式钢筋切断机有 GQ40，GQ50 等型号，型号的数字部分表示加工钢筋的直径范围，例如 GQ40 钢筋切断机可以切断直径 6～40mm 以内的钢筋，每分钟可切断 40 次。

液压式钢筋切断机与机械式钢筋切断机主要不同处是利用电动机或利用手动直接带动柱塞式高压油泵工作，向缸内进油推动活塞运动，进而推动活动刀片实现切断动作。这种钢筋切断机的型一号有电动 DYJ-32 型(最大切断钢筋的直径为 32mm)和手动 SYJ-16 型(最大切断钢筋的直径为 16mm)两种。

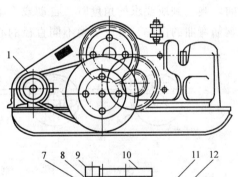

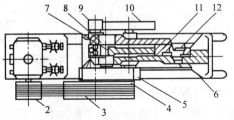

图 5-7　曲柄连杆式钢筋切断机
1—电动机　2、3—V带轮　4、5、9、10—减速齿轮
6—固定刀片　7—连杆　8—偏心轴
11—滑块　12—活动刀片

液压式钢筋切断机具有工作平稳、无噪声，结构紧凑和移动方便等优点，是一种正在推广的小型工程机械。

106

另一种就是砂轮切断机，就由电动机带动砂轮高速旋转，利用砂轮和钢筋之间的摩擦来切断钢筋，效率较低，但钢筋段头比较平整，在钢筋的进行各种连接时使用。

6. 钢筋的弯曲成形

钢筋的弯曲成型是将已切断、配好的钢筋按照图纸的要求加工成规定的形状尺寸。弯曲分为人工弯曲和机械弯曲两种。

钢筋可以采用手工弯制成形，常用的工具有：

（1）手摇扳子　手摇扳子是弯制小圆箍筋的工具，用于弯制单根或多根箍筋的弯制操作。

手摇扳子可用钢板、角钢、圆钢通过焊接制成。弯制不同直径的箍筋应用不同规格的扳子，故在准备钢筋弯曲工具时，应配有各种规格的扳子。

（2）卡盘　卡盘是弯制粗钢筋的工具，它由钢板底盘和扳柱通过焊接制成，底盘固定于工作台上。

（3）钢筋扳子　钢筋扳子主要和卡盘配合使用。它有横口扳子和顺口扳子两种形式，横口扳子又有平头和弯头之分。平头横口扳子使用最多；弯头横口扳子仅在绑扎钢筋时用来纠正某些钢筋形状或位置。

钢筋多数采用钢筋弯曲机弯制成形，钢筋弯曲机是将调直、切断后的钢筋弯曲成所要求的尺寸和形状的专用设备。在建筑工地广泛使用的台式钢筋弯曲机按传动方式可分为机械式和液压式两类；其中机械式钢筋弯曲机又分为蜗轮蜗杆式、齿轮式等形式。

钢筋弯曲机的工作过程如图 5-8 所示。首先将钢筋放到工作盘的心轴和成型轴之间，开动弯曲机使工作盘转动，由于钢筋一端被挡铁轴挡住，因而钢筋被成型轴推压，绕心轴进行弯曲。当达到所要求的角度时，自动或手动使工作盘停止，然后使工作盘反转复位。如要改变钢筋弯曲的曲率，可以更换不同直径的心轴。

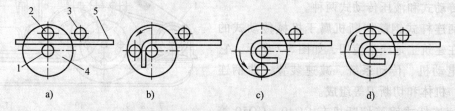

图 5-8　钢筋弯曲机工作过程

a）装料　b）弯90°　c）弯180°　d）回位

1—心轴　2—成型轴　3—挡铁轴　4—工作盘　5—钢筋

GW40 型钢筋弯曲机属于蜗轮蜗杆式钢筋弯曲机，在建筑工地使用较为广泛的。其构造如图 5-9 所示，主要由机身、电动机、传动系统、工作机构和孔眼板等组成。

GW40 型钢筋弯曲机传动系统：由电动机经 V 带传动、两对齿轮传动和蜗轮蜗杆传动，带动装在蜗轮轴上的工作盘转动。工作盘上一般有 9 个轴孔，中心孔用来插心轴，周围 8 个孔用来插成型轴。通过调整成型轴的位置，即可将被加工的钢筋弯曲成所需的形状。更换齿轮，可使主轴及工作盘获得不同的转速。一般情况下，工作盘转速为 3.7r/min 时，适合弯曲 25 ~ 40mm 的钢筋；转速为 7.2r/min 时，适合弯曲 18 ~ 22mm 的钢筋；转速为 14r/min 时，适合弯曲 8mm 以下的钢筋。

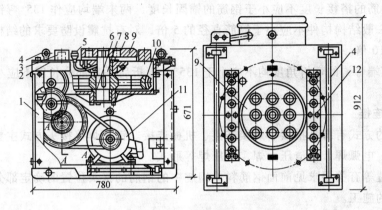

图 5-9　GW40 型钢筋弯曲机构造示意图

1—机身　2—工作台　3—插座　4—滚轴　5—油杯　6—蜗轮箱
7—工作主轴　8—轴承　9—工作圆盘　10—蜗轮　11—电动机　12—孔眼条板

为保证钢筋设计的弯曲半径，弯曲机配有不同直径的心轴，有 16mm、20mm、25mm、35mm、45mm、60mm、75mm、85mm、100mm 共九种规格，以供选用。

钢筋弯箍机是适合弯制箍筋的专用弯曲机，弯曲角度能在 210° 内任意选择，用于弯曲低碳钢筋。钢筋弯箍机的构造，钢筋弯箍机有 4 个工作盘，由一台电动机驱动。电动机通过带传动和两对齿轮减速，使偏心圆盘转动，偏心圆盘通过偏心铰带动两个连杆，每个连杆又和一根沿滑道作往复直线运动的齿条相铰接，齿条再带动齿轮，使其轴上的工作盘在一定角度内作往复转动。弯箍机与弯曲机的工作盘，其工作原理基本相同，只是在弯制钢筋的过程中，弯箍机的工作盘在调整好的角度内作往复转动。钢筋弯箍机台面上的 4 个工作盘可供 4 人或 2 人同时操作，在工作台面上还装有固定挡板和定尺板，用螺栓固定在孔或槽上。

钢筋弯折应一次完成，不得反复弯折。受力钢筋的弯折应符合下列规定：

1）光圆钢筋末端应作 180° 弯钩，弯钩的弯后平直部分长度不应小于钢筋直径的 3 倍。作受压钢筋使用时，光圆钢筋末端可不作弯钩。

2）光圆钢筋的弯弧内直径不应小于钢筋直径的 2.5 倍。

3）335MPa 级、400MPa 级带肋钢筋的弯弧内直径不应小于钢筋直径的 5 倍。

4）直径为 28mm 以下的 500MPa 级带肋钢筋的弯弧内直径不应小于钢筋直径的 6 倍，直径为 28mm 及以上的 500MPa 级带肋钢筋的弯弧内直径不应小于钢筋直径的 7 倍。

5）框架结构的顶层端节点，对梁上部纵向钢筋、柱外侧纵向钢筋在节点角部弯折处，当钢筋直径为 28mm 以下时，弯弧内直径不宜小于钢筋直径的 12 倍，钢筋直径为 28mm 及以上时，弯弧内直径不宜小于钢筋直径的 16 倍。

6）箍筋弯折处的弯弧内直径尚不应小于纵向受力钢筋直径。

除焊接封闭箍筋外，箍筋、拉筋的末端应按设计要求作弯钩。当设计无具体要求时，应符合下列规定：

1）对一般结构构件，箍筋弯钩的弯折角度不应小于 90°，弯折后平直部分长度不应小于箍筋直径的 5 倍；对有抗震设防及设计有专门要求的结构构件，箍筋弯钩的弯折角度不应小于 135°，弯折后平直部分长度不应小于箍筋直径的 10 倍和 75mm 的较大值。

2）圆柱箍筋的搭接长度不应小于钢筋的锚固长度，两末端均应作 135°弯钩，弯折后平直部分长度对一般结构构件不应小于箍筋直径的 5 倍，对有抗震设防要求的结构构件不应小于箍筋直径的 10 倍。

3）拉筋两端弯钩的弯折角度均不应小于 135°，弯折后平直部分长度不应小于拉筋直径的 10 倍。

7. 钢筋的连接

钢筋连接的方式有绑扎搭接、焊接连接、机械连接。钢筋焊接接头方式主要包括闪光对焊、电阻点焊、电弧焊、电渣压力焊、气压焊等形式。

接头的位置等有关要求见前面钢筋料单编制中的钢筋的接头位置的确定部分。这里主要介绍常用接头的施工。

（1）钢筋的绑扎接头应符合下列规定　钢筋搭接处，应在中心和两端用钢丝扎牢。

（2）闪光对焊　将两根钢筋端部对在一起并焊接牢固的方法称为对焊，完成这种焊接的设备称为对焊机。对焊机属于塑性压力焊接设备，它是利用电能转化为热能，将对接的钢筋端头部位加热到接近熔化的高温状态，并施加一定的压力实行顶锻而达到连接的一种工艺。对焊适用于水平钢筋的加工。

闪光对焊施工工艺流程为：

检查设备 → 选择焊接工艺及参数 → 试焊、作模拟试件 → 送试 → 确定焊接参数 → 焊接 → 质量检验

闪光对焊根据对焊机功率大小、钢筋品种和直径的不同分为连续闪光焊、预热闪光焊和闪光—预热—闪光焊三种方法。

连续闪光焊：通电后，应借助操作杆使两钢筋端面轻微接触，由于接触面积小，电阻很大，产生电阻热，并使钢筋端面的凸出部分互相熔化，熔化的金属微粒炸开，从钢筋端面间隙中喷出，形成火光闪光，再徐徐不断地移动钢筋形成连续闪光，连续闪光将钢筋端面不齐的部分（预定的烧化留量）烧掉时，钢筋端部已接近熔化的程度，此时迅速施加压力顶锻挤压，并在挤压过程中断电冷却，即形成焊接接头。其操作工艺程序为：

闭合电路 → 闪光（两钢筋端面轻微接触） → 连续闪光加热到将近熔点（两钢筋端面徐徐移动接触） → 带电顶锻 → 无电顶锻

预热闪光焊：通电后，应使两根钢筋端面交替接触和分开，使钢筋端面之间发生断续闪光，形成烧化预热过程。当预热过程完成，应立即转入连续闪光和顶锻。

预热闪光焊是在连续闪光焊前再增加一个钢筋的预热过程，以扩大焊接热影响区，然后再进行闪光和顶锻。预热方法一般采用断续闪光，断续闪光使钢筋两端面交替地轻微接触和分开，使钢筋端面之间发生断续闪光，形成烧化预热过程，实现预热，待预热到一定程度，再用连续闪光焊的方法焊接。其操作工艺程序为：

闭合电路 → 断续闪光余热（两钢筋端面交替接触和分开） → 连续闪光加热到将近熔点（两钢筋端面徐徐移动接触） → 带电顶锻 → 无电顶锻

闪光—预热—闪光焊即在预热闪光焊前面再增加一次连续闪光的过程，目的是把不平整的钢筋端面先熔成比较整齐的端面，当钢筋端面已平整时，再按预热闪光焊的方法焊接。其

操作工艺程序为：

$\boxed{\text{闭合电路}} \rightarrow \boxed{\text{一次闪光闪平预热(两钢筋端面徐徐移动接触)}} \rightarrow \boxed{\text{断续闪光预热(两钢筋}}$
$\boxed{\text{端面交替接触和分开)}} \rightarrow \boxed{\text{二次连续闪光加热到将近熔点(两钢筋端面徐徐移动接触)}} \rightarrow \boxed{\text{带}}$
$\boxed{\text{电顶锻}} \rightarrow \boxed{\text{无电顶锻}}$

　　焊接工艺方法选择要适当，当钢筋直径较小，钢筋级别较低，可采用连续闪光焊。采用连续闪光焊所能焊接的最大钢筋直径应符合表 5-6 的规定。当钢筋直径较大，当超过表中规定，端面较平整，宜采用预热闪光焊；当端面不够平整时，则应采用闪光—预热闪光焊。Ⅳ级钢筋焊接时，无论直径大小，均应采取预热闪光焊或闪光—预热—闪光焊工艺。

表 5-6　连续闪光焊钢筋上限直径　　　　　　　　　　　　　（单位：mm）

钢筋牌号	焊机容量/(kVA)			钢筋牌号	焊机容量/(kVA)		
	160	100	80		160	100	80
HPB235	25	20	16	HRB400	20	16	12
HRB335	22	18	14	RRB400	20	16	12

　　闪光对焊时，应选择合适的调伸长度、烧化留量、顶锻留量以及变压器级数等焊接参数。连续闪光焊时的留量应包括烧化留量、有电顶锻留量和无电顶锻留量；闪光—预热闪光焊时的留量应包括：一次烧化留量、预热留量、二次烧化留量、有电顶锻留量和无电顶锻留量。

　　（3）电渣压力焊　钢筋电渣压力焊施工简便、节能节材、质量好、成本低、生产率高，而获得广泛应用。钢筋电渣压力焊主要适用于现浇钢筋混凝土结构中竖向或斜向（倾斜度在 4∶1 范围内）钢筋的连接。一般可焊接直径为 14 ~ 40mm 的 HPB235、HRB335、HRB400 竖向钢筋，但钢筋的直径在 28mm 以上时，焊接的技术难度较大。

　　钢筋电渣压力焊工作原理：首先利用电流通过上下两钢筋端面之间引燃的电弧，使电能转化为热能，并将周围的焊剂不断熔化，形成渣池。然后将上钢筋端部潜入渣池中，利用电阻热能使钢筋全断面熔化并形成有利于保证焊接质量的端面形状。最后在断电的同时，迅速进行挤压，排除全部熔渣和熔化金属，形成焊接接头。

　　施工工艺流程（手动电渣压力焊）：

$\boxed{\text{检查设备、电源}} \rightarrow \boxed{\text{钢筋端头制备}} \rightarrow \boxed{\text{选择焊接参数}} \rightarrow \boxed{\text{安装焊接夹具和钢筋}} \rightarrow$
$\boxed{\text{安放钢丝圈}} \rightarrow \boxed{\text{安放焊剂罐、填装焊剂}} \rightarrow \boxed{\text{试焊、做试件}} \rightarrow \boxed{\text{确定焊接参数}} \rightarrow \boxed{\text{施焊}} \rightarrow$
$\boxed{\text{回收焊剂}} \rightarrow \boxed{\text{卸下夹具}} \rightarrow \boxed{\text{质量检查}}$

　　电渣压力焊接部分的操作流程：

$\boxed{\text{闭合电路}} \rightarrow \boxed{\text{引弧}} \rightarrow \boxed{\text{电弧过程}} \rightarrow \boxed{\text{电渣过程}} \rightarrow \boxed{\text{挤压断电}}$

　　1）检查设备、电源，确保随时处于正常状态，严禁超负荷工作。

　　2）钢筋端头制备：钢筋安装之前，焊接部位和电极钳口接触的（150mm 区段内）钢筋表面上的锈斑、油污、杂物等，应清除干净，钢筋端都若有弯折、扭曲，应予以矫直或切除，但不得用锤击矫直。

　　3）选择焊接参数。

110

4）安装焊接夹具和钢筋：夹具的下钳口应夹牢于下钢筋端部的适当位置，一般为1/2焊剂罐高度偏下5~10mm，下钢筋端起70~80mm的部位，以确保焊接处的焊剂有足够的淹埋深度。上钢筋放入夹具钳口后，调准动夹头的起始点，使上下钢筋的焊接部位位于同轴状态，方可夹紧钢筋。钢筋一经夹紧，严防晃动，以免上下钢筋错位和夹具变形。

5）安放引弧用的钢丝圈（也可省去）。为使钢筋端面局部接触，以利引弧形成渣池，可采用"电弧引燃法"或"钢丝圈引燃法"。当焊机功率较大，钢筋端面不够平整时，可采用电弧引燃法，即将上钢筋与下钢筋接触，接通焊接电源后，即将上钢筋提升2~4mm引燃电弧；当钢筋端面平整，焊机功率较小时，可采用钢丝圈引燃法，即用16号钢丝绕成5~10mm高钢丝圈，作为接触剂放入上、下钢筋之间；然后安放焊剂罐，焊剂盒内垫塞石棉布垫，关闭焊剂盒，装满焊剂。

6）闭合电路、引弧：电流在钢筋接触端产生电阻热，将钢丝圈熔化后立即提起操纵杆，使上、下钢筋之间形成2~3mm的空隙，从而产生电弧，之后继续缓慢上升5~7mm。在引弧过程中动作不要过于急促，否则空隙掌握不准，如操纵杆抬得过高，钢筋间隙过大，会造成断路灭弧；如操纵杆提得太慢，则会造成短路，使钢筋粘连。

电弧过程：引燃电弧后，应控制电压值，借助操纵杆使上下钢筋端面之间保持一定的间距，继续保持电弧过程，使焊剂不断熔化而形成必要深度的渣池；电弧持续时间长短视钢筋直径的大小而定。

电渣过程：电弧过程之后借助操纵杆使钢筋缓慢下送，使上钢筋端都插入渣池，电弧熄灭，进入电渣过程的延时，使钢筋全断面加速熔化。

挤压断电：电渣过程结束，迅速下送上钢筋，使其端面与下钢筋端面相互接触，趁热排除熔渣和熔化金属，即加压顶锻；同时切断焊接电路，完成施焊过程。

最后，继续把住操纵杆压3~5s，不要立刻放松，防止因夹具位移等因素使焊接接头造成缺陷。待过1~2min，才可打开焊剂盒，回收焊剂，清理焊剂，松开上、下钳口，取下焊接夹具，冷却一段时间后，敲去熔渣，即焊接完毕。

7）试焊、作试件、确定焊接参数：在正式进行钢筋电渣压力焊之前，必须按照选择的焊接参数进行试焊并作试件送试，以便确定合理的焊接参数。合格后，方可正式生产。

（4）钢筋电弧焊　焊条电弧焊是利用焊条电弧焊机使焊条与焊件之间产生高温电弧，使焊条和电弧燃烧范围内的焊件熔化，待其凝固便形成焊缝或接头。钢筋电弧焊施工简便、适用性强，应用非常广泛，但生产率较低。

钢筋电弧焊包括帮条焊、搭接焊、坡口焊、窄间隙焊和熔槽帮条焊5种接头形式。如图5-10所示，帮条焊、搭接焊适用于焊接直径为10~40mm的热轧HPB235、HRB335、HRB400级钢筋和直径为10~25mm的余热处理HRB400级钢筋；熔槽帮条焊适用于焊接直径为20~40mm的热轧HPB235、HRB335、HRB400级钢筋和直径25mm的余热处理HRB400级钢筋；坡口焊适用于焊接直径为18~40mm的热轧HPB235、HRB335、HRB400级钢筋和直径18~25mm的余热处理HRB400级钢筋；窄间隙焊适用于直径为16~40mm的热轧钢筋。

钢筋电弧焊施工工艺流程为：

检查设备、电源 → 选择焊接参数 → 连接地线 → 引弧 → 电弧过程 → 试焊、做试件 → 确定焊接参数 → 施焊 → 质量检查

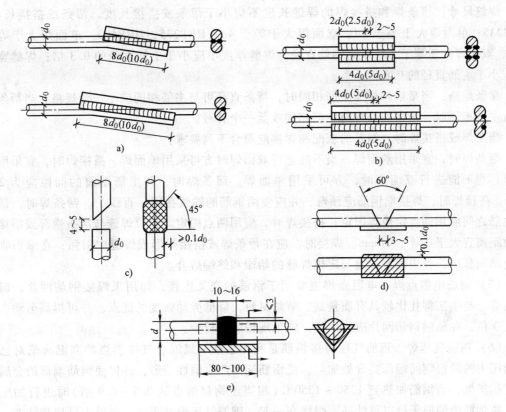

图 5-10　钢筋电弧焊的接头形式

a) 搭接接头　b) 帮条焊接头　c) 立焊的坡口焊接头

d) 平焊的坡口焊接头　e) 熔槽帮条焊接头

焊接时，引弧应在垫板、帮条或形成焊缝的部位进行，不得烧伤主筋；焊接地线与钢筋应接触紧密；焊接过程中应及时清渣，焊缝表面应光滑，焊缝余高平缓过渡，弧坑应填满。

钢筋电弧焊中帮条焊、搭接焊的主要工艺参数包括：

焊条型号：电弧焊所用的焊条，其性能应符合现行国家标准《非合金钢及细晶粒钢焊条》（GB/T 5117—2012）或《热强钢焊条》（GB/T 5118—2012）的规定，型号应根据设计确定；若设计无规定时，可按表 5-7 选用。

表 5-7　钢筋电弧焊焊条型号

钢筋牌号	电弧焊接头形式			
	帮条焊 搭接焊	坡口焊熔槽帮条焊 预埋件穿孔塞焊	窄间隙焊	钢筋与钢板搭接焊 预埋件 T 形角焊
HPB235	E4303	E4303	E4316 E4315	E4303
HRB335	E4303	E5003	E5016 E5015	E4303
HRB400	E5003	E5503	E6016 E5003	E6015
RRB400	E5003	E5503	—	—

焊缝尺寸：帮条焊和搭接焊的焊缝长度不应小于帮条或搭接长度。帮条或搭接长度：HPB235：单面焊大于等于 $8d$、双面焊大于等于 $4d$；HRB335，HRB400：单面焊大于等于 $10d$、双面焊大于等于 $5d$；d 为钢筋直径。焊缝厚度不应小于主筋直径的 0.3 倍；焊缝宽度不应小于主筋直径的 0.8 倍。

帮条规格：当帮条牌号与主筋相同时，帮条直径可与主筋相同或小一个规格；当帮条直径与主筋相同时，帮条牌号可与主筋相同或低一个牌号。

帮条焊或搭接焊时，钢筋的装配和焊接应符合下列要求：

帮条焊时，宜采用双面焊，当不能进行双面焊时方可采用单面焊。搭接焊时，宜采用双面焊；当不能进行双面焊时，方可采用单面焊。帮条焊时，两主筋端面的间隙应为 2 ~ 5mm。搭接焊时，焊接端钢筋应预弯，并应使两钢筋的轴线在同一直线上。帮条焊时，帮条与主筋之间应用四点定位焊固定；搭接焊时，应用两点固定。定位焊缝与帮条端部或搭接端部的距离宜大于或等于 20mm。焊接时，应在帮条焊或搭接焊形成焊缝中引弧；在端头收弧前应填满弧坑，并应使主焊缝与定位焊缝的始端和终端熔合。

（5）钢筋电阻点焊　电阻点焊主要用于钢筋的交叉连接，如用来焊接钢筋网片、钢筋骨架等。与手工绑扎比较具有质量高、节约材料，降低劳动强度的优点，并可提高劳动生产率近 3 倍，在预制钢筋网片应用广泛，施工现场应用较少。

（6）钢筋气压焊　钢筋气压焊接钢筋是利用乙炔—氧混合气体燃烧的高温火焰对已有初始压力的两根钢筋端部接合处加热，使钢筋端部产生塑性变形，并促使钢筋端部的金属原子互相扩散，当钢筋加热到 1250 ~ 1350℃（相当于钢材熔点的 0.8 ~ 0.9 倍）时进行加压顶锻，使钢筋内的原子得以再结晶而焊接在一起。钢筋气压焊过程中，钢筋未呈熔化状态，且加热时间较短，不会出现钢筋材质劣化倾向。气压焊可用于焊接直径为 16 ~ 40mm 的 HPB235、HRB335、HRB400 级钢筋。不同直径的钢筋连接也可用此工艺，但两钢筋的直径之差不得大于 7mm。

焊接钢筋时，不需要大面积加热，但要求加热快、热集中，故气源应采用瓶装乙炔可燃气体，具有乙炔纯度高和使用携带方便、安全等优点。气压焊焊接钢筋也有采用液化石油气作为可燃气体的。

（7）钢筋滚轧直螺纹连接　钢筋机械连接接头类型有：

1）套筒挤压接头：通过挤压力使连件钢套筒塑性变形与带肋钢筋紧密咬合形成的接头。

2）锥螺纹接头：通过钢筋端头特制的锥形螺纹和连接件锥螺纹咬合形成的接头。

3）镦粗直螺纹接头：通过钢筋端头镦粗后制作的直螺纹和连接件螺纹咬合形成的接头。

4）滚轧直螺纹接头：通过钢筋端头直接滚轧或剥肋后滚轧制作的直螺纹和连接件螺纹咬合形成的接头。

5）熔融金属充填接头：由高热剂反应产生熔融金属充填在钢筋与连接件套筒间形成的接头。

6）水泥灌浆充填接头：用特制的水泥浆充填在钢筋与连接件套筒间硬化后形成的接头。

其中，滚轧直螺纹接头应用最为普遍。即用专用套丝机，把钢筋的连接端加工成螺纹，通过连接套筒按规定的力矩值把两钢筋端头与套筒拧紧，形成对接接头，利用螺纹的机械啮合力传递拉力或压力。滚轧直螺纹接头可分为"剥肋"和"直滚"两种。钢筋螺纹连接适用于直径为 16~40mm，HRB335、HRB400 级钢筋的同径、异径连接。具有工艺简单、施工速度快、无明火作业、不受气候影响、受工人影响小等优点。

"剥肋"指钢筋丝头加工时，先将钢筋表面的肋去掉，再在钢筋的基体上滚轧螺纹；"直滚"是指钢筋丝头加工时，直接在钢筋的端部滚轧出螺纹。

剥肋方式，需用的滚轧头结构较复杂，增加了剥肋部分，增加了刀具消耗，增加了钢筋丝头加工工时，加工出的螺纹直径较直滚加工小 0.3~0.6mm，但螺纹表面质量较好，牙尖整齐。

直滚方式需用的滚轧头结构较简单，节省了剥肋工时，加工的螺纹直径较剥肋加工大 0.3~0.6mm，但个别部分的牙尖易出现缺陷。在行业标准中对此的规定为：钢筋丝头的螺纹大径低于螺纹中的不完整扣，累计长度不得超过两个螺纹周长。我们在实际应用中对此项的质量控制为：丝头螺纹牙尖局部允许有缺陷，但不得低于中径，缺陷的累计长度不得超过一个螺纹周长。

钢筋直螺纹套筒连接施工工艺：

预接工艺流程：

下料、钢筋端面平整 → 钢筋丝头加工 → 丝头质量检验 → 利用套筒连接 → 接头检验

现场连接工艺流程：

钢筋就位 → 拧下钢筋保护帽和套筒保护帽 → 接头拧紧 → 作标记 → 质量检验

钢筋丝头加工前要调整好钢筋滚压直螺纹机，按钢筋规格所需的调整试棒并调整好滚丝头内孔最小尺寸；按钢筋规格更换定位盘，并调整好剥肋直径尺寸；调整滚轧行程开关位置，保证滚轧螺纹的长度，如果是剥肋滚轧，要调整剥肋档块位置，保证剥肋长度。然后装卡钢筋，开动设备进行（剥肋）滚压加工。连接水平钢筋时，必须从一头往另一头依次连接，不得从两头往中间或中间往两端连接。

钢套筒的选用，钢套筒内壁在工厂专用机床上加工有直螺纹，钢套筒必须与所连钢筋规格一致。滚压直螺纹接头的连接套筒分为标准型套筒、正反丝扣型套筒、变径型套筒、可调形套筒四中，接头按连接方法不同分为：标准型接头、正反丝口型接头、变径型接头、可调形接头。标准型是带右旋内螺纹的连接套筒。直螺纹标准型套筒规格尺寸应符合表 5-8要求。

表 5-8　标准型套筒的几何尺寸

规格/mm	16	18	20	22	25	28	32	36	40
螺纹直径/mm	16.3	18.2	20.2	22.2	25.4	28.4	32.2	36.2	40.2
套筒外径/mm	24	27	31	33	37	41	47	53	58
套筒长度/mm	45	50	55	60	65	70	75	85	90

随着技术进步，套筒长度逐渐降低，节约了钢材，加快了加工速度。套筒出厂应有合格证。套筒在运输和储存中，应防止锈蚀（不含轻微浮锈）和沾污。

丝头的加工质量：

钢筋丝头质量检验的方法及要求见表 5-9：

表 5-9　钢筋丝头质量检验的方法及要求

序号	检验项目	量具名称	检 验 要 求
1	螺纹圈数	目测	牙型饱满，完整丝扣圈数应满足相关要求
2	丝头长度	卡尺或专用量规	应满足相关要求
3	螺纹直径	通端螺纹环规	能顺利旋入螺纹
		止端螺纹环规	允许环规与端部螺纹部分旋合，旋入量不应超过 $3P$（P 为螺距）

连接钢筋注意事项：

1）钢筋丝头加工完成、检验合格后，要用专用的钢筋丝头保护帽或连接套筒对钢筋丝头进行保护，以防螺纹在钢筋搬动或运输过程中被损坏或污染。

2）滚轧直螺纹接头的连接，应用管钳或工作扳手进行施工，要达到力矩扳手调定的力矩值即可。

3）钢筋端部平头最好使用台式砂轮片切割机进行切割。

4）连接钢筋时，钢筋规格和套筒的规格必须一致，钢筋和套筒的丝扣应干净、完好无损。

5）采用预埋接头时，连接套的位置、规格和数量应符合设计要求。带连接套筒的钢筋应固定牢，连接套筒的外露端应有保护盖。

6）经拧紧后的滚压直螺纹接头应做出标记，以防遗漏。

钢筋连接质量检查：

检查接头外观质量应无完整丝扣外露，钢筋与连接套之间无间隙。如发现有一个完整丝扣外露，应重新拧紧，然后用检查用的扭矩扳手对接头质量进行抽检。用质检力矩扳手检查接头拧紧程度。

在自检的基础上严格按《钢筋机械连接技术规程》（JGJ 107—2010）进行力学和外观检验。

5.1.4　钢筋安装

钢筋的安装就是将加工的半成品钢筋按照图纸或配料单的要求绑扎或焊接成型，形成成品钢筋，这是钢筋施工的最后工序。施工现场一般采用预先将钢筋在加工棚弯曲成型，再到模板内组合绑扎的方法，由钢筋绑扎工人在各楼层工作面完成；如果钢筋骨架刚度允许、现场的起重安装能力较强，也可以采用预先用焊接或绑扎的方法将单根钢筋按图纸要求组合成钢筋网片或钢筋骨架，然后到现场吊装的方法。

1. 钢筋绑扎的细部构造应符合的规定

（1）钢筋的绑扎搭接接头应在接头中心和两端用钢丝扎牢。墙、柱、梁钢筋骨架中各垂直面钢筋网交叉点应全部扎牢；板上部钢筋网的交叉点应全部扎牢，底部钢筋网除边缘部分外可间隔交错扎牢。

（2）梁、柱的箍筋弯钩及焊接封闭箍筋的对焊点应沿纵向受力钢筋方向错开设置。构件同一表面，焊接封闭箍筋的对焊接头面积百分率不宜超过 50%。

（3）填充墙构造柱纵向钢筋宜与框架梁钢筋共同绑扎。

（4）梁及柱中箍筋、墙中水平分布钢筋及暗柱箍筋、板中钢筋距构件边缘的距离宜为 50mm。

2. 钢筋绑扎的一般要求

（1）钢筋的转角与其他钢筋的交叉点均应绑扎；箍筋的平直部分与钢筋的交叉点可呈梅花式交错绑扎，箍筋的弯钩叠合处应错开绑扎，应交错在不同的纵向钢筋上绑扎；负弯矩钢筋，每个扣均要绑扎。

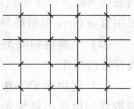

图 5-11　绑扎钢筋网片

（2）绑扎钢筋网片若采用一面顺扣绑扎法时，在相邻两个绑扎点应呈八字形，如图 5-11 所示，不要互相平行绑扎，以防骨架歪斜变形，靠近外围两行钢筋的相交点和双向受力的钢筋交叉点应全部绑扎。

（3）绑扎各类钢筋时，都要注意接头位置、搭接长度应符合规范要求。

（4）底板放线后，校正从基础或楼板面伸出的柱、墙竖向筋，问题严重的应与设计单位共同商定，然后再绑扎柱、墙的竖向筋。

（5）梁和柱的箍筋应与受力钢筋垂直，箍筋弯钩有叠合处应沿受力钢筋方向错开设置。箍筋的平直部分与钢筋的交叉点可呈梅花式交错绑扎。

（6）对板、墙等钢筋网片，其钢筋的上下或内外位置应符合设计图纸要求。

（7）对于双层配筋板，两层筋之间须加钢筋撑脚（图 5-12），以确保上部钢筋的位置准确。板上的负弯矩筋，要严格控制其位置，防止被踩下移。一般每隔 1m 放置一个。

（8）钢筋绑扎后应及时垫好砂浆垫块。垫块厚度等于保护层厚度，距离为 1m 左右。

一般是柱、墙竖筋的外皮上绑牢垫块（或将塑料卡卡在外竖筋上），间距 1000mm；梁骨架的三面都要设置垫块；板筋则是垫在下层钢筋下。

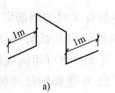
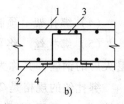

（9）各种预埋件的位置、标高应符合设计要求，并固定牢靠，以免浇筑混凝土时发生位移。

图 5-12　钢筋撑脚

a）钢筋撑脚　b）撑脚设置

1—上层钢筋网　2—下层钢筋网
3—撑脚　4—水泥垫块

3. 钢筋绑扎工具和绑丝

（1）钢筋钩　钢筋钩又称为钢丝钩，如图 5-13 所示，它是用直径为 12～16mm、长度为 160～220mm 的圆钢制成。制作的关键是将钢筋钩的弯钩与手柄成 90°，这样在绑扎操作时比较省力。为使钢筋钩在绑扎钢筋时旋转方便不磨手，可在钢筋钩手柄上加一个套管，如

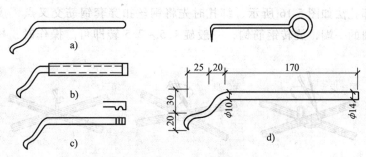

图 5-13　钢筋钩

图 5-13b 所示。另外，在绑扎钢筋时，为了使用钢筋钩扳弯直径小于 6mm 的钢筋，也可在钢筋钩末端开一道小扳口，如图 5-13c 所示。在用量较多且没有机器加工条件的情况下，也可用直径 6mm 的钢筋制作简易式钢筋钩，如图 5-13d 所示。

（2）小撬棍如图 5-14 所示，它通常与开口扳子为一体，用于调整钢筋间距，调直钢筋慢弯等的操作。

（3）起拱扳子　在绑扎现浇楼板钢筋时，可利用起拱扳子弯制楼板弯起钢筋。有时楼板弯起钢筋不是预先弯制好的，而是弯起筋和分布筋绑扎成网片后，用起拱扳子一端将弯起钢筋的下弯点压住，另一端将弯起钢筋的上弯点钩住，再通过弯起筋平直部分处和起拱扳子的扳把处用力下压，完成网片钢筋的弯起。起拱扳子的样式及操作使用如图 5-15 所示。

图 5-14　小撬棍

图 5-15　起拱扳子及操作
1—起拱扳子 6mm　2—楼板弯起钢筋

（4）绑扎架　预制钢筋骨架时的钢筋绑扎必须用钢筋绑扎架，现场绑扎一般不需要。

（5）绑扎丝　将单根钢筋绑扎成骨架或网片所用的材料称为绑扎丝，一般是经火烧、退火后的钢丝，又称为火烧丝；也可用同规格的镀锌钢丝，又称为钢丝口。

绑扎丝的规格是 20~22 号镀锌钢丝或绑扎专用的火烧丝。当绑扎直径在 12mm 以下的钢筋时，宜采用 22 号钢丝（其直径为 0.711mm）；当绑扎直径在 12~25mm 及其之内的钢筋时，宜用 20 号钢丝（直径为 0.914mm）。绑扎楼板钢筋网片时，一般用单根 22 号钢丝；绑扎梁、柱钢筋骨架则采用双根 22 号钢丝。

绑扎丝要有合理的长度，一般以用钢筋钩拧 2~3 圈后，钢丝出头长度大约在 20mm 为宜。钢丝太长，不但浪费，还会因外露在混凝土表面而影响构件质量。钢丝的供应是盘状的，故在制备绑扎丝时均按每盘钢丝周长的几分之一进行切断。

4. 钢筋绑扎的方法和要求

绑扎钢筋的扎扣方法要稳固、顺势，但最常用的是一面顺扣绑扎方法。

一面顺扣绑扎法如图 5-16 所示，绑扎时先将钢丝扣穿套钢筋交叉点，接着用钢筋钩钩住钢丝弯成圆圈的一端，旋转钢筋钩，一般旋 1.5~2.5 转即可。操作时，扎扣要短，才能

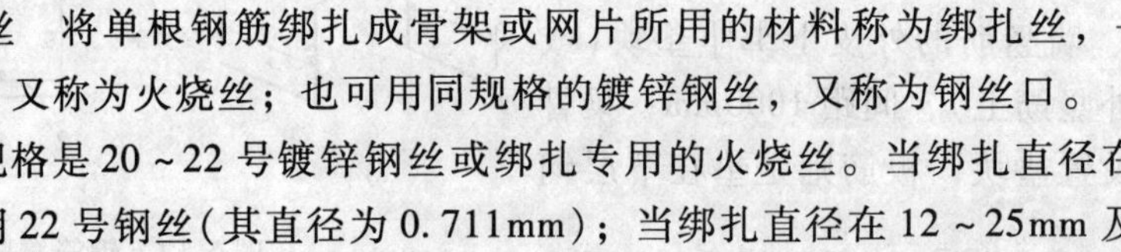

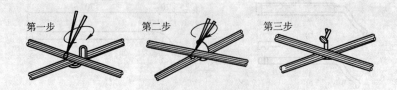

第一步　　第二步　　第三步

图 5-16　钢筋一面顺扣绑扎法

少转快扎。这种方法操作简便，绑点牢固，适用于钢筋网、骨架各个部位的绑扎。

钢筋绑扎除一面顺扣操作法之外，还有十字花扣、反十字花扣、兜扣、缠扣、兜扣加缠、套扣等，这些方法主要根据绑扎部位的实际需要进行选择，如图5-17所示为其他几种扎扣方式。其中，十字花扣、兜扣适用于平板钢筋网和箍筋处的绑扎；缠扣主要用混凝土墙体和柱子箍筋的绑扎；反十字花扣、兜扣加缠适用于梁骨架的箍筋与主筋的绑扎；套扣用于梁的架立钢筋和箍筋的绑扎点处。

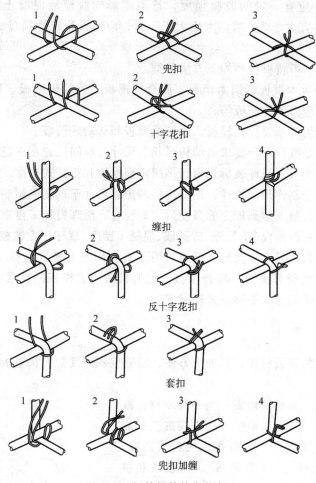

图 5-17　钢筋的其他绑扎方法

5.2　模板工程

模板是使混凝土结构和构件按所要求的几何尺寸成型的模具。

模板工程是钢筋混凝土结构工程的重要组成部分，特别是在现浇混凝土结构工程中占主导地位，往往决定着施工方法和施工机械的选择，直接影响工程的工期和造价。所以，采用先进的模板技术，对于提高工程质量、加快施工进度、提高劳动生产率、降低工程成本等，都具有十分重要的意义。

5.2.1　模板的基本要求和种类

模板包括模板本身和支撑系统两部分。模板是保证混凝土在浇筑过程中保持正确的形状和尺寸，支撑系统是混凝土在硬化过程中承受模板和新浇混凝土的重量及施工荷载。

接触混凝土的模板表面应平整，并应具有良好的耐磨性和硬度；清水混凝土的模板面板材料应保证脱模后所需的饰面效果。脱模剂涂于模板表面后，应能有效减小混凝土与模板间的吸附力，应有一定的成膜强度，且不应影响脱模后混凝土表面的后期装饰。模板支架的高宽比不宜大于3；当高宽比大于3时，应增设稳定性措施，并应进行支架的抗倾覆验算。

模板的种类很多，可按材料和施工方法分类。

按材料分类可分为木模板、钢木模板、胶合板模板、竹胶板模板、钢模板、玻璃钢模板、铝合金模板、预应力薄板模板等。

按施工方法可分为现场装拆式模板、固定式模板和移动式模板。

现场装拆式模板是按照设计要求的结构形状、尺寸及空间位置在现场组装，当混凝土达到拆模强度后即拆除模板。现场装拆式模板多用定型模板和工具式支撑。

固定式模板多用于制作预制构件，是按构件的形状尺寸于现场或预制厂制作，涂刷隔离剂，浇筑混凝土，当混凝上达到规定的强度后，即脱模、清理模板，再重新涂刷隔离剂，继续制作下一批构件。各种胎模（土胎膜、砖胎膜、混凝土胎膜）属于固定式模板。

移动式模板是随着混凝土的浇筑，模板可沿垂直方向或水平方向移动，如烟囱、水塔、墙柱混凝土浇筑采用的滑升模板、爬升模板、提升模板、大模板，高层建筑楼板采用的飞模，筒壳混凝土浇筑采用的水平移动式模板等。

5.2.2　木模板

木材是一种传统的模板材料，其加工方便，能适应各种复杂形状模板的需要，目前仍在一定范围内使用。

木模板周转率低，木材消耗多。为节约木材，减少现场工作，木模板及其支架系统一般先在加工厂或现场木工棚加工为基本元件，然后在现场进行拼装。拼板是木模板基本元件之一（图5-18），由板条和拼条组合钉成。板条厚度一般为25~50mm，宽度不宜超过200mm，以保证干缩时缝隙均匀，浇水后易于密缝，受潮后不易翘曲。梁板的板条宽度则不受限制，以减少拼缝，防止漏浆。

施工时，可依据工程结构具体特点、混凝土构件设计尺寸等设计出若干种不同平面尺寸的拼板，以便统一加工制作和组合使用。每块拼板的重量以两人能搬动为宜。当拼板的板条长度不够需要接长时，板条接缝应位于拼条处，并相互错开，以保证拼板的刚度。拼条间距取决于所浇筑混凝土侧压力的大小及板条的厚度，一般为400~500mm。

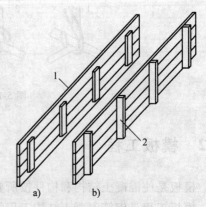

图5-18　拼板的构造
a）一般拼板　b）梁侧板的拼板
1—板条　2—拼条

现场常用的拼装木模板有以下几种。

1. 基础模板

普通钢筋混凝土独立基础或条形基础的特点是高度不大而体积较大。基础模板一般直接支撑或架设在基坑(或基槽)的土壁上,如土质良好,基础最下一级可以不用模板,直接原槽浇筑。安装阶梯形基础模板时,要保证上下模板不发生相对位移,如有杯口还要在其中放入杯口模板。图5-19所示为阶梯形独立基础的模板。

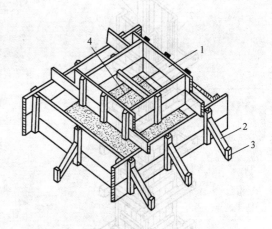

图 5-19　阶梯形独立基础的模板
1—拼板　2—斜撑　3—木桩　4—钢丝

2. 柱模板

柱子的特点是断面尺寸不大而比较高。柱模板的构造和安装主要考虑保证垂直度及有效抵抗新浇混凝土的侧压力,同时要考虑浇筑混凝土前清理模板内杂物、绑扎钢筋的方便。

柱模板由两块相对的内拼板、两块相对的外拼板和柱箍组成。柱箍除使四块拼板固定保持柱的形状外,还要承受由模板传来的新浇筑混凝土的侧压力,因此柱箍的间距取决于侧压力的大小及拼板的厚度,由于侧压力下大上小,因而柱模下部的柱箍较密。柱模板顶部根据需要开有与梁模板连接的缺口,底部开有清理孔,沿高度每隔2m开有浇筑孔。柱底部一般有一个固定在底部支撑面上的小木框,用于固定柱模板的平面位置,如图5-20所示。

在安装柱模板前,应先绑扎好钢筋,测出标高并标注在钢筋上,同时在已浇筑的基础顶面或楼面上固定好柱模底部的小木框,在内外拼板上弹出中心线,根据柱边线及木框位置竖立内外拼板,用斜撑临时固定,再由顶部用垂球校正,检查其标高位置无误后用斜撑钉牢固定。同在一条轴线上的柱,应先安装两端柱模板,校正固定后,再从柱模上口拉通长线校正中间各柱模板。柱模之间还要用水平撑及剪刀撑相互拉结。

3. 梁模板

梁的特点是跨度较大而宽度小。梁底一般是架空的,混凝土对梁侧模板有水平侧压力,对梁底模板有垂直压力,因此梁模板及其支架必须能够承受这些荷载而不致发生超过规范允许的过大变形。

梁模板主要由底模、侧模、夹木及其支架系统组成。底模板用长条板加拼条拼成,或用整块板条。为承受垂直荷载,在梁底模板下每隔一定间距(800~1200mm)用顶撑(琵琶撑)顶住。顶撑可用圆木、方木或钢管制成。顶撑底要加垫一对木楔块以调整标高。为使顶撑传下来的集中荷载均匀地传给地面,在顶撑底加铺垫板。多层建筑施工中,应使上、下层的顶撑处在同一竖直线上。侧模板用长板条加拼条制成,为承受混凝土侧压力,保证梁上下口尺寸,底部用夹木固定,上部用斜撑和水平拉条固定,如图5-21所示。

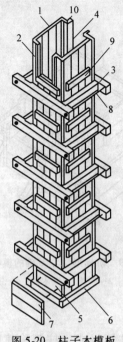

图 5-20　柱子木模板

1—内拼板　2—外拼板　3—柱箍
4—梁缺口　5—清理孔
6—底部木框　7—盖板　8—拉紧螺栓
9—拼条　10—三角木条

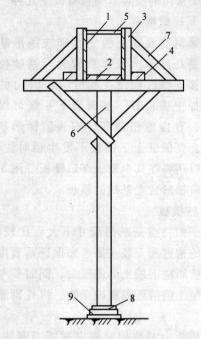

图 5-21　单梁模板

1—侧模板　2—底模板　3—侧模拼条　4—夹木
5—水平拉条　6—顶撑（支架）
7—斜撑　8—木楔　9—木垫板

单梁的侧模板一般拆除较早，因此，侧模板应包在底模板外侧。柱模板与梁侧模板一样可较早拆除，所以梁模板也不应伸到柱模板的开口内（图 5-22）。同样次梁模板也不应伸到主梁侧板的开口内，应充分考虑拆模的方便。如梁或板的跨度等于或大于 4m，应使梁或板底模板起拱，防止新浇筑混凝土的荷载使跨中模板下垂。如设计无规定时，起拱高度宜为全跨长度的 1/1000～3/1000。

梁模板安装时，下层楼板应达到足够的强度或具有足够的顶撑支撑。安装顺序是：沿梁模板下方楼地面上铺垫板，在柱模缺口处钉衬口木档，把底板搁置在衬口档上，接着立起靠近柱或墙的顶撑，再将梁长度等分，立中间部分顶撑，顶撑底下打入木楔，并检查调整标高，接着把侧模板放上，两头钉于衬口档上，在侧板底外侧铺钉夹木，再钉上斜撑、水平拉条。有主次梁模板时，要待主梁模板安装并校正后才能进行次梁模板安装。梁模板安装后再拉中线检查、复核各梁模板中心线位置是否准确。

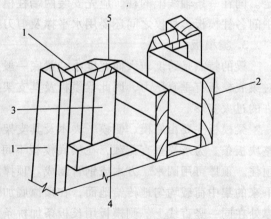

图 5-22　梁模板连接

1—柱侧板　2—梁侧板　3、4—衬口档　5—斜口小木条

4. 楼板模板

楼板的面积大而厚度较薄。楼板模板及其支架系统主要承受钢筋、混凝土的自重和其他施工荷载，保证模板不变形。

楼板模板（图5-23）的底模用木板条或用定型模板拼成，铺在楞木上。楞木搁置在梁模板外的托木上，楞木面可加木楔调平以满足钢筋混凝土板底设计标高。当楞木跨度较大时，中间应加设立柱。立柱上钉通长的杠木。底模板应垂直于楞木方向铺钉，应按照定型模板的尺寸规格调整楞木间距。当主梁、次梁模板安装完毕后，才可安装托木、楞木及楼板底模。

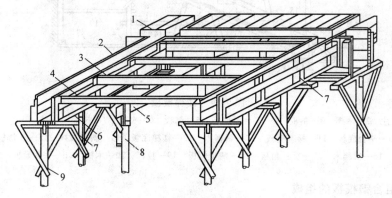

图5-23　有梁楼板模板

1—楼板模板　2—梁侧模板　3—楞木　4—托木　5—杠木　6—夹木　7—短撑木　8—杠木撑　9—顶撑

5. 楼梯模板

楼梯模板的构造与楼板模板相似，不同点是要倾斜支设和做出踏步（图5-24）。安装时，在楼梯间的墙上按设计标高画出楼梯段、楼梯踏步及平台板、平台梁的位置。先立平台梁、平台板的模板（同楼板模板安装），然后在楼梯基础侧板上钉托木，楼梯模板的斜楞钉在基础梁和平台梁侧板外的托木上。在斜楞上铺钉楼梯底模。下设杠木和斜向顶撑，斜向顶撑间距1.0~1.2m，用拉杆拉结。再沿楼梯边立外帮板，用外帮板上的横档木、斜撑和固定夹木将外帮板固定在杠木上。再在靠墙的一面把反三角板立起，反三角板的两端可钉于平台梁和梯基侧板上，然后在反三角板与外帮板之间逐块钉上踏步侧板，踏步侧板一头钉在外帮板的木档上，另一头钉在反三角板上的三角木块（或小木条）侧面上。当梯段较宽时，应在梯段中间再加反三角板，以免在浇筑混凝土时发生踏步侧板凸肚现象。为确保梯板符合要求的厚度，在踏步侧板下面可以垫若干小木块，在浇筑混凝土时随时取出。

5.2.3　定型组合钢模板

定型组合钢模板是一种工具式定型模板，由钢模板和配件组成，配件包括连接件和支承件。钢模板通过各种连接件和支承件可组合成多种尺寸和几何形状，以适应各种类型建筑物的梁、柱、板、墙、基础等构件施工所需要的模板，也可用其拼成大模板、滑模、筒模和台模等。施工时可在现场直接组装，亦可预拼装成大块模板或整个构件模板，用起重机吊运安装。

定型组合钢模板的安装工效比木模高；组装灵活，通用性强；拆装方便，周转次数多，每套钢模可重复使用50~100次以上；加工精度高，浇筑混凝土的质量好；完成后的混凝土尺寸准确、棱角整齐、表面光滑，可以节省装修用工。

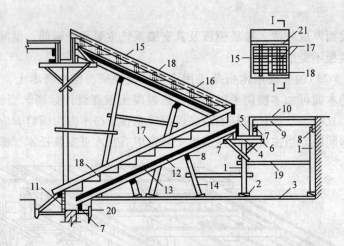

图 5-24　楼梯模板

1—支柱　2—木楔　3—垫板　4—平台梁底板　5—侧板　6—夹板　7—托木　8—杠木　9—楞木
10—平台底板　11—梯基侧板　12—斜楞木　13—楼梯底板　14—斜向顶撑　15—外帮板
16—横档木　17—反三角板　18—踏步侧板　19—拉杆　20—木桩　21—平台梁板

1. 定型组合钢模板的组成

（1）钢模板　包括平面模板、阳角模板、阴角模板和连接角模（图 5-25）。

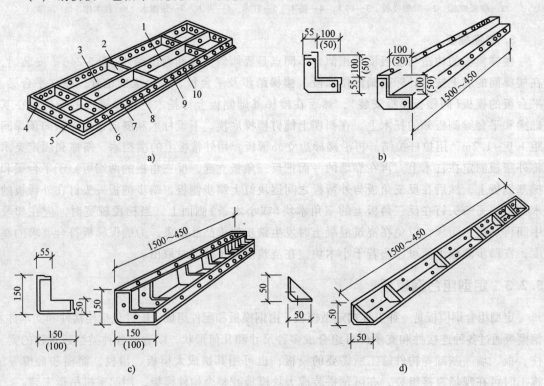

图 5-25　钢模板的类型

a）平面模板　b）阳角模板　c）阴角模板　d）连接角模

1—中纵肋　2—中横肋　3—面板　4—横肋　5—插销孔　6—纵肋　7—凸棱　8—凸鼓　9—U 形卡孔　10—钉子孔

平面模板由边框、面板和纵横肋组成。边框和面板常用 2.5 ~ 2.8mm 厚的钢板轧制而成，纵横肋则采用 3mm 厚扁钢与面板及边框焊接而成。钢模板的厚度均为 55mm。为了便于模板之间拼装连接，边框上都开有连接孔，且无论长短边上的孔距都为 150mm。

模板的模数尺寸关系到模板的适应性，是设计制作模板的基本问题之一。我国钢模板的尺寸长度以 150mm 为模数，宽度以 50mm 为模数。平模板的长度尺寸有 450 ~ 1800mm 共 7 个，宽度尺寸有 100 ~ 600mm 共 11 个。平模板尺寸系列化共有 70 余种规格。进行配模设计时，如出现不足整块模板处，则用木板镶拼，用钢钉或螺栓将木板与钢模板间进行连接。

平面钢模、阴角模、阳角模及连接角模分别用字母 P、E、Y、J 表示，在代号后面用 4 位数表示模板规格，前两位是宽度的厘米数，后两位是长度的整分米数。如 P3015 表示宽 300mm、长 1500mm 的平模板。又如 Y0507 表示肢宽为 50mm × 50mm、长度为 750mm 的阳角模。钢模板规格见表 5-10。

表 5-10　钢模板规格　　　　　　　　　　　　　　　　（单位：mm）

名　　称	代　　号	宽　　度	长　　度	肋　高
平面模板	P	600、550、500、450、400、350、300、250、200、150、100	1800、1500、1200、900、750、600、450	55
阴角模板	E	150 × 150、100 × 100		
阳角模板	Y	100 × 100、50 × 50		
连接角模	J	50 × 50		

（2）连接件　定型组合钢模板的连接件包括 U 形卡、L 形插销、钩头螺栓、对拉螺栓、紧固螺栓和扣件等（图 5-26）。

U 形卡用于相邻模板的拼装，其安装距离不大于 300mm，即每隔一孔卡插一个，安装方向一顺一倒相互错开，以抵消因打紧 U 形卡可能产生的位移；L 形插销用于插入钢模扳端部横肋的插销孔内，以加强两相邻模板接头处的刚度和保证接头处板面平整；钩头螺栓用于钢模板与内外钢楞的加固，安装间距一般不大于 600mm，长度应与采用的钢楞尺寸相适应；对拉螺栓用于连接墙壁两侧模扳，保持模板与模扳之间的设计厚度，并承受混凝土侧压力及水平荷载，使模板不变形；扣件用于钢楞与钢楞或钢模板之间的扣紧，按钢楞的不同形状，分别采用蝶形扣件和"3"形扣件。

（3）支承件　定型组合钢模板支承件的作用是将已拼接成的模板组件固定并支承在它的设计位置上，承受模板传来的一切荷载。支承件包括钢楞、柱箍、梁卡具、钢支架、斜撑、钢等。

钢楞又称龙骨，主要用于支承钢模板并提高其整体刚度。钢楞的材料有钢管、矩形钢管、内卷边槽钢、槽钢、角钢等。

柱箍，用于直接支承和夹紧各类柱模的支承件，有扁钢、角钢和槽钢等多种形式。

梁卡具，又称梁托架，用于固定矩形梁、圈梁等模板的侧模板，可节约斜撑等材料。也可用于侧模板上口的卡固定位（图 5-27）。

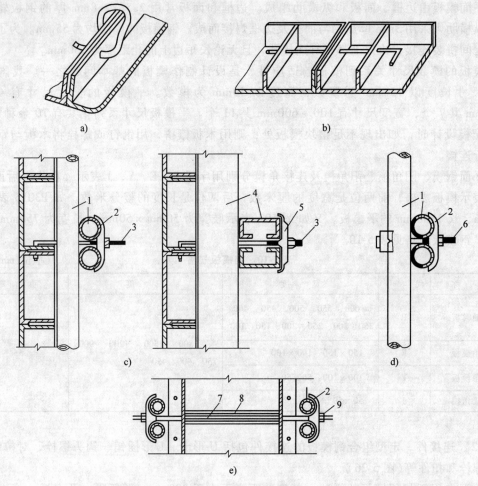

图 5-26　钢模板连接件

a）U形卡连接　b）L形插销连接　c）钩头螺栓连接　d）紧固螺栓　e）对拉螺栓连接

1—圆钢管钢愣　2—"3"形扣件　3—钩头螺栓　4—内卷边槽钢钢愣

5—蝶形扣件　6—紧固螺栓　7—对拉螺栓　8—塑料套管　9—螺母

2. 定型组合钢模板的构造安装

（1）基础模板　阶梯式基础模板的构造如图 5-28
所示，所选钢模板的宽度最好与阶梯高度相同。基础
阶梯高度如不符合钢模板宽度的模数时，可加镶木板。
上层阶梯外侧模板较长，需用两块钢模板拼接。除用
两根 L 形插销外，上下可加扁铁并用 U 形卡连接。上
层阶梯内侧模板长度应与阶梯等长，与外侧模板拼接
处上下应加 T 形扁钢板连接；下层阶梯钢模板的长度
最好与下层阶梯等长，四角用连接角模拼接。

杯形基础杯口处应在模板的顶部中间装杯芯模板。
基础模板一般在现场拼装。

（2）柱模板　柱模板的构造如图 5-29 所示，由

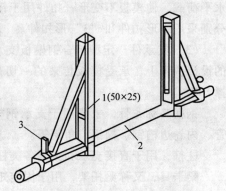

图 5-27　扁钢和圆钢管组合梁卡具

1—三角架　2—底座　3—固定螺栓

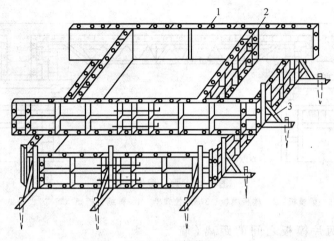

图 5-28 基础模板
1—扁钢连接件 2—T形连接件 3—角钢三角撑

四块拼板围成，四角由连接角模连接。每块拼板由若干块钢模板组成，柱的顶部与梁相接处需留出与梁模板连接的缺口，用钢模板组合往往不能满足要求，该接头部分常用木板镶拼。当柱较高时，可根据需要在柱中部设置混凝土浇筑孔，浇筑孔的盖板可用钢模板或木板镶拼。柱模板下端也应留垃圾清理孔。

柱模板安装有现场拼装和场外预拼装后到现场安装两种形式。现场拼装是根据已弹好的柱边线按配板图从下向上逐圈安装，直至柱顶，校正垂直度后即可装设柱箍等支撑杆件以保证柱模板的稳定。场外预拼装就是在场外设置钢模板拼装平台，可预拼成四片然后运到现场就位，用连接角模连成整体，最后安设柱箍。也可在平台上拼装成整体，上好柱箍等加固杆，运到现场整体安装。

（3）梁、楼板模板 梁模板由底模板及两片侧模组成。底模与两侧模间用连接角模连接，侧模顶部则用阴角模板与楼板相接。梁侧模随混凝土侧压力，可根据需要在两侧模间设对拉螺栓或设卡具。整个梁模板用支柱（或钢管架）支承（图5-30）。

梁模板一般在拼装平台上按配板图拼成三片，用钢楞加固后运到现场安装。安装底模前，应先立好支柱（或钢管架），调整好支柱顶标高，并以水平及斜向拉杆加固，然后将梁底模板安装在支柱顶上，最后安装梁侧模板。

（4）墙模板 墙模板由两片模板组成，每片模板由若干块平面模板拼成（图5-31）。这些平面模板可以横拼或竖拼，外面用竖、横钢楞加固，并用斜撑保持稳定，

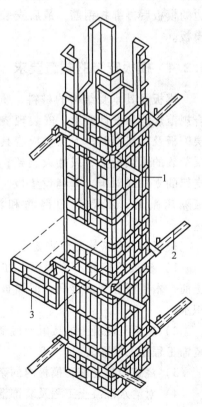

图 5-29 柱模板
1—平面钢模板 2—柱箍 3—浇筑孔盖板

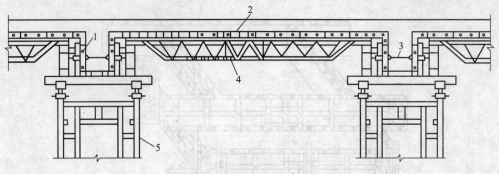

图 5-30 梁、楼板模板

1—梁模板 2—楼板模板 3—对拉螺栓 4—伸缩式桁架 5—门式支架

用对拉螺栓保持两片模板之间的距离（墙厚），并承受浇筑时混凝土的侧压力。

墙模板安装，首先沿边线抹水泥砂浆做好安装墙模板的基底处理。钢模板可以散拼，即按配板图由一端向另一端、由下向上逐层拼装，也可以拼装成整片安装。墙的钢筋可以在模板安装前绑扎，也可在安装好一边的模板后再绑扎钢筋，最后安装另一边的模板。

5.2.4 模板安装的质量要求

模板及其承受结构的材料、质量，应符合规范规定和设计要求。安装现浇结构的上层模板及其支架时，下层楼板应具有承受上层荷载的承载能力，或加设支架；上、下层支架的立柱应对准，并铺设垫板。在涂刷模板隔离剂时，不得沾污钢筋和混凝土接槎处。

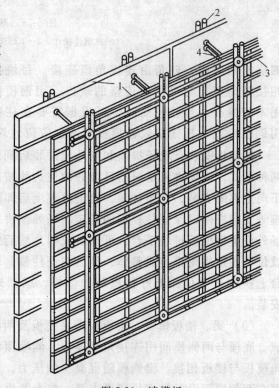

图 5-31 墙模板

1—墙模板 2—竖楞 3—横楞 4—对拉螺栓

模板的安装应满足下列要求：

1）模板的接缝不应漏浆；在浇筑混凝土前，木模板应浇水湿润，但模板内不应有积水。

2）模板与混凝土的接触面应清理干净并涂刷隔离剂，但不得采用影响结构性能或妨碍装饰工程施工的隔离剂。

3）浇筑混凝土前，模板内的杂物应清理干净。

4）对清水混凝土工程及装饰混凝土工程，应使用能达到设计效果的模板。

模板面板背侧的木方高度应一致。制作胶合板模板时，其板面拼缝处应密封。地下室外墙和人防工程墙体的模板对拉螺栓中部应设止水片，止水片应与对拉螺栓环焊。

采用扣件式钢管作高大模板支架的立杆时，支架搭设应完整，并应符合下列规定：

1）立杆上应每步设置双向水平杆，水平杆应与立杆扣接。

2）立杆底部应设置垫板。

采用扣件式钢管作高大模板支架的立杆时，还应符合下列规定：

1）对大尺寸混凝土构件下的支架，其立杆顶部应插入可调托座。可调托座距顶部水平杆的高度不应大于 600mm，可调托座螺杆外径不应小于 36mm，插入深度不应小于 180mm。

2）立杆的纵、横向间距应满足设计要求，立杆的步距不应大于 1.8m；顶层立杆步距应适当减小，且不应大于 1.5m；支架立杆的搭设垂直偏差不宜大于 5/1000，且不应大于 100mm。

3）在立杆底部的水平方向上应按纵下横上的次序设置扫地杆。

4）承受模板荷载的水平杆与支架立杆连接的扣件，其拧紧力矩不应小于 40N·m，且不应大于 65 N·m。

对现浇多层、高层混凝土结构，上、下楼层模板支架的立杆应对准，模板及支架钢管等应分散堆放。固定在模板上的预埋件、预留孔和预留洞均不得遗漏，且应安装牢固、位置准确。用作模板的地坪、胎膜等应平整光洁，不得产生影响构件质量的下沉、裂缝、起砂或起鼓；对跨度不小于 4m 的现浇钢筋混凝土梁、板模板应按设计要求起拱；当设计无具体要求时，起拱高度宜为跨度的 1/1000~3/1000；固定在模板上的预埋件、预留孔和预留洞均不得遗漏，且应安装牢固，其允许偏差应符合表 5-11 的规定；现浇结构模板安装的允许偏差应符合表 5-12 的规定。

表 5-11 预埋件和预留空洞的允许偏差

项　　目		允许偏差/mm	项　　目		允许偏差/mm
预埋钢板中心线位置		3	预埋螺栓	中心线位置	2
预埋管、预留孔中心线位置		3		外露长度	+10, 0
插筋	中心线位置	5	预留洞	中心线位置	10
	外露长度	+10, 0		尺寸	+10, 0

表 5-12 现浇结构模板安装的允许偏差及检验方法

项　　目		允许偏差/mm	检 验 方 法
轴线位置		5	钢直尺检查
底模上表面标高		±5	水准仪或拉线、钢直尺检查
截面内部尺寸	基础	±10	钢直尺检查
	柱，墙，梁	+4，−5	钢直尺检查
层高垂直度	不大于 5m	6	经纬仪或吊线、钢直尺检查
	大于 5m	8	经纬仪或吊线、钢直尺检查
相邻两板表面高低差		2	钢直尺检查
表面平整度		5	2m 靠尺和塞尺检查

5.2.5 模板的拆除

1. 拆模要求

现浇结构模板的拆除时间，取决于混凝土的强度、结构的性质、模板的用途和混凝土硬化时的气温。及时拆模，可提高模板的周转率，为后续工作创造条件，从而加快施工进度。如过早拆模，因混凝土未达到一定强度，过早承受荷载而产生变形甚至会断裂造成重大的质量事故。

底模及其支架拆除时的混凝土强度应符合设计要求；当设计无具体要求时，混凝土强度应符合表 5-13 的规定。

表 5-13 底模拆模时混凝土的强度要求

结构类型	结构跨度/m	按设计的混凝土强度标准值的百分率计(%)	结构类型	结构跨度/m	按设计的混凝土强度标准值的百分率计(%)
板	≤2	≥50	梁，拱，壳	≤8	≥75
	>2，≤8	≥75		>8	≥100
	>8	≥100	悬臂构件	—	≥100

侧模应在混凝土强度能保证其表面及棱角不因拆除模板而受损坏时，方可拆除。

模板拆除时，可采取先支的后拆、后支的先拆，先拆非承重模板、后拆承重模板的顺序，并应从上而下进行拆除。

多层楼板模板支架的拆除，应按下列要求进行：上层楼板正在浇筑混凝土时，下一层楼板的模板支架不得拆除，再下一层楼板模板的支架，仅可拆除一部分；跨度 4m 及 4m 以上的梁下均应保留支架，其间距不得大于 3m。

2. 拆模注意事项

拆模时，应尽量避免混凝土表面或模板受到损坏，注意整块下落伤人。拆下来的模板有钉子时，要使钉尖朝下，以免扎脚。拆完后，应及时加以清理、修理，按种类及尺寸分别堆放，以便下次使用。已拆除模板及其支架结构的混凝土，应在其强度达到设计强度标准值后，才允许承受全部使用荷载。当承受施工荷载产生的效应比使用荷载更为不利时，必须经过核算，加设临时支撑。拆下的模板及支架杆件不得抛扔，应分散放在指定地点，并应及时清运。模板拆除后应将其表面清理干净，对变形和损伤部位应进行修复。

3. 早拆模板体系

按照常规的支模方法，由于混凝土需达到规定强度才允许拆模，模板配置量需 3~4 楼层的数量，一次投入量大。

早拆模板体系即通过合理的支承模板，将较大跨度的楼盖，通过增加支承点缩小楼盖的跨度(达到小于或等于 2m)，这样混凝土达到设计强度的 50% 即可拆模，即早拆模板，后拆支柱，达到加快模板周转，减少模板一次配置量，有很好的经济效益。

早拆体系的关键技术是在支柱上加装早拆柱头。目前常用的早拆柱头有螺旋式，斜面自锁式，支承销板式等。早拆柱头的构造不同，拆模方式也不同，但总的说来是使支托楼板模板的支托下落，使楼板模板随之下落可以拆除，而支柱仍留在原位支承楼板(图 5-32)。当混凝土强度增大到足以在全跨条件下承受自重和施工荷载时，再拆除全部竖向支撑。

5.2.6 滑升模板

滑升模板(以下简称滑模)是一种工具式模板。

液压滑升模板施工工艺，是按照施工对象的平面尺寸和形状，在地面组装好包括模板、提升架和操作平台的滑模系统，然后分层浇筑混凝土，利用液压提升设备不断竖向提升模板，完成混凝土构件施工的一种方法。具有施工速度快，模板、支撑用量少，结构整体性好的特点。

近年来，随着液压提升机械和施工精度调整技术的不断改进和提高，滑模工艺发展迅速。以前滑模工艺多用于烟囱、水塔、筒仓等筒壁构筑物的施工，现在逐步向高层和超高层的民用建筑发展，成为了高层建筑施工可供选择的方法之一。

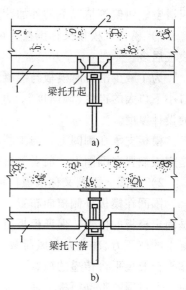

图 5-32 早期拆模原理
a) 支模 b) 拆模
1—模板主梁 2—现浇楼板

1. 滑模系统的组成

滑模的装置由模板系统、操作平台系统和液压提升系统以及施工精度控制系统等组成，如图 5-33 所示。

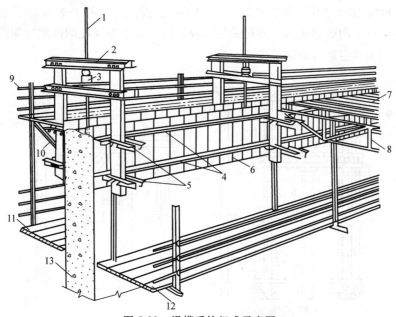

图 5-33 滑模系统组成示意图
1—支撑杆 2—提升架 3—液压千斤顶 4—围圈 5—围圈支托 6—模板 7—操作平台
8—平台桁架 9—栏杆 10—外挑三角架 11—外吊脚手 12—内吊脚手 13—混凝土墙体

（1）模板系统 由模板、围圈、提升架及其附属配件组成。其作用是根据滑模工程的结构特点组成成型结构，使混凝土能按照设计的几何形状及尺寸准确成形，并保证表面质量符合要求；其在滑升施工过程中，主要承受浇筑混凝土时的侧压力以及滑动时的摩阻力和模板滑空、纠偏等情况下的外加荷载。

1）模板。模板又称围板，可用钢材、木材或钢木混合以及其他材料制成，目前使用钢模板居多。

为了减少滑升时模板与混凝土的摩擦阻力，便于脱模。模板安装后其内外模板应形成上口小下口大的锥度（倾斜度），并使模板高在下口以上 1/4～1/2 高度处的净间距为结构截面的设计厚度。

模板支承在围圈上，与围圈的的连接一般有两种方法：一种是模板挂在围圈上；另一种是模板搁置在围圈上。前者装拆稍费事，后者装拆方便，但需有相应措施固定。

2）围圈。围圈又称围檩，可用角钢、槽钢或工字钢制作。

围圈在模板外侧横向布置，一般上下各布置一道，分别支承在提升架的立柱上。其作用是固定模板的位置，保证模板所构成的几何形状不变，承受由模板传来的水平力（新浇筑混凝土的侧压力、冲击力和风荷载）和垂直力（一般为滑升时的摩擦阻力），有时还可能承受操作平台及挑平台传递的荷载。围圈把模板和提升架联系在一起构成模板系统，当提升架提升时，通过围圈带动模板，使模板随之向上滑升。

3）提升架。提升架（又称千斤顶架或门架）的作用是固定围圈的位置，防止模板的侧向变形；承受作用于整个模板上的竖向荷载；将模板系统和操作平台系统连成一体，并将模板系统和操作平台的全部荷载传递给千斤顶和支承杆。

提升架由立柱、横梁、支承围圈的支托和支承操作平台的支托等各部件组成。常用形式有"Ⅱ"形单横梁架和"开"形双横梁架（图 5-34）。横梁与立柱一般均以槽钢制作，两者之间的拼装连接可采用焊接连接，亦可采用螺栓拼装。提升架立柱的高度应使模板上口到提升架横梁下皮间的净空能满足施工要求。

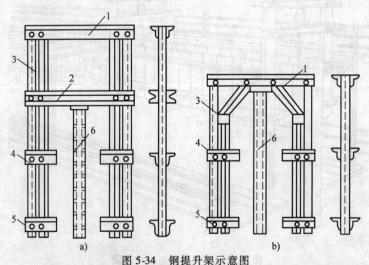

图 5-34　钢提升架示意图

a）双横梁　b）单横梁

1—上横梁　2—下横梁　3—立柱　4—上围圈支托　5—下围圈支托　6—套管

（2）操作平台系统　操作平台系统主要包括主操作平台、外挑脚手架、内、外吊脚手架，如果施工需要，还可设置辅助平台，以供材料、工具、设备的堆放（图 5-35）。操作平台所受的荷载比较大，必须有足够的强度和刚度。

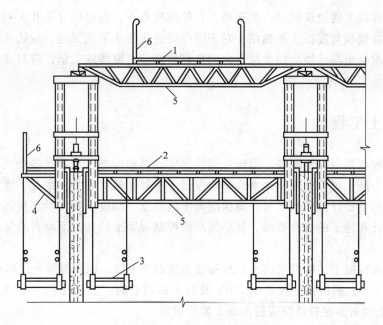

图 5-35　操作平台系统示意图

1—上辅助平台　2—主操作平台　3—吊脚手架　4—三角挑架　5—承重桁架　6—防护栏杆

2. 滑升工艺

滑模的施工由滑模设备的组装、钢筋绑扎、混凝土浇捣、模板滑升、楼面施工和模板设备的拆除等工序组成。此处仅就模板滑升作简单介绍。

模板的滑升可分为初滑、正常滑升、末滑三个主要阶段。

（1）初滑阶段是指工程开始时进行的初次提升模板阶段，主要对滑模装置和混凝土凝结状态进行检查。初滑的基本操作是当混凝土分层浇筑到模板高度的 2/3，且第一层混凝土的强度达到出模强度时，进行试探性的提升，即将模板提升 1～2 个千斤顶行程，观察混凝土的出模情况。滑升过程要求缓慢平稳，用手按混凝土表面，若出现轻微指印，砂浆又不粘手，说明时间恰到好处。全面检查液压系统和模板系统的工作情况，可进入正常滑升阶段。

（2）正常滑升阶段可以连续一次提升一个浇筑层高度，等混凝土浇筑至模板顶面时再提升一个浇筑层高度，也可以随升随浇。模板的滑升速度，取决于混凝土的凝结时间、劳动力的配备、垂直运输的能力、浇筑混凝土的速度以及气温等因素。在正常气条件下，滑升速度一般控制在 150～300mm/h 范围内，两次滑升的间隔停歇时间，一般不宜超过 1.5h，在气温较高的情况下，应增加 1～2 次中间提升。中间提升的高度为 1～2 个千斤顶行程，主要是防止混凝土与模板黏结。

在滑升中必须严格按计划的滑升速度执行，并随时检查模板、支承杆、液压泵、千斤顶等各部分的情况，如有异常，应及时加以调整、修理或加固。

（3）末滑阶段是指当模板升至距建筑物顶部标高 1m 左右时。此时应放慢滑升速度，进行准确的抄平和找正工作。整个抄平找正工作应在模板滑升至距离顶部标高 20mm 以前做好，以便使最后一层混凝土能均匀交圈。混凝土末浇结束后，模板仍应继续滑升，直至与混凝土脱离为止。

（4）停滑。如因气候、施工需要或其他原因而不能连续滑升时，应采取可靠的停滑措施：停滑前，混凝土应浇筑到同一水平面上；停滑过程中，模板应每隔0.5~1h提升一个千斤顶行程，确保模板与混凝土不黏结；对于因停滑造成的水平施工缝，应认真处理混凝土表面，保证后浇混凝土与已硬化的混凝土之间良好的黏结；继续施工前，应对液压系统进行全面检查。

5.3 混凝土工程

混凝土工程包括混凝土制备、运输、浇筑捣实和养护等施工过程，各个施工过程相互联系和影响，任一施工过程处理不当都会影响混凝土工程的最终质量。因此，要使混凝土工程施工能保证结构的设计形状和尺寸，确保混凝土的强度、刚度、密实性、整体性、耐久性以及满足其他设计和施工的特殊要求，就必须严格控制混凝土的各种原材料质量和每道工序的施工质量。

规范规定素混凝土结构的混凝土强度等级不应低于C15；钢筋混凝土结构的混凝土强度等级不应低于C20；采用强度级别400MPa及以上的钢筋时，混凝土强度等级不应低于C25（我国用混凝土和钢筋材料强度普遍偏低于发达国家）。

由于粉煤灰等矿物掺合料在水泥及混凝土中大量应用，混凝土强度不一定是28d强度，可由设计适当延长。承受重复荷载的钢筋混凝土构件，混凝土强度等级不应低于C30。

5.3.1 混凝土的配料

1. 混凝土原材料的选用

结构工程中所用的混凝土是以水泥为胶凝材料，外加粗细骨料、水，按照一定配合比拌合而成的混合材料。另外，还根据需要，向混凝土中掺加外加剂和外掺和料以改善混凝土的某些性能。因此，混凝土的原材料除了水泥、砂、石、水外，还有外加剂、外掺和料（常用的有粉煤灰、硅粉、磨细矿渣等）。

（1）水泥 水泥是混凝土的重要组成材料，水泥在进场时必须具有出厂合格证明和试验报告，并对其品种、强度等级、出厂日期等内容进行检查验收。根据结构的设计和施工要求，准确选定水泥品种和强度等级。水泥进场后，应按品种、强度等级、出厂日期不同分别堆放，并做好标记，做到先进先用完，不得将不同品种、强度等级或不同出厂日期的水泥混用。水泥要防止受潮，仓库地面、墙面要干燥。存放袋装水泥时，水泥要离地、离墙30cm以上，且堆放高度不超过10包。水泥存放时间不宜过长，水泥存放期自出厂之日算起不得超过3个月（快凝水泥为1个月），否则，水泥使用前必须重新取样检查试验其实际性能。

水泥的选用应符合下列规定：

1）水泥品种与强度等级应根据设计、施工要求以及工程所处环境条件确定。

2）普通混凝土结构宜选用通用硅酸盐水泥；有特殊需要时，也可选用其他品种水泥。

3）对于有抗渗、抗冻融要求的混凝土，宜选用硅酸盐水泥或普通硅酸盐水泥。

4）处于潮湿环境的混凝土结构，当使用碱活性骨料时，宜采用低碱水泥。

（2）粗细骨料 砂、石子是混凝土的骨架材料，因此又称粗细骨料。骨料有天然骨料、人造骨料。在工程中常用天然骨料。根据砂的来源不同，砂分为河砂、海砂、山砂。海砂中氯离子对钢筋有腐蚀作用，因此，海砂一般不宜作为混凝土的骨料。粗骨料有碎石、卵石两种。碎石是用天然岩石经破碎过筛而得的粒径大于 5mm 的颗粒。由自然条件作用在河流、海滩、山谷而形成的粒径大于 5mm 的颗粒，称为卵石。混凝土骨料要质地坚固、颗粒级配良好、含泥量要小，有害杂质含量要满足国家有关标准要求。尤其是可能引起混凝土碱—骨料反应的活性硅、云石等含量，必须严格控制。

粗骨料宜选用粒形良好、质地坚硬的洁净碎石或卵石，并应符合下列规定：

1）粗骨料最大粒径不应超过构件截面最小尺寸的 1/4，且不应超过钢筋最小净间距的 3/4；对实心混凝土板，粗骨料的最大粒径不宜超过板厚的 1/3，且不应超过 40mm。

2）粗骨料宜采用连续粒级，也可用单粒级组合成满足要求的连续粒级。

3）含泥量、泥块含量指标应符合规范的规定。

细骨料宜选用级配良好、质地坚硬、颗粒洁净的天然砂或机制砂，并应符合下列规定：

1）细骨料宜选用 Ⅱ 区中砂。当选用 Ⅰ 区砂时，应提高砂率，并应保持足够的胶凝材料用量，满足混凝土的工作性要求；当采用 Ⅲ 区砂时，宜适当降低砂率。

2）混凝土细骨料中氯离子含量应符合下列规定：对钢筋混凝土，按干砂的质量百分率计算不得大于 0.06%；对预应力混凝土，按干砂的质量百分率计算不得大于 0.02%。

3）含泥量、泥块含量指标应符合规范的规定。

4）海砂应符合现行行业标准《海砂混凝土应用技术规范》(JGJ 206—2010)的有关规定。

（3）水　混凝土拌合用水一般可以直接使用饮用水，当使用其他来源水时，水质必须符合国家有关标准的规定。含有油类、酸类(pH 小于 4 的水)、硫酸盐和氯盐的水不得用作混凝土拌合水。未经处理的海水严禁用作钢筋混凝土或预应力混凝土的拌制和养护。

（4）外加剂　混凝土工程中已广泛使用外加剂，以改善混凝土的相关性能。外加剂的种类很多，根据其用途和用法不同，总体可分为早强剂、减水剂、缓凝剂、抗冻剂、加气剂、防锈剂、防水剂等。外加剂使用前，必须详细了解其性能，准确掌握其使用方法，要取样实际试验检查其性能，任何外加剂不得盲目使用。当使用碱活性骨料时，由外加剂带入的碱含量(以当量氧化钠计)不宜超过 $1.0kg/m^3$。

（5）掺和料　在混凝土加适量的掺和料，既可以节约水泥，降低混凝土的水泥水化总热量，也可以改善混凝土的性能。尤其是高性能混凝土中，掺入一定的外加剂和掺和料，是实现其有关性能指标的主要途径。掺和料有水硬性和非水硬性两种。水硬性掺和料在水中具有水化反应能力，如粉煤灰、磨细矿渣等。而非水硬性掺和料在常温常压下基本上不与水发生水化反应，主要起填充作用，如硅粉、石灰石粉等。掺和料的使用要服从设计要求，掺量要经过试验确定，一般为水泥用量的 5%~40%。

2. 混凝土施工配制强度确定

预应力混凝土结构的混凝土强度等级不宜低于 C40，且不应低于 C30。

混凝土的施工配合比，应保证结构设计对混凝土强度等级及施工对混凝土和易性的要求，并应符合合理使用材料，节约水泥的原则。必要时，还应符合抗冻性、抗渗性等要求。施工配合比是以实验室配合比为基础而确定的，普通混凝土的实验室配合比设计是在确定了相应混凝土的施工配制强度后，按照《普通混凝土配合比设计规程》(JGJ 55—2011)的方法和要求进行设计确定，包括水灰比、塌落度的选定，且每 m^3 普通混凝土的水泥用量不宜超过 550kg。对于有特殊要求的混凝土，其配合比设计尚应符合有关标准的专门规定。

混凝土制备之前按下式确定混凝土的施工配制强度，以达到 95% 的保证率：

$$f_{cu,o} = f_{cu,k} + 1.645\sigma \tag{5-1}$$

式中　$f_{cu,o}$——混凝土的施工配制强度（N/mm²）；

　　　$f_{cu,k}$——设计的混凝土强度标准值（N/mm²）；

　　　σ——施工单位的混凝土强度标准差（N/mm²）。

当施工单位具有近期的同一品种混凝土强度的统计资料时，σ 可按下式计算：

$$\sigma = \sqrt{\dfrac{\sum_{i=1}^{N} f_{cu,i}^2 - N\mu_{fcu}^2}{N-1}} \tag{5-2}$$

式中　$f_{cu,i}$——统计周期内同一品种混凝土第 i 组试件强度（N/mm²）；

　　　μ_{fcu}——统计周期内同一品种混凝土 N 组强度的平均值（N/mm²）；

　　　N——统计周期内相同混凝土强度等级的试件组数，$N \geqslant 25$。

当混凝土强度等级为 C20 或 C25 时，如计算得到的 $\sigma < 2.5\text{N/mm}^2$，取 $\sigma = 2.5\text{N/mm}^2$；当混凝土强度等级高于 C25 时，如计算得到的 $\sigma < 3.0\text{N/mm}^2$，取 $\sigma = 3.0\text{N/mm}^2$。

对预拌混凝土厂和预制混凝土的构件厂，其统计周期可取为一个月；对现场拌制混凝土的施工单位，其统计周期可根据实际情况确定，但不宜超过三个月。

施工单位如无近期同一品种混凝土强度统计资料时，σ 可按表 5-14 取值。

表 5-14　混凝土强度标准差 σ　　　　　　（单位：N/mm²）

混凝土等级	低于 C20	C20 ~ C35	高于 C35
σ	4.0	5.0	6.0

注：表中 σ 值，反映我国施工单位的混凝土施工技术和管理的平均水平，采用时可根据本单位情况作适当调整。

3. 混凝土施工配合比和施工配料

实验室配合比所确定的各种材料的用量比例，是以砂、石等材料处于干燥状态下计算的。而在施工现场，砂石材料露天存放，不可避免地含有一定的水，且其含水量随着场地条件和气候而变化，因此，在实际配制混凝土时，就必须考虑砂石的含水量对混凝土的影响，将实验室配合比换算成考虑了砂石含水量的施工配合比，作为混凝土配料的依据。

设实验室配合比为：

水泥:砂:石子 = 1:x:y，水灰比为 W/C，现场测得砂、石的含水量分别为 W_x、W_y，则施工配合比为：

水泥:砂:石子 = 1:$x(1+W_x)$:$y(1+W_y)$

按实验室配合比 1m³ 混凝土的水泥用量为 C（kg），计算施工配合比时保持混凝土的水灰比不变（水灰比改变，混凝土的性能会发生变化），则每 1m³ 混凝土的各种材料的用量为：

水泥：C

砂：$Cx(1+W_x)$

石子：$Cy(1+W_y)$

水：$W - CxW_x - CyW_y$

施工现场的混凝土配料要求计算出每一盘（拌）的各种材料下料量，为了便于施工计量，对于用袋装水泥时，计算出的每盘水泥用量应取半袋的倍数。混凝土下料一般要用称量工具称取，并要保证必要的精度。混凝土各种原材料每盘称量的允许误差：水泥、掺和料为

±2%；粗、细骨料为±3%；水、外加剂为±2%。

【例】 设混凝土的实验室配比为水泥:砂:石子 = 1:2.56:5.5，水灰比 $W/C = 0.64$，每一立方米混凝土的水泥用量为 251.4kg，现测得砂子的含水率为4%，石子的含水率为2%，试计算每一立方米混凝土的各种材料施工用量。

【解】 设实验室的配合比为水泥:砂:石子 = 1:x:y，水灰比 $W/C = 0.64$，砂的含水率 $W_x = 4\%$，石子的含水率 $W_y = 2\%$，由此可得，每立方米混凝土各种材料的施工用量为：

水泥:砂:石子 = 1:x(1 + W_x):y(1 + W_y)

水泥用量 251.4kg

砂的用量 $Cx(1 + W_x) = 251.4 \times 2.56 \times (1 + 4\%) = 669.33$kg

石子用量 $Cy(1 + W_y) = 251.4 \times 5.5 \times (1 + 2\%) = 1410.35$kg

水的用量 $0.64C - CxW_x - CyW_y = 0.64 \times 251.4 - 251.4 \times 2.56 \times 4\% - 251.4 \times 5.5 \times 2\% = 107.5$kg

求出每立方米混凝土的材料用量后，还需根据工地现有混凝土搅拌机的出料容量计算每盘混凝土的材料用量。如搅拌机出料容量为 400L($0.4m^3$)时的各种材料用量计算如下。

水泥用量 $251.4 \times 0.4 = 100.56$kg

取为100kg(两袋水泥，水泥包装每袋为50kg)

其他材料的换算系数 $100/251.4 = 0.3978$

砂的用量 $669.33 \times 0.3978 = 266.26$kg

石子用量 $1410.35 \times 0.3978 = 561.04$kg

水的用量 $107.5 \times 0.3978 = 42.76$kg

5.3.2 混凝土的搅拌

1. 混凝土搅拌机选择

混凝土制备是指将各种组成材料拌制成质地均匀、颜色一致、具备一定流动性的混凝土拌合物。由于混凝土配合比是按照细骨料恰好填满粗骨料的间隙，而水泥浆又均匀地分布在粗细骨料表面的原理设计的。如混凝土制备得不均匀就不能获得密实的混凝土，影响混凝土的质量，所以制备是混凝土施工工艺过程中很重要的一道工序。

混凝土制备的方法，除工程量很小且分散用人工拌制外，皆应采用机械搅拌。混凝土搅拌机按其搅拌原理分为自落式和强制式两类(图5-36)。

自落式搅拌机主要是以重力搅拌机理设计的，其搅拌筒内壁有弧形叶片，当搅拌筒绕水平轴旋转时，弧形叶片不断将物料提高一定高度，然后自由落下而互相混合。在搅拌过程中，未处于叶片带动范围内的物料在重力作用下沿拌合料的倾斜表面自动滚下，处于叶片带动范围内的物料在被提升到一定高度后，先自由落下再沿倾斜表面下滚。由于下落时间、落点和滚动距离不同，使物料颗粒相互穿插、翻拌、混合而达到均匀。

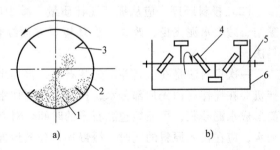

图5-36 混凝土搅拌机工作原理图
a) 自落式搅拌 b) 强制式搅拌
1—混凝土拌合物 2、6—搅拌筒 3、4—叶片 5—转轴

强制式搅拌机主要是根据剪切机理设计的。在这种搅拌机中有转动的叶片，这些不同角度和位置的叶片转动时通过物料，克服了物料的惯性、摩擦力和黏滞力，强制其产生环向、径向、竖向运动，而叶片通过后的空间又由翻越叶片的物料、两侧倒坍的物料和相邻叶片推过来的物料所充满。这种由叶片强制物料产生剪切位移而达到均匀混合的机理称为剪切搅拌机理。

强制式搅拌机的搅拌作用比自落式搅拌机强烈，适于搅拌干硬性混凝土和轻骨料混凝土。因为在自落式搅拌机中，轻骨料落下时所产生的冲击能量小，不能产生很好的拌合作用。但强制式搅拌机的转速比自落式搅拌机高，动力消耗大，叶片、衬板等磨损也大。

2. 搅拌制度的确定

为了获得质量优良的混凝土拌合物，除正确选择搅拌机外，还必须确定合理的搅拌制度，即搅拌时间、投料顺序和进料容量等。

（1）混凝土搅拌时间　是指从原材料全部投入搅拌筒开始搅拌时起，到开始卸料时为止所经历的时间。它与混凝土搅拌质量密切相关，随搅拌机类型和混凝土的和易性的不同而变化。在一定范围内随搅拌时间的延长而混凝土强度有所提高，但过长时间的搅拌既不经济也不合理。因为搅拌时间过长，不坚硬的粗骨料在大容量搅拌机中会因脱角、破碎等而影响混凝土的质量。加气混凝土也会因搅拌时间过长而使含气量下降。为了保证混凝土的质量，混凝土搅拌的最短时间见表5-15。该最短时间是按一般常用搅拌机的回转速度确定的，不允许用超过混凝土搅拌机说明书规定的回转速度进行搅拌以缩短搅拌延续时间。原因是当自落式搅拌机搅拌筒的转速达到某一极限时，筒内物料所受的离心力等于其重力，物料就贴在筒壁上不会落下，不能产生搅拌作用。该极限转速称为搅拌筒的"临界转速"。

表 5-15　混凝土搅拌的最短时间　　　　　　　　　　（单位:s）

混凝土的坍落度/cm	搅拌机机型	搅拌机容量/L			混凝土的坍落度/cm	搅拌机机型	搅拌机容量/L		
		<250	250~500	>500			<250	250~500	>500
≤3	自落式	90	120	150	>3	自落式	90	90	120
	强制式	60	90	120		强制式	60	60	90

注：1. 当掺有外加剂时，搅拌时间应适当延长。

　　2. 全轻混凝土、砂轻混凝土搅拌时间应延长 60~90s。

（2）投料顺序　应从提高搅拌质量、减少叶片和衬板的磨损、减少拌合物与搅拌筒的黏结、减少水泥飞扬、改善工作环境等方面综合考虑确定。常用的有一次投料法和二次投料法。

一次投料法是在上料斗中先装石子，再加水泥和砂，然后一次投入搅拌机。对自落式搅拌机要在搅拌筒内先加部分水，投料时砂压住水泥，水泥不致飞扬，且水泥和砂先进入搅拌筒形成水泥砂浆，可缩短包裹石子的时间。对立轴强制式搅拌机，因出料口在下部，不能先加水，应在投入原料的同时，缓慢均匀分散地加水。

二次投料法又分为预拌水泥砂浆法、预拌水泥净浆法和水泥裹砂石法(又称 SEC 法)等。预拌水泥砂浆法是先将水泥、砂和水加入搅拌筒内进行充分搅拌，成为均匀的水泥砂浆后，再加入石子搅拌成均匀的混凝土。预拌水泥净浆法是先将水泥和水充分搅拌成均匀的水泥净浆后，再加入砂和石搅拌成混凝土。水泥裹砂石法是先将全部的石子、砂和 70% 的拌合水倒入搅拌机，拌合 15s 使骨料湿润，再倒入全部水泥进行造壳搅拌 30s 左右，然后加入 30% 的拌合水再进行糊化搅拌 60s 左右即完成。

国内外的试验表明，二次投料法搅拌的混凝土与一次投料法相比较，混凝土强度可提高约 15%。在强度等级相同的情况下，可节约水泥约 15%~20%。

（3）进料容量　是将搅拌前各种材料的体积累积起来的数量，又称干料容量。进料容量与搅拌机搅拌筒的几何容量有一定的比例关系，一般情况下为 0.22~0.40。超载（进料容量超过 10% 以上）就会使材料在搅拌筒内无充分的空间进行掺合，影响混凝土拌合物的均匀性。反之，如装料过少，则又不能充分发挥搅拌机的效能。

对拌制好的混凝土，应经常检查其均匀性与和易性，如有异常情况，应检查其配合比和搅拌情况，及时加以纠正。

（4）搅拌要求　严格控制混凝土施工配合比。砂、石子必须严格过磅，不得随意加减用水量。

在搅拌混凝土前搅拌机应加适量的水运转，使搅拌筒表面润湿，然后将多余水排干。搅拌第一盘混凝土时，考虑到筒壁上粘附砂浆的损失，石子用量应按配合比规定减半。

搅拌好的混凝土要卸尽，在混凝土全部卸出之前，不得再投入拌合料，更不得采取边出料边进料的方法。

混凝土搅拌完毕或预计停歇 1h 以上时，应将混凝土全部卸出，倒入石子和清水，搅拌 5~10min，把粘在料筒上的砂浆冲洗干净后全部卸出不留积水，以免机械生锈，保持机械清洁完好。

5.3.3　混凝土的运输

混凝土的运输是指将混凝土从搅拌站送到浇筑点的过程。运输方法的选用应根据建筑物的结构特点，混凝土的总运输量与每日所需的运输量，水平及垂直运输的距离，现有设备的情况以及气候、地形与道路条件等因素综合考虑。

1. 混凝土运输的基本要求

1）运输过程中混凝土应保持良好的均匀性，不分层，不离析，保证浇筑时规定的坍落度。

如需进行长距离运输可选用混凝土搅拌运输车运输，可将配好的混凝土干料装入混凝土筒内，在接近现场的途中再加水拌制，这样可以避免由于长途运输而引起的混凝土坍落度损失。

2）混凝土拌合物应以最少的转运次数和最短的时间运到浇筑现场，混凝土从搅拌机卸出到浇筑完毕的时间不宜超过表 5-16 的规定，使混凝土在初凝之前能有充分时间进行浇筑和捣实。

表 5-16　混凝土从搅拌机中卸出到浇筑完毕的延续时间　　（单位：min）

混凝土强度等级	气温		混凝土强度等级	气温	
	不高于 25℃	高于 25℃		不高于 25℃	高于 25℃
不高于 C30	120	90	高于 C30	90	60

3）应保证混凝土的浇筑工作连续进行。

4）运输混凝土的容器应严密、不漏浆，容器内壁应平整光洁、不吸水。黏附的混凝土应及时清除。

5）采用混凝土搅拌运输车运输混凝土时，应符合下列规定：

① 接料前，搅拌运输车应排净罐内积水。

② 在运输途中及等候卸料时，应保持搅拌运输车罐体正常转速，不得停转。

③ 卸料前，搅拌运输车罐体宜快速旋转搅拌 20s 以上后再卸料。

2. 混凝土运输工具

混凝土运输分为地面运输、垂直运输和楼面运输三种情况。

地面运输工具有双轮手推车、机动翻斗车、混凝土搅拌运输车和自卸汽车。双轮手推车和机动翻斗车多用于路程较短的现场内运输。当混凝土需要量较大、运距较远或使用商品混凝土时，则多采用自卸汽车和混凝土搅拌运输车。

楼面运输可用双轮手推车、皮带运输机，也可用塔式起重机、混凝土泵送等。楼面运输搭设马道时应采取措施保证模板和钢筋位置，并防止混凝土离析。

混凝土垂直运输，多采用塔式起重机加料斗、井架或混凝土泵送等。

（1）手推车及机动翻斗车运输　一般常用的双轮手推车容积约为 0.07 ~ 0.1m³，载重约 200kg。工地常用的机动翻斗车容积约为 0.45m³，载重量约为 1000kg。

（2）混凝土搅拌运输车（图 5-37）　为长距离运输混凝土的有效工具，它有一搅拌筒放在汽车底盘上，在商品混凝土搅拌站装入混凝土后，由于搅拌筒内有两条螺旋状叶片，在运输过程中搅拌筒可进行慢速转动(1 ~ 4r/min)进行拌合，以防止混凝土离析。运至浇筑地点，搅拌筒反转即可迅速卸出混凝土。搅拌筒的容量有 2 ~ 10m³，搅拌筒的结构形状和其轴线与水平的夹角、螺旋叶

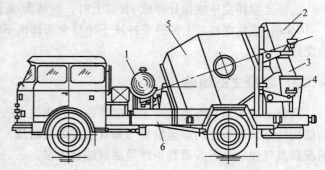

图 5-37　混凝土搅拌运输车
1—水箱　2—进料斗　3—卸料斗　4—活动
卸料溜槽　5—搅拌筒　6—汽车底盘

片的形状和它与铅垂线的夹角，都直接影响混凝土搅拌运输质量和卸料速度。搅拌筒可用单独发动机驱动，也可用汽车的发动机驱动，以液压传动者为佳。采用搅拌运输车运送混凝土，当坍落度损失较大不能满足施工要求时，可在运输车罐内加入适量的与原配合比相同成分的减水剂。减水剂加入量应事先由试验确定，并应做出记录。加入减水剂后，混凝土罐车应快速旋转搅拌均匀，并应达到要求的工作性能后再泵送或浇筑。

（3）井架运输　井架、龙门架适用于多层建筑施工中混凝土运输。龙门架装有升降平台，装有混凝土的双轮手推车直接推到升降平台上，然后提升到施工楼层。再将手推车沿铺在楼面上的跳板推到浇筑地点。井架装有自动倾卸料斗或升降平台，采用自动倾卸料斗时，混凝土装在料斗内提升到施工楼层。

（4）塔式起重机运输　塔式起重机工作幅度大，当搅拌机设在其工作范围之内，可以同时完成水平和垂直运输而不需二次倒运。若搅拌站较远，可用翻斗车将混凝土从搅拌站运到起重机起重范围之内装入料斗。料斗容积一般为 0.4m³。这种垂直运输方式效率较高，可用于多层及高层建筑施工。

（5）混凝土泵运输　又称泵送混凝土。混凝土泵是一种有效的混凝土运输和浇筑工具，

它以泵为动力，沿管道输送混凝土，可以一次完成水平及垂直运输，将混凝土直接输送到浇筑地点，是发展较快的一种混凝土运输方法，具有输送能力大，速度快，效率高，节省人力，能连续作业等特点。

1）泵送混凝土设备有混凝土泵、输送管和布料装置。

根据驱动方式不同，混凝土泵有气压泵、挤压泵和活塞泵等几种类型，目前应用较多的是活塞泵，工作原理如图5-38所示。

混凝土输送管是泵送混凝土作业中重要的配套部件，有直管、弯管、锥形管和浇筑软管等。前三种输送管一般用合金钢制成，常用管径有100mm、125mm和150mm三种。直管的标准长度有4.0m、3.0m、2.0m、1.0m、0.5m等数种，其中以3.0m管为主管，其他为辅管。弯管的角度有15°、30°、45°、60°及90°五种，以适应管道改变方向的需要。

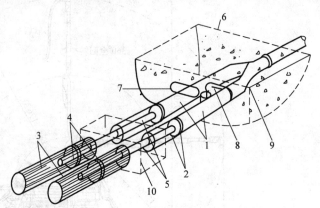

图 5-38　液压活塞式混凝土泵工作原理图
1—混凝土缸　2—推压混凝土活塞　3—液压缸　4—液压活塞
5—活塞杆　6—料斗　7—控制吸入的水平分配阀　8—控制
排出的竖向分配阀　9—Y 形输送管　10—水箱

当两种不同管径的输送管需要连接时，则中间用锥形管过渡，其长度一般为1m。弯管、锥形管和软管的流动阻力大，计算输送距离时要换算成水平换算长度。垂直输送时，在立管的底部要增设逆流阀，以防止停泵时立管中的混凝土反压回流。

混凝土输送泵管的选择与支架的设置应符合下列规定：

① 混凝土输送泵管应根据输送泵的型号、拌合物性能、总输出量、单位输出量、输送距离以及粗骨料粒径等进行选择。

② 混凝土粗骨料最大粒径不大于25mm时，可采用内径不小于125mm的输送泵管；混凝土粗骨料最大粒径不大于40mm时，可采用内径不小于150mm的输送泵管。

③ 输送泵管安装接头应严密，输送泵管道转向宜平缓。

④ 输送泵管应采用支架固定，支架应与结构牢固连接，输送泵管转向处支架应加密。支架应通过计算确定，必要时还应对设置位置的结构进行验算。

⑤ 垂直向上输送混凝土时，地面水平输送泵管的直管和弯管总的折算长度不宜小于垂直输送高度的0.2倍，且不宜小于15m。

⑥ 输送泵管倾斜或垂直向下输送混凝土，且高差大于20m时，应在倾斜或垂直管下端设置直管或弯管，直管或弯管总的折算长度不宜小于高差的1.5倍。

⑦ 垂直输送高度大于100m时，混凝土输送泵出料口处的输送泵管位置应设置截止阀。

⑧ 混凝土输送泵管及其支架应经常进行过程检查和维护。

混凝土布料杆是完成输送、布料、摊铺混凝土入模的机具，具有提高生产效率、降低劳动强度和加快浇筑施工速度等特点，可分为汽车式布料杆（混凝土泵车布料杆）和独立式布料杆两种。

汽车式布料杆是把混凝土泵和布料杆都装在一台汽车的底盘上（图5-39）。特点是转移灵活，工作时不需另铺管道。布料杆可由 2、3 或 4 节臂架铰接而成，最末一节泵送管端可套装一节橡胶管。通过布料杆各节臂架的俯、仰、屈、伸，可将混凝土泵送到臂架有效工作幅度范围内的任意一点。

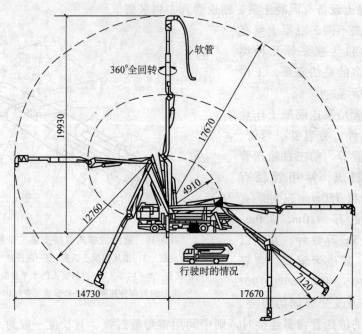

图 5-39　汽车式布料杆示意图

独立式布料杆种类较多，大致可分为移置式布料杆、管柱式布料杆或塔架式布料杆等形式。目前在高层建筑施工中应用较多的是移置式布料杆，其次是管柱式布料杆。

2）泵送混凝土工艺对混凝土的配合比和材料有较严格的要求：碎石最大粒径与输送管内径之比宜为 1:3，卵石可为 1:2.5，泵送高度在 50～100m 时宜为 1:3～1:4，泵送高度在 100m 以上时宜为 1:4～1:5，以免堵塞，如用轻骨料则以吸水率小者为宜，并宜用水预湿，以免在压力作用下强烈吸水，使坍落度降低而在管道中形成阻塞；砂宜用中砂，通过 0.315mm 筛孔的砂应不少于 15%。砂率宜控制在 38%～45%，如粗骨料为轻骨料还可适当提高；水泥用量不宜过少，否则泵送阻力增大。每 m³ 混凝土中最小水泥用量为 300kg。水灰比宜为 0.4～0.6；泵送混凝土的坍落度按《混凝土结构工程施工及验收规范》的相关规定选用。

3）施工要求。输送泵输送混凝土应符合下列规定：

① 应先进行泵水检查，并应湿润输送泵的料斗、活塞等直接与混凝土接触的部位；泵水检查后，应清除输送泵内积水。

② 输送混凝土前，应先输送水泥砂浆对输送泵和输送管进行润滑，然后开始输送混凝土。

③ 输送混凝土速度应先慢后快、逐步加速，应在系统运转顺利后再按正常速度输送。

④ 输送混凝土过程中，应设置输送泵集料斗网罩，并应保证集料斗有足够的混凝土余量。

5.3.4 混凝土的浇筑

混凝土的浇筑工作包括布料、摊平、捣实和抹面修整等工序。它对混凝土的密实性和耐久性，结构的整体性和外形的正确性等都有重要影响。混凝土浇筑应达到如下要求：所浇混凝土必须均匀密实，强度符合要求；保证结构构件几何尺寸准确和钢筋、预埋件的位置正确；拆模后混凝土表面要平整、密实。

1. 混凝土浇筑应注意的问题

1）混凝土浇筑前不应发生初凝和离析现象，如已发生可重新搅拌，使混凝土恢复流动性和黏聚性后再进行浇筑。混凝土运至现场后，其坍落度应满足表5-17的要求。

表 5-17　混凝土浇筑时的坍落度

结 构 种 类	坍落度/mm
基础或地面等的垫层、无配筋的大体积结构(挡土墙、基础等)或配筋稀疏的结构	10 ~ 30
板、梁和大型及中型截面的柱子等	30 ~ 50
配筋密列的结构(薄壁、斗仓、筒仓、细柱等)	50 ~ 70
配筋特密的结构	70 ~ 90

注：1. 本表是指采用机械振捣的坍落度；采用人工捣实时可适当增大。

2. 需要配置大坍落度混凝土时，应掺用外加剂。

3. 曲面或斜面结构混凝土，其坍落度值，应根据实际需要另行选定。

4. 轻骨料混凝土的坍落度，应比表中数值减少10 ~ 20mm。

2）防止离析　浇筑混凝土时，混凝土拌合物由料斗、漏斗、混凝土输送管、运输车内卸出时，如自由倾落高度过大，由于粗骨料在重力作用下，克服黏聚力后的下落动能大，下落速度较砂浆快，因而可能形成混凝土离析。为此，混凝土自高处倾落的自由高度不应超过2m，在钢筋混凝土柱和墙中自由倾落高度不宜超过3m，否则应设串筒、溜槽、溜管或振动溜管等下料(图5-40)。

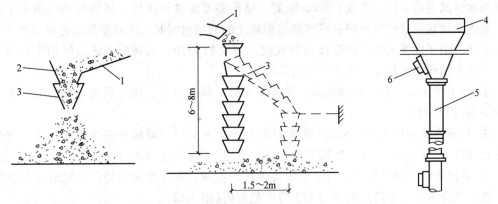

图 5-40　防止混凝土离析的措施

1—溜槽　2—挡板　3—串筒　4—漏斗　5—节管　6—振动器

3）为了使混凝土振捣密实，必须分层浇筑，每层浇筑厚度与捣实方法、结构的配筋情况有关，应符合表5-18的规定。

表 5-18　混凝土浇筑层的厚度　　　　　　　　　　　（单位：mm）

捣实混凝土的方法		浇筑层的厚度
插入式振捣		振捣器作用部分长度的 1.25 倍
表面振动		200
人工捣固	在基础、无筋混凝土或配筋稀疏的结构中	250
	在梁、墙板、柱结构中	200
	在配筋密列的结构中	150
轻集料混凝土	插入式振捣	振捣器作用部分长度的 1.5 倍
	表面振动（振动时需加荷）	200

4）浇筑竖向结构混凝土前，底部应先浇入 50 ~ 100mm 厚与混凝土成分相同的水泥砂浆，以免产生蜂窝及麻面现象。为保证混凝土的整体性，浇筑工作应连续进行。当由于技术或施工组织原因必须间歇时，其间歇时间应尽可能缩短，并应在前层混凝土凝结之前，将次层混凝土浇筑完毕。间歇的最长时间应按所用水泥品种及混凝土条件确定，且不超过表 5-19 的规定，当超过时应留置施工缝。

表 5-19　混凝土浇筑允许间歇时间　　　　　　　　　　　（单位：min）

混凝土强度等级	气温		混凝土强度等级	气温	
	≤25℃	>25℃		≤25℃	>25℃
C30 及 C30 以下	210	180	C30 以上	180	150

5）正确留置施工缝。混凝土施工缝是指因设计或施工技术、施工组织的原因，而出现先后两次浇筑混凝土的分界线（面）。混凝土结构多要求整体浇筑，如因技术或组织上的原因不能连续浇筑，且停顿时间有可能超过混凝土的初凝时间时，则应事先确定在适当位置留置施工缝。由于混凝土的抗拉强度约为其抗压强度的 1/10，因而施工缝是结构中的薄弱环节，宜留在结构剪力较小、施工方便的部位。

① 柱子施工缝宜留在基础顶面、梁或吊车梁牛腿的下面、吊车梁的顶面、无梁楼盖柱帽的下面（图 5-41）。

② 和板连成整体的大断面梁（梁截面高大于等于 1m），梁板分别浇筑时，施工缝应留在板底面以下 20 ~ 30mm 处，当板下有梁托时，施工缝留置在梁托下部。

③ 单向板施工缝应留在平行于板短边的任何位置。有主次梁的楼盖宜顺着次梁方向浇筑，施工缝应留在次梁跨度的中间 1/3 跨度范围内（图 5-42）。

④ 楼梯施工缝应留在楼梯长度中间 1/3 长度范围内。

⑤ 墙施工缝可留在门洞口过梁跨中 1/3 范围内，也可留在纵横墙的交接处。

⑥ 双向受力的楼板、大体积混凝土结构、拱、薄壳、多层框架等及其他结构复杂的结构，应按设计要求留置施工缝。

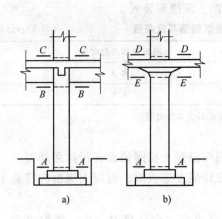

图 5-41　柱子的施工缝位置图

a）梁板式结构　b）无梁楼盖结构

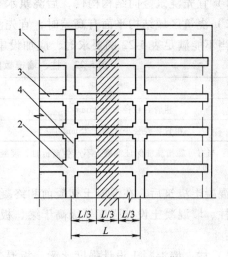

图 5-42　有主次梁楼盖的施工缝位置

1—楼板　2—柱　3—次梁　4—主梁

2. 混凝土的浇筑方法

（1）普通浇筑　浇筑混凝土前，应清除模板内或垫层上的杂物。表面干燥的地基、垫层、模板上应洒水湿润；现场环境温度高于 35℃ 时宜对金属模板进行洒水降温；洒水后不得留有积水。

混凝土浇筑应保证混凝土的均匀性和密实性。混凝土宜一次连续浇筑；当不能一次连续浇筑时，可留设施工缝或后浇带分块浇筑。

混凝土运输、输送入模的过程宜连续进行，从运输到输送入模的延续时间不宜超过表 5-20 的规定，且不应超过表 5-21 的限值规定。掺早强型减水外加剂、早强剂的混凝土以及有特殊要求的混凝土，应根据设计及施工要求，通过试验确定允许时间。

表 5-20　运输到输送入模的延续时间　　　（单位:min）

条　件	气　温	
	≤ 25℃	> 25℃
不掺外加剂	90	60
掺外加剂	150	120

表 5-21　运输、输送入模及其间歇总的时间限值　　　（单位:min）

条　件	气　温	
	≤ 25℃	> 25℃
不掺外加剂	180	150
掺外加剂	240	210

混凝土浇筑的布料点宜接近浇筑位置，应采取减少混凝土下料冲击的措施，并应符合下列规定：

1）宜先浇筑竖向结构构件，后浇筑水平结构构件。

2）浇筑区域结构平面有高差时，宜先浇筑低区部分再浇筑高区部分。

当不能满足表 5-22 的要求时，应加设串筒、溜管、溜槽等装置。

表 5-22　柱、墙模板内混凝土浇筑倾落高度限值　（单位：m）

条　件	浇筑倾落高度限值
粗骨料粒径大于 25mm	≤ 3
粗骨料粒径小于等于 25mm	≤ 6

注：当有可靠措施能保证混凝土不产生离析时，混凝土倾落高度可不受本表限制。

混凝土浇筑后，在混凝土初凝前和终凝前宜分别对混凝土裸露表面进行抹面处理。

柱、墙混凝土设计强度等级高于梁、板混凝土设计强度等级时，混凝土浇筑应符合下列规定：

1）柱、墙混凝土设计强度比梁、板混凝土设计强度高一个等级时，柱、墙位置梁、板高度范围内的混凝土经设计单位同意，可采用与梁、板混凝土设计强度等级相同的混凝土进行浇筑。

2）柱、墙混凝土设计强度比梁、板混凝土设计强度高两个等级及以上时，应在交界区域采取分隔措施。分隔位置应在低强度等级的构件中，且距高强度等级构件边缘不应小于 500mm。

3）宜先浇筑高强度等级混凝土，后浇筑低强度等级混凝土。

泵送混凝土浇筑应符合下列规定：

1）宜根据结构形状及尺寸、混凝土供应、混凝土浇筑设备、场地内外条件等划分每台输送泵浇筑区域及浇筑顺序。

2）采用输送管浇筑混凝土时，宜由远而近浇筑；采用多根输送管同时浇筑时，其浇筑速度宜保持一致。

3）润滑输送管的水泥砂浆用于湿润结构施工缝时，水泥砂浆应与混凝土浆液同成分；接浆厚度不应大于 30mm，多余水泥砂浆应收集后运出。

4）混凝土泵送浇筑应保持连续；当混凝土供应不及时，应采取间歇泵送方式。

5）混凝土浇筑后，应按要求完成输送泵和输送管的清理。

（2）大体积混凝土结构浇筑　大体积混凝土结构在工业建筑中多为设备基础，在高层建筑中多为厚大的桩基承台或基础底板等，其上有巨大的荷载，整体性要求较高，往往不允许留施工缝，要求一次连续浇筑完毕。另外，大体积混凝土结构浇筑后水泥的水化热量大，由于体积大，水化热聚集在内部不易散发，混凝土内部温度显著升高，而表面散热较快，这样形成较大的内外温差，内部产生压应力，而表面产生拉应力，如温差过大则易在混凝土表面产生裂纹。在混凝土内部逐渐散热冷却（混凝土内部降温）产生收缩时，由于受到基底或已浇筑的混凝土的约束，混凝土内部将产生很大的拉应力，当拉应力超过混凝土的极限抗拉强度时，混凝土会产生裂缝，这些裂缝会贯穿整个混凝土结构，由此带来严重的危害。大体积混凝土结构的浇筑，都应设法避免上述两种裂缝，尤其是后一种裂缝。

为了防止大体积混凝土浇筑后产生温度裂缝，就必须采取措施降低混凝土的温度应力，减少浇筑后混凝土的内外温差（不宜超过 25℃）。为此，应优先选用水化热低的水泥，降低水泥用量，掺入适量的掺和料，降低浇筑速度和减小浇筑层厚度，或采取人工降温措施。必要时，在经过计算和取得设计单位同意后可留施工缝而分段分层浇筑。具体措施如下：

1）应优先选用水化热较低的水泥，如矿渣水泥、火山灰质水泥或粉煤灰水泥。

2）在保证混凝土基本性能要求的前提下，尽量减少水泥用量，在混凝土中掺入适量的矿物掺和料，采用 60d 或 90d 的强度代替 28d 的强度控制混凝土配合比。

3）尽量降低混凝土的用水量。

4）在结构内部埋设管道或预留孔道（如混凝土大坝内），混凝土养护期间采取灌水（水冷）或通风（风冷）排出内部热量。

5）尽量降低混凝土的入模温度，一般要求混凝土的入模温度不宜超过 28℃，可以用冰水冲洗骨料，在气温较低时浇筑混凝土。

6）在大体积混凝土浇筑时，适当掺加一定的毛石块。

7）在冬期施工时，混凝土表面要采取保温措施，减缓混凝土表面热量的散失，减小混凝土内外温差。

8）在混凝土中掺加缓凝剂，适当控制混凝土的浇筑速度和每个浇筑层的厚度，以便在混凝土浇筑过程中释放部分水化热。

9）尽量减小混凝土所受的外部约束力，如模板、地基面要平整，或在地基面设置可以滑动的附加层。

如要保证混凝土的整体性，则要保证每一浇筑层在前一层混凝土初凝前覆盖并捣实成整体。为此要求混凝土按不小于下式的浇灌量进行浇筑：

$$Q = \frac{FH}{T}$$

式中　Q——混凝土最小浇筑量（m^3/h）；

F——混凝土浇筑区的面积（m^2）；

H——浇筑层厚度（m），取决于混凝土捣实方法；

T——下层混凝土从开始浇筑到初凝为止所允许的时间间隔（h）。

大体积混凝土结构的浇筑方案，一般分为全面分层、斜面分层和分段分层三种，如图 5-43a、b、c 所示。施工时根据结构物的具体尺寸、捣实方法和混凝土供应能力，通过计算选择浇筑方案。

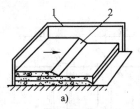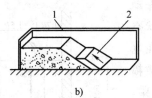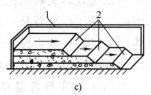

a)　　　　　　　　　　b)　　　　　　　　　c)

图 5-43　大体积混凝土浇筑方案

a）全面分层　b）斜面分层　c）分段分层

1—模板　2—新浇筑的混凝土

全面分层方案，是在第一层全面浇筑完毕回来浇筑第二层时，第一层浇筑的混凝土还未初凝，如此逐层进行直至浇筑完毕。这种方案适用于结构的平面尺寸不太大，施工时从短边开始、沿长边进行较适宜。必要时亦可分为两段，从中间向两端或从两端向中间同时进行。

斜面分层方案，要求斜面的坡度不大于 1/3，适用于结构的长度超过厚度的 3 倍的情况。振捣工作应从浇筑层斜面的下端开始，逐渐上移，以保证混凝土的浇筑质量。

分段分层方案，适用于厚度不太大而面积或长度较大的结构。混凝土从底层开始浇筑，进行一定距离后回来浇筑第二层，如此依次向前浇筑以上各分层。由于总的层数不多，所以浇筑到顶后，第一层末端的混凝土还未初凝，又可从第二段依次分层浇筑。

5.3.5 混凝土的振捣

1. 混凝土振动密实原理

在于产生振动的机械将一定频率、振幅和激振力的振动能量通过某种方式传递给混凝土拌合物时，受振混凝土拌合物中所有的骨料颗粒都受到强迫振动，它们之间原来赖以保持平衡并使混凝土拌合物保持一定塑性状态的黏聚力和内摩擦力随之大大降低，使受振混凝土拌合物呈现出流动状态，混凝土拌合物中的骨料、水泥浆在其自重作用下向新的稳定位置沉落，排除存在于混凝土拌合物中的气体，充填模板的每个空间位置，填实空隙，以达到设计需要的混凝土结构形状和密实度等要求。

2. 混凝土振动机械的选择

振动机械按其工作方式分为内部振动器、外部振动器、表面振动器和振动台，如图 5-44 所示。

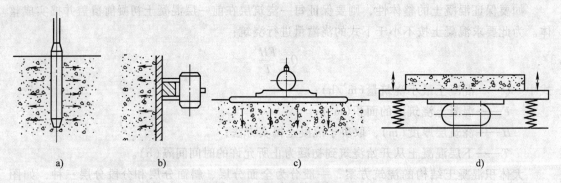

图 5-44 振动机械示意图
a）内部振动器 b）外部振动器 c）表面振动器 d）振动台

（1）内部振动器又称插入式振动器（振动棒），其工作部分是一棒状空心圆柱体，内部装有偏心振子，在电动机带动下高速转动而产生高频微幅的振动。多用于振实现浇基础、梁、柱、墙、厚板和大体积混凝土结构等。

用内部振动器振捣混凝土时宜垂直插入，并插入下层尚未初凝的混凝土中 50～100mm，以促使上下层紧密结合（图 5-45）。振动器的插入点要排列均匀，插点的分布有行列式和交错

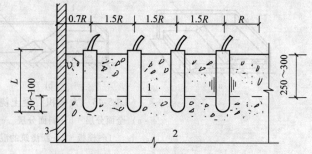

图 5-45 内部振动器的插入深度
1—新浇混凝土 2—下层已振捣但尚未初凝的混凝土
3—模板 R—振动棒有效作用半径 L—振动棒长度

式两种(图 5-46)。每一插点的振捣时间一般为 20～30s,高频振动器不应少于 10s。

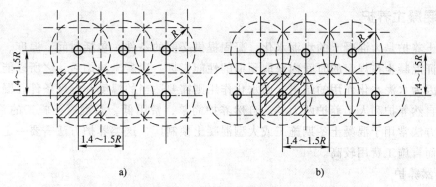

图 5-46　内部振动器插点的分布
a) 行列式　b) 交错式

振动棒振捣混凝土应符合下列规定:

1)应按分层浇筑厚度分别进行振捣,振动棒的前端应插入前一层混凝土中,插入深度不应小于 50mm。

2)振动棒应垂直于混凝土表面并快插慢拔均匀振捣;当混凝土表面无明显塌陷、有水泥浆出现、不再冒气泡时,可结束该部位振捣。

3)振动棒与模板的距离不应大于振动棒作用半径的 0.5 倍;振捣插点间距不应大于振动棒的作用半径的 1.4 倍。

(2)表面振动器又称平板振动器,它由带偏心块的电动机和平板(木板或钢板)等组成。在混凝土表面进行振捣,适用于楼板、地面等薄型构件。表面振动器在每一位置应连续振动一定的时间,在正常情况下约为 25～40s,并以混凝土表面均匀泛浆为准。移动时应按照一定的路线,并保证前后左右相互搭接 30～50mm,防止漏振。

表面振动器振捣混凝土应符合下列规定:

1)表面振动器振捣应覆盖振捣平面边角。

2)表面振动器移动间距应覆盖已振实部分混凝土边缘。

3)倾斜表面振捣时,应由低处向高处进行振捣。

(3)外部振动器又称附着式振动器,它通过螺栓或夹钳等固定在模板外部,是通过模板将振动力传给混凝土拌合物使其密实,因而要求模板应有足够的刚度。适用于振捣断面小、钢筋密以及不宜使用内部振动器的结构构件,如薄腹梁、墙体等。

使用外部振动器,其间距宜通过试验确定,一般为 1～1.5m。当结构尺寸较厚时,可在结构两侧同时安装振动器。混凝土入模后方可开启振动器,混凝土浇筑高度要高于振动器安装部位。振动时间以混凝土表面成水平面并不再出现气泡时为准。振动过程中应随时观察模板的变化,防止模板位移或漏浆。

外部振动器振捣混凝土应符合下列规定:

1)外部振动器应与模板紧密连接,设置间距应通过试验确定。

2)外部振动器应根据混凝土浇筑高度和浇筑速度,依次从下往上振捣。

3)模板上同时使用多台外部振动器时应使各振动器的频率一致,并应交错设置在相对面的模板上。

内部真空作业利用插入混凝土内部的真空腔进行，比较复杂，实际工程中应用较少。

5.3.6 混凝土养护

混凝土养护是为混凝土的水泥水化、凝固提供必要的条件，包括时间、温度、湿度三个方面，保证混凝土在规定的时间内获取预期的性能指标。混凝土浇捣后，之所以能逐渐凝结硬化，是因为水泥水化作用的结果，而水化作用则需要适当的温度和湿度条件。混凝土养护的方法有自然养护和人工养护两大类。自然养护简单，费用低，是混凝土施工的首选方法。人工养护方法常用于混凝土冬期施工或大型混凝土预制厂，这类养护方法需要一定的设备条件，相对而言施工费用较高。

1. 自然养护

混凝土的自然养护是在常温(平均气温高于5℃)的条件下，用浇水或保水的方法使混凝土在规定的时间内有适宜的温度和湿度条件凝结硬化，逐渐达到设计要求的强度。

自然养护又分覆盖浇水养护和表面密封养护。

(1) 覆盖浇水养护 覆盖浇水养护即用草帘、芦席、锯末、湿土和湿砂等适当材料将刚浇筑的混凝土进行覆盖，通过洒水使其保持湿润。洒水养护时间长短取决于水泥品种和结构的功能要求，普通硅酸盐水泥和矿渣硅酸盐水泥拌制的混凝土，不少于7d；掺有缓凝型外加剂或有抗渗要求的混凝土不少于14d。洒水次数以能保证混凝土湿润状态为准。洒水养护宜在混凝土裸露表面覆盖麻袋或草帘后进行，也可采用直接洒水、蓄水等养护方式；洒水养护应保证混凝土处于湿润状态；当日最低温度低于5℃时，不应采用洒水养护。

(2) 表面密封养护 表面密封养护是指采取措施使混凝土表面与空气隔绝，防止混凝土内的水分蒸发，水泥依靠混凝土中的水分完成水化作用而凝结硬化，从而达到养护的目的。适用于不易浇水养护的高耸构筑物或大面积混凝土结构。表面密封养护有两种方法：

1) 薄膜布直接覆盖法。是指用塑料薄膜布把混凝土表面敞露部分全部严密覆盖起来，保证混凝土在不失水的情况下得到充分养护。其优点是不必浇水，操作方便，能重复使用，可提高混凝土的早期强度，加速模具的周转。覆盖养护应符合下列规定：覆盖养护宜在混凝土裸露表面覆盖塑料薄膜、塑料薄膜加麻袋、塑料薄膜加草帘进行；塑料薄膜应紧贴混凝土裸露表面，塑料薄膜内应保持有凝结水；覆盖物应严密，覆盖物的层数应按施工方案确定。

2) 喷涂薄膜养生液养护。是将以过氯乙烯树脂为主的塑料溶液用喷枪喷涂在新浇筑的混凝土表面上，溶剂挥发后在混凝土表面形成一层塑料薄膜，将混凝土与空气隔绝，阻止混凝土中水分的蒸发，以保证水化作用的继续进行。薄膜在养护完成一定时间后要能自行老化脱落，否则不宜于喷洒在以后要做粉刷的混凝土表面上。夏期施工，薄膜成型后要防晒，否则易产生裂纹。喷涂养护剂养护应符合下列规定：应在混凝土裸露表面喷涂覆盖致密的养护剂进行养护；养护剂应均匀喷涂在结构构件表面，不得漏喷；养护剂应具有可靠的保湿效果，保湿效果可通过试验检验。

混凝土必须养护至其强度达到1.2MPa以上，方可上人进行其他施工。

拆模后要对混凝土外观形状、尺寸和混凝土表面状况进行检查，如发现有缺陷，应及时处理。混凝土常见的外观缺陷有麻面、露筋、蜂窝、孔洞、裂缝等。对于数量不多的小蜂窝或露石的结构，可先用钢丝刷或压力水清洗，然后用 1∶2～1∶2.5 的水泥砂浆抹平。对于蜂窝和露筋，应凿去全部深度内的薄弱混凝土层，用钢丝刷和压力水清洗后，用比原强度等级高一级的细骨料混凝土填塞，要仔细捣实，加强养护。对影响结构承重性能的缺陷（如孔洞、裂缝），要慎重处理，一般要会同有关单位查找原因，分析对结构的危害性，提出安全合理的处理方案，保证结构的使用性能。对于严重影响结构性能的缺陷，一般要采取加固处理或减少结构的使用荷载。

2. 人工养护

人工养护是人工控制混凝土的温度和湿度，使混凝土凝结硬化，达到设计要求的强度。如蒸汽养护、热水养护、电热养护、太阳能养护等都属于人工养护。一般预制构件生产，为缩短养护期和提高模板周转率，常采用蒸汽养护。

蒸汽养护是将构件放在充有饱和蒸汽或蒸汽空气混和物的养护室内，在较高的温度和相对湿度的环境中进行的养护，用以加快混凝土的硬化。

本 章 小 结

钢筋混凝土结构是现代建筑的主要结构形式。本部分以《混凝土结构工程施工质量验收规范》(GB 50204—2002)(2011 年版)为主线主要介绍了钢筋、模板、混凝土的施工工艺、验收标准、基本操作要求。

思考题与习题

1. 钢筋下料长度如何计算？其中各种长度如何确定？
2. 钢筋有哪些种类？外形有什么特征？
3. 钢筋的绑扎连接接头有什么规定？
4. 闪光对焊的原理是什么？适用什么场合？
5. 电渣压力焊的原理是什么？适用什么场合？
6. 钢筋的机械连接有什么方式？钢筋直螺纹操作要点是什么？
7. 钢筋加工包含哪些过程？
8. 钢筋绑扎安装前要做好哪些准备工作？
9. 钢筋原材料检验包括什么内容？
10. 钢筋加工检验包括什么内容？
11. 钢筋连接有哪些要求？
12. 钢筋绑扎有哪些要求？
13. 钢筋混凝土工程按施工方法如何划分？各自有什么特点？
14. 现浇钢筋混凝土结构对模板及其支架的基本要求有哪些？有哪些常用的模板类型？
15. 说明基础、梁、柱、楼板模板的安装构造。
16. 定型组合钢模板由哪几部分组成？各自的作用是什么？
17. 定型组合钢模板应如何进行配板设计？配板的原则是什么？
18. 试述模板安装的质量要求。
19. 如何确定模板拆除的时间？模板拆除时应注意哪些问题？
20. 大模板有何特点？如何选择大模板组合方案？
21. 滑升模板系统由哪几部分组成？

22. 试述混凝土工程施工工艺过程。

23. 混凝土搅拌制度包括哪些内容？

24. 混凝土配料时为何要进行施工配合比的换算？如何换算？

25. 混凝土运输有什么要求？运输工具有哪些？

26. 什么是施工缝？留设时应遵循什么原则？如何处理？

27. 简述钢筋混凝土框架结构的混凝土浇筑方法。

28. 如何确定大体积混凝土的浇筑方案？可采取哪些措施防止大体积混凝土裂缝的产生？

29. 混凝土浇筑后为什么要进行振捣？振捣机械的类型有哪些？

30. 什么是自然养护？自然养护有哪些方法？

31. 试述混凝土质量检查的内容。

32. 习题：已知某混凝土的实验室配比为水：水泥：砂：石子 = 0.6 : 1 : 2.65 : 5.18，每立方米混凝土的水泥用量为 340kg，现测得砂子的含水率为 3%，石子的含水率为 2%，试求：

（1）该混凝土的施工配合比。

（2）若用 JZ250 型混凝土搅拌机，试计算每拌制一盘混凝土各种材料的需用量。

第6章　预应力混凝土工程

6.1　概述

6.1.1　预应力混凝土的特点

预应力混凝土工程是一门新兴的科学技术，由于预应力混凝土结构的截面小、刚度大、抗裂性和耐久性好，在世界各国的土木工程领域中得到广泛应用。近年来，随着高强度钢材及高强度等级混凝土的出现，促进了预应力混凝土结构的发展，也进一步推动了预应力混凝土施工工艺的成熟和完善。

对混凝土构件受拉区施加预压应力的方法，是张拉受拉区中的预应力钢筋，通过预应力钢筋或锚具，将预应力钢筋的弹性收缩力传递到混凝土构件上，并产生预应力（图6-1）。

预应力混凝土的基本原理是事先人为地在混凝土或钢筋混凝土中引入内部应力，且其值和分布，能将使用荷载产生的应力抵消到一个合适的程度的混凝土。这就是说，它是预先对混凝土或钢构件施工加压应力，使之建立一种人为的应力状态，这种应力的大小和分布规律，能有利抵消使用荷载作用下产生的拉应力。因而使构件在使用荷载作用

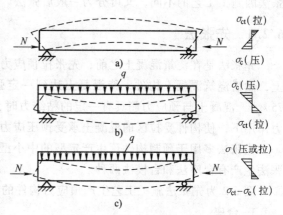

图6-1　预应力混凝土简支梁

a）预压力作用下　　b）外荷载作用下
c）预压力与外荷载共同作用下

下不致开裂，或推迟开裂，或者减小裂缝开展的宽度，以提高构件抗裂度及刚度。

6.1.2　预应力混凝土的材料要求

预应力混凝土用的钢筋种类有冷拉钢筋、冷轧带肋钢筋、碳素钢丝、钢绞线、热处理钢筋、精轧螺纹钢筋等，预应力钢材的发展趋势为高强度、低松弛、粗直径、耐腐蚀。预应力筋宜采用预应力钢丝、钢绞线和预应力螺纹钢筋。增补高强1960、大直径21.6钢绞线；推荐使用大直径预应力螺纹钢筋（精轧螺纹钢筋）；推荐使用中强度预应力钢丝，以补充中等强度预应力筋的空缺，淘汰锚固性能很差的刻痕钢丝。近年来，我国强度高、性能好的预应力钢筋（钢丝、钢绞线）已可充分供应，故冷加工钢筋不再推荐使用。

（1）钢绞线　钢绞线一般是由6根碳素钢丝围绕一根中心钢丝在绞丝机上绞成螺旋状，再经低温回火制成。钢绞线的直径较大，一般为9～15mm，比较柔软，施工方便，但价格比钢丝贵。

（2）热处理钢筋　热处理钢筋是由普通热轧中碳钢筋经淬火和回火调质热处理制成，具有高强度、高韧性和高粘结力等优点，直径为 6~10mm。江苏天舜集团已经生产 HTB630 级热处理带肋高强钢筋。

（3）精轧螺纹钢筋　精轧螺纹钢筋用热轧方法在钢筋表面上轧出不带肋的螺纹外形。

6.1.3　对混凝土的要求

预应力混凝土结构的混凝土强度等级不宜低于 C40，且不应低于 C30。目前，在一些重要预应力混凝土结构中，已开始采用 C50~C60 的高强混凝土，并逐步向更高强度等级的混凝土发展。

6.2　预应力混凝土工程施工

预应力的施加方法，根据与构件制作相比较的先后顺序分为先张法、后张法两大类。后张法因施工工艺的不同，又可分为一般后张法、后张自锚法、无粘结后张法等。

6.2.1　先张法

先张法是在浇筑混凝土之前，先张拉预应力钢筋，并将预应力筋临时固定在台座或钢模上，然后浇筑混凝土构件，待混凝土达到一定强度（一般不低于混凝土设计强度标准值的75%），混凝土与预应力筋具有一定的粘结力时，放松预应力筋，使混凝土在预应力的反弹力作用下，使构件受拉区的混凝土承受预压应力。

先张法多用于预制构件厂生产定型的中小型构件，也常用于生产预应力桥跨结构等。先张法生产有台座法和台模法两种。

图 6-2 为先张法施工工艺生产预应力构件的示意图。

1. 台座

为预应力筋的支撑结构。按构造形式分为墩式台座和槽式台座。

（1）墩式台座　墩式台座由承力台墩、台面和横梁组成。墩式台座的几种形式如图 6-3 所示。

（2）槽式台座　槽式台座由端柱、传力柱和上、下横梁及砖墙组成，如图 6-4 所示。

2. 夹具

夹具是预应力筋张拉和临时固定的锚固装置，用在先张法施工中。按其用途不同，可分为锚固夹具和张拉夹具。

（1）钢丝锚固夹具

1）锥形夹具如图 6-5、图 6-6 所示，钢质锥形夹具主要用来锚固直径为 3~5mm 的单根钢丝夹具。

2）镦头夹具如图 6-7、图 6-8 所示，采用镦头夹具时，将预应力筋端部热镦或冷镦，通过承力分孔板锚固。镦头夹具适用于预应力钢丝固定端的锚固。

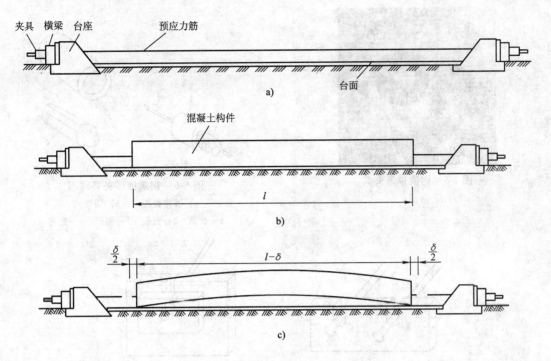

图 6-2　先张法施工工艺生产示意图

a）张拉预应力筋　b）浇筑混凝土构件　c）放张施加预应力

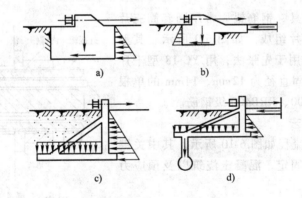

图 6-3　墩式台座的几种形式

a）重力式　b）与台面共同作用式　c）构架式　d）桩基构架式

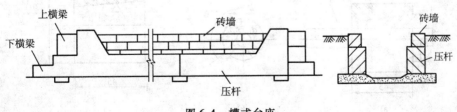

图 6-4　槽式台座

154

图 6-5 钢质锥形夹具

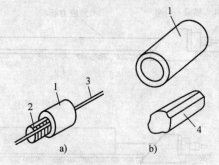

图 6-6 钢质锥形夹具详图
a) 圆锥齿板式 b) 圆锥式
1—套筒 2—齿板 3—钢丝 4—锥塞

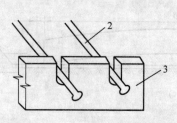

图 6-7 镦头夹具
1—垫片 2—墩头钢丝 3—承力板

（2）钢筋锚固夹具 钢筋锚固常用圆套筒三片式夹具，由套筒和夹片组成，如图 6-9 所示。其型号有 YJ12、YJ14，适用于先张法；用 YC-18 型千斤顶张拉时，适用于锚固直径为 12mm、14mm 的单根冷拉 HRB335、HRB400、RRB400 级钢筋。

3. 先张法施工工艺

先张法施工工艺流程如图 6-10 所示，其中关键是预应力筋的张拉与固定，混凝土浇筑以及预应力筋的放张。

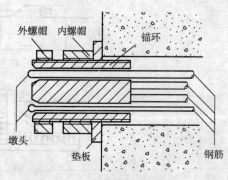

图 6-8 墩头夹具节点详图

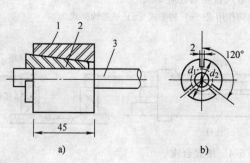

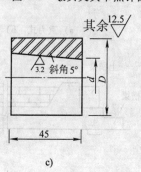

图 6-9 圆套筒三片式夹具
a) 装配图 b) 夹片 c) 套筒
1—套筒 2—夹片 3—预应力钢筋

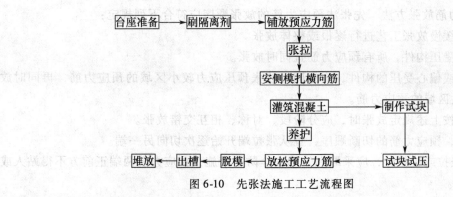

图 6-10　先张法施工工艺流程图

主要步骤：张拉预应力筋→混凝土浇筑与养护→预应力筋放张。

（1）张拉预应力筋

先张法预应力筋之间的净间距不应小于预应力筋的公称直径或等效直径的 2.5 倍和混凝土粗骨料最大粒径的 1.25 倍，且对预应力钢丝、三股钢绞线和七股钢绞线分别不应小于 15mm、20mm 和 25mm。当混凝土振捣密实性有可靠保证时，净间距可放宽至粗骨料最大粒径的 1.0 倍。

1）张拉程序可按下列之一进行：$0 \rightarrow 1.05\sigma_{con}$（持续荷载 2min）$\rightarrow \sigma_{con}$ 或 $0 \rightarrow 1.03\sigma_{con}$（其中 σ_{con} 为预应力筋的张拉控制应力）。

2）张拉控制应力。张拉控制应力是指在张拉预应力筋时所达到的规定应力，应按设计规定采用。

控制应力的数值直接影响预应力的效果。施工中采用超张拉工艺，使超张拉应力比控制应力提高 3%～5%。

预应力筋的张拉控制应力应符合设计及专项施工方案的要求。当施工中需要超张拉时，调整后的张拉控制应力 σ_{con} 应符合下列规定：

① 消除应力钢丝、钢绞线　　　　$\sigma_{con} \leqslant 0.80 f_{ptk}$

② 中强度预应力钢丝　　　　　　$\sigma_{con} \leqslant 0.75 f_{ptk}$

③ 预应力螺纹钢筋　　　　　　　$\sigma_{con} \leqslant 0.85 f_{pyk}$

式中　σ_{con}——预应力筋张拉控制应力；

　　　　f_{ptk}——预应力筋强度标准值；

　　　　f_{pyk}——预应力筋屈服强度标准值。

采用应力控制方法张拉时，应校核张拉力下预应力筋伸长值。实测伸长值与计算伸长值的偏差不应超过 ±6%，否则应查明原因并采取措施后再张拉。必要时，宜进行现场孔道摩擦系数测定，并可根据实测结果调整张拉控制力。

（2）混凝土浇筑与养护

1）为了减少预应力损失，在设计配合比时应考虑减少混凝土的收缩和徐变。应采用低水灰比，控制水泥用量，采用良好的级配及振捣密实。

2）振捣混凝土时，振动器不得碰撞预应力钢筋。混凝土未达到一定强度前也不允许碰撞和踩动预应力筋，以保证预应力筋与混凝土有良好的粘结力。

3）预应力混凝土可采用自然养护和湿热养护。

156

（3）预应力筋放张方法　先张法预应力筋的放张顺序应符合下列规定：

1）宜采取缓慢放张工艺进行逐根或整体放张。

2）对轴心受压构件，所有预应力筋宜同时放张。

3）对受弯或偏心受压的构件，应先同时放张预压应力较小区域的预应力筋，再同时放张预压应力较大区域的预应力筋。

4）当不能按上述规定放张时，应分阶段、对称、相互交错放张。

5）放张后，预应力筋的切断顺序，宜从张拉端开始逐次切向另一端。

预应力筋张拉或放张时，应采取有效的安全防护措施，预应力筋两端正前方不得站人或穿越。

预应力筋张拉或放张时，应对张拉力、压力表读数、张拉伸长值及异常情况等做出详细记录。

6.2.2　后张法

后张法是先制作混凝土构件，并在预应力筋的位置预留出相应孔道，待混凝土强度达到设计规定的数值后，穿入预应力筋进行张拉，并利用锚具把预应力筋锚固，最后进行孔道灌浆。预应力筋的张拉力主要是靠构件端部的锚具传递给混凝土，使混凝土产生预压应力。如图6-11所示为预应力混凝土后张法生产示意图。

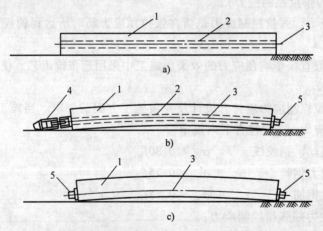

图6-11　预应力混凝土后张法生产示意图
a）制作混凝土构件　b）拉钢筋　c）锚固和孔道灌浆
1—混凝土构件　2—预留孔道　3—预应力筋　4—千斤顶　5—锚具

后张法的特点是直接在构件上张拉预应力筋，构件在张拉过程中受到预压力而完成混凝土的弹性压缩，因此，混凝土的弹性压缩，不直接影响预应力筋有效预应力值的建立。后张法适宜于在施工现场制作大型构件（如屋架等），以避免大型构件长途运输的麻烦。但后张法预应力的传递主要依靠预应力筋两端的锚具，锚具作为预应力筋的组成部分，永远留置在构件上，不能重复使用，这样，不仅耗用钢材多，而且锚具加工要求高，费用昂贵，加上后法工艺本身要预留孔道、穿筋、张拉、灌浆等工序，故施工工艺比较复杂，成本也比较高。

1. 锚具

（1）锚具的要求　锚具是预应力筋张拉和永久固定在预应力混凝土构件上、传递预应力的工具。锚具尚应满足下列规定：当预应力筋锚具组装件达到实测极限拉力时，除锚具设计允许的现象外，全部零件均不得出现肉眼可见的裂缝或破坏。除能满足分级张拉及补张拉工艺外，宜具有能放松预应力筋的性能。锚具或其附件上宜设置灌浆孔道，灌浆孔道应有使浆液通畅的截面面积。

（2）锚具的种类　在后张法构件生产中，锚具、预应力筋和张拉机具是配套使用的，目前我国在后张法构件生产中采用的预应力筋钢材主要有冷拉Ⅱ、Ⅲ、Ⅳ级钢筋、热处理钢筋、精轧螺纹钢筋、碳素钢丝和钢绞线等。归纳成三种类型预应力筋，即单根粗钢筋（包括精轧螺纹钢筋）、钢筋束（或钢绞线束）和钢丝束。

1）单根粗筋（直径 18～36mm）。

锚具：单根粗钢筋的预应力筋，如果采用一端张拉，则在张拉端用螺丝端杆锚具，固定端用帮条锚具或镦头锚具；如果采用两端张拉，则两端均用螺丝端杆锚具。螺丝端杆锚具如图 6-12a 所示，帮条锚具如图 6-12b 所示。

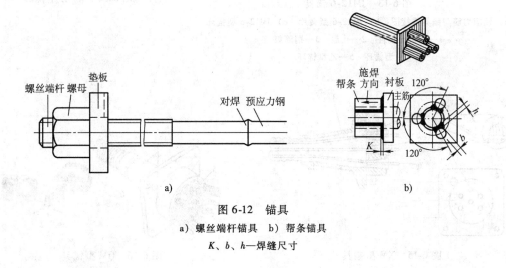

图 6-12　锚具

a）螺丝端杆锚具　b）帮条锚具

K、b、h—焊缝尺寸

2）钢筋束和钢绞线。

锚具：

钢筋束、钢绞线采用的锚具有 JM 型、KT-Z 型、XM 型、QM 型和镦头锚具等。其中镦头锚具用于非张拉端。

① JM 型锚具　JM 型锚具由锚环与夹片组成，如图 6-13 所示，锚环分甲型和乙型两种。JM 型锚具与 YL-60 型千斤顶配套使用，适用于锚固 3～6 根直径为 12mm 光面或螺纹钢筋束，也可用于锚固 5～6 根直径为 12mm 或 15mm 的钢绞线束。

② KT-Z 型锚具　KT-Z 型锚具由锚环和锚塞组成如图 6-14 所示，分为 A 型和 B 型两种。当预应力筋的最大张拉力超过 450kN 时采用 A 型，不超过 450kN 时，采用 B 型。KT-Z 型锚具适用锚固 3～6 根直径为 12mm 的钢筋束或钢绞线束。

③ XM 型锚具　XM 型和 QM 型锚具是一种新型锚具，由锚环和夹片组成如图 6-15 所示。利用楔形夹片，将每根钢绞线独立地锚固在带有锥形的锚环上，形成一个独立的锚固单元。XM 型锚具的夹片为斜开缝。XM 型锚具既可作为工作锚，又可兼作工具锚。

④ QM 型锚具　QM 型锚具与 XM 型锚具相似，它也是由锚板和夹片组成，如图 6-16 所

示。但锚孔是直的，锚板顶面是平的，夹片垂直开缝。此外，备有配套喇叭形铸铁垫板与弹簧等。

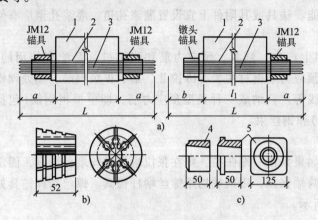

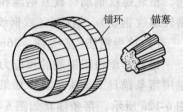

图 6-13　JM12-6 锚具

a）预应力筋与锚具连接图　b）JM12-6 型夹片　c）JM12-6 型锚环

1—混凝土构件　2—孔道　3—钢筋束

4—甲型锚环　5—乙型锚环

图 6-14　KT-Z 型锚具

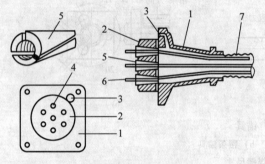

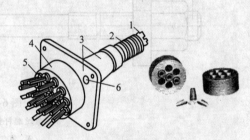

图 6-15　XM 型锚具

1—喇叭管　2—锚环　3—灌浆孔　4—圆锥孔

5—夹片　6—钢绞线　7—波纹管

图 6-16　QM 型锚具

1—钢绞线　2—金属螺旋管　3—带预埋板的

喇叭管　4—锚板　5—夹片　6—灌浆孔

镦头锚具用于固定端，它由锚固板和带镦头的预应力筋组成。

3）钢丝束。

锚具：钢丝束用作预应力筋时，由几根到几十根直径为 3~5mm 的平行碳素钢丝组成。其固定端采用钢丝束镦头锚具，张拉端锚具可采用钢质锥形锚具、锥形螺杆锚具、XM 型锚具及 QM 型锚具。

①锥形螺杆锚具（图 6-17）用于锚固 14 根、16 根、20 根、24 根或 28 根直径为 5mm 的碳素钢丝。

②钢丝束镦头锚具（图 6-18）适用于 12~54 根直径为 5mm 的碳素钢丝。常用镦头锚具分为 A 型与 B 型。A 型由锚杯与螺母组成，用于张拉端。B 型为锚板，用于固定端。③钢质锥形锚具（图 6-19）用于锚固以锥锚式双作用千斤顶张拉的钢丝束，适用于

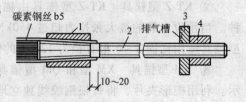

图 6-17　锥形螺杆锚具

1—套筒　2—锥形螺杆　3—垫板　4—螺母

锚固 6 根、12 根、18 根或 24 根直径为 5mm 的钢丝束。

张拉设备：锥形螺杆锚具、钢丝束镦头锚具宜采用拉杆式千斤顶（YL-60 型）或穿心式千斤顶（YC-60 型）张拉锚固。钢质锥形锚具应用锥锚式双作用千斤顶（常用 YZ-60 型）张拉锚固。

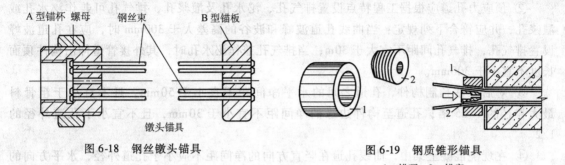

图 6-18　钢丝镦头锚具

图 6-19　钢质锥形锚具
1—锚环　2—锚塞

2. 后张法施工工艺

后张法构件制作的工艺流程如图 6-20 所示。

（1）孔道留设

1）孔道留设的基本要求　后张法预应力筋采用预留孔道应符合下列规定：预制构件孔道之间的水平净间距不宜小于 50mm，且不宜小于粗骨料粒径的 1.25 倍；孔道至构件边缘的净间距不宜小于 30mm，且不宜小于孔道直径的 1/2。构件中留设孔道主要是为穿预应力钢筋（束）及张拉锚固后灌浆用。孔道留设的基本要求如下：

① 孔道直径应保证预应力筋（束）能顺利穿过。

② 孔道应按设计要求的位置、尺寸埋设准确、牢固，浇筑混凝土时不应出现移位和变形。

③ 在设计规定位置上留设灌浆孔。

④ 在曲线孔道的曲线波峰部位应设置排气兼泌水管，必要时可在最低点设置排水管。

⑤ 灌浆孔及泌水管的孔径应能保证浆液畅通。

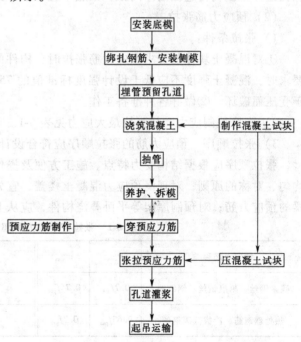

图 6-20　后张法构件制作的工艺流程图

2）孔道留设的方法　后张法构件中孔道留设一般采用钢管抽芯法、胶管抽芯法、预埋管法。预应力筋的孔道形状有直线、曲线和折线形三种。钢管抽芯法只用于直线形孔道，胶管抽芯法和预埋管法则适用于直线、曲线和折线形孔道。

孔道成型用管道的连接应密封，并应符合下列规定：

① 圆形金属波纹管接长时，可采用大一规格的同波型波纹管作为接头管，接头管长度可取其直径的 3 倍，且不宜小于 200mm，两端旋入长度宜相等，且两端应采用防水胶带密封；塑料波纹管接长时，可采用塑料焊接机热熔焊接或采用专用连接管；钢管连接可采用焊接连接或套筒连接。

② 预应力孔道应根据工程特点设置排气孔、泌水孔及灌浆孔，排气孔可兼作泌水孔或灌浆孔，并应符合下列规定：当曲线孔道波峰和波谷的高差大于 300mm 时，应在孔道波峰设置排气孔，排气孔间距不宜大于 30m；当排气孔兼作泌水孔时，其外接管道伸出构件顶面长度不宜小于 300mm。

③ 对后张法预制构件，孔道之间的水平净间距不宜小于 50mm，且不宜小于粗骨料最大粒径的 1.25 倍；孔道至构件边缘的净间距不宜小于 30mm，且不宜小于孔道外径的 1/2。

④ 在现浇混凝土梁中，曲线孔道在竖直方向的净间距不应小于孔道外径，水平方向的净间距不宜小于孔道外径的 1.5 倍，且不应小于粗骨料最大粒径的 1.25 倍；从孔道外壁至构件边缘的净间距，梁底不宜小于 50mm，梁侧不宜小于 40mm；裂缝控制等级为三级的梁，从孔道外壁至构件边缘的净间距，梁底不宜小于 70mm，梁侧不宜小于 50mm。

（2）预应力筋张拉

1）张拉条件：

①对混凝土块体的要求预应力筋张拉时，构件的混凝土强度应符合设计要求，如设计无要求时，混凝土强度不应低于设计强度标准值的 75%，以确保在张拉过程中，混凝土不至于受压而破坏。②做好各种准备工作。

2）张拉控制应力和超张拉最大应力见表 6-1。

3）张拉顺序　预应力筋的张拉顺序应符合设计要求，并应符合下列规定：

张拉顺序应根据结构受力特点、施工方便及操作安全等因素确定；预应力筋张拉宜符合均匀、对称的原则；对现浇预应力混凝土楼盖，宜先张拉楼板、次梁的预应力筋，后张拉主梁的预应力筋；对预制屋架等平卧叠浇构件，应从上而下逐榀张拉。

表 6-1　张拉控制应力和超张拉最大应力

预应力筋种类	σ_{con}	σ_{max}	预应力筋种类	σ_{con}	σ_{max}
碳素钢丝、刻痕钢丝、钢绞线	$0.7f_{ptk}$	$0.75f_{ptk}$	冷拉钢筋	$0.85f_{pvk}$	$0.9f_{pvk}$
热处理钢筋、冷拔低碳钢丝	$0.65f_{ptk}$	$0.7f_{ptk}$			

4）张拉方法　有粘结预应力筋应整束张拉；对直线形或平行编排的有粘结预应力钢绞线束，当各根钢绞线不受叠压影响时，也可逐根张拉。

预应力筋张拉时，应从零拉力加载至初拉力后，量测伸长值初读数，再以均匀速率加载至张拉控制力。对塑料波纹管成孔管道，达到张拉控制力后，宜持荷 2~5min。初拉力宜为张拉控制力的 10%~20%。

5）张拉程序　同先张法。后张法预应力筋张拉锚固后，如遇特殊情况需卸锚时，应采用专门的设备和工具。预应力筋张拉或放张时，应采取有效的安全防护措施，预应力筋两端正前方不得站人或穿越。预应力筋张拉或放张时，应对张拉力、压力表读数、张拉伸长值及异常情况等做出详细记录。

6）预应力筋张拉中应避免预应力筋断裂或滑脱　当发生断裂或滑脱时，应符合下列规定：

对后张法预应力结构构件，断裂或滑脱的数量严禁超过同一截面预应力筋总根数的3%，且每束钢丝不得超过一根；对多跨双向连续板，其同一截面应按每跨计算；对先张法预应力构件，在浇筑混凝土前发生断裂或滑脱的预应力筋必须予以更换。

（3）孔道灌浆　灌浆前应进行下列准备工作：

1）应确认孔道、排气兼泌水管及灌浆孔畅通；对预埋管成型孔道，可采用压缩空气清孔。

2）应切除锚具外多余预应力筋，并应采用水泥浆等材料封堵锚具夹片缝隙和其他可能漏浆处，也可采用封锚罩封闭端部锚具。

3）采用真空灌浆工艺时，应确认孔道的密封性。

灌浆用水泥浆的原材料除应符合国家现行有关标准的规定外，尚应符合下列规定：

1）水泥宜采用强度等级不低于42.5级的普通硅酸盐水泥。

2）水泥浆中氯离子含量不应超过水泥重量的0.06%。

3）拌合用水和掺加的外加剂中不应含有对预应力筋或水泥有害的成分。

灌浆用水泥浆的性能应符合下列规定：

1）采用普通灌浆工艺时稠度宜控制在12～20s，采用真空灌浆工艺时稠度宜控制在18～25s。

2）水胶比不应大于0.45。

3）自由泌水率宜为0，且不应大于1%，泌水应在24h内全部被水泥浆吸收。

4）自由膨胀率不应大于10%。

5）边长为70.7mm的立方体水泥浆试块28d标准养护的抗压强度不应低于30MPa。

6）所采用的外加剂应与水泥作配合比试验并确定掺量后使用。

灌浆用水泥浆的制备及使用应符合下列规定：

1）水泥浆宜采用高速搅拌机进行搅拌，搅拌时间不应超过5min。

2）水泥浆使用前应经筛孔尺寸不大于1.2mm×1.2mm的筛网过滤。

3）搅拌后不能在短时间内灌入孔道的水泥浆，应保持缓慢搅动。

4）水泥浆拌合后至灌浆完毕的时间不宜超过30min。

灌浆施工应符合下列规定：

1）宜先灌注下层孔道，后灌注上层孔道。

2）灌浆应连续进行，直至排气管排除的浆体稠度与注浆孔处相同且没有出现气泡后，再顺浆体流动方向将排气孔依次封闭；全部封闭后，宜继续加压0.5～0.7MPa，并稳压1～2min后封闭灌浆口。

3）当泌水较大时，宜进行二次灌浆或泌水孔重力补浆。

4）因故停止灌浆时，应用压力水将孔道内已注入的水泥浆冲洗干净。

6.3 无粘结预应力混凝土

6.3.1 无粘结预应力结构的特点

随着建筑科学技术的不断发展，施工技术和管理水平日益提高，建筑物的使用功能和用户的需求都在发生变化。超高、超长、超大建筑正成为一种趋势。作为满足这种超高、超长、超大建筑的技术保证手段，无粘结预应力技术越来越多地被用于民用建筑中。同时，无粘结预应力的施工工艺也正逐步趋于成熟。

6.3.2 无粘结预应力材料

1. 无粘结预应力筋

无粘结预应力筋是由 7 根 $\phi 5$ 高强钢丝组成的钢丝束或扭结成的钢绞线，通过专门设备涂包涂料层和包裹外包层构成的，如图 6-21、图 6-22 所示。

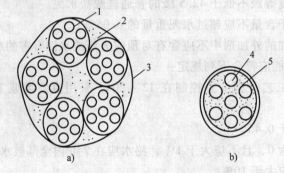

图 6-21 无粘结筋横截面示意图

a）无粘结钢绞线束 b）无粘结钢丝束或单根钢绞线

1—钢绞线 2—沥青涂料 3—塑料布外包层 4—钢丝 5—油脂涂料

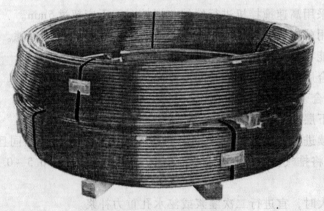

图 6-22 无粘结预应力筋

无粘结预应力筋主要有预应力钢材、涂料层、外包层和锚具组成。无粘结预应力筋所用钢材主要有消除应力钢丝和钢绞线。钢丝和钢绞线不得有死弯，有死弯时必须切断，每根钢丝必须通长，严禁有接点。预应力筋的下料长度应考虑构件长度、千斤顶长度、镦头的预留量、弹性回弹值、张拉伸长值、钢材品种和施工方法等因素，具体计算方法与有粘结预应力筋计算方法基本相同。

外包层主要由塑料带或高压聚乙烯塑料管制作而成。外包层应具有在 -20～70℃ 范围内不脆化、化学稳定性高，具有抗破损性强和足够的韧性，防水性好且对周围材料无侵蚀作用。塑料使用前必须烘干或晒干，避免成型过程中由于气泡引起塑料表面开裂。无粘结预应力筋在现场搬运和铺设过程中，不应损伤其塑料护套。当出现轻微破损时，应及时封闭。

单根无粘结筋制作时，宜优先选用防腐油脂作为涂料层，外包层应用塑料注塑机注塑成形。防腐油脂应充足饱满，外包层与涂油预应力筋之间有一定的间隙，使预应力筋能在塑料套管中任意滑动。成束无粘结预应力筋可用防腐沥青或防腐油脂作为涂料层。当使用防腐沥青时，应密缠塑料带作为外包层，塑料带各圈之间的搭接宽度应不小于带宽的 1/2，缠绕层数不小于四层。

制作好的预应力筋可以直线或盘圆运输、堆放。存放地点应设有遮盖棚，以免日晒雨淋。装卸堆放时，应采用软钢绳绑扎并在吊点处垫上橡胶衬垫，避免塑料套管外包层遭到损坏。

2. 无粘结预应力锚固系统

无粘结预应力构件中，预应力筋的张拉力主要是靠锚具传递给混凝土的。因此，无粘结预应力筋的锚具不仅受力比有粘结预应力筋的锚具大，而且承受的是重复荷载。无粘结预应力混凝土中，锚具必须具有可靠的锚固能力，要求不低于无粘结预应力筋抗拉强度的 95%。

无粘结筋的锚具性能应符合 I 类锚具的规定。预应力筋为高强钢丝时，主要是采用镦头锚具。无粘结钢丝束镦头锚具如图 6-23 所示。张拉端钢丝束从外包层抽拉出来，穿过锚杯孔眼镦粗头。

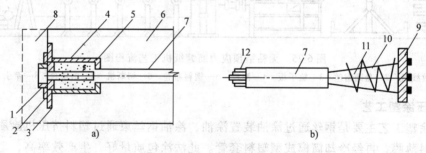

图 6-23 无粘结钢丝束镦头锚具

a) 张拉端 b) 锚固端

1—锚杯 2—螺母 3—预埋件 4—塑料套筒 5—建筑油脂 6—构件 7—软塑料管
8—C30 混凝土封头 9—锚板 10—钢丝 11—螺旋钢筋 12—钢丝束

预应筋为钢绞线时，可采用 XM 型锚具和 QM 型锚具，XM 型和 QM 型锚具可夹持多根 $\phi15$ 或 $\phi12$ 钢绞线，以适应不同的结构要求。如图 6-24 所示。无粘结钢绞线夹片式锚具常采用 XM 型锚具，其固定端采用压花成型埋置在设计部位，待混凝土强度等级达到设计强度后，方能形成可靠的粘结式锚头。

无粘结预应力筋外露锚具应采用注有足量防腐油脂的塑料帽封闭锚具端头，并应采用无收缩砂浆或细石混凝土封闭；对处于二 b、三 a、三 b 类环境条件下的无粘结预应力锚固系

图 6-24　无粘结钢绞线夹片式锚具

统，应采用全封闭的防腐蚀体系，其封锚端及各连接部位应能承受 10kPa 的静水压力而不得透水。

6.3.3　成型工艺

1. 涂包成型工艺

涂包成型工艺可以采用手工操作完成，内涂刷防腐沥清或防腐油脂，外包塑料布。也可以在缠纸机上连续作业，完成编束、涂油、辙头、缠塑料布和切断等工序。缠纸机的工作如图 6-25 所示。

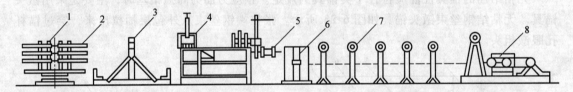

图 6-25　无粘结预应力筋缠纸机工艺流程图

1—放线盘　2—盘圆钢丝　3—梳子板　4—油枪　5—塑料布卷　6—切断机　7—滚道台　8—牵引装置

2. 挤压涂塑工艺

挤压涂塑工艺主要是钢丝通过涂油装置涂油，涂油钢丝束通过塑料挤压机涂刷聚乙烯或聚丙烯塑料薄膜，再经冷却筒模成型塑料套管。此法涂包质量好，生产效率高，适用于大规模生产的单根钢绞线和 7 根钢丝束。挤压涂塑流水线如图 6-26 所示。

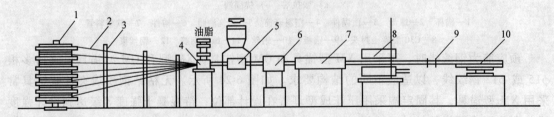

图 6-26　挤压涂塑工艺流水线

1—放线盘　2—钢丝　3—梳子板　4—给油装置　5—塑料挤压机机头
6—风冷装置　7—水冷装置　8—牵引机　9—定位支架　10—收线盘

6.3.4　无粘结预应力结构体系施工工艺

1. 编制依据

编制依据是《无粘结预应力混凝土结构技术规程》（JGJ/T 92—1993）。

2. 无粘结预应力结构体系施工工艺流程

支梁、板模板→梁钢筋制安→穿内梁预应力束（先纵向梁，后横向梁）→梁预应力束定位（包括固定端）→梁钢筋笼入模→检查预应力束定位→板底筋制安→铺板内预应力束（按编网顺序）→板面筋制安→板预应力束定位→张拉端锚具预埋定位检查验收→浇筑混凝土→张拉端锚具处整理→预应力张拉→固锚、割束→张拉端二次混凝土浇筑封锚。

本 章 小 结

本章主要内容：预应力混凝土工程的先张法、后张法的施工工艺，机具设备和施工方法。电热法、无粘结预应力混凝土施工原理、特点及应用。

学习要求：了解预应力混凝土的概念及其在工程应用中的优点；熟悉预应力混凝土的材料品种、规格及要求；熟悉先张法、后张法的施工工艺；掌握先张法预应力筋的控制应力、张拉程序和放张顺序的确定以及注意事项；掌握后张法孔道留设、锚具选择、预应力筋的张拉顺序、孔道灌浆等施工方法及注意要点；了解电热法，掌握无粘结预应力混凝土施工原理及应用；熟悉预应力混凝土质量保证措施及安全技术。

思考题与习题

1. 为什么要对构件施加预应力？其最突出的优点是什么？
2. 采用预应力构件的经济意义体现在哪里？
3. 张拉控制应力的大小对构件的性能有何影响？
4. 后张法和先张法有什么异同点？
5. 为什么先张法的预应力筋的张拉控制应力限制比后张法构件高？
6. 对钢筋混凝土构件施加预应力是否影响构件的承载能力？

第 7 章　结构安装工程

7.1　起重机械

结构安装工程所用的起重机械，主要有桅杆式起重机、自行式起重机以及塔式起重机。

1. 桅杆式起重机

桅杆式起重机可分为独脚拔杆、人字拔杆、悬臂拔杆和牵缆式桅杆起重机等。这种机械的特点是制作简单，装拆方便，起重量可达 100t 以上，但起重半径小，移动较困难，需要设置较多的缆风绳。它适用于安装工程量集中、结构重量大、安装高度大以及施工现场狭窄的情况。

2. 自行式起重机

自行式起重机主要有履带式起重机、汽车式起重机和轮胎式起重机等。

（1）履带式起重机　目前它是结构吊装工程中常用的机械之一。履带式起重机主要由动力装置、传动机构、行走机构（履带）、工作机构（起重杆、滑轮组、卷扬机）以及平衡重等组成，如图 7-1 所示。它是一种 360°全回转的起重机，优点是操作灵活，行走方便，能负载行驶；缺点是稳定性较差，行走时对路面破坏较大，行走速度慢，长距离转移时，需用拖车进行运输。

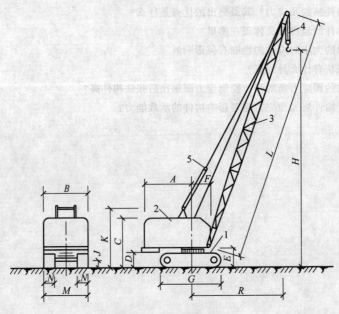

图 7-1　履带式起重机
1—底盘　2—机棚　3—起重臂　4—起重滑轮组　5—变幅滑轮组
L—起重臂长度　*H*—起升高度　*R*—工作幅度

履带式起重机的起重能力常用起重量、起重高度和起重半径三个参数表示。

（2）汽车式起重机 汽车式起重机是将起重机构安装在普通载重汽车或专用汽车底盘上的一种自行式回转起重机，如图7-2所示。虽然起吊重物时必须负荷牛腿，但是它行驶速度快，能迅速转移，对路面破坏小。

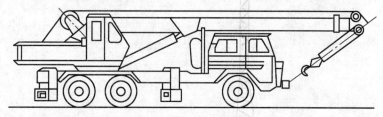

图7-2 汽车式起重机

（3）轮胎式起重机 轮胎式起重机是将起重机构安装在加重型轮胎和轮轴组成的特制底盘上的全回转起重机，如图7-3所示。

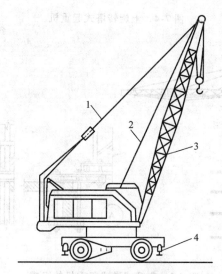

图7-3 轮胎式起重机

1—起重杆 2—起重索 3—变幅索 4—支腿

3. 塔式起重机

塔式起重机是多高层建筑施工的主要机械。起重臂安装在塔身上部，具有较大的起吊高度和工作幅度，工作速度快，生产效率高，是多高层建筑施工的主要机械。

塔式起重机按构造性能可分为轨道式、爬升式和附着式、固定式四种。

（1）轨道式起重机 轨道式塔式起重机是可在轨道上行走的起重机械，其工作范围大。按其旋转机构的位置分为上旋转塔式起重机和下旋转塔式起重机两大类，如图7-4所示。

（2）爬升式塔式起重机 爬升式塔式起重机机身体积小，适用于现场狭窄的高层建筑结构安装，主要安装在建筑物内部框架或电梯间结构上，每隔1~2层楼爬升一次。

爬升式塔式起重机由底座、塔身、塔顶、行走式起重臂、平衡臂等部分组成。起重机的组成和爬升过程如图7-5和图7-6所示。

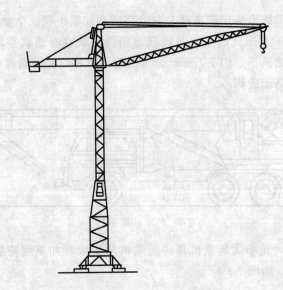

图 7-4 上旋转塔式起重机

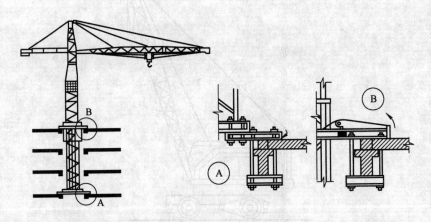

图 7-5 爬升式塔式起重机的组成

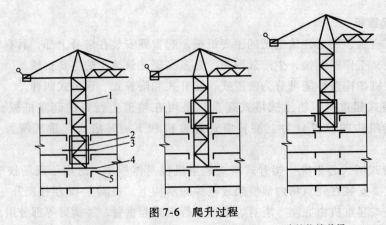

图 7-6 爬升过程

1—塔身 2—套架 3—套架梁 4—塔身底座梁 5—建筑物楼盖梁

（3）附着式塔式起重机　附着式塔式起重机是固定在建筑物近旁钢筋混凝土基础上的起重机，它随建筑物的升高，利用液压自升系统逐步将塔顶顶升，塔身接高，如图 7-7 所示。

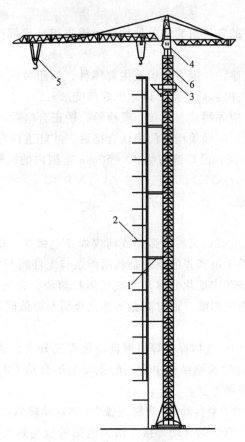

图 7-7　附着式塔式起重机
1—撑杆　2—建筑物　3—标准节　4—操纵室　5—起重小车　6—顶升套架

7.2　结构安装工艺

7.2.1　钢结构组装工艺

钢结构是由钢构件制成的工程结构，所用钢材主要为型钢和钢板。和其他结构相比，它具有强度高，材质均匀，自重小，抗震性能好，施工速度快，工期短，密闭性好，拆迁方便等优点；但其造价较高，耐腐蚀性和耐火性较差。

目前，钢结构在工业与民用建筑中使用越来越广泛，主要用于如下结构：

1）重型厂房结构及受动力荷载作用的厂房结构。

2）大跨度结构。

3）多层、高层、超高层结构。

4）塔桅式结构。

5）可拆卸、装配式房屋。

6）容器、储罐、管道。

7）构筑物。

1. 施工要点

1）组装是将已加工好的零件组装成单件构件，或先组装成部件再组装成单件构件，具体视构件复杂程度而定。

2）确定合理的组装次序，一般宜先组装主要零件，后组装次要零件；组装时应先中间后两端，先横向后纵向，先内部后外部，以减少焊接变形。

3）凡需拼接接料时，应先拼接、焊接，经检验、矫正合格后，再进行组装。

4）凡隐蔽部位组装后，应经质检部门确认合格后，才能进行焊接或外部再组装。

5）零（部）件连接接触面和沿焊缝边缘 30～50mm 范围内的铁锈、毛刺、污垢、冰雪等应在组装前清理干净。

2. 钢结构常用焊接方法

（1）分类

1）手工电弧焊。手工电弧焊又称手弧焊或药皮焊条电弧焊，是一种使用手工操作焊条进行焊接的电弧焊方法。手工电弧焊的原理是利用焊条与工件间产生的电弧热将金属熔化进行焊接的。焊接过程中焊条药皮熔化分解，生成气体和熔渣，在气体和熔渣的联合保护下，有效地排除了周围空气的有害影响，通过高温下熔化金属与熔渣间的冶金反应、还原与净化金属，得到所需要的焊缝。

2）CO_2 气体保护焊。CO_2 气体保护焊根据自动化程度分全自动 CO_2 气体保护焊和半自动 CO_2 气体保护焊两种，在建筑钢结构中应用的主要是半自动 CO_2 气体保护焊。目前它已发展成为一种重要的熔化焊接方法。

3）埋弧焊。埋弧自动焊（半自动焊）简称埋弧焊（半自动埋弧焊）。埋弧焊是电弧在颗粒状的焊剂层下，并在空腔中燃烧的自动焊接方法。电弧的辐射热使焊件、焊丝和焊剂熔化、蒸发形成气体，排开电弧周围的熔渣形成一封闭空腔，电弧就在这个空腔内稳定燃烧。空腔的上部被一层熔化的焊剂——熔渣膜所包围，这层熔渣膜不仅可有效地保护熔池金属，又使有碍操作的弧光辐射不再射出来，同时熔化的大量焊剂对熔池金属起还原、净化和合金化的作用。

（2）焊接工艺

1）施焊电源的电压波动值应在 ±5% 范围内，超过时应增设专用变压器或稳压装置。

2）根据焊接工艺评定编制工艺指导书，焊接过程中应严格执行。

3）十字接头等对接焊缝及组合焊缝应在焊缝的两端设置引弧和引出板；其材料和坡口形式应与焊件相同。引弧和引出的焊缝长度：埋弧焊应大于 50mm，手弧焊及气体保护焊应大于 20mm。焊接完毕应采用气割切除引弧和引出板，不得用锤击落，并修磨平整。

4）角焊缝转角处宜连续绕角施焊，起落弧点距焊缝端部宜大于 10mm；角焊缝端都不设引弧和引出板的连续焊缝，起落弧点距焊缝端部宜大于 10mm，弧坑应填满。

5）不得在焊道以外的母材表面引弧、熄弧。在吊车梁、起重机桁架及设计上有特殊要求的重要受力构件其承受拉应力区域内，不得焊接临时支架、卡具及吊环等。

6）多层焊接宜连续施焊，每一层焊道焊完后应及时清理并检查；如发现焊接缺陷应清除后再施焊，焊道层间接头应平缓过渡并错开。

7）焊缝同一部位返修次数，不宜超过 2 次；超过 2 次时，应经焊接技术负责人核准后再进行。

8）焊缝坡口和间隙超差时，不得采用填加金属块或焊条的方法进行处理。

9）对接和 T 形接头要求熔透的组合焊缝，当采用手弧焊封底、自动焊盖面时，反而应进行清根。

10）T 形接头要求熔透的组合焊缝，应采用船形埋弧焊或双丝埋弧自动焊，宜选用直流电流；厚度 $t < 5\mathrm{mm}$ 的薄壁构件宜采用二氧化碳气体保护焊；厚度 $t > 5\mathrm{mm}$ 板的对接立焊缝宜采用电渣焊。

（3）构件现场焊接要点

1）钢结构现场焊接主要是柱与柱、柱与梁、主梁与次梁、梁拼接、支撑、楼梯及隔撑等的焊接。接头形式、焊缝等级由设计确定。

2）现场焊接顺序，应按照力求减少焊接变形和降低焊接应力的原则加以确定，具体如下：

① 在平面上，从中心框架向四周扩展焊接。

② 先焊收缩量大的焊缝，再焊收缩量小的焊缝。

③ 对称施焊。

④ 同一根梁的两端不能同时焊接（先焊一端，待其冷却后再焊另一端）。

⑤ 当节点或接头采用腹板栓接、翼缘焊接形式时，翼缘焊接宜在高强度螺栓终拧后进行。

（4）焊接的质量检验　焊接质量检验包括焊前检验、焊接生产中检验和成品检验。

1）焊前检验　焊前检验的主要内容有：相关技术文件（图纸、标准工艺规程等）是否齐备；焊接材料（焊条、焊丝、焊剂、气体等）和钢材原材料的质量检验；构件装配和焊接件边缘质量检验；焊接设备（焊机和专用胎、模具等）是否完善；焊工应经过考试取得合格证，停焊时间达 6 个月及以上的，必须重新考核方可上岗操作。

2）焊接生产中检验　主要是对焊接设备运行情况、焊接规范和焊接工艺的执行情况以及多层焊接过程中夹渣、焊透等缺陷的自检等，目的是防止焊接过程中缺陷的形成，及时发现缺陷，采取整改措施。

3）成品检验　全部焊接工作结束，焊缝清理干净后进行成品检验。成品检验方法有很多种，通常可分为无损检验和破坏性检验两大类。

① 无损检验。可分为外观检查、致密性检验、无损探伤等。

a. 外观检查是一种简单而应用广泛的检查方法，焊缝的外观用肉眼或低倍放大镜进行检查表面气孔废渣、裂纹、弧坑、焊瘤等，并用测量工具检查焊缝尺寸是否符合要求。

b. 致密性检验主要采用水（气）压试验、煤油渗漏、渗氨试验、真空试验、氦气探漏等方法，这些方法对于管道工程、压力容器等是很重要的致密性检测方法。

c. 无损探伤就是利用放射线、超声波、电磁辐射、磁性、涡流、渗透性等物理现象，在不损伤被检产品的情况下，发现和检查内部或表面缺陷的方法。

② 破坏性检验。焊接质量的破坏性检验包括焊接接头的力学性能试验、焊缝化学成分分析、金相组织测定、扩散含量测定、接头的耐腐蚀性能试验等，主要用于测定接头或焊缝

性能是否能满足使用要求。

3. 钢结构常用螺栓连接方法

螺栓连接一般分为普通螺栓连接和高强度螺栓连接两种。

普通螺栓按制作精度可分为 A、B、C 三个等级，A 级、B 级为精制螺栓，C 级为粗制螺栓，除特殊注明外，一般即为普通粗制 C 级螺栓。

（1）普通螺栓连接施工　普通螺栓作为永久性连接螺栓时，应符合下列要求：为增大承压面积，螺栓头和螺母下面应放置平垫圈；螺栓头下面放置垫圈不得多于 2 个，螺母下放置垫圈不应多于 1 个；对设计要求防松动的螺栓，应采用有防松装置的螺母或弹簧垫圈或用人工方法采取防松措施；对工字钢、槽钢类型钢应尽量使用斜垫圈，使螺母和螺栓头部的支承面垂直于螺杆；螺杆规格选择、连接形式、螺栓的布置、螺栓孔尺寸符合设计要求及有关规定。

（2）普通螺栓的紧固及检验　普通螺栓连接对螺栓紧固力没有具体要求。以施工人员紧固螺栓时的手感及连接接头的外形控制为准，即施工人员使用普通扳手靠自己的力量拧紧螺母即可，能保证被连接面密贴，无明显的间隙。为了保证连接接头中各螺栓受力均匀，螺栓的紧固次序宜从中间对称向两侧进行；对大型接头宜采用复拧方式，即两次紧固。

普通螺栓紧固检验比较简单，一般采用锤击法，即用 0.3kg 小锤，一手扶螺栓（或螺母）头，另一手用锤敲击，如螺栓头（螺母）不偏移、不颤动、不转动，锤声比较干脆，说明螺栓紧固质量良好，否则需重新紧固。永久性普通螺栓紧固应牢固、可靠、外露丝扣不应少于 2 扣。检查数量，按连接点数抽查 10%，且不应少于 3 个。

（3）高强度螺栓连接施工　高强度螺栓从外形上可分为大六角头高强度螺栓和扭剪型高强度螺栓两种类型。按性能等级分为 8.8 级、10.9 级、12.9 级，目前我国使用的大六角头高强度螺栓有 8.8 级和 10.9 级两种，扭剪型高强度螺栓只有 10.9 级一种。

1）大六角头高强度螺栓连接施工。大六角头高强度螺栓连接施工一般采用的紧固方法有扭矩法和转角法。

扭矩法施工时，先用普通扳手进行初拧，初拧扭矩可取为施工扭矩的 50% 左右，目的是使连接件密贴。对于较大的连接点，可以按初拧、复拧及终拧的次序进行，复拧扭矩等于初拧扭矩。一般拧紧的顺序从中间向两边或四周进行。初拧和终拧的螺栓均应做不同的标记，避免漏拧、超拧发生，便于检查。此法在我国应用广泛。

转角法是用控制螺栓应变即控制螺母的转角来获得规定的预拉力，因不需专用扳手，故简单有效。终拧角度可顶先测定。高强度螺栓转角法施工分初拧和终拧两步（必要时可增加复拧），初拧的目的是为消除板缝影响，给终拧创造一个大体一致的基础。初拧扭距一般取终拧扭距的 10% 为宜，原则是以板缝密贴为准。转角法施工工艺顺序如图 7-8 所示。

2）扭剪型高强度螺栓连接施工。扭剪型高强度螺栓连接施工相对于大六角头高强度螺栓连接施工简单的多。它是采用专用的电动扳手进行终拧，梅花头拧掉则终拧结束。

扭剪型高强度螺栓的拧紧可分为初拧、终

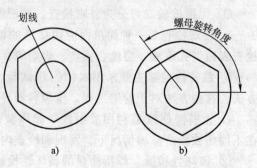

图 7-8　转角法施工

（页码 173）位于右上角

拧，对于大型节点分为初拧、复拧、终拧。初拧采用手动扳手或专用定矩电动扳手，初拧值为预拉力标准值的 50% 左右，复拧扭矩等于初拧扭矩值。初拧或复拧后的高强度螺栓应用颜料在螺母上涂上标记，然后用专用电动扳手进行终拧，直至拧掉螺栓尾部梅花头，并读出预拉力值。扭剪型高强度螺栓连接如图 7-9 所示。

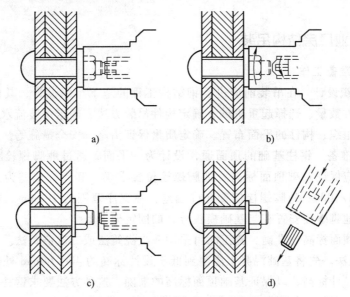

图 7-9　扭剪型高强度螺栓连接副终拧示意图

（4）高强度螺栓的紧固

1）高强度螺栓的穿孔，先用冲子穿入节点的螺栓孔，锤击冲子使各螺孔对正。一般每节点用冲子两只。待螺孔对正后，从小布袋中取出高强度螺栓，使之能自由地从螺孔中穿过。穿孔后用扳手将其拧紧。同一节点螺孔方向应保持一致，严禁螺孔未对正而强行穿孔。

2）每个节点高强度螺栓安装后，即开始初拧。初拧结束半小时后，紧跟着进行终拧，终拧宜在当日完成。初拧和终拧的顺序应从螺栓群中部开始，向四周扩展，逐个拧紧。

3）当钢框架梁与柱接头为腹板栓接、翼缘焊接时，宜按"先栓后焊"的方式进行施工。

4. 钢结构构件的防腐与涂装

（1）防腐　自然界中酸雨介质或温度、湿度的作用可能使钢结构产生物理和化学作用而受到腐蚀破坏，严重的将影响其强度、安全性和使用年限。为了减轻并防止钢结构的腐蚀，目前国内外主要采用涂装方法进行防腐。涂料是一种含油或不含油的胶体溶液，将它涂敷在钢结构构件的表面，可结成涂膜以防钢结构构件被锈蚀。

施工中按其作用及先后顺序分为底涂料和饰面涂料两种。

（2）涂装

1）钢构件涂装前表面处理。涂装前钢材表面的处理是保证涂料防腐效果和钢构件使用寿命的关键。因此，涂装前不但要除去钢材表面的污垢、油脂、铁锈、氧化皮、焊渣和已失效的旧漆膜，还要使钢材表面具有一定的粗糙度。

174

2）钢材表面除锈处理方法。钢材表面除锈处理方法有手工除锈、动力工具除锈、喷射或抛射除锈、酸洗除锈等。

3）施涂方法及顺序。涂装施工方法有刷涂法、滚涂法、浸涂法、空气喷涂法、无气喷涂法、粉末涂装法；钢结构涂装顺序主要有刷防锈漆、局部刮腻子、涂装施工、漆膜质量检查。

7.2.2 单层工业厂房结构吊装

1. 吊装前的准备工作

（1）施工组织设计　在吊装前应进行钢结构工程的施工组织设计，其内容包括计算钢结构构件和连接件数量、选择起重机械、确定构件吊装方法、确定吊装流水程序、编制进度计划、确定劳动组织、构件的平面布置、确定质量保证措施、安全措施等。

（2）基础的准备　钢柱基础的顶面通常设计为一平面，通过地脚螺栓将钢柱与基础连成整体。施工时应保证基础顶面标高及地脚螺栓位置准确。其允许偏差为：基础顶面高差±2mm，倾斜度1/1000；地脚螺栓位置允许偏差，在支座范围内为5mm。施工时可用角钢做成固定架，将地脚螺栓安置在与基础模板分开的固定架上。

为保证基础顶面标高的准确，施工时可采用一次浇筑法或二次浇筑法。

1）一次浇筑法。先将基础混凝土浇灌到低于设计标高约40～60mm处，然后用细石混凝土精确找平至设计标高，以保证基础顶面标高的准确。这种方法要求钢柱制作尺寸十分准确，且要保证细石混凝土与下层混凝土的紧密粘结，如图7-10所示。

2）二次浇筑法　钢柱基础分两次浇筑。第一次浇筑到比设计标高低40～60mm处，待混凝土有一定强度后，上面放钢垫板，精确校正钢板标高，然后吊装钢柱。当钢柱校正完毕后，在柱脚钢板下浇灌细石混凝土，如图7-11所示。这种方法校正柱子比较容易，多用于重型钢柱吊装。

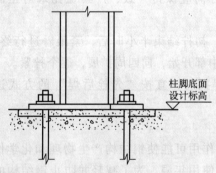

图7-10　钢柱基础的一次浇筑法

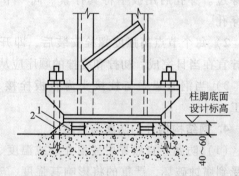

图7-11　钢柱基础的二次浇筑法
1—钢垫板　2—细石混凝土

当基础采用二次浇筑混凝土施工时，钢柱脚应采用钢垫板或座浆垫板作为支承。垫板应设置在靠近地脚螺栓的柱脚底板加劲板或柱脚下，每根地脚螺栓侧应设1～2组垫块，每组垫板不得多于5块。垫板与基础面和柱底面的接触应平整、紧密。当采用成对斜垫板时，其叠合长度不应小于垫板长度的2/3；当采用座浆垫板时，应采用无收缩砂浆。柱子吊装前砂浆试块强度应高于基础混凝土强度一个等级。

2. 构件的吊装工艺

（1）钢柱的吊装

1）柱的绑扎。绑扎柱子的吊具有吊索、卡环和铁扁担等。为了在高空中脱钩方便，应尽量用活络式卡环。为了避免起吊时吊索磨损柱子表面，一般在吊索和柱子之间垫麻袋等物。柱子的绑扎按起吊后柱身是否垂直，可分为斜吊绑扎法和直吊绑扎法。按绑扎点及牛腿的数量可分为一点绑扎法、两点绑扎法以及三面牛腿绑扎法等。柱子的绑扎位置和点数，要根据柱子的形状、断面、长度、配筋和起重机性能等确定。中小型柱子可一点绑扎，重型柱子或配筋少而细长的柱子（如抗风柱），需两点绑扎，且吊索合力点应偏向柱重心上部。一点绑扎时，绑扎点位置常选在牛腿下 200mm 处。

工字形截面和双肢柱的绑扎点选在实心处，否则应在绑扎位置用方木垫平。

① 一点绑扎斜吊法。如图 7-12 所示，这种方法不需要翻动柱子，但柱子平放起吊时抗弯强度要符合要求。柱吊起后呈倾斜状态，由于吊索歪在柱的一边，起重钩低于柱顶，因此起重臂可以短些。

② 一点绑扎直吊法。当柱子的宽度方向抗弯不足时，可在吊装前，先将柱子翻身后再起吊，如图 7-13 所示。起吊后，铁扁担跨在柱顶上，柱身呈直立状态，便于插入杯口，但需要较大的起吊高度。

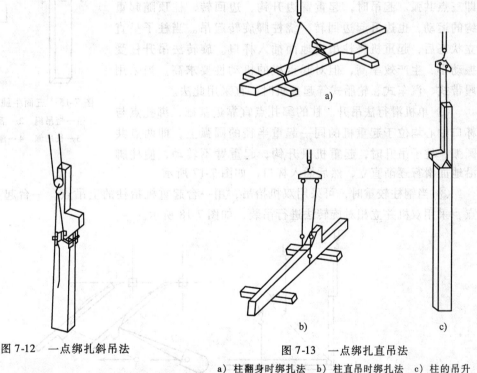

图 7-12　一点绑扎斜吊法

图 7-13　一点绑扎直吊法
a）柱翻身时绑扎法　b）柱直吊时绑扎法　c）柱的吊升

③ 两点绑扎法。当柱身较长，一点绑扎时柱的抗弯能力不足时可采用两点绑扎起吊，如图 7-14 所示。

④ 柱子有三面牛腿时的绑扎法。采用直吊绑扎法，如图 7-15 所示。

2）钢柱的吊升。钢柱的吊升可采用自行式起重机或塔式起重机，柱子的吊升方法，根

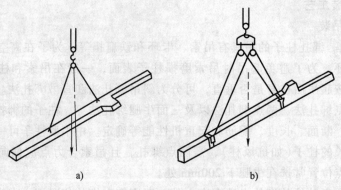

图 7-14　两点绑扎法

a）斜吊　b）直吊

据柱子重量、长度、起重机性能和现场施工条件而定。根据柱子吊升过程中的运动特点分为旋转法和滑行法。根据起重机的数量又可分为单机吊升和双机吊升两种。

① 单机旋转法吊升。如图 7-16 所示，柱的绑扎点、柱脚、杯基中心三者宜位于起重机的同一工作幅度的圆弧上，即三点共弧。起吊时，起重臂边升钩，边回转，柱顶随起重钩的运动，也边升起边回转，绕柱脚旋转起吊。当柱子呈直立状态后，起重机将柱吊离地面插入杯口。旋转法吊升柱受振动小，生产效率高，但对起重机的机动性要求高。当采用履带式、汽车式、轮胎式等起重机时，宜采用此法。

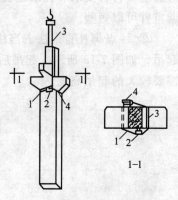

图 7-15　三面牛腿的绑扎法

1—短吊绳　2—活络卡环
3—长吊绳　4—普通卡环

② 单机滑行法吊升。柱的绑扎点宜靠近基础，绑扎点与杯口中心均位于起重机的同一起重半径的圆弧上，即两点共圆弧。柱子吊升时，起重机只升钩，起重臂不转动，使柱脚沿地面滑行逐渐直立，然后插入杯口，如图 7-17 所示。

③ 当钢柱较重时，可采用双机抬吊，用一台起重机抬柱的上吊点，一台起重机抬下吊点，采用双机并立相对旋转法进行吊装，如图 7-18 所示。

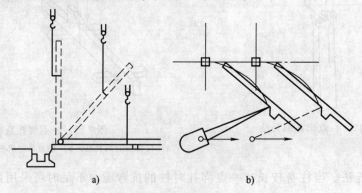

图 7-16　单机旋转法吊升

a）柱吊升过程　b）柱平面布置

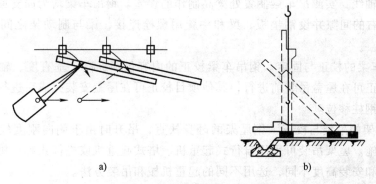

图 7-17　单机滑行法吊升

a）平面布置　b）滑行过程

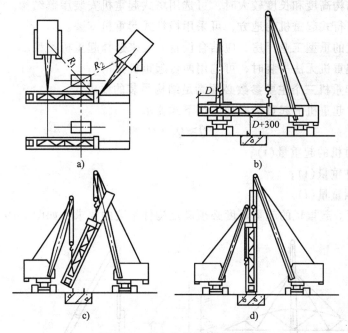

图 7-18　两点抬吊吊装重型柱

a）柱的平面布置及起重就位图　b）两机同时将柱起吊　c）两机协调旋转，并将柱吊直　d）将柱插入杯口

3）钢柱的校正与固定。钢柱的校正包括平面位置、标高、垂直度的校正。平面位置的校正应用经纬仪从两个方向检查钢柱的安装准线。在吊升前应安放标高控制块以控制钢柱底部标高。垂直度的校正用经纬仪检验，如超过允许偏差，用千斤顶进行校正。在校正过程中，随时观察柱底部和标高控制块之间是否脱空，以防校正过程，以造成水平标高的误差。

为防止钢柱校正后的轴线位移，应在柱底板四边用 10mm 厚钢板定位，并焊牢固。钢柱复校后，紧固地脚螺栓，并将承重垫块上下点焊固定，防止移动。

（2）钢吊车梁的吊装

1）钢吊车梁的吊升。钢吊车梁可用自行式起重机吊装，也可以用塔式起重机、桅杆式起重机等进行吊装，对重量很大的吊车梁，可用双机抬吊。

吊车梁吊装时应注意钢柱吊装后的位移和垂直度的偏差，认真做好临时标高垫块工作，

178

严格控制定位轴线，实测吊车梁搁置处梁高制作的误差。钢吊车梁均为简支梁，梁端之间应留有 10mm 左右的间隙并设钢垫板，梁和牛腿用螺栓连接，梁与制动架之间用高强度螺栓连接。

2）钢吊车梁的校正与固定。钢吊车梁校正的内容包括标高、垂直度、轴线、跨距的校正。标高的校正可在屋盖吊装前进行，其他项目校正可在屋盖安装完成后进行，因为屋盖的吊装可能引起钢柱移位。

（3）钢屋架的吊装与校正　钢屋架的翻身扶直，吊升时由于侧向刚度较差，必要时采取临时加固措施。屋架吊装可采用自行式起重机、塔式起重机或桅杆式起重机等。根据屋架的跨度、重量和安装高度不同，选用不同的起重机械和吊装方法。

1）起重机类型的选择

① 对于中小型厂房结构采用自行式起重机安装比较合理。

② 当厂房结构高度和长度较大时，可选用塔式起重机安装屋盖结构。

③ 在缺乏自行式起重机的地方，可采用桅杆式起重机安装。

④ 在大跨度的重型工业厂房，应结合设备安装来选择起重机类型。

⑤ 当一台起重机无法吊装时，可选用两台起重机抬吊。

2）所选的起重机三个主要参数必须满足结构吊装的要求。

① 起重量。起重机的起重最必须满足下式要求：

$$Q \geqslant Q_1 + Q_2$$

式中　Q——起重机的起重量（t）；

　　　Q_1——构件重量（t）；

　　　Q_2——吊索重量（t）。

② 起重高度。起重机的起重高度必须满足构件吊装的要求，如图 7-19 所示。

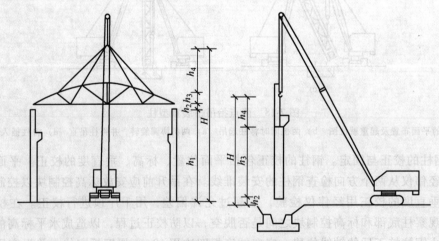

图 7-19　履带式起重机起吊高度计算简图

$$H \geqslant h_1 + h_2 + h_3 + h_4$$

式中　H——起重机的起重高度（m）；

　　　h_1——安装支座表面高度（m），从停机面算起；

　　　h_2——安装空隙，不小于 0.3m；

h_3——绑扎点至构件吊起底面的距离(m)；

h_4——索具高度，自绑扎点至吊钩钩中心的距离(m)。

③ 起重半径。当起重机可以不受限制地开到所吊构件附近去吊装构件时，可不验算起重半径。当起重机受限制而不能靠近安装位置去吊装构件时，则应验算。当起重机的起重半径为一定值时，起重量和起重半径是否满足吊装构件的要求，一般根据所需的起重量、起重高度、选择起重机型号，再按下式进行计算，如图 7-20 所示。

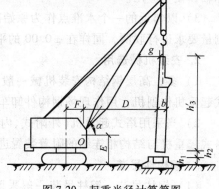

$$R_{min} = F + D + 0.5b$$

式中 F——起重机枢轴中心距回转中心距离(m)；

b——构件宽度(m)；

D——起重机枢轴中心距所吊构件边缘距离(m)。

图 7-20 起重半径计算简图

D 可按下式计算：

$$D = g + (h_1 + h_2 + E)ctg\alpha$$

式中 g——构件上口边缘与起重臂的水平间隙，不小于 0.5m；

E——吊杆枢轴心距地面高度(m)；

α——起重臂的倾角；

h_1、h_2——含义同前；

h'_3——所吊构件的高度(m)。

屋架的临时固定可用临时螺栓和冲钉。因为钢屋架的侧向稳定性差，所以当起重机的起重量、起重臂的长度允许时，应先拼装两榀屋架及其上部的天窗架、檩条、支撑等成为整体，然后再一次吊装。这样既可以保证吊装稳定性，又提高了吊装效率。钢屋架的校正内容主要包括垂直度和弦杆的正直度，垂直度用垂球检验，弦杆的正直度用拉紧的测绳进行检验。

屋架的最后固定用电焊或高强度螺栓进行固定。

3. 单层钢结构安装质量要求

1）钢结构基础施工时，应注意保证基础顶面标高及地脚螺栓位置的准确，其偏差值应在允许偏差范围内。

2）钢结构安装应按施工组织设计进行。安装程序必须保持结构的稳定性且不导致永久性变形。

3）钢结构安装前，应按构件明细表核对进场的构件，查验产品合格证和设计文件；工厂预拼装过的构件在现场拼装时，应根据预拼装记录进行。

7.2.3 多层及高层钢结构安装工程

1. 施工要点

（1）基础和支撑面 本节要求与单层钢结构的基础和支撑面基本相同。

（2）定位轴线、标高和地脚螺栓

1）钢结构安装前，应对建筑物的定位轴线、平面封闭角、底层柱的位置线进行复查，合格后方能开始安装工作。

2）测量基准点由邻近城市坐标点引入，经复测后以此坐标作为该项目钢结构工程平面控制测量的依据，必要时通过平移、旋转的方式换算成平行（或垂直）于建筑物主轴线的坐标轴，便于应用。

3）以邻近的一个水准点作为原始高程控制测量基准点，并选另一个水准点按二等水准测量要求进行联测，同样在±0.00 的平面控制点中设两个高程控制点。

2. 安装机械选用

1）多、高层钢结构安装机械一般采用 1～2 台塔式起重机作吊装主机，另用一台履带式起重机作副机，用作现场钢构件卸车、堆放、递送之用。

2）当采用塔式起重机（外附式、内爬式）进行钢结构安装时，应对塔式起重机基础以及塔式起重机与结构相连结的附着装置进行受力验算，并应采取相应的安全技术措施。

3. 钢构件吊装

（1）钢柱吊装　钢柱吊装一般采取一点起吊。为了防止钢丝绳在吊钩上打滑，保证钢柱吊起后能保持竖直，钢柱的吊装应利用专用扁担。利用柱上端连接板上螺栓孔作为吊装孔。起吊时钢柱根部要垫实，通过吊钩上升与变幅以及吊臂回转，逐步将钢柱大致扶直，等钢柱停止晃动后再继续提升，将钢柱吊装到位。当钢柱根部需特殊保护时，应考虑两点吊装，以防止碰伤钢柱根部。钢柱吊装就位后，通过上、下柱头上的临时耳板和连接板，用大六角头高强度螺栓进行临时固定。固定前，要调整好钢柱标高、位移和垂直度达到规范要求。

（2）钢梁的吊装　钢梁吊装一般利用专用扁担，采用两点起吊。为提高塔式起重机的利用率，梁的吊装大多采用多梁一吊。一节钢柱之间有三层钢梁，可采取"三梁一吊"。先安上层梁，再装中、下层梁。

4. 安装的测量校正

（1）多、高层钢结构安装的校正是以钢柱为主。钢柱就位后，先调整标高，后调整位移，最后调整垂直度。

（2）钢柱校正　钢柱校正采用"无缆风绳校正法"。上下钢柱临时对接应采用大六角高强度螺栓，连接板进行摩擦面处理。连接板上螺孔直径应比螺栓直径大 4～5mm。标高调整方法为：上柱与下柱对正后，用连接板与高强度螺栓将下柱柱头与上柱柱根连起来，螺栓暂不拧紧；量取下柱柱头标高线与上柱柱根标高线之间的距离，量取四面；通过吊钩升降以及撬棍的拨动，使标高线间距离符合要求，初步拧紧高强度螺栓，并在节点板间隙中打入铁楔。扭转调整，在上柱和下柱耳板的不同侧面加垫板，再夹紧连接板，即可以达到校正扭转偏差的目的。垂直度通过千斤顶与铁楔进行调整，在钢柱偏斜的同侧锤击铁楔或微微顶升千斤顶，便可将垂直度校正至零。钢柱校正完毕后拧紧接头上的大六角头高强度螺栓至设计扭矩。

安装钢柱时，要尽可能调整其垂直度使其误差接近±0.00。先不留焊缝收缩量。在安装和校正柱与柱之间的梁时，再把柱子撑开，留出接头焊接收缩量，这时柱子产生的内力，在焊接完成和焊缝收缩后也就消失。

5. 钢结构拼装与吊装质量通病及预控对策

（1）构件刚度差

原因分析：构件本身有挠度，拼装未拉通线，支撑杆件本身尺寸不准。

采取措施：在地面拼装时，必须保证构件平整稳定，以防下挠。如刚度不够，应采取加固措施，以增强构件的刚度。拼装时必须拉通线，用电焊点固、焊牢。严格控制构件的几何尺寸和节间间距尺寸，如发现问题应及时调整准确后再吊装。严格控制各种支撑杆件尺寸的精度。

（2）焊接变形

原因分析：构件焊接后翘曲变形。焊缝布置不对称，焊接的电流、速度、方向及焊接时采用的装配卡具，对构件变形均有影响。

采取措施：为防止和抵消焊接变形，焊前装配时，将工件向与焊接变形相反方向预留偏差。控制焊接顺序防止变形。采用夹具和专用胎具，将构件固定后再进行施焊。构件变形翘曲必须进行矫正。

（3）钢柱底脚有空隙

原因分析：基础标高不准，未按测量抄平和找平。柱底板因焊接受热区产生变形。

采取措施：钢柱吊装前，应严格控制基础标高，测量要准确，并按基测量值对基础表面仔细找平。采用二次灌浆法，在柱脚底板开浇灌孔（兼作排气孔）。利用钢垫板，将钢柱底部不平处垫平。预先按设计标高安置好柱脚支座钢板，然后采取二次灌浆。

（4）钢柱位移

原因分析：柱底部预留孔与预埋螺栓位置错位、不对中。

采取措施：浇筑混凝土基础前，应用定型卡盘将预埋螺栓按设计位置卡住，以防浇筑混凝土时发生位移。柱底钢板预留孔应放大样，确定孔位后再做预留孔。

（5）柱垂直偏差过大

原因分析：受外力影响发生变形，热胀冷缩造成变形。

采取措施：钢柱应按计算的吊挂点吊装就位，必须采用两点以上的吊装方法；吊装时应进行临时固定，以防吊装变形，柱就位后应及时增设临时支撑。

7.2.4 大跨度钢网架结构工程

钢网架安装的测量校正、高强度螺栓安装、负温度下施工及焊接工艺等，应在施工前进行工艺试验或评定，并应在此基础上制定相应的施工工艺或方案。焊接工作应尽量在工厂和预制场内进行，以减少现场和高空焊接工作量。

钢网架制作、安装、验收及土建施工用的所有钢尺必须标准统一，丈量的拉力要一致。当跨度较大时，应根据气温情况考虑温度修正。安装偏差的检测，应在结构形成空间刚度单元并连接固定后进行。

1. 钢网架拼装作业条件

拼装场地应平整，必要时应经过压实。拼装场地的面积应与将拼装构件的尺寸和数量相适应、应做好拼装场地的安全设施、防火设施、排水设施。拼装前应对拼装胎具进行检测，防止胎位移动和变形。拼装胎位应留出恰当的焊接变形余量，防止拼装杆件变形。

2. 钢网架拼装工艺流程

作业准备→钢球、杆件检验→小拼单元→中拼单元→焊接→拼装单元验收。

3. 钢网架安装工艺流程

作业准备→基础验收→钢网架试安装→钢网架正式安装→钢网架验。

4. 钢网架结构拼装的施工原则

（1）合理分割，即把网架根据实际情况合理地分割成各种单元体，使其经济地拼成整个网架。可有下列几种方案：

1）直接由单根杆件、单个节点总拼成网架。

2）由小拼单元总拼成网架。

3）由小拼单元拼成中拼单元，总拼成网架。

（2）尽可能多地争取在工厂或预制场地焊接，尽量减少高空作业量。因为这样可以充分利用起重设备将网架单元翻身而能较多地进行平焊。

（3）节点尽量不单独在高空就位，而是和杆件连接在一起拼装，在高空仅安装杆件。

5. 钢网架结构安装施工方法

（1）高空散装法　将网架的杆件和节点（或小拼单元）直接在高空设计位置总拼成整体的方法称高空散装法。高空散装法分全支架法（即搭设满堂脚手架）和悬挑法两种；全支架法可将杆件和节点件在支架上总拼或以一个网格为小拼一单元在高空总拼；悬挑法是为了节省支架，将部分网架悬挑。高空散装法适用于非焊接连接（螺栓球节点或高强螺栓连接）的各种类型网架安装。在大型的焊接连接网架安装施工中也有采用。

（2）分条或分块安装法　将网架分割成若干条状或块状单元，每个条（块）状单元在地面拼装后，再由起重机吊装到设计位置总拼成整体，此法称分条（分块）吊装法。由于条（块）状单元是在地面拼装，因而高空作业量较高空散装法大为减少，拼装支架也减少很多，又能充分利用现有起重设备，故较经济。分条或分块安装法适用于网架分割后的条（块）单元刚度较大的各类中小型网架，如两向正交正放四角锥、正放抽空四角锥等网架。

（3）高空滑移法　将网架条状单元在建筑物上由一端滑移到另一端，就位后总拼成整体的方法称高空滑移法。滑移时滑移单元应保证成为几何不变体系。高空滑移法适用于正放四角锥、正放抽空四角锥、两向正交正放四角锥等网架。

（4）整体吊装法　将网架在地面总拼成整体后，用起重设备将其吊装至设计位置的方法称为整体吊装法。用整体吊装法安装网架时，可以就地与柱错位总拼或在场外总拼，此法适用于各种网架，更适用于焊接连接网架（因地面总拼易于保证焊接质量和几何尺寸的准确性）。其缺点是需要较大的起重能力。整体吊装法大致上可分为桅杆吊装法和多机抬吊法两类。当用桅杆吊装时，由于桅杆机动性差，网架只能就地与柱错位总拼，待网架抬吊至高空后，再进行旋转或平移至设计位置。由于桅杆的起重量大，故大型网架多用此法，但需大量的钢丝绳、大型卷扬机及劳动力，因而成本较高。如用多根中小型钢管桅杆整体吊装网架，则成本较低。此法适用于各种类型的网架。

（5）整体提升法　将网架在地面就位拼成整体，用起重设备垂直地将网架整体提升至设计标高并固定的方法，称整体提升法。提升时可利用结构柱作为提升网架的临时支撑结构，也可另设格构式提升架或钢管支柱。提升设备可用通用千斤顶或升板机。此法适用于周边支撑及多点支撑网架。

（6）整体顶升法　将网架在地面就位拼成整体，用起重设备垂直地将网架整体顶升至设计标高并固定的方法，称整体顶升法。顶升的概念是千斤顶位于网架之下，一般是利用结构柱作为网架顶升的临时支撑结构。此法适用于周边支撑及多点支撑的大跨度网架。

本 章 小 结

合理的选用、配备起重设备机械，是保证工作效率的前提条件，应在施工中根据工程的实际情况合理选用、科学配置。另外，钢结构的应用日益增多，因为材料不同，所以有其独特的特点，如制作安装精度要求比混凝土结构高，节点连接多时焊接和高强度螺栓连接，这些都是要重视的施工项目。

本章要求：掌握结构安装工程常用施工机械设备的性能特点；掌握单层工业厂房结构吊装的准备工作、吊装工艺、构件平面布置方法及要求；能选择结构吊装方案；了解钢结构的特点，掌握钢结构构件的焊接、螺栓连接、吊装、安装等的施工方法、工艺标准及质量检验要求。

思考题与习题

1. 起重机械的种类有哪些？试说明其优缺点及适用范围。
2. 试述履带式起重机的起重高度、起重半径与起重量之间的关系。
3. 试说明旋转法和滑行法吊装时特点及适用范围。
4. 柱子吊装前应进行哪些准备工作？
5. 焊接的质量检验包括哪些内容？
6. 高强度螺栓紧固的要求是什么？
7. 试述高强度螺栓的安装方法。
8. 试述钢柱的吊装施工工艺。
9. 怎样对钢柱进行校正与固定？
10. 怎样校正吊车梁的安装位置？
11. 试述单层工业厂房结构吊装的吊装要点。
12. 试述多层及高层钢结构安装工程的施工要点。

第8章 屋面及地下防水工程

建筑物的屋面和地下室外墙都有多层构造组成，是建筑物的重要组成部分，具有防水、保温、隔热、围护的功能，防水工程质量的优劣，不仅关系到建筑物或构筑物的使用寿命，而且直接关系到它们的使用功能。影响防水工程质量的因素有防水设计的合理性、防水材料的选择、施工工艺及施工质量、保养与维修管理等。其中，防水工程的施工质量是关键因素。

根据工程部位和用途不同，分为屋面工程防水（防止雨雪对屋面的间歇性浸透作用）和地下工程防水（防止地下水对建筑物或构筑物的经常性浸透作用）。此外，还有室内厕所淋浴间的楼地面防水等。

8.1 屋面工程

屋面工程主要由保温层、找平层、防水层、隔热层等组成。其中防水层是重点，各层的施工都要围绕防水这一主题。对于屋面工程，应采取"材料是基础，设计是前提，施工是关键，管理维护要加强"的原则。

8.1.1 基本要求

1. 设计要求

根据建筑物的性质、重要程度、使用功能要求以及防水层的耐用年限等，将建筑屋面防水等级分为Ⅰ、Ⅱ、Ⅲ、Ⅳ级，见表8-1。

表8-1 屋面防水等级和设防要求

项　目	屋面防水等级			
	Ⅰ	Ⅱ	Ⅲ	Ⅳ
建筑物类型	特别重要或对防水有特殊要求的建筑	重要的建筑和高层建筑	一般的建筑	非永久性的建筑
防水层合理使用年限	25 年	15 年	10 年	5 年
防水层选用材料	宜选用合成高分子防水卷材、高聚物改性沥青防水卷材、金属板材、合成高分子防水涂料、细石混凝土等材料	宜选用高聚物改性沥青防水卷材、合成高分子防水卷材、金属板材、合成高分子防水涂料、高聚物改性沥青防水涂料、细石混凝土、平瓦、油毡瓦等材料	宜选用高聚物改性沥青防水卷材、合成高分子防水卷材、三毡四油沥青防水卷材、金属板材、高聚物改性沥青防水涂料、合成高分子防水涂料、细石混凝土、平瓦、油毡瓦等材料	可选用二毡三油沥青防水卷材、高聚物改性沥青防水涂料等材料
设防要求	三道或三道以上防水设防	二道防水设防	一道防水设防	一道防水设防

一道防水设防是指具有单独防水能力的一个防水层次。混凝土结构层、现喷硬质聚氨醋等泡沫塑料保温层、装饰瓦以及不搭接瓦的屋面、隔气层、卷材或涂膜厚度不符合规范规定的防水层不得作为屋面的一道防水设防。

设计人员应严格按《屋面工程技术规范》(GB 50345—2004)的要求进行设计,施工单位必须按照工程设计图纸和施工技术标准施工,不得擅自修改工程设计,不得偷工减料。按工程设计图纸施工,是保证工程实现设计意图的前提。

2. 材料要求

防水、保温隔热材料对于屋面工程的质量起决定作用,屋面工程所采用的材料应有产品合格证书和性能检测报告,材料的品种、规格、性能等应符合现行国家产品标准和设计要求。

3. 施工要求

(1)施工基本要求 屋面工程的防水层应由经资质审查合格的防水专业队伍进行施工。作业人员应持有当地建设行政主管部门颁发的上岗证。

对于屋面工程,成品保护和各工种配合是一个非常重要的问题,成品保护和各工种配合应引起重视。

(2)施工环境要求 屋面工程露天作业,受气候环境影响较其他分部工程大,为保证施工质量,应有一个良好的施工环境。

屋面的保温层和防水层严禁在雨天、雪天和五级风及其以上时施工。施工中途下雨、下雪,应采取遮盖措施,做好已铺卷材周边的防护工作。

根据不同的材料性能及施工工艺,分别规定了适于施工的环境气温,见表8-2。

表 8-2　屋面保温层和防水层施工环境气温

项　目	施工环境气温
干铺保温层	可在负湿度下施工
粘结保温层	有机胶合剂不低于 -10℃;水泥砂浆不低于5℃
硬质聚氨酯泡沫塑料保温层	宜为15～30℃。风力不宜大于三级,相对湿度宜小于85%
沥青防水卷材	不低于5℃
高聚物改性沥青防水卷材	冷粘法不低于5℃;热熔法不低于 -10℃
合成高分子防水卷材	冷粘法不低于5℃;热风焊接法不低于 -10℃
高聚物改性沥青防水涂料	溶剂型宜为 -5～35℃;水乳型宜为5～35℃;热熔型不宜低于 -10℃
合成高分子防水涂料	溶剂型宜为 -5～35℃;乳胶型宜为5～35℃;反应型宜为5～35℃
聚合物水泥防水涂料	宜为5～35℃
刚性防水层	宜为5～35℃,避免在负温度或烈日暴晒下施工
嵌缝密封材料	合成高分子类:溶剂型宜为0～35℃,乳胶型及反应固化型宜为5～35℃。改性石油沥青类宜为0～35℃
油毡瓦	宜为5～35℃

4. 验收基本要求

根据《建筑工程施工质量验收统一标准》(GB 50300—2013)规定,按建筑部位确定屋面工程为一个分部工程。

屋面的天沟、檐沟、泛水、水落口、檐口、变形缝、伸出屋面管道等部位(细部构造),是屋面工程中最容易出现渗漏的薄弱环节。所以,对这些部位均应进行防水增强处理,细部防水构造施工必须符合设计要求,并应全部进行重点检查,以确保屋面工程的质量。

完整的资料既是屋面工程验收的重要依据,又是整个施工过程的记录。屋面工程验收的文件和记录体现了施工全过程控制,必须做到真实、准确,不得有涂改和伪造,各级技术负责人签字后方可有效。

除了按规范的有关规定对细部构造、接缝、保护层等进行外观检验,还应检验屋面有无渗漏和积水、排水系统是否畅通,并应进行淋水或蓄水检验。

8.1.2 屋面找平层

屋面找平层是防水层的基层,直接影响到防水层的质量,屋面防水层要求基层有较好的结构整体性和刚度。

1. 基本要求

目前大多数建筑均以钢筋混凝土结构为主,故较多采用水泥砂浆、细石混凝土找平层或沥青砂浆找平层作为防水层的基层。找平层的厚度和技术要求必须符合要求,见表 8-3。

表 8-3 找平层的厚度和技术要求

类　别	基层种类	厚度/mm	技术要求
水泥砂浆找平层	整体混凝土	15~20	1:2.5~1:3(水泥:砂)体积比,水泥强度等级不低于32.5级
	整体或板状材料保温层	20~25	
	装配式混凝土板,松散材料保温层	20~30	
细石混凝土找平层	松散材料保温层	30~35	混凝土强度等级不低于C20
沥青砂浆找平层	整体混凝土	15~20	1:8(沥青:砂)质量比
	装配式混凝土板,整体或板状材料保温层	20~25	

找平层的排水坡度必须符合设计要求。屋面防水应以防为主,以排为辅。在完善设防的基础上,应将水迅速排走,以减少渗水的机会,所以正确的排水坡度很重要。平屋面在建筑功能许可情况下应尽量作成结构找坡。

对找平层的质量要求,除排水坡度必须满足设计要求外,并规定找平层要在收水后二次压光,使表面坚固、平整;水泥砂浆终凝后,应采取浇水、覆盖浇水、喷养护剂、涂刷冷底子油等手段充分养护,保护砂浆中的水泥充分水化,以确保找平层质量。

沥青砂浆找平层,除强调配合比准确外,施工中应注意拌合均匀和表面密实。找平层表面不密实会产生蜂窝现象,使卷材胶结材料或涂膜的厚度不均匀,直接影响防水层的质量。

屋面防水基层与突出屋面结构的交接处以及基层的转角处是防水层应力集中的部位,基层与突出屋面结构(女儿墙、立墙、天窗壁、变形缝、烟囱等)的交接处,以及基层的转角处(水落口、檐口、天沟、檐沟、屋脊等),均应做成圆弧,转角处圆弧半径的大小也会影响卷材的粘贴,找平层圆弧半径应根据材料种类按表8-4选用。内部排水的水落口周围应做成略低的凹坑。

表 8-4　找平层圆弧半径

卷 材 种 类	圆弧半径/mm
沥青防水卷材、高聚物改性防水涂料	100 ~ 150
高聚物改性沥青防水卷材、合成高分子防水涂料	50
合成高分子防水卷材	20

找平层宜设分格缝，并嵌填密封材料。由于找平层收缩和温差的影响，水泥砂浆或细石混凝土找平层应预先留设分格缝，使裂缝集中于分格缝中，减少找平层大面积开裂的可能；缝宽 5 ~ 20mm；其纵横缝的最大间距：水泥砂浆或细石混凝土找平层，不宜大于 6m；沥青砂浆找平层，不宜大于 4m。

2. 屋面找平层的施工（以水泥找平层为例）

（1）施工准备

1）材料准备。所用材料必须进场验收，并按要求对各类材料进行复试，其质量、技术性能必须符合设计要求和施工及验收规范的规定。

2）主要机具。包括砂浆搅拌机、混凝土搅拌机、运料手推车、铁锹、铁抹子、木抹子、水平刮杠、水平尺。

3）作业条件。找平层施工前，屋面保温层应进行检查验收，并办理验收手续；根据设计要求的标高、坡度，找好规矩并弹线（包括天沟、檐沟的坡度）。

（2）工艺流程。基层清理→管根封堵→标定标高、坡度→浇水湿润或喷涂沥青稀料→施工找平层→刮平→抹平压实→养护→填缝→验收。

（3）施工要点

1）基层清理。将结构层、保温层上表面的松散杂物清扫干净，将凸出基层表面的灰渣等粘结杂物铲平，不得影响找平层的有效厚度。

2）穿过屋面的管道、烟囱根部封堵。大面积做找平层前，应先将出屋面的预埋管件、烟囱、女儿墙、檐沟、伸缩缝根部处理好。

3）找平层施工。按设计坡度方案标定出标高和坡度。贴点标高、冲筋并设置分格缝，也可以在施工找平层后切割。

4）浇水湿润。抹找平层前，根据找平层类型，应适当浇水湿润但不可洒水过量，不要积水。

5）铺装水泥砂浆。按分格块装水泥砂浆、铺平，用刮扛靠冲筋条刮平，找坡后用木抹子搓平，铁抹子压光。待浮水沉失后，以人踏上去有脚印但不下陷为准，再用铁抹子压第二遍即可完工。找平层水泥砂浆配合比一般为 1:3，粘稠度控制在 7cm。

6）养护。找平层抹平、压实以后 24h 可浇水、覆盖养护，一般养护期为 7d，经干燥后铺设防水层。

7）填缝。用弹性材料嵌缝非常重要，可以防止防水层在这个薄弱环节开裂，一般可以采用玛琋脂。施工缝与找平层应齐平，不得有明显的凸起和凹陷。

（4）屋面找平层的质量验收　做好高质量找平层的基础是材料本身的质量和排水坡度，因此将材料合格和配合比准确，以及按设计要求的排水坡度作为找平层检验的主控项目，必须达到要求。只有首先控制这些基本的项目，在施工过程中再进行有效的过程控制，找平层的质量才能得到保证。找平层在施工过程中还应进行控制，即控制找平层表面的二次压光和充分养护，检查它的表面平整度，有否酥松、起砂、起皮，转角圆弧是否正确，分格缝的位置和间距是否符合设计要求，将这些定为检验的一般项目，见表 8-5。

表 8-5　找平层施工质量检验项目、要求和检验方法

	检 验 项 目	要　　求	检 验 方 法
主控项目	1. 找平层的材料质量及配合比	必须符合设计要求	检查出厂合格证、质量检验报告和计量措施
	2. 屋面（含天沟、檐沟）找平层的排水坡度	必须符合设计要求	用水平仪（水平尺）、拉线和尺量检查
一般项目	1. 找平层与凸出层面结构的连接处和基层的转角处	均应做成圆弧形，且整齐平顺	观察和尺量检查
	2. 水泥砂浆、细石混凝土找平层	应平整、压光，不得有酥松、起砂、起皮现象	观察检查
	沥青砂浆找平层	不得有拌合不匀、蜂窝现象	
	3. 找平层分格缝的位置和间距	应符合设计和规范要求	观察和尺量检查
	4. 找平层表面平整度	允许偏差为 5mm	用 2m 靠尺和楔形塞尺检查

8.1.3　屋面保温层

屋面保温层是保温屋面的重要组成部分，它提高了建筑物的热工性能，节约了能源，为人们提供一个适宜的内部环境。屋面保温层一般位于防水层的下面，保温材料主要有松散材料、板状材料、整体现浇（喷）保温材料。

1. 基本要求

保温材料的堆积密度或表观密度、导热系数以及板材的强度、吸水率，必须符合设计要求。认真检查出厂合格证、质量检验报告和现场抽样复验报告。

保温层应干燥，含水率必须符合设计要求。保温层的含水率必须现场抽样，检查检验报告。当采用有机胶结材料时，保温层的含水率不得超过 5%；当采用无机胶结材料时，保温层的含水率不得超过 20%。当屋面保温层（指正置式或封闭式）含水率过大、且不易干燥时，则应该采取措施进行排气。

排气管宜设置在结构层上，穿过保温层及排气道的管壁四周应打排气孔，排气管应做防水处理（图 8-1 和图 8-2）。

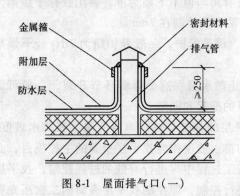

图 8-1　屋面排气口（一）

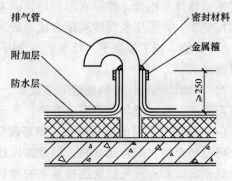

图 8-2　屋面排气口（二）

2. 屋面保温层的施工方法

（1）施工准备

1）材料准备　材料进场应有生产厂家提供的产品合格证、检测报告。材料外表或包装物应有明显标志，标明材料生产厂家、材料名称、生产日期、执行标准、产品有效期等。

2）主要机具　砂浆搅拌机、混凝土搅拌机、运料手推车、木抹子、水平刮杠、水平尺、计量设备。

3）作业条件　作业基层表面应平整、干燥、干净，不得有浮灰和油污，基层含水率不大于9%；根据设计要求的标高、坡度，找好规矩并弹线（包括天沟,檐沟的坡度）。掌握天气预报资料，确保气候适应作业要求，合理安排施工进度计划。

（2）工艺流程　基层清理→管根封堵→涂刷隔气层→标定标高、坡度→施工保温层→施工找坡层→验收。

（3）施工要点　铺设保温材料的基层应平整、干燥和干净。

涂刷隔气层是为了防止结构层或室内的潮气进入保温层，可使用掺0.2%~0.3%乳化剂的水溶液，也可使用沥青溶液（冷底子油），基层处理剂应涂刷均匀，无露底，无堆积。涂刷时，应用刷子用力涂，使处理剂尽量刷进基层表面的毛细孔中，这样才能起防潮作用。

在与室内空间有关联的天沟、檐沟处，均应铺设保温层；天沟、檐沟、檐口与屋面交接处屋面保温层的铺设应延伸到墙内，其伸入的长度不应小于墙厚的1/2。

保温层施工按设计坡度方案标定出标高和坡度。根据坡度要求拉线找坡，一般按1~2m贴点标高（贴灰饼）；铺抹找平砂浆时，按流水方向以间距1~2m冲筋。

板状材料保温层施工应符合下列规定：板状保温材料应紧靠在需保温的基层表面上，并应铺平垫稳，要在基面上、板与板之间都要满涂胶结材料后，将板块粘牢铺平压实、贴严、表面平整；分层铺设的板块上下层接缝应相互错开；板间缝隙应采用同类材料嵌填密实，当采用水泥蛭石（珍珠岩）砂浆粘贴时，板间缝隙采用保温灰浆填实并勾缝。保温灰浆的体积配合比为1:1:10（水泥:石灰膏:同类保温材料碎粒），避免产生冷桥。

保证现浇保温层质量的关键是表面平整、找坡正确和厚度满足设计要求。保温层厚度将体现屋面保温的效果，过厚则浪费材料，过薄则达不到设计要求。允许偏差为：松散保温材料和整体现浇保温层为+10%，−5%；板状保温材料为±5%，且不得大于4mm。采用钢针插入和尺量的方法检查。

3. 倒置式屋面

倒置式屋面是将保温层置于防水层的上面，倒置式屋面坡度不宜大于3%。

保温层的材料必须是低吸水率的材料和长期浸水不腐烂的保温材料。保温层可采用干铺或粘贴泡沫玻璃、聚苯泡沫板、硬质聚氨酯泡沫板等板状保温材料，也可采用现喷硬质聚氨酯泡沫塑料。

倒置式屋面板状保温材料的铺设应平稳，拼缝应严密。在檐沟、水落口等部位，应采用现浇混凝土或砖砌堵头，并做好排水处理。

倒置式屋面保温层直接暴露在大气中，为了防止紫外线的直接照射、人为的损害，以及防止保温层泡雨水后上浮，故在保温层上应采用混凝土块、水泥砂浆或卵石作保护层（图8-3、图8-4）。

保护层与保温层之间应铺设隔离层，可以干铺一层无纺聚酯纤维布。采用卵石保护层时，卵石应分布均匀，要观察检查和按堆密度计算其重量。卵石的重量应符合设计要求，防止过量，以免加大屋面荷载，致使结构开裂或变形过大，甚至造成结构破坏。

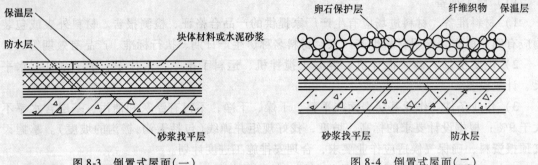

图 8-3 倒置式屋面（一）   图 8-4 倒置式屋面（二）

4. 屋面保温的质量验收

保温层材料的品种、质量要合格，表观密度、导热系数以及板材的强度、厚度、吸水率必须符合设计要求，这是主控项目。除此之外，还应检验厚度是否符合设计和规范的要求。倒置式屋面采用卵石保护层时，还应检验卵石铺摊均匀程度，见表 8-6。

表 8-6 保温层施工质量检验项目、要求和检验方法

	检 验 项 目	要　　求	检 验 方 法
主控项目	1. 保温材料的表观密度、导热系数以及板材的强度、吸水率	必须符合设计要求	检查出厂合格证、质量检验报告和现场抽样复验报告
	2. 保温层的含水率	必须符合设计要求	检查现场抽样检验报告
一般项目	1. 保温层的铺设	松散保温材料：分层铺设，压实适当，表面平整，找坡正确 板状保温材料：铺平垫稳，拼缝严密，找坡正确 整体现浇保温层：拌合均匀，分层铺设，压实适当，表面平整，找坡正确	观察检查
	2. 保温层厚度的允许偏差	松散保温材料和整体现浇保温层为 +10% ~ -5%；板状保温材料为 ±5%，且不得大于 4mm	用钢针插入和尺量检查
	3. 倒置式屋面保护层采用卵石铺压	卵石应分布均匀，卵石的重量应符合设计要求	观察检查和按堆密度计算其重量

8.1.4 卷材防水层

卷材防水层是采用柔性材料粘贴而成的一整片能防水的屋面覆盖层。卷材防水层适用于防水等级为 Ⅰ ~ Ⅳ 级的屋面防水。屋面防水多道设防时，可采用同种卷材叠层或不同种卷材和涂膜复合及刚性防水和卷材复合等。采取复合使用虽因增加了品种对施工和采购带来不便，但对材料性能互补、保证防水可靠性是有利的，应予以提倡。

1. 一般要求

防水卷材主要有高聚物改性沥青防水卷材、合成高分子防水卷材或沥青防水卷材三大

类。选用的基层处理剂、接缝胶粘剂、密封材料、保护层的涂料等与铺贴的卷材、基层处理剂与密封材料、两种防水材料复合使用等情况下，材性必须相融，使之粘结良好、封闭严密，不发生腐蚀等侵害。

在坡度大于 25% 的屋面上采用卷材作防水层时，常发生下滑现象，应采取固定措施。固定点应密封严密。

卷材、卷材胶粘剂、胶粘带等材料进场后，还应按有关规范规定的项目抽样检验。

为确保防水工程质量，使屋面在防水层合理使用年限内不发生渗漏，除卷材的材性、材质因素外，其厚度是最主要因素。因此，卷材的厚度必须满足设计要求。

屋面防水层或隔气层铺设前，基层必须干净、干燥。干燥程度的简易检验方法是将 $1m^2$ 卷材平坦地干铺在找平层上，静置 3~4h 后掀开检查，找平层覆盖部位与卷材上未见水印，即可铺设隔气层或防水层。

卷材防水层的搭接缝应粘（焊）结牢固，密封严密，不得有皱折、翘边和鼓泡等缺陷；防水层的收头应与基层粘结并固定牢固，缝口封严，不得翘边，要全数观察检查。

2. 施工工艺

（1）卷材铺贴方向 高聚物改性沥青防水卷材和合成高分子防水卷材耐温性好，厚度较薄，不存在流淌问题，故对铺贴方向不予限制。

针对沥青防水卷材。考虑到沥青软化点较低，防水层较厚，屋面坡度较大时需垂直屋脊方向铺贴，以防止发生流淌。要求：当屋面坡度小于 3% 时，卷材宜平行屋脊铺贴；当屋面坡度在 3%~15% 时，卷材可平行或垂直屋脊铺贴；当屋面坡度大于 15% 或屋面受震动时，沥青防水卷材应垂直屋脊铺贴，高聚物改性沥青防水卷材和合成高分子防水卷材可平行或垂直屋脊铺贴。无论何种卷材，上下层卷材不得相互垂直铺贴。

屋面防水层施工时，应先做好节点、附加层和屋面排水比较集中等部位的处理，然后由屋面最低处向上进行。铺贴天沟、檐沟卷材时，宜顺天沟、檐沟方向，减少卷材的搭接。

（2）卷材搭接 铺贴卷材应采用搭接法。平行于屋脊的搭接缝，应顺流水方向搭接；垂直于屋脊的搭接缝，应顺年最大频率风向搭接。

叠层铺贴的各层卷材，在天沟与屋面的交接处，应采用叉接法搭接，搭接缝应错开；搭接缝宜留在屋面或天沟侧面，不宜留在沟底。

为确保卷材防水屋面的质量，所有卷材均应采用搭接法。上下层及相邻两幅卷材的搭接缝应错开。各种卷材搭接宽度应符合表 8-7 的要求。卷材搭接宽度的允许偏差为 -10mm。

表 8-7 卷材搭接宽度   （单位:mm）

卷材种类	铺贴方法	短边搭接		长边搭接	
		满粘法	空铺、点粘、条粘法	满粘法	空铺、点粘、条粘法
沥青防水卷材		100	150	70	100
高聚物改性沥青防水卷材		80	100	80	100
合成高分子防水卷材	胶粘剂	80	100	80	100
	胶粘带	50	60	50	60
	单缝焊	60，有效焊接宽度不小于 25			
	双缝焊	80，有效焊接宽度 10×2 + 空腔宽			

（3）施工工艺　屋面防水卷材施工应根据设计要求、工程具体条件和选用的材料选择相应的施工工艺。常用的施工工艺有热熔法、热风焊接法、冷粘法、自粘法、机械钉压法、压埋法等，见表8-8。

表8-8　防水卷材施工工艺和适应范围

工艺类别	名称	做法	适应范围
热施工工艺	热熔法	将热熔型防水卷材底层加热熔化后，进行卷材与基层或卷材之间粘结的施工方法	底层涂有热熔胶的高聚物改性沥青防水卷材，如SBS、APP改性沥青防水卷材
	热风焊接法	采用热风或热锲焊接进行热塑性卷材粘合搭接的施工方法	合成高分子防水卷材搭接缝焊接，如PVC高分子防水卷材
冷施工工艺	冷粘法	在常温下采用胶粘剂（带）将卷材与基层或卷材之间粘结的方法	高分子防水卷材、高聚物改性沥青防水卷材，如三元乙丙、氯化聚乙烯、SBS改性沥青防水卷材
	自粘法	直接粘贴基面采用带有自粘胶的防水卷材进行粘结的施工方法，无需涂刷胶粘剂	自粘高分子防水卷材，自粘高聚物改性沥青防水卷材
机械固定工艺	机械钉压法	采用镀锌钢钉或铜钉固定防水卷材的方法	多用于木基面上铺设高聚物改性沥青防水卷材或穿钉后热风焊接搭接缝，局部固定基面的高分子防水卷材
	压埋法	卷材与基面大部分不粘连，上面采用卵石压埋，搭接缝及周边要全粘	用于空铺法、倒置式屋面

防水卷材的铺贴方法有满粘法、空铺法、点粘法和条粘法。具体做法及适应范围见表8-9。

表8-9　防水卷材的铺粘方法和适用范围

铺贴方法	具体作法	适用范围
满粘法	又称全粘法，即在铺粘防水卷材时，卷材与基面全部粘结牢固的施工方法。通常热熔法、冷粘法、自粘法使用这种方法粘贴卷材，找平层的分格缝处宜空铺，空铺的宽度宜为100mm	屋面防水面积较小，结构变形不大，找平层干燥，立面或大坡面铺贴的屋面
空铺法	铺贴防水卷材时，卷材与基面仅在四周一定宽度内粘结，其余部分不粘的施工方法。施工时檐口、屋脊、屋面转角、伸出屋面的出气孔、烟囱根等部位，采用满粘。粘结宽度不小于800mm	适应于基层潮湿、找平层水气难以排出及结构变形较大的屋面
条粘法	铺贴防水卷材时，卷材与屋面采用条状粘结的施工方法，每幅卷材粘结面不少于2条，每条粘结宽度不少于150mm，檐口、屋脊、伸出屋面的管口等细部做法同空铺法	适应结构变形较大、基面潮湿，排气困难的屋面
点粘法	铺贴防水卷材时，卷材与基面采用点状粘结的施工方法，要求每平方米范围内至少有5个粘结点，每点面积不少于100mm×100mm，檐口、屋脊等细部做法同空铺法	适应结构变形较大、基面潮湿，排气有一定困难的屋面

工艺流程和施工要点：各种工艺的流程除在铺贴阶段不同外，其他过程基本相同。

基层清理→落水口等细部密封处理→涂刷基层处理剂→细部附加层铺设→定位、弹线试铺→从天沟或落水口开始铺贴→收头固定密封→检查修理→蓄水试验→保护层。

细部处理：天沟、檐沟、檐口、水落口、泛水、变形缝和伸出屋面管道等处，是当前屋面防水工程渗漏最严重的部位。施工中要严格按设计和规范要求的细部构造进行处理。

定位、弹线试铺：为保证搭接尺寸和避免接头位于天沟底等薄弱位置，一般在找平层上以卷材幅宽弹出粉线作为标准，进行预排。

1）冷粘法。

铺贴流程：基面涂刷粘结胶→卷材反面涂胶→卷材粘贴→滚压排汽→搭接缝涂胶粘合、压实→搭接缝密封。

冷粘法铺贴卷材施工要点：

① 胶粘剂涂刷应均匀，不露底，不堆积。

② 根据胶粘剂的性能，应控制胶粘剂涂刷与卷材铺贴的间隔时间。一般用手触及表面似粘非粘为最佳。

③ 铺贴的卷材下面的空气应排尽，并辊压粘结牢固，粘合时不得用力拉伸卷材，避免卷材铺贴后处于受拉状态。

④ 铺贴卷材应平整顺直，搭接尺寸准确，不得扭曲、皱折。接缝口应用密封材料封严，宽度不应小于10mm。

2）热熔法。

铺贴流程：热源烘烤滚铺防水卷材→排气压实→接缝热熔焊实压牢→接缝密封。

热熔法铺贴卷材施工要点：

① 火焰加热器加热卷材应均匀，不得过分加热或烧穿卷材。小于3mm的高聚物改性沥青防水卷材严禁采用热熔法施工。

② 卷材表面热熔后应立即滚铺卷材，卷材下面的空气应排空，并辊压粘结牢固，不得有空鼓现象。

③ 卷材接缝部位必须以溢出热熔的改性沥青为度。溢出的改性沥青宽度以2mm左右为度并均匀顺直。接缝处的卷材有铝箔或矿物粒（片）料时，应清除干净后再进行热熔和接缝处理。使接缝粘结牢固、密封严密。

④ 应沿预留的或现场弹出的粉线作为标准进行施工作业，保证铺贴的卷材应平整顺直，搭接尺寸准确，不得扭曲、皱折。

3）自粘法。

铺贴流程：卷材就位并撕去隔离纸→自粘卷材铺贴→滚压排气粘合牢固→搭接缝热压粘合→粘合密封胶条。

自粘法铺贴卷材施工要点：

① 铺贴卷材前基层表面应均匀涂刷基层处理剂，干燥后应及时铺贴卷材。为了提高卷材与基层的粘结性能，基层应涂刷处理剂，并及时铺贴卷材。

② 铺贴卷材时，应将自粘胶底面的隔离纸全部撕净，否则不能实现完全粘贴。

③ 卷材下面的空气应排尽，并辊压粘结牢固。

④ 铺贴的卷材应平整顺直，搭接尺寸准确，不得扭曲、皱折；搭接部位宜采用热风加

194

热，随即粘贴牢固；接缝口应用用材性相容的密封材料封严，搭接宽度不应小于10mm。在铺贴立面或大坡面卷材时，立面和大坡面处卷材容易下滑，可采用加热方法使自粘卷材与基层粘结牢固，必要时还应采用钉压固定等措施。

4）热风焊接法。

铺贴流程：搭接边清理→焊机准备调试→搭接缝口焊接。

热风焊接法铺贴卷材施工要点：

① 焊接前卷材的铺设应平整顺直，搭接尺寸准确，不得扭曲、皱折。确保卷材接缝的焊接质量。

② 卷材的焊接面应清扫干净，无水滴、油污及附着物。才能进行焊接施工。使接缝焊接牢固、封闭严密。

③ 焊接时应先焊长边搭接缝，后焊短边搭接缝。

④ 控制热风加热温度和时间，焊接处不得有漏焊、跳焊、焊焦或焊接不牢现象。

⑤ 焊接时不得损害非焊接部位的卷材。

3. 细部构造要求

天沟、檐沟、檐口、水落口、泛水、变形缝和伸出屋面管道等处，是当前屋面防水工程渗漏最严重的部位。施工中要严加控制细部构造处理。

应根据屋面的结构变形、温差变形、干缩变形和振动等因素，使节点设防能够满足基层变形的需要；应采用柔性密封、防排结合、材料防水与构造防水相结合的作法；应采用防水卷材、防水涂料、密封材料和刚性防水材料等材性互补并用的多道设防（包括设置附加层）。

天沟、檐沟与屋面交接处和檐口、泛水与立面卷材收头的端部常发生裂缝，在这个部位要采用增铺卷材或防水涂膜附加层。但由于卷材铺贴较厚，檐沟卷材收头又在沟边顶部，不采用固定措施就会由于卷材的弹性发生翘边胶落现象。卷材采用机械固定时，固定件应与结构层固定牢固，固定件间距应根据当地的使用环境与条件确定，并不宜大于600mm。当采用金属制品时，所有零件均应做防锈处理。

4. 屋面卷材防水层质量检验

卷材防水层的质量主要是施工质量和耐用年限内不得渗漏。所以材料质量必须符合设计要求，施工后不渗漏、不积水，极易产生渗漏的节点防水设防应严密，所以将它们列为主控项目。当然，搭接、密封、基层粘结、铺设方向、搭接宽度，以及保护层、需设置排气通道等项目也应列为检验项目，见表8-10。

表8-10 卷材防水层施工质量检验项目、要求和检验方法

	检验项目	要求	检验方法
主控项目	1. 卷材防水层所用卷材及其配套材料	必须符合设计要求	检查出厂合格证、质量检验报告和现场抽样复验报告
	2. 卷材防水层	不得有渗漏或积水现象	雨后或淋水、蓄水试验
	3. 卷材防水层在天沟、檐沟、泛水、变形缝和水落口等处细部做法	必须符合设计要求	检查和检查隐蔽工程验收记录

（续）

	检 验 项 目	要　　求	检 验 方 法
一般项目	1. 卷材防水层的搭接缝	应粘（焊）结牢固、密封严密，并不得有皱折、翘边和鼓泡	观察检查
	2. 防水层的收头	应与基层粘结并固定牢固、缝口封严，不得翘边	观察检查
	3. 卷材防水层撒布材料和浅色涂料保护层	应铺撒或涂刷均匀，粘结牢固	观察检查
	4. 卷材防水层的水泥砂浆或细石混凝土保护层与卷材防水层间	应设置隔离层	观察检查
	5. 保护层的分格缝留置	应符合设计要求	观察检查
	6. 卷材的铺设方向，卷材的搭接宽度允许偏差	铺设方向应正确；搭接宽度的允许偏差为 -10mm	观察和尺量检查
	7. 排气屋面的排气道、排气孔	应纵横贯通，不得堵塞；排气管应安装牢固，位置正确，封闭严密	观察和尺量检查

5. 保护层

保护层不仅能保护防水层免受机械损伤，而且能防止紫外光线对防水层的直接照射和延长其使用年限。防水层完工并经验收合格后，应立即做好成品保护。

8.1.5　涂膜防水层

涂膜防水层是将以高分子合成材料为主体的涂料，涂抹在经嵌缝处理的屋面板或找平层上，形成具有防水效能的坚韧涂膜。这种防水层具有操作简单、施工速度快；多采用冷施工，改善施工条件，减少环境污染；温度适应性良好；易于修补且价格低廉的优点。最大缺点是涂膜的厚度在施工中较难保持均匀一致。

涂膜防水层主要用于防水等级为Ⅲ、Ⅳ级的屋面防水，也可用于Ⅰ级、Ⅱ级屋面防水设防中的一道防水层。

1. 一般要求

防水涂料主要采用高聚物改性防水涂料、合成高分子防水涂料、聚合物水泥防水涂料。

除此之外，无机盐类防水涂料不适用于屋面防水工程；聚氯乙烯改性煤焦油防水涂料有毒和污染，施工时需动用明火，目前已限制使用。

涂膜防水层合理使用年限长短的决定因素，除防水涂料技术性能外就是涂膜的厚度。设计要明确涂膜防水层厚度，不得用涂刷的遍数表示。

涂膜厚度选用应符合表 8-11 的规定。防水涂料可通过薄涂多次或多层胎体增强材料多涂来达到厚度的要求。胎体增强材料有化纤无纺布、玻璃纤维网布等，用于涂膜防水层中作为增强层的材料。

196

表 8-11　涂膜厚度选用表

屋面防水等级	设 防 道 数	高聚物改性沥青防水涂料	合成高分子防水涂料
Ⅰ级	三道或三道以上设防	—	不应小于 1.5mm
Ⅱ级	二道设防	不应小于 3mm	不应小于 1.5mm
Ⅲ级	一道设防	不应小于 3mm	不应小于 2mm
Ⅳ级	一道设防	不应小于 3mm	—

2. 施工工艺

（1）防水涂料涂刷方向　涂膜防水施工应根据防水涂料的品种分层分遍涂布，不得一次涂成。防水涂膜在满足厚度要求的前提下，涂刷的遍数越多对成膜的密实度越好。因此涂刷时应多遍涂刷，不论是厚质涂料还是薄质涂料均不得一次成膜；每遍涂刷应均匀，不得有露底、漏涂和堆积现象；多遍涂刷时，应待涂层干燥成膜后，方可涂刷后一遍涂料。且前后两遍涂料的涂布方向应相互垂直。

涂膜防水施工应按"先高后低先远后近"的原则进行。高低跨屋面一般先涂布高跨屋面，后涂布低跨屋面；同一屋面上，要合理安排施工段，先涂布距上料点远的部位，后涂布近处。先涂布水落口、天沟、檐口等节点部位，再进行大面积涂布。

需铺设胎体增强材料时，屋面坡度小于 15% 时，胎体增强材料平行或垂直屋脊铺设应视方便施工而定；屋面坡度大于 15% 时，为防止胎体增强材料下滑应垂直于屋脊铺设。平行于屋脊铺设时，必须由最低标高处向上铺设，胎体增强材料顺着流水方向搭接，避免呛水；胎体增强材料铺贴时，应边涂刷边铺贴，避免两者分离。胎体长边搭接宽度不应小于 50mm，短边搭接宽度不应小于 70mm。为便于工程质量验收和确保涂膜防水层的完整性，没有必要按卷材搭接宽度来规定。

采用两层胎体增强材料时，上、下两层不得垂直铺设，使其两层胎体材料同方向有一致的延伸性；上、下层的搭接缝应错开不小于 1/3 幅宽，避免上、下层胎体材料产生重缝及防水层厚薄不均匀。

（2）操作方法　涂膜防水操作方法有抹压法、涂刷法、涂刮法、机械喷涂法。各种施工方法及适应范围见表 8-12。

表 8-12　涂膜防水的操作方法和适应范围

操 作 方 法	具 体 做 法	适 应 范 围
抹压法	涂料用刮板刮平，待平面收水但未结膜时用铁抹子压实抹光	用于固体合量较高，流平性较差的涂料
涂刷法	用扁油刷、圆滚刷蘸防水涂料进行涂刷	用于立面防水层，节点的细部处理
涂刮法	先将防水涂料倒在基面上，用刮板来回涂刮，使其厚度均匀	用于粘度较大的高聚物改性沥青防水涂料和合成高分子防水涂料的大面积施工
机械喷涂法	将防水涂料倒在设备内，通过压力喷枪将防水涂料均匀喷出	用于各种涂料及各部位施工

（3）工艺流程　现在，聚氨酯防水涂膜是常用的涂膜防水层，下面简单介绍聚氨酯防

水涂膜的工艺流程。

1）施工准备。主要机具设备有搅拌器、吹尘器、铺布机具、大棕毛刷（板长 24 ~ 40cm）、长把滚刷、油刷、大小橡皮刮扳、磅秤等。

2）工作条件。基层施工完毕，检查验收，表面干燥；所有伸出屋面的管道、水落口等必须安装牢固，不得出现松动、变形、移位等现象；施工环境、温度合适；材料备齐并抽检合格；已进行技术交底。

3）工艺流程。基层清理→配料→落水口等细部密封处理→涂刷基层处理剂→细部附加层铺设→涂刷下层→铺设胎体增强材料（若需要）→涂刷中层→涂刷上层→检查修理→蓄水试验→保护层。

4）操作要求。

基层处理：清理基层表面的尘土、砂粒、砂浆、硬块等杂物，并吹净浮尘，修补凹凸不平处。

细部密封处理和附加层铺设是必须的，严格按设计和规范的要求处理，经验收后方可大面积施工。

配料：甲乙组分混合。其方法是将聚氨酯甲、乙组分和二甲苯按产品说明书比例及投料顺序配合搅拌至均匀，配制量视需要确定，用多少配制多少。

大面防水涂布：

① 第一遍涂膜施工：在基层处理剂基本干燥固化后（表干不粘手），用塑料刮板或橡皮刮板均匀涂刷第一遍涂膜，厚度为 0.8 ~ 1.0mm，涂量约为 1kg/m² 时。涂刷应厚薄均匀一致，不得有漏刷、起泡等缺陷，若遇起泡，采用针刺消泡。

② 第二遍涂膜施工：待第一遍涂膜固化，实际干燥时间约为 24h（可根据环境调整），涂刷第二遍涂膜。应待先涂的涂层干燥成膜后，方可涂后一遍涂料，两涂层施工间隔时间不宜过长，否则易形成分层现象。涂刷方向与第一遍垂直，涂刷量略少于第一遍，厚度为 0.5 ~ 1.0mm，用量约为 0.7kg/m²，要求涂刷均匀，不得漏涂、起泡。

③ 待第二遍涂膜实干后，涂刷第三遍涂膜，直至达到设计规定的厚度。

胎体增强材料铺设：胎体增强材料可采用湿铺法或干铺法。

湿铺法就是边倒料、边涂刷、边铺贴的操作方法。施工时，在已干燥的涂层上，将涂料仔细刷匀，然后将成卷的胎体材料平放，推铺贴滚于刚刷上涂料的屋面上，用滚刷滚压一遍，务必使全部布眼浸满涂料，使上下两层涂料能良好结合，铺贴胎体材料时，应将布幅两边每隔 1.5 ~ 2.0m 间距各剪 15mm 小口，以利铺贴平整。铺贴好的胎体材料不得有皱折、翘边、空鼓等现象，不得有露白现象。

干铺法就是在上道涂层干燥后，边干铺胎体材料，边均匀满刮一道涂料。使涂料进入网眼渗透到已固化的涂膜上，采用干铺法铺贴的胎体材料若有部分露白时，即表明涂料用量不足，就应立即补刷。

（4）施工要求　防水涂膜施工应符合下列规定：

1）涂膜防水层应沿找平层分格缝增设带有胎体增强材料的空铺附加层，其空铺宽度宜为 100mm。

2）板端缝部位空铺附加层的宽度宜为 100mm。

3）基层处理剂应配比准确，充分搅拌，涂刷均匀，覆盖完全，干燥后方可进行涂膜施工。

4）合成高分子防水涂膜施工应符合下列规定：可采用涂刮或喷涂施工。当采用涂刮施工时，每遍涂刮的推进方向宜与前一遍相互垂直；在涂层间夹铺胎体增强材料时，位于胎体下面的涂层厚度不宜小于1mm，最上层的涂层不应少于两遍，其厚度不应小于0.5mm。

3. 细部构造要求

天沟、檐沟、檐口、水落口、泛水、变形缝、伸出屋面管道和涂膜防水层的收头等处是涂膜防水屋面的薄弱环节，施工时应用防水涂料多遍涂刷或用密封材料封严。确保涂膜防水层收头与基层粘结牢固，密封严密。具体构造要求参阅有关规范和卷材防水要求。

4. 屋面涂膜防水层质量检验

涂膜防水层质量检验包括原辅材料、施工过程和成品等几个方面，其中原材料质量、防水层有无渗漏及涂膜防水层的细部做法是保证涂膜防水工程质量的重点，作为主控项目。涂膜防水层的厚度、表观质量和保护层质量对涂膜防水层质量也有较大影响，作为一般项目。涂膜防水层质量检验项目、要求和检验方法见表8-13。

表8-13　涂膜防水层质量检验项目、要求和检验方法

	检验项目	要求	检验方法
主控项目	1. 防水涂料和胎体增强材料	必须符合设计要求	检查出厂合格证、质量检验报告和现场抽样复验报告
	2. 涂料防水层	不得有渗漏或积水现象	雨后或淋水、蓄水试验
	3. 卷材防水层在天沟、檐沟、泛水、变形缝和水落口等处细部做法	必须符合设计要求	观察检查和检查隐蔽工程验收记录
一般项目	1. 涂膜防水层的厚度	平均厚度应符合设计要求，最小厚度不应小于设计厚度的80%	针测法或取样检测
	2. 防水层的表观质量	与基层粘结并固定牢固，表面平整、涂刷均匀，无流淌、皱折、鼓泡、露胎体和翘边等缺陷。	观察检查
	3. 涂膜防水层	涂膜防水层上撒布的材料和浅色涂料保护层应铺撒或涂刷均匀，粘结牢固；水泥砂浆、块材或细石混凝土保护层与卷材防水层间应设置隔离层；刚性保护层应留置分格缝	观察检查

8.1.6 刚性防水层

刚性防水层是指利用刚性防水材料作防水层，主要是细石混凝土防水层，细石混凝土防水层有普通细石混凝土防水层、补偿收缩混凝土防水屋面等。

1. 一般要求

细石混凝土防水层的原材料质量、各组成材料的配合比是确保混凝土抗渗性能的基本条件。如果原材料质量不好，配合比不准确，就不能确保细石混凝土的防水性能。要严格检查各种材料的出厂合格证、质量检验报告、计量措施和现场抽样复验报告。

细石混凝土防水层要设置分格缝，并用密封材料嵌填，以柔适变，刚柔结合，达到减少裂缝

和增强防水的目的。细石混凝土防水层的厚度不应小于40mm，刚性防水层内严禁埋设管线。

细石混凝土防水层应按设计配置钢筋，在刚性防水层与基层之间应设置隔离层。

2. 施工工艺

细石混凝土防水层施工工艺流程：隔离层施工→绑扎钢筋→安装分格缝板条和边模→现浇防水层混凝土→混凝土二次压光→养护混凝土→分格缝清理及刷处理剂→嵌填密封材料→密封材料保护层施工。

隔离层施工：在找平层上干铺塑料膜、土工布或卷材做隔离层，也可铺抹低强度等级砂浆作隔离层。

绑扎钢筋：按设计要求绑扎钢筋，网片应处于普通细石混凝土防水层的中部，施工中钢筋下宜放置15~20mm厚的水泥垫块。

分格条安装：位置应准确，起条时不得损坏分格缝处的混凝土；当采用切割法施工时，分格缝的切割深度宜为防水层厚度的3/4。

混凝土二次压光：收水后进行二次压光。

混凝土养护：屋面防水混凝土的养护一般采用自然养护法。

3. 细部构造要求

细石混凝土防水层在天沟、檐沟、檐口、水落口、泛水、变形缝、伸出屋面管道等处是涂膜防水屋面的薄弱环节，要严格按设计和规范施工，确保细石混凝土防水层的整体质量，具体构造要求参阅有关规范和卷材防水要求。

4. 屋面细石混凝土刚性防水层质量检验

细石混凝土刚性防水层的质量，关键在于混凝土的本身质量、混凝土的密实性和施工时的细部处理，因此，将混凝土材料质量、配合比定为主控项目，对节点处理和施工质量，采取试水办法来检查，同时对防水首要功能，不渗漏也作为主控项目。混凝土的表面处理、厚度、配筋、分格缝和平整度均列为一般质量检查项目来控制整体防水层的质量。细石混凝土刚性防水层质量检验的项目、要求和检验方法见表8-14。

表8-14 细石混凝土刚性防水层质量检验的项目、要求和检验方法

	检验项目	要求	检验方法
主控项目	1. 细石混凝土的原材料及配合比	必须符合设计要求	检查出厂合格证、质量检验报告、计量措施和现场抽样复验报告
	2. 细石混凝土防水层	不得有渗漏或积水现象	雨后或淋水、蓄水检验
	3. 细石混凝土防水层在天沟、檐沟、檐口、水落口、泛水、变形缝和伸出屋面管道的防水构造	必须符合设计要求	观察检查和检查隐蔽工程验收记录
一般项目	1. 细石混凝土防水层	表面平整、压实抹光，不得有裂缝、起壳、起砂等缺陷。	观察检查
	2. 细石混凝土防水层厚度和钢筋位置	必须符合设计要求	观察和尺量检查
	3. 细石混凝土防水层分格缝的位置和间距	必须符合设计要求	观察和尺量检查
	4. 细石混凝土防水层表面平整度	允许偏差为5mm	用2m靠尺和楔形塞尺检查

8.1.7 瓦屋面

瓦屋面主要有平瓦屋面、油毡瓦屋面、金属板材屋面等，本书只介绍平瓦屋面、油毡瓦屋面的基本要求和施工要点。

平瓦主要是指传统的黏土机制平瓦和混凝土平瓦。油毡瓦是以玻璃纤维毡为胎基，经浸涂石油沥青后，一面覆盖彩色矿物粒料，另一面衬以隔离材料所制成的瓦状星面防水片材。

1. 一般要求

各种瓦的规格和技术性能，应符合国家现行标准的要求。进场后应进行外观检验，并按有关规定进行抽样复验。

平瓦、油毡瓦屋面与立墙及突出屋面结构的交接处是瓦屋面防水的关键部位，均应做泛水处理。要求泛水处理顺直整齐，结合严密，无渗漏，并通过观察检查和雨后或淋水检验。

瓦屋面完工后，应避免屋面受物体冲击，严禁任意上人或堆放物件。

2. 平瓦屋面施工

平瓦屋面应在基层上面先铺设一层卷材，其搭接宽度不宜小于100mm，并用顺水条将卷材压钉在基层上；顺水条的间距宜为500mm，在顺水条上铺钉挂瓦条。挂瓦条间距应根据瓦的规格和屋面坡长确定。挂瓦条应分档均匀，铺钉平整、牢固，上棱应成一直线。

平瓦应铺成整齐的行列，彼此紧密搭接，并应瓦榫落槽，瓦脚挂牢，瓦头排齐，瓦面平整，檐口平直。

脊瓦应搭盖正确，间距应均匀；脊瓦与坡面瓦之间的缝隙，应采用掺有纤维的混合砂浆填实抹平；屋脊和斜脊应平直，无起伏现象。沿山墙封檐的一行瓦，宜用1:2.5的水泥砂浆做出坡水线将瓦封固。

铺设平瓦时，平瓦应均匀分散堆放在两坡屋面上，不得集中堆放。铺瓦时，应由两坡从下向上同时对称铺设。

在基层上采用泥背铺设平瓦时，泥背厚度宜为30~50mm。泥背应分两层铺抹，待第一层干燥后再铺抹第二层，并随铺平瓦。

在混凝土基层上铺设平瓦时，应在基层表面抹1:3水泥砂浆找平层，钉设挂瓦条挂瓦。

当设有卷材或涂膜防水层时，防水层应铺设在找平层上；当设有保温层时，保温层应铺设在防水层上。

3. 油毡瓦屋面施工

油毡瓦屋面应在基层上面先铺设一层卷材，卷材铺设在木基层上时，可用油毡钉固定卷材；油毡瓦的基层应平整，从檐口往上用油毡钉铺钉，钉帽应盖在垫毡下面，垫毡搭接宽度不应小于50mm。

油毡瓦应自檐口向上铺设，第一层瓦应与檐口平行，切槽向上指向屋脊；第二层瓦应与第一层叠合，但切槽向下指向檐口；第三层瓦应压在第二层上，并露出切槽125mm。相邻两层油毡瓦，其拼缝及瓦槽应均匀错开。

每片油毡瓦不应少于4个油毡钉，油毡钉应垂直钉入，钉帽不得外露油毡瓦表面。当屋面坡度大于150%时，应增加油毡钉或采用沥青胶粘贴。

铺设脊瓦时，应将油毡瓦切槽剪开，分成四块做为脊瓦，并用两个油毡钉固定；脊瓦应顺年最大频率风向搭接，并应搭盖住两坡面油毡瓦接缝的1/3；脊瓦与脊瓦的压盖面，不应小于脊瓦面积的1/2。

屋面与突出屋面结构的交接处是防水的薄弱环节，一定要有可行的防水措施。油毡瓦应铺贴在立面上，其高度不应小于250mm。

油毡瓦的基层平整，才能保证油毡瓦屋面平整。做到了油毡瓦与基层紧贴，瓦面平整与檐口顺直，既可保证瓦的搭接、防止渗漏，又可使瓦面整齐、美观。

8.2 地下防水工程

由于地下工程常年受到潮湿和地下水的有害影响，对地下工程防水的处理比屋面工程要求更高更严，防水技术难度更大，故必须认真对待，确保良好的防水效果，满足使用上的要求。

《地下防水工程质量验收规范》(GB 50208—2011)根据工程的重要性和使用中对防水的要求，将地下工程防水分为四个等级，各级标准应符合表8-15的规定。

表8-15 地下工程防水等级标准

防水等级	标 准
一级	不允许渗水，结构表面无湿渍
二级	不允许渗水，结构表面可有少量湿渍 房屋建筑地下工程：总湿渍面积不大于总防水面积(包括顶板、墙面、地面)的1‰；任意100m²防水面积上的湿渍不超过2处，单个湿渍的最大面积不大于0.1m² 其他地下工程：总湿渍面积不应大于总防水面积的2‰；任意100m²防水面积上的湿渍不超过3处，单个湿渍的最大面积不大于0.2m²；其中，隧道工程平均渗水量不大于0.05L/(m²·d)，任意100m²防水面积上的渗水量不大于0.15L/(m²·d)
三级	有少量漏水点，不得有线流和漏泥砂 任意100m²防水面积上的漏水或湿渍点数不超过7处，单个漏水点的最大漏水不大于2.5L/d，单个湿渍的最大面积不大于0.3m²
四级	有漏水点，不得有线流和漏泥砂 整个工程平均漏水量不大于2L/(m²·d)；任意100m²防水面积上的平均漏量不大于4L/(m²·d)

地下工程防水工程主要有房屋建筑工程、防护工程、市政隧道、地下铁道等。本书只介绍工业与民用建筑地下工程的一般要求、结构主体防水和结构细部构造。

8.2.1 一般要求

1. 设计要求

1) 地下工程必须进行防水设计，防水设计应定级准确、方案可靠、施工简便、经济合理。地下防水工程中所采用的工程技术文件以及承包合同文件，对施工质量验收的要求不得低于规范的规定。

2) 地下防水工程必须由持有资质等级证书的防水专业队伍进行施工，主要施工人员应持有省级及以上建设行政主管部门或其指定单位颁发的执业资格证书或防水专业岗位证书。

3) 地下防水工程施工前，应通过图纸会审，掌握结构主体及细部构造的防水要求，施工单位应编制防水工程专项施工方案，经监理单位或建设单位审查批准后执行。

地下工程必须进行防水设计，施工单位必须按照工程设计图纸和施工技术标准施工，不得擅自修改工程设计，不得偷工减料。

施工前，施工单位应进行图纸会审，掌握工程主体及细部构造的防水技术要求，并编制防水工程的施工方案。

地下工程结构的防水应包括两个部分内容，一是主体防水，二是细部构造防水。防水等级为1、2级的工程，大多是比较重要、使用年限较长的工程，单依靠防水混凝土来抵抗地下水的侵蚀其效果是有限的，应按要求选用附加防水层。

2. 材料要求

地下防水工程所使用的防水材料，应有产品的合格证书和性能检测报告，材料的品种、规格、性能等应符合现行国家产品标准和设计要求。

对进场的防水材料应按规范的规定抽样复验，并提出试验报告。

3. 施工要求

防水作业是保证地下防水工程质量的关键。地下防水工程必须由持有资质等级证书的防水专业队伍进行施工，主要施工人员应持有省级及以上建设行政主管部门或其指定单位颁发的执业资格证书或防水专业岗位证书。

进行防水结构或防水层施工，现场应做到无水、无泥浆，这是保证地下防水工程施工质量的一个重要条件。

严禁在雨天、雪天和五级风及其以上时进行地下防水工程的防水层施工，其施工环境气温条件宜符合表8-2的规定。

8.2.2 结构防水混凝土

防水混凝土是一道重要防线，也是做好地下防水工程的基础。防水混凝土包括普通防水混凝土、外加剂或掺合料防水混凝土和膨胀水泥防水混凝土三大类。

防水混凝土除满足普通混凝土要求外，为保证其抗渗性，还有一些特殊要求。防水混凝土适用于抗渗等级不低于P6的地下混凝土结构，不适用于环境温度高于80℃的地下工程。

1. 一般要求

防水混凝土结构底板的混凝土垫层，强度等级不应小于C15，厚度不应小于100mm，在软弱土层中不应小于150mm。

地下工程防水混凝土结构裂缝宽度不得大于0.2mm并不得贯通。

防水混凝土结构厚度不应小于250mm。迎水面钢筋保护层厚度不应小于50mm。钢筋保护层通常是指主筋的保护厚度。

防水混凝土结构表面应坚实、平整，不得有露筋、蜂窝等缺陷；埋设件位置应正确。

2. 材料要求

（1）水泥

1）宜采用普通硅酸盐水泥或硅酸盐水泥，采用其他品种水泥时应经试验确定。

2）在受侵蚀性介质作用时，应按介质的性质选用相应的水泥品种。

3）不得使用过期或受潮结块的水泥，并不得将不同品种或强度等级的水泥混合使用。

（2）骨料

1）砂宜选用中粗砂，含泥量不应大于 3.0%，泥块含量不得大于 1.0%。

2）不得使用海砂；在没有使用河砂的条件时，应对海砂进行处理后才能使用，且控制氯离子含量不得大于 0.06%。

3）碎石或卵石的粒径宜为 5～40mm，含泥量不应大于 0.1%，泥块含量不应大于 0.5%。

4）在长期处于潮湿环境的重要结构混凝土用砂、石，应进行碱活性检验。

（3）水　混凝土拌合用水应符合现行行业标准《混凝土用水标准》（JGJ 63—2006）的有关规定。

（4）矿物掺合料

1）粉煤灰的级别不应低于二级，烧失量不应大于 5%。

2）硅粉的比表面积不应小于 15000m^2/kg，SiO_2 含量不应小于 85%。

3）粒化高炉矿渣粉的品质要求应符合现行国家标准《用于水泥和混凝土中的粒化高炉矿渣粉》（GB/T 18046—2008）的有关规定。

（5）外加剂

1）外加剂的品种和用量应经试验确定，所用外加剂应符合现行国家标准《混凝土外加剂应用技术规范》（GB 50119—2013）的质量规定。

2）掺加引气剂或引气型减水剂的混凝土，其含气量宜控制在 3%～5%。

3）考虑外加剂对硬化混凝土收缩性能的影响。

4）严禁使用对人体产生危害、对环境产生污染的外加剂。

3. 施工工艺

防水混凝土工艺流程需要注意：

（1）配合比　防水混凝土的配合比应经试验确定，并应符合下列规定：

1）试配要求的抗渗水压值应比设计值提高 0.2MPa。

2）混凝土胶凝材料总量不宜小于 320kg/m^3，其中水泥用量不宜少于 260kg/m^3；粉煤灰掺量宜为胶凝材料总量的 20%～30%，硅粉的掺量宜为胶凝材料总量的 2%～5%。

3）水胶比不得大于 0.50，有侵蚀性介质时水胶比不宜大于 0.45。

4）砂率宜为 35%～40%，泵送时可增加到 45%。

5）灰砂比宜为 1:1.5～1:2.5。

6）混凝土拌合物的氯离子含量不应超过胶凝材料总量的 0.1%；混凝土中各类材料的总碱量即 Na_2O 当量不得大于 3kg/m^3。

（2）防水混凝土应连续浇筑，宜少留施工缝。当留设施工缝时，应遵守下列规定：

1）墙体水平施工缝应留在高出底板表面不小于 300mm 的墙体上。

2）墙体垂直施工缝宜与变形缝相结合，避开地下水和裂隙水较多的地段。

3）施工缝的构造形式不宜采用凹缝、凸缝、阶梯缝，施工缝防水的构造形式如图 8-5～图 8-7 所示。施工缝上敷设遇水膨胀止水腻子条或遇水膨胀橡胶条的做法目前较为普遍，关键要解决好缓胀问题；外贴式止水带用于施工缝防水处理效果尚好，同时也可以采用外贴卷材、外涂涂层的方法；中埋止水带用于施工缝的防水效果一直不错，中埋式止水带从材质上看，有钢板和橡胶两种。

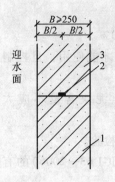 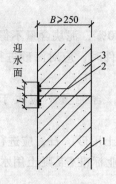

图 8-5　施工缝　　　　图 8-6　施工缝(防水基本构造二)
(防水基本构造一)　　外贴止水带 $L \geqslant 150$　外涂防水涂料
1—先浇混凝土　　　　$L=200$　外抹防水砂浆 $L=200$
2—遇水膨胀止水条　　1—先浇混凝土　2—外贴防水层
3—后浇混凝土　　　　3—后浇混凝土

图 8-7　施工缝(防水基本构造三)
钢板止水带 $L \geqslant 100$　橡胶止水带
$L \geqslant 125$　钢边橡胶止水带 $L \geqslant 120$
1—先浇混凝土　2—中埋止水带
3—后浇混凝土

（3）防水混凝土结构内部设置的各种钢筋或绑扎钢丝，不得接触模板。固定模板用的螺栓必须穿过混凝土结构时，可采用工具式螺栓或螺栓加堵头，螺栓上应加焊方形止水环，固定模板用螺栓加堵头防水做法如图 8-8。拆模后应采取加强防水措施将留下的凹槽封堵密实，并宜在迎水面涂刷防水涂料。

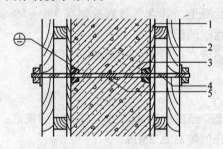 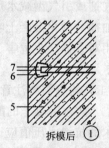

拆模后 ①

图 8-8　固定模板用螺栓的防水做法
1—模板　2—结构混凝土　3—工具式螺栓　4—固定模板用螺栓
5—止水环　6—嵌缝材料　7—聚合物水泥砂浆

（4）地下防水混凝土防水层质量检验　防水混凝土的施工质量检验数量，应按混凝土外露面积每 $100 \mathrm{m}^2$ 抽查 1 处，每处 $10 \mathrm{m}^2$，且不得少于 3 处；细部构造应按全数检查。防水混凝土防水层质量检验的项目、要求和检验方法见表 8-16。

表 8-16　防水混凝土防水层质量检验的项目、要求和检验方法

	检验项目	要　求	检验方法
主控项目	1. 防水混凝土的原材料、配合比及坍落度	必须符合设计要求	检查产品合格证、产品性能检测报告、计量措施和材料进场检验报告
	2. 防水混凝土的抗压强度和抗渗性能	必须符合设计要求	检查混凝土抗压强度、抗渗性能检验报告
	3. 防水混凝土结构的变形缝、施工缝、后浇带、穿墙管、埋设件等设置和构造	必须符合设计要求	观察检查和检查隐蔽工程验收记录

（续）

检 验 项 目	要 求	检 验 方 法
一般项目	1. 防水混凝土结构表面	表面应坚实、平整，不得有露筋、蜂窝等缺陷；埋设件位置应正确	观察检查
	2. 防水混凝土结构表面的裂缝	宽度不应大于 0.2mm，并不得贯通	用刻度放大镜检查
	3. 防水混凝土结构厚度	不应小于 250mm，其允许偏差应为 +8mm、−5mm；主体结构迎水面钢筋保护层厚度不应小于 50mm，其允许偏差为 ±5mm	尺量检查和检查隐蔽工程验收记录

8.2.3 水泥砂浆防水层

水泥砂浆防水层是一种刚性防水层，即在结构的底面和侧面分别涂抹一定厚度的水泥砂浆，利用砂浆本身的憎水性和密实性来达到抗渗防水的效果。具有高强度、抗刺穿、湿黏性等特点，水泥砂浆防水层应采用聚合物水泥防水砂浆；掺外加剂或掺合料的防水砂浆，宜采用多层抹压法施工。水泥砂浆防水层适用于地下工程主体结构的迎水面或背水面。不适用于受持续振动或环境温度高于 80℃ 的地下工程。水泥砂浆防水层应在基础垫层、围护结构验收合格后方可施工。

1. 一般要求

水泥砂浆防水层的基层质量至关重要。基层表面应坚实、平整、粗糙、洁净，并充分湿润，无积水；基层表面的孔洞、缝隙应用与防水层相同的砂浆填塞抹平。

水泥砂浆防水层有一定厚度才有良好的防水效果。

2. 材料要求

水泥应使用普通硅酸盐水泥、硅酸盐水泥或特种水泥，不得使用过期或受潮结块的水泥；砂宜采用中砂，含泥量不应大于 1%，硫化物和硫酸盐含量不得大于 1%；用于拌制水泥砂浆的水应采用不含有害物质的洁净水；聚合物乳液的外观为均匀液体，无杂质、无沉淀、不分层。外加剂的技术性能应符合国家或行业有关标准的质量要求。

3. 施工工艺

防水砂浆工艺流程：作业准备→砂浆搅拌→运输→砂浆浇筑→养护。各部分要求如下：

（1）砂浆配制

配合比：水泥砂浆品种和配合比设计应根据防水工程要求确定。施工中要求有严格的计量措施，确保准确执行配比。设计没要求时普通水泥砂浆防水层的配合比应按表 8-17 选用。

（2）工艺要求　水泥砂浆防水层施工时应符合下列要求：

1）分层铺抹或喷涂，铺抹时应压实、抹平，最后一层表面应提浆压光，并在砂浆收水后二次压光。

表 8-17　水泥砂浆配合比

名　称	配合比(质量比)		水 灰 比	适 用 范 围
	水泥	砂		
水泥浆	1	~	0.55 ~ 0.60	水泥浆防水层的第一层
水泥浆	1	~	0.37 ~ 0.40	水泥浆防水层的第三、五层
水泥砂浆	1	1.5 ~ 2.0	0.40 ~ 0.50	水泥浆防水层的第二、四层

2) 防水层各层应紧密贴合，每层宜连续施工，必须留施工缝时应采用阶梯坡形槎，但离开阴阳角处不得小于 200mm。

3) 水泥砂浆终凝后(约 12 ~ 24h)应及时进行养护，养护温度不宜低于 5℃并保持湿润，养护时间不得少于 14d。聚合物水泥防水砂浆未达到硬化状态时，不得浇水养护或直接受雨水冲刷，硬化后应采用干湿交替的养护方法。潮湿环境中，可在自然条件下养护。

4. 地下水泥砂浆防水层质量检验

水泥砂浆防水层分项工程检验批的抽样检验数量，应按施工面积每 100m² 抽查 1 处，每处 10m²，且不得少于 3 处。水泥砂浆防水层质量检验的项目、要求和检验方法见表 8-18。

表 8-18　水泥砂浆防水层质量检验的项目、要求和检验方法

	检验项目	要　求	检验方法
主控项目	1. 防水砂浆的原材料及配合比	必须符合设计要求	检查产品合格证、产品性能检测报告、计量措施和材料进场检验报告
	2. 水泥砂浆的粘结强度和抗渗性能	必须符合设计规定	检查砂浆粘结强度、抗渗性能检测报告
	3. 水泥砂浆防水层与基层之间	应结合牢固，无空鼓现象	观察和用小锤轻击检查
一般项目	1. 水泥砂浆防水层表面	应密实、平整，不得有裂纹、起砂、麻面等缺陷	观察检查
	2. 水泥砂浆防水层施工缝留槎位置	应正确，接槎应按层次顺序操作，层层搭接紧密	观察检查和检查隐蔽工程验收记录
	3. 水泥砂浆防水层的厚度	平均厚度应符合设计要求，最小厚度不得小于设计值的 85%	用针测法检查
	4. 水泥砂浆防水层表面平整度	允许偏差应为 5mm	用 2m 靠尺和楔形塞尺检查

8.2.4　卷材防水层

卷材防水层用于建筑物地下室结构主体底板垫层至墙体顶端的基面上，在外围形成封闭的防水层，适用于受侵蚀性介质或受振动作用的地下工程主体迎水面铺贴。

1. 一般要求

卷材防水层所用卷材及主要配套材料必须符合设计要求。认真检查出厂合格证、质量检验报告和现场抽样试验报告。

2. 施工工艺

一般采用外防外贴和外防内贴两种施工方法。由于外防外贴法的防水效果优于外防内贴法，所以在施工场地和条件不受限制时一般均采用外防外贴法。

（1）外防外贴法施工　外防外贴法，简称外贴法，是在垫层上先铺好底板卷材防水层，进行混凝土底板与墙体施工，待墙体模板拆除后，再将卷材防水层直接铺贴在墙面上，然后砌筑保护墙，如图8-9所示。

外防外贴法的施工工艺：

1）在混凝土底板垫层上做1∶3水泥砂浆找平层。

2）水泥砂浆找平层干燥后，铺贴底板卷材防水层，并在四周伸出一定长度，以便与墙身卷材防水层搭接。

3）四周砌筑保护墙。保护墙分为两部分，下部为永久性保护墙，高度不小于 B + 100mm（B 为底板厚度）；上部为临时保护墙，高度一般为300mm，用石灰砂浆砌筑，以便拆除。

4）将伸出四周的卷材搭接接头临时贴在保护墙上，并用两块木板或其他合适材料将接头压于其间，进行保护，防止接头断裂、损伤、弄脏。

5）底板与墙身混凝土施工。

6）混凝土养护，墙体拆模。

7）在墙面上抹水泥砂浆找平层并刷冷底子油。

8）拆除临时保护墙，找出各层卷材搭接接头，并将其表面清理干净。

9）接长卷材进行墙体卷材铺贴。卷材应错槎接缝，依次逐层铺贴。

10）砌筑永久保护墙。

（2）外防内贴法施工　外防内贴法是在垫层四周先砌筑保护墙，然后将卷材防水层铺贴在垫层与保护墙上，最后进行混凝土底板与墙体施工，如图8-10所示。

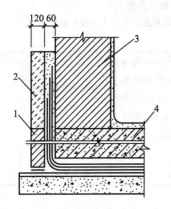

图 8-9　外贴法施工示意图
1—永久保护墙　2—临时保护墙
3—基础外墙　4—混凝土底板

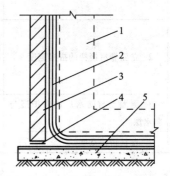

图 8-10　内贴法施工示意图
1—尚未施工的地下室墙　2—卷材防水层
3—永久保护墙　4—干铺油毡一层
5—混凝土垫层

外防内贴法的施工顺序：

1）在混凝土底板垫层四周砌筑永久性保护墙。

2）在垫层表面及保护层墙面上抹 1∶3 水泥砂浆找平层。

3）找平层干燥后，满涂冷底子油，沿保护墙及底板铺贴防水卷材。

4）在立面上，在涂刷防水层最后一道沥青胶时，趁热粘上干净的热砂或散麻丝，待其冷却后，立即抹一层 10~20mm 厚的 1∶3 水泥砂浆保护层；在平面上铺设一层 30~50mm 厚的 1∶3 水泥砂浆或细石混凝土保护层。

5）底板和墙体混凝土施工。

内贴法与外贴法相比，优点：卷材防水层施工较简便，底板与墙体防水层可一次铺贴完成，不必留接槎，施工占地面积小。缺点：结构不均匀沉降对防水层影响大，易出现漏水现象，竣工后出现漏水修补困难。工程上，只有当施工条件受限制时，才采用内贴法施工。

（3）卷材防水层完工并经验收合格后应及时做保护层　保护层应符合下列规定：顶板的细石混凝土保护层与防水层之间宜设置隔离层。细石混凝土保护层厚度：机械回填时不宜小于 70mm，人工回填时不宜小于 50mm；底板的细石混凝土保护层厚度不应小于 50mm；侧墙宜采用软质保护材料或铺抹 20mm 厚 1∶2.5 水泥砂浆。

3. 地下卷材防水层质量检验

卷材防水层的施工质量检验数量，应按铺贴面积每 100m² 抽查 1 处，每处 10m²，且不得少于 3 处。卷材防水层质量检验的项目、要求和检验方法见表 8-19。

表 8-19　卷材防水层质量检验的项目、要求和检验方法

	检 验 项 目	要　　求	检 验 方 法
主控项目	1. 卷材防水层所用卷材及其配套材料	必须符合设计要求	检查产品合格证、产品性能检测报告和材料进场检验报告
	2. 卷材防水层在转角处、变形缝、施工缝、穿墙管等部位做法	必须符合设计要求	观察检查和检查隐蔽工程验收记录
一般项目	1. 卷材防水层的搭接缝	应粘贴或焊接牢固，密封严密，不得有扭曲、皱折、翘边和起泡等缺陷	观察检查
	2. 立面卷材接槎的搭接宽度	高聚物改性采用外防外贴法铺贴卷材防水层时，沥青类卷材应为 150mm，合成高分子类卷材应为 100mm，且上层卷材应盖过下层卷材	观察和尺量检查
	3. 侧墙卷材防水层的保护层与防水层	应结合紧密、保护层厚度应符合设计要求	观察和尺量检查
	4. 卷材搭接宽度	允许偏差应为 -10mm	观察和尺量检查

8.2.5　涂料防水层

涂料防水层适用于受侵蚀性介质或受振动作用的地下工程主体（混凝土结构或砌体结构）迎水面或背水面涂刷的涂料防水层。

1. 一般要求

地下结构属长期浸水部位，涂料防水层应选用具有良好的耐水性、耐久性、耐腐蚀性、

耐菌性、无毒、难燃、低污染的涂料。

2. 施工工艺

（1）有机防水涂料基面应干燥。当基面较潮湿时，应涂刷湿固化型胶结剂或潮湿界面隔离剂；无机防水涂料施工前，基面应充分润湿，但不得有明水。

（2）涂料防水层的施工应符合下列规定：

1）多组分涂料应按配合比准确计量，搅拌均匀，并应根据有效时间确定每次配制的用量。

2）涂料应分层涂刷或喷涂，涂层应均匀，涂刷应待前遍涂层干燥成膜后进行；每遍涂刷时应交替改变涂层的涂刷方向，同层涂膜的先后搭压宽度宜为 30～50mm。

3）涂料防水层的甩槎处接缝宽度不应小于100mm，接涂前应将其甩槎表面处理干净。

4）采用有机防水涂料时，基层阴阳角处应做成圆弧；在转角处、变形缝、施工缝、穿墙管等部位应增加胎体增强材料和增涂防水涂料，宽度不应小于 50mm。

5）胎体增强材料的搭接宽度不应小于100mm，上下两层和相邻两幅胎体的接缝应错开1/3 幅宽，且上下两层胎体不得相互垂直铺贴。

（3）涂料防水层完工并经验收合格后应及时做保护层。保护层应符合下列规定：

1）顶板的细石混凝土保护层与防水层之间宜设置隔离层。细石混凝土保护层厚度：机械回填时不宜小于 70mm，人工回填时不宜小于 50mm。

2）底板的细石混凝土保护层厚度不应小于 50mm。

3）侧墙宜采用软质保护材料或铺抹 20mm 厚 1∶2.5 水泥砂浆。

3. 地下涂料防水层质量检验

涂料防水层分项工程检验批的抽检数量，应按涂层面积每 $100m^2$ 抽查 1 处，每处 $10m^2$，且不得少于 3 处。涂料防水层质量检验的项目、要求和检验方法见表 8-20。

表 8-20　涂料防水层质量检验的项目、要求和检验方法

	检 验 项 目	要　　求	检 验 方 法
主控项目	1. 涂料防水层所用材料及配合比	必须符合设计要求	检查产品合格证、产品性能检测报告、计量措施和材料进场检验报告
	2. 涂料防水层的平均厚度	应符合设计要求，最小厚度不得低于设计厚度的 90%	用针测法检查
	3. 涂料防水层在转角处、变形缝、施工缝、穿墙管等部位的做法	必须符合设计要求	观察检查和检查隐蔽工程验收记录
一般项目	1. 涂料防水层与基层的关系	粘结牢固、涂刷均匀，不得流淌、鼓泡、露槎	观察检查
	2. 涂层间夹铺胎体增强材料时	应使防水涂料浸透胎体覆盖完全，不得有胎体外露现象	观察检查
	3. 侧墙涂料防水层的保护层与防水层的关系	应结合紧密，保护层厚度应符合设计要求	观察检查

8.2.6　结构细部构造

地下工程的变形缝、施工缝、诱导缝、后浇带、穿墙管(盒)、预埋件、预留通道接头、桩头等细部构造,是薄弱环节,应有加强防水措施。

（1）施工缝的防水施工应符合下列规定:

1）施工缝用止水带、遇水膨胀止水条或止水胶、水泥基渗透结晶型防水涂料和预埋注浆管必须符合设计要求。施工缝防水构造必须符合设计要求。

2）墙体水平施工缝应留设在高出底板表面不小于300mm的墙体上。拱、板与墙结合的水平施工缝,宜留在拱、板和墙交接处以下150~300mm处;垂直施工缝应避开地下水和裂隙水较多的地段,并宜与变形缝相结合。

3）在施工缝处继续浇筑混凝土时,已浇筑的混凝土抗压强度不应小于1.2MPa。

4）水平施工缝浇筑混凝土前,应将其表面浮浆和杂物清除,然后铺设净浆、涂刷混凝土界面处理剂或水泥基渗透结晶型防水涂料,再铺30~50mm厚的1:1水泥砂浆,并及时浇筑混凝土。

5）垂直施工缝浇筑混凝土前,应将其表面清理干净,再涂刷混凝土界面处理剂或水泥基渗透结晶型防水涂料,并及时浇筑混凝土。

6）中埋式止水带及外贴式止水带埋设位置应准确,固定应牢靠。

7）遇水膨胀止水条应具有缓膨胀性能;止水条与施工缝基面应密贴,中间不得有空鼓、脱离等现象;止水条应牢固地安装在缝表面或预埋凹槽内;止水条采用搭接连接时,搭接宽度不得小于30mm。

8）遇水膨胀止水胶应采用专用注胶器挤出粘结在施工缝表面,并做到连续、均匀、饱满、无气泡和孔洞,挤出宽度及厚度应符合设计要求;止水胶挤出成型后,固化期内应采取临时保护措施;止水胶固化前不得浇筑混凝土。

9）预埋式注浆管应设置在施工缝断面中部,注浆管与施工缝基面应密贴并固定牢靠,固定间距宜为200~300mm;注浆导管与注浆管的连接应牢固、严密,导管埋入混凝土内的部分应与结构钢筋绑扎牢固,导管的末端应临时封堵严密。

（2）变形缝的防水施工应符合下列规定:

1）变形缝用止水带、填缝材料和密封材料必须符合设计要求;变形缝防水构造必须符合设计要求。

2）中埋式止水带埋设位置应准确,其中间空心圆环与变形缝的中心线应重合。

3）中埋式止水带的接缝应设在边墙较高位置上,不得设在结构转角处;接头宜采用热压焊接,接缝应平整、牢固,不得有裂口和脱胶现象。

4）中埋式止水带在转角处应做成圆弧形;顶板、底板内止水带应安装成盆状,并宜采用专用钢筋套或扁钢固定。

5）外贴式止水带在变形缝与施工缝相交部位宜采用十字配件;外贴式止水带在变形缝转角部位宜采用直角配件。止水带埋设位置应准确,固定应牢靠,并与固定止水带的基层密贴,不得出现空鼓、翘边等现象。

6）安设于结构内侧的可卸式止水带所需配件应一次配齐,转角处应做成45°坡角,并增加紧固件的数量。

7）嵌填密封材料的缝内两侧基面应平整、洁净、干燥，并应涂刷基层处理剂；嵌缝底部应设置背衬材料；密封材料嵌填应严密、连续、饱满，粘结牢固。

8）变形缝处表面粘贴卷材在涂刷涂料前，应在缝上设置隔离层和加强层。

（3）后浇带的防水施工应符合下列规定：

1）后浇带用遇水膨胀止水条或止水胶、预埋注浆管、外贴式止水带必须符合设计要求。补偿收缩混凝土的原材料及配合比必须符合设计要求。

2）后浇带防水构造必须符合设计要求。

3）采用掺膨胀剂的补偿收缩混凝土，其抗压强度、抗渗性能和限制膨胀率必须符合设计要求。

4）补偿收缩混凝土浇筑前，后浇带部位和外贴式止水带应采取保护措施。

5）后浇带两侧的接缝表面应先清理干净，再涂刷混凝土界面处理剂或水泥基渗透结晶型防水涂料；后浇混凝土的浇筑时间应符合设计要求。

6）后浇带混凝土应一次浇筑，不得留施工缝；混凝土浇筑后应及时养护，养护时间不得少于28d。

（4）穿墙管的防水施工应符合下列规定：

1）穿墙管用遇水膨胀止水条和密封材料必须符合设计要求。穿墙管防水构造必须符合设计要求。

2）固定式穿墙管应加焊止水环或环绕遇水膨胀止水圈，并作好防腐处理；穿墙管应在主体结构迎水面预留凹槽，槽内应用密封材料嵌填密实。

3）套管式穿墙管的套管与止水环及翼环应连续满焊，并作好防腐处理；套管内表面应清理干净，穿墙管与套管之间应用密封材料和橡胶密封圈进行密封处理，并采用法兰盘及螺栓进行固定。

4）穿墙盒的封口钢板与混凝土结构墙上预埋的角钢应焊平，并从钢板上的预留浇筑孔注入改性沥青密封材料或细石混凝土，封填后将浇筑孔口用钢板焊接封闭。

5）当主体结构迎水面有柔性防水层时，防水层与穿墙管连接处应增设加强层。

6）密封材料嵌填应密实、连续、饱满，粘结牢固。

8.3 室内房间防水工程

室内有防水要求房间的防水工程同样是关系到建筑使用功能的关键工程。有防水要求的房间主要有卫生间、厨房、淋浴间等。这些房间普遍存在面积较小、管道多、工序多、阴阳转角复杂、房间长期处于潮湿受水状态等不利条件。卷材防水不适应这些部位防水施工的特殊性。所以，房间的防水层以涂膜、刚性防水层为主，主要选用聚氨酯涂膜防水或聚合物水泥砂浆。

房间内防水层的要求和施工工序基本同屋面、地下防水层。保证房间防水质量的关键是合理安排好工序，并做好成品保护工作。

8.3.1 一般要求

房间内防水工程必须进行防水设计，防水设计必须明确防水部位，防水层做法，细部节点处理等。

厕浴间和有防水要求的建筑地面的楼层结构必须采用现浇混凝土或整块预制混凝土板，混凝土强度等级不应小于 C20；楼板四周除门洞外，应做混凝土翻边，其高度不应小于120mm。施工时结构层标高和预留孔洞位置应准确，严禁乱凿洞。

若条件允许，宜采用防水混凝土，楼面混凝土振捣必须密实，随打随抹、压实抹光，形成一道自身防水层。

水电安装和土建各工序必须密切配合，防止出现防水层施工完毕后，又剔凿墙地面或重新安装各种管道。

8.3.2 施工工艺及要求

施工工艺：墙面抹灰、镶贴→管道、地漏就位正确→堵洞→围水试验→找平层→防水层→蓄水试验→保护层→面层→二次蓄水试验。

主要工序施工方法和要求：

（1）墙面抹灰、镶贴的施工方法见装饰部分，墙面若有防水要求，就必须在墙面装饰前完成，要先将墙内各种配管完成，然后抹灰、压光，作为涂膜防水的基层，然后涂刷涂膜防水层，在涂刷涂膜防水层干燥前洒上一层砂粒，以便装饰层的施工。

墙面装饰不能一次到底，以便墙面和楼地面防水层的搭接或防水层上翻。

（2）管道、地漏就位　所有立管、套管、地漏等构件必须就位正确，安装牢固，不得有任何松动现象。特别是地漏，标高必须准确，否则排水坡度无法保证。

（3）堵洞、管根围水试验　所有楼板的管洞、套管洞周围的缝隙均用掺加膨胀剂的细石混凝土浇灌密实抹平，孔洞较大的，进行吊模浇筑膨胀混凝土。待全部处理完后进行管根围水试验，24h 无渗漏，方可进行下道工序——水泥砂浆找平层。

（4）找平层　基层采用水泥砂浆找平层时，水泥砂浆抹平收水后应二次压光和充分养护，找平层与其下一层结合牢固，不得有空鼓。表面应密实，不得有起砂、蜂窝和裂缝等缺陷。否则应用水泥胶腻子修补，使之平滑。找平层表面 2m 内平整度的允许偏差为 5mm。所有转角处一律做成半径不小于 10mm 的均匀一致平滑圆角，不得将圆弧做得太大，否则将会影响墙面装修。

找平层的排水坡度必须符合设计要求。房间防水应以防为主，以排为辅。在完善设防的基础上，应将水迅速排走，以减少渗水的机会，所以正确的排水坡度很重要。坡度宜为1.5%~2%，坡向地漏、无积水。

在管道、套管根部、地漏周围应留 10mm 宽的小槽，待找平层干燥后用嵌缝材料进行嵌填、补平。

（5）防水层、蓄水试验　将基层清理干净，含水率达到要求后，就可以涂布底胶，将聚氨酯甲乙料按材料要求比例配合搅拌均匀，先用油刷蘸底胶在阴阳角、管根等复杂部位均匀涂刷一遍，再刷大面积区域。

涂膜，待底胶固化后，开始涂膜施工。根据说明书配制甲乙料，并用电动搅拌器强力搅拌均匀才能使用。对于管根、地漏、阴阳角等部位，应在大面积涂刷前，先用一布二涂做附加防水层，布宽出 20~30cm。待细部处理完后，进行第一遍涂膜施工，采用塑料刮板或橡胶刮板均匀涂刷在已涂刷好底胶的基层面上，涂布厚度应均匀一致。第一道涂膜固化后，方可涂刷第二道涂膜。前后间隔时间可以手感不粘确定，不宜超过72h，第二道涂刷方向应与第一道方向垂直。两道涂膜厚度用量约为2.5kg/m²（厚度1.5~2mm）。

在靠近墙面处，防水层应高出面层200~300mm或按设计要求的高度铺涂；阴阳角和管道穿过楼板面的根部应增加铺涂附加防水隔离层；在管道穿过楼板面四周，防水材料应向上铺涂，并超过套管的上口。

防水层的材料和施工质量检验应符合现行国家标准《屋面工程质量验收规范》（GB 50207—2012）的有关规定。

防水层做完后，必须蓄水试验，一般蓄水深度为20~30mm，24h内无渗漏为合格。

（6）保护层、二次管根围水试验 防水层的成品保护非常重要，一般采用水泥砂浆，防止在施工面层时破坏防水层。管根等部位应作出止水台，圆形或方形，平面尺寸不小于100mm×100mm，高不小于20mm。

施工面层，要再次严格按设计控制坡度，要求坡向地漏，无积水。可以观察检查和进行蓄水、泼水检验或利用坡度尺检查。待表面装修层完成后，进行第二次蓄水试验，要求同前。

本 章 小 结

本章主要介绍了各种防水方法，有刚性结构自防水和各类防水层，介绍了每种防水做法的设计要求、材料要求、质量要求、细部结构要求和施工工艺及要求。防水工程是一项系统工程，有一个环节出问题，可能全盘皆输，同时强调细部结构在防水体系中的重要性。主要是因为细部结构易被忽略，质量难以控制。认真贯彻"材料是基础，设计是前提，施工是关键，管理维护要加强"的原则，确保防水工程质量。

思考题与习题

1. 简述屋面找平层的质量要求？
2. 简述屋面找平层的施工流程？
3. 简述屋面保温层的质量要求？
4. 简述屋面保温层的施工流程？
5. 常用的防水卷材有哪些种类？
6. 卷材铺贴方向如何确定？
7. 试述卷材屋面防水层的施工工艺流程？
8. 试述卷材屋面防水层的常用的铺贴流程？
9. 试述卷材屋面防水层的常用的施工方法、适用范围？
10. 卷材屋面保护层有哪几种做法？
11. 常用的防水涂料有哪些种类？
12. 试述涂膜防水操作方法、适用范围？
13. 试述涂膜防水屋面的施工过程？
14. 细石混凝土屋面防水层的材料有哪些要求？

15. 地下防水工程有哪几种防水方案？
16. 防水混凝土的材料有哪些要求？
17. 防水砂浆有哪几类？
18. 地下构筑物的变形缝有哪几种形式？
19. 地下防水层的卷材铺贴方案各具什么特点？
20. 简述厕浴间和有防水要求的建筑地面施工工艺？

第9章 建筑地面工程

建筑地面是建筑物底层地面（地面）和楼层地面（楼面）的总称。建筑地面自下而上一般包括基层、结合层、面层。面层是直接承受各种物理和化学作用的建筑地面表面层，主要分三大类：整体面层，板块面层，木、竹面层。结合层是面层与下一构造层相连接的中间层，根据面层选用。基层是面层下的构造层，包括填充层、隔离层、找平层、垫层和基土，根据需要设置。设计人员一般直接引用标准图集的楼、地面做法。本书介绍各层的常用做法的一般要求和施工方法。

9.1 基本规定

9.1.1 做法要求

建筑地面应按设计要求设置变形缝，防止面层开裂。建筑地面的沉降缝、伸缩缝和防震缝，应与结构相应缝的位置一致，且应贯通建筑地面的各构造层；沉降缝和防震缝的宽度应符合设计要求，缝内清理干净，以柔性密封材料填嵌后用板封盖，并应与面层齐平。

9.1.2 材料要求

建筑地面工程采用的材料应按设计要求和规范的规定选用，并应符合国家标准的规定；进场材料应有中文质量合格证明文件、规格、型号及性能检测报告，对重要材料应有复验报告。

9.1.3 施工要求

建筑施工企业在建筑地面工程施工时，应有质量管理体系和相应的施工工艺技术标准。

建筑地面工程施工时，适宜的环境温度不仅是使各层具有正常凝结和硬化的条件，更主要的是保证了工程质量。各层环境温度控制规定有：采用掺有水泥、石灰的拌和料铺设以及用石油沥青胶结料铺贴时，不应低于 5℃；采用有机胶粘剂粘贴时，不易低于 10℃；采用砂、石材料铺设时，不应低于 0℃。

水泥混凝土散水、明沟，应设置伸缩缝，其延米间距不得大于 10m；房屋转角处应做 45°缝。水泥混凝土散水、明沟和台阶等与建筑物连接处应设缝处理。上述缝宽度为 15 ~ 20mm，缝内填嵌柔性密封材料。

建筑地面工程完工后，应对面层采取保护措施，要把成品保护工作看作一个非常必要的工序，保证面层完工后的表面免遭破损。否则，无法满足使用功能，达不到装饰效果。

9.1.4 质量检验

建筑地面是建筑装饰分部工程的一个子分部工程，针对"建筑地面"构成各层的组成，按表 9-1 确定其各子分部工程和相应的各分项工程名称，以利施工质量的检验和验收。

核定建筑地面工程子分部工程合格的评定基础是建筑地面工程施工质量中各类面层子分部工程的面层铺设与其相应的基层铺设的分项工程施工质量检验应全部合格。

建筑地面工程子分部工程观感质量综合评价应检查下列项目：

1）变形缝的位置和宽度以及填缝质量应符合规定。

2）室内建筑地面工程按各子分部工程经抽查分别作出评价。

3）楼梯、踏步等工程项目经抽查分别作出评价。

表 9-1　建筑地面子分部工程、分项工程划分

分部工程	子分部工程		分 项 工 程
建筑装饰装修工程	地面	整体面层	基层：基土、灰土垫层，砂垫层和砂石垫层、碎石垫层和碎砖垫层、三合土垫层、炉渣垫层、水泥混凝土垫层、找平层、隔离层、填充层
			面层：水泥混凝土面层、水泥砂浆面层、水磨石面层、水泥钢（铁）屑面层、防油渗面层、不发火（防爆的）面层
		板块面层	基层：基土、灰土垫层，砂垫层和砂石垫层、碎石垫层和碎砖垫层、三合土垫层、炉渣垫层、水泥混凝土垫层、找平层、隔离层、填充层
			面层：砖面层（陶瓷锦砖、缸砖、陶瓷地砖和水泥花砖面层）、大理石面层和花岗石面层、预制板块面层（水泥混凝土板块、水磨石板块面层）、料石面层（条石、块石面层）、塑料板块面层、活动地板面层、地毯面层
		木、竹面层	基层：基土、灰土垫层，砂垫层和砂石垫层、碎石垫层和碎砖垫层、三合土垫层、炉渣垫层、水泥混凝土垫层、找平层、隔离层、填充层
			面层：实木地板面层（条材、块材面层）、实木复合地板面层（条材、块材面层）、中密度（强化）复合地板面层（条材面层）、竹地板面层

建筑地面工程施工质量的检验批的划分应符合下列规定：

1）基层（各构造层）和各类面层的分项工程的施工质量验收应按每一层次或每层施工段（或变形缝）作为检验批，高层建筑的标准层可按每三层（不足三层按三层计）作为检验批。

2）每检验批应以各子分部工程的基层（各构造层）和各类面层所划分的分项工程按自然间（或标准间）检验，抽查数量应随机检验且不应少于 3 间；不足 3 间，应全数检查；其中走廊（过道）应以 10 延长米为 1 间，工业厂房（按单跨计）、礼堂、门厅应以两个轴线为 1 间计算。

3）有防水要求的建筑地面子分部工程的分项工程施工质量每检验批抽查数量应按其房间总数随机检验且不应少于 4 间；不足 4 间，应全数检查。

检验方法应符合下列规定：检查允许偏差应采用钢直尺、2m 靠尺、楔形塞尺、坡度尺和水准仪；检查空鼓应采用敲击的方法；检查有防水要求建筑地面的基层（各构造层）和面层，应采用泼水或蓄水方法，蓄水时间不得少于 24h；检查各类面层（含不需铺设部分或局部面层）表面的裂纹、脱皮、麻面和起砂等缺陷，应采用观感的方法。

9.2 基层

基层是面层下的构造层，包括基土、垫层、找平层、隔离层和填充层等。

基层铺设材料质量、密实度和强度等级（或配合比）等应符合设计要求和规范的规定。

基层铺设前，其下一层表面应干净、无积水。当垫层、找平层内埋设暗管时，管道应按设计要求予以稳固。

基层的表面平整度、标高、坡度、厚度允许偏差应符合表9-2的规定。

表9-2 基层表面的允许偏差和检验方法 （单位：mm）

	项 目		表面平整度	标 高	坡 度	厚 度
允许偏差	基土	土	15.0	0~50.0	不大于房间相应尺寸的2/1000，且不大于30	在个别地方不大于设计厚度的1/10
	垫层	砂、砂石、碎石、碎砖	15.0	+20.0		
		灰土、三合土、炉渣、水泥	10.0	+10.0		
		木搁栅	3.0	+5.0		
	毛地板	拼花实木地板、拼花实木复合地板面层	3.0	+5.0		
		其他种类面层	5.0	+8.0		
	找平层	用沥青玛碲脂做结合层铺设样式花木板、板块面层	3.0	+5.0		
		用水泥砂浆做结合层铺设板块面层	5.0	+8.0		
		用胶粘剂做结合层铺设拼花木板、塑料板、强化复合地板、竹地板面层	2.0	+4.0		
	填充层	松散材料	7.0	+4.0		
		板、块材料	5.0			
	隔离层	防水、防潮、防油渗	3.0	+4.0		
检验方法			用2m靠尺和楔形塞尺检查	用水准仪检查	用坡度尺检查	用钢直尺检查

9.2.1 基土

基土严禁用淤泥、腐殖土、冻土、耕植土、膨胀土和含有有机物质大于8%的土作为填土；基土应均匀密实，压实系数应符合设计要求，设计无要求时，不应小于0.90，要取样检验。

填土时宜为最优含水量。重要工程或大面积的地面填土前，应取土样，按击实试验确定最优含水量与相应的最大干密度。基土表面的允许偏差和相应的检验方法应符合表9-2的规定。

9.2.2 垫层

垫层是承受并传递地面荷载于基土上的构造层。有灰土垫层、砂垫层、砂石垫层、碎石垫层、碎砖垫层、三合土垫层、炉渣垫层、水泥混凝土垫层等，常用的是灰土垫层和水泥混凝土垫层。

1. 灰土垫层

灰土垫层应采用熟化石灰与粘土（或粉质粘土、粉土）的拌和料铺设，其厚度不应小于100mm。熟化石灰可采用磨细生石灰，但应按体积比与粘土拌和洒水堆放8h后使用，熟化石灰颗粒粒径不得大于5mm；粘土（或粉质粘土、粉土）内不得含有有机物质，颗粒粒径不得大于15mm。也可用粉煤灰或电石渣代替，以利于三废处理和保护环境，有一定的经济效益和社会效益。

灰土垫层应铺设在不受地下水浸泡的基土上。施工后应有防止水浸泡的措施。因为石灰是气硬性材料，水的浸泡会严重影响灰土质量。灰土垫层应分层夯实，经湿润养护、晾干后方可进行下一道工序施工。

灰土体积比应符合设计要求，当设计无要求时，一般常规提出熟化石灰：粘土为3：7。并提出了检验方法。灰土垫层表面的允许偏差和相应的检验方法应符合表9-2的规定。

灰土垫层施工方法见土方有关章节。

2. 水泥混凝土垫层

水泥混凝土垫层的厚度不应小于60mm。

水泥混凝土垫层铺设在基土上，当气温长期处于0℃以下，设计无要求时，垫层应设置伸缩缝，就是防止水泥混凝土垫层在气温降低时产生不规则裂缝而设置的收缩缝，以及防止水泥混凝土垫层在气温升高时在缩缝边缘产生挤碎或拱起而设置的伸胀缝。

室内地面的水泥混凝土垫层，应设置纵向缩缝（平行于混凝土施工流水作业方向）和横向缩缝（垂直于混凝土施工流水作业方向）；纵向缩缝间距不得大于6m，横向缩缝不得大于12m。

垫层的纵向缩缝应做平头缝或加肋板平头缝。当垫层厚度大于150mm时，可做企口缝。横向缩缝应做假缝。平头缝和企口缝的缝间不得放置隔离材料，浇筑时应互相紧贴。企口缝尺寸应符合设计要求，假缝宽度为5~20mm，深度为垫层厚度的1/3，缝内填水泥砂浆。

水泥混凝土垫层采用的粗骨料，其最大粒径不应大于垫层厚度的2/3，含泥量不应大于2%；砂为中粗砂，其含泥量不应大于3%；混凝土的强度等级应符合设计要求，且不应小于C10。

水泥混凝土垫层表面的允许偏差和相应的检验方法应符合表9-2的规定。

9.2.3 找平层

找平层是在垫层、楼板上或填充层（轻质、松散材料）上起整平、找坡或加强作用的构造层。找平层采用水泥砂浆或水泥混凝土铺设，并应符合面层的有关规定。

有防水要求的建筑地面工程，铺设前必须对立管、套管和地漏与楼板节点之间进行密封处理；排水坡度应符合设计要求，以免造成渗漏和积水等缺陷。

预制钢筋混凝土板的板缝填嵌的施工质量非常关键。板端应按设计要求做防裂的构造措施；预制钢筋混凝土板相邻缝底宽不应小于20mm；填嵌时，板缝内应清理干净，保持湿润；填缝采用细石混凝土，其强度等级不得小于C20。填缝高度应低于板面10~20mm，且振捣密实，表面不应压光；填缝后应养护；当板缝底宽大于40mm时，应按设计要求配置钢筋。要确保预制钢筋混凝土板板缝宽度、清理、填缝、养护和保护等各道工序的施工质量，以增强楼面与地面（架空板）的整体性，防止沿板缝方向开裂的质量通病。

找平层采用碎石或卵石的粒径不应大于其厚度的2/3，含泥量不应大于2%；砂为中粗砂，其含泥量不应大于3%；水泥砂浆体积比或水泥混凝土强度等级应符合设计要求，且水泥砂浆体积比不应小于1：3（或相应强度等级）；水泥混凝土强度等级不应小于C15。

铺设找平层前，当其下一层有松散填充料时，应予铺平振实。找平层与其下一层结合牢固，不得有空鼓；找平层表面应密实，不得有起砂、蜂窝和裂缝等缺陷。

找平层的表面允许偏差和相应的检验方法应符合表9-2的规定。

9.2.4 隔离层

隔离层是防止建筑地面上各种液体或地下水、潮气渗透到地面的构造层；仅防止地下潮气透过地面时，可称作防潮层。

隔离层表面的允许偏差和相应的检验方法应符合表9-2的规定。

隔离层的要求和施工见第8章的室内房间防水工程部分。

9.2.5 填充层

填充层是在建筑地面上起隔声、保温、找坡和暗敷管线等作用的构造层。

填充层应按设计要求选用材料，其密度和导热系数应符合国家有关产品标准的规定，材料的自重不应大于$9kN/m^3$，常用轻质混凝土。填充层的配合比必须符合设计要求。

9.3 整体面层铺设

整体面层有水泥混凝土(含细石混凝土)面层、水泥浆面层、水磨石面层、水泥钢(铁)屑面层、防油渗面层和不发火(防爆的)面层等。以水泥混凝土(含细石混凝土)面层、水泥浆面层最为常见。

铺设整体面层时，其水泥类基层的抗压强度不得小于1.2MPa；表面应粗糙、洁净、湿润并不得有积水；铺设前宜涂刷界面处理剂以保证上下层结合牢固。

建筑地面应按设计要求设置变形缝，以防止整体面层因温差、收缩等造成裂缝或拱起、起壳等质量缺陷，施工过程中应有较明确的工艺要求。

整体面层施工后，养护时间不应小于7d；抗压强度达到5MPa后，方准上人行走；抗压强度达到设计要求后，方可正常使用，以保证面层的耐久性能。

当采用掺有水泥拌和料做踢脚板时，不得用石灰浆打底，以避免水泥类踢脚板的空鼓。

整体面层的抹平工作应在水泥初凝前完成，压光工作应在水泥终凝前完成，防止因操作使表面结构破坏，影响面层质量。

各类整体面层表面平整度、踢脚板上口平直、缝格平直的允许偏差应符合表9-3的规定。

表9-3 整体面层的允许偏差和检验方法 （单位:mm）

项 目		表面平整度	踢脚板上口平直	缝格平直
允许偏差	水泥混凝土面层	5.0	4.0	3.0
	水泥砂浆面层	4.0	4.0	3.0
	普通水磨石面层	3.0	3.0	3.0
	高级水磨石面层	2.0	3.0	2.0
	水泥钢(铁)屑面层	4.0	4.0	3.0
	防油渗混凝土和不发火(防爆的)面层	5.0	4.0	3.0
	检验方法	用2m靠尺和楔形塞尺检查	拉5m线和用钢直尺检查	

9.3.1 水泥混凝土面层

1. 一般要求

施工过程中应对面层厚度采取控制措施并进行检查，保证水泥混凝土面层厚度符合设计要求。

水泥混凝土面层铺设不得留施工缝。当施工间隙超过允许时间规定时，应对接槎处进行处理。

面层的强度等级应符合设计要求，且水泥混凝土面层强度等级不应小于 C20；水泥混凝土垫层兼面层强度等级不应小于 C15。

2. 施工准备

（1）材料要求　水泥采用硅酸盐水泥、普通硅酸盐水泥，其强度等级不小于 32.5 级；宜采用中砂或粗砂，含泥量不应大于 3%；宜采用碎石或卵石，其最大粒径不应大于面层厚度的 2/3，当为细石混凝土面层时，石子粒径不应大于 15mm，含泥量应小于 2%；其他要求见混凝土有关内容。

（2）施工机具　混凝土搅拌机、平板振动器、机械压光机、机械清扫机、运输小车、刮尺（2~3m）、木抹子、铁锹、铁抹子等。

（3）施工条件要求

1）已对所覆盖的隐蔽工程进行验收且合格，并办理完隐蔽工程验收签证，特别是基层。

2）室内墙面上已弹好水平线控制线，一般采用建筑 50 线（即线下 500mm 为建筑地面上标高）。

3）混凝土配合比已通过试验确定。

3. 施工工艺

（1）工艺流程　基层处理→设置分割缝→设置灰饼和冲筋→刷结合层→搅拌混凝土→铺混凝土面层→搓平→机械压光→养护。

（2）工艺要求　基层处理：清除基层表面的灰尘，铲掉基层上的浆皮、落地灰，清刷油污等杂物。修补基层达到要求，提前 1~2d 浇水湿透，可有效避免面层空鼓。

设置分格缝：楼地面面积较大时要按设计要求设置分割缝，一般留在梁的上部，门口、结构变化处等位置。

贴灰饼和冲筋：根据房间内四周墙上弹的水平标高控制线抹灰饼，控制面层厚度符合设计要求，且不应小于 40mm，灰饼上平面即为楼地面上标高。如果房间较大，为保证整体面层平整度，必须拉水平线冲筋，宽度与灰饼宽度相同，用木抹子拍成与灰饼上表面相平一致。

刷结合层：在铺设面层前，宜涂刷界面剂处理或涂刷水灰比为 0.4~0.5 的水泥浆一层，且随刷随铺，一定将基层表面的水分清除，切忌采用在基层上浇水后洒干水泥的方法。

搅拌混凝土：混凝土采用机械搅拌，应计量准确，搅拌要均匀，颜色一致，搅拌时间不应小于 1.5min，混凝土的坍落度不应大于 3cm，混凝土的强度等级必须符合设计要求，以实验室的配合比为依据。

铺混凝土面层：在铺设和振捣混凝土时，要防止破坏灰饼和冲筋。涂刷水泥浆结合层之后，紧跟着铺混凝土，简单找平后，用表面振动器振捣密实；然后用刮尺以灰饼或冲筋为基准找平，以控制面层厚度。

当施工间歇超过规定的允许时间后，在继续浇筑时应对已凝结的混凝土接槎处进行处理。

搓平压光：刮平后，立即用木抹子将面层在水泥初凝前搓平压实，以内向外退着操作，并随时用 2mm 靠尺检查其平整度，偏差不应大于 5mm。初凝后，边角处用铁抹子分三遍压光，大面积采用地面压光机压光，由于机械压光压力较大，较人工而言，需稍硬一点，必须掌握好间隔时间，过早，容易挠动面层造成空鼓；过晚，达不到压光效果。另外，采用 C15 混凝土时，可采用随捣随抹的方法，要在压光前加适量的 1:2 或 1:2.5 的水泥砂浆干料。混凝土面层应在水泥初凝前完成抹平工作，水泥终凝前完成压光工作。

面层养护：混凝土面层浇捣完毕后，应在 12h 内加以覆盖和浇水，养护初期最好为喷水养护，后期可以浇水或覆盖，通常浇水次数以保持混凝土具有足够湿润状态为准。也可采用覆盖塑料布或盖细砂等方法保水养护。当混凝土抗压强度达到设计要求后方可正常使用，并注意后期的成品保护，确保面层的完整和不被污染。

4. 质量检查

面层与下一层应结合牢固，无空鼓、裂纹〔空鼓面积不大于 400cm²，且每自然间（标准间）不多于 2 处可不计〕。

面层外观质量要求：表面不应有裂纹、脱皮、麻面、起砂等缺陷；坡度应符合设计要求，不得有倒泛水和积水现象。

水泥砂浆踢脚板与墙面应紧密结合，高度一致，出墙厚度均匀，局部空鼓长度不应大于 300mm，且每自然间（标准间）不多于 2 处可不计。

楼梯踏步的宽度、高度应符合设计要求。楼层梯段相邻踏步高度差不应大于 10mm，每踏步两端宽度差不应大于 10mm；旋转梯梯段的每踏步两端宽度的允许偏差为 5mm。楼梯踏步的齿角应整齐，防滑条应顺直。

水泥混凝土面层的允许偏差和检验方法应符合表 9-3 的规定。

9.3.2 水泥砂浆面层

水泥采用硅酸盐水泥、普通硅酸盐水泥，其强度等级不应小于 32.5 级，不同品种、不同强度等级的水泥严禁混用；砂应为中粗砂，当采用石屑时，其粒径应为 1~5mm，且含泥量不应大于 3%。

水泥砂浆面层的体积比（强度等级）必须符合设计要求；且体积比应为 1:2，强度等级不应小于 M15。水泥砂浆面层的厚度应符合设计要求，且不应小于 20mm。

水泥砂浆面层的允许偏差和检验方法应符合表 9-3 的规定。

9.4 板、块面层铺设

板、块面层有砖面层、大理石面层和花岗石面层、预制板块面层、料石面层、塑料板面层、活动地板面层和地毯面层等。以砖面层、花岗石面层最为常见。

铺设板、块面层时，其水泥类基层的抗压强度不得小于 1.2MPa。

板块的铺砌方向、图案、串边等应符合设计要求，要事先进行预排，避免出现板块小于 1/4 边长的边角料，影响观感效果。

在面层铺设后，表面应覆盖、湿润养护 7d，当板块面层的水泥砂浆结合层的抗压强度达到设计要求后方可正常使用。

板、块类踢脚板施工时，不得采用石灰砂浆打底，防止板块类踢脚板的空鼓。

板、块面层的允许偏差和检验方法应符合表 9-4 的规定。

表 9-4　板、块面层的允许偏差和检验方法　　　　　　　　　　（单位：mm）

	项　目	表面平整度	缝格平直	接缝高低差	踢脚板上口平直	板块间隙宽度
允许偏差	陶瓷锦砖面层、高级水磨石板、陶瓷地砖面层	2.0	3.0	0.5	3.0	2.0
	缸砖面层	4.0	3.0	1.5	4.0	2.0
	水泥花砖面层	3.0	3.0	0.5	—	2.0
	水磨石板块面层	3.0	3.0	1.0	4.0	2.0
	大理石面层和花岗石面层	1.0	2.0	0.5	1.0	1.0
	塑料板面层	2.0	3.0	0.5	2.0	—
	水泥混凝土板块面层	4.0	3.0	1.5	4.0	6.0
	碎拼大理石、碎拼花岗石面层	3.0	—	—	1.0	—
	活动地板面层	2.0	2.5	0.4	—	0.3
	条石面层	10.0	8.0	2.0	—	5.0
	块石面层	10.0	8.0	—	—	—
检验方法		用 2m 靠尺和楔形塞尺检查	拉 5m 线和用钢直尺检查	用钢直尺和楔形塞尺检查	拉 5m 线和用钢直尺检查	用钢直尺检查

9.4.1　砖面层

1. 一般要求

砖面层有陶瓷锦砖、缸砖、陶瓷地砖和水泥花砖等。室内常用的是陶瓷地砖。有防腐蚀要求的砖面层要采用的耐酸瓷砖、浸渍青砖、缸砖。

2. 施工准备

（1）材料要求　水泥采用硅酸盐水泥、普通硅酸盐水泥，其等级不小于 32.5 级；宜采用中砂或粗砂，含泥量不应大于 3%；配制水泥砂浆的体积比（或强度等级）要符合设计要求；面层所用的板块的品种、质量符合设计要求。

（2）施工机具　砂浆搅拌机、面砖切割机、机械清扫机、运输小车、刮杠（1~1.5m）、水平尺、施工线、铁锹、木抹子、铁抹子、木锤或橡皮锤等。

（3）施工条件要求

1）已对所覆盖的隐蔽工程进行验收且合格，并办理完隐蔽工程验收签证，特别是基层。

2）室内墙面上已弹好水平线控制线，一般采用建筑50线（即线下500mm为建筑地面上标高）。

3）大面积铺贴方案已完成，样板间或样板块已通过验收。

3. 施工工艺

（1）工艺流程

1）采用水泥砂浆结合层（干铺法）：基层处理→选砖→刷结合层→预排砖→铺控制砖→铺砖面层→养护→嵌缝→养护→贴踢脚板。

2）单块（张）的铺贴：搅拌干硬性砂浆→铺干硬性砂浆→搓平→干铺砖面层→砖面层背面抹水泥膏→铺贴砖面层。

（2）工艺要求

基层处理：清除基层表面的灰尘，铲掉基层上的浆皮、落地灰，清刷油污等杂物。修补基层达到要求，提前1-2d浇水湿透基层，可有效避免面层空鼓。

选砖：在铺贴前，应对砖的规格尺寸、外观质量、色泽等进行预选，清除不合格品。缸砖、陶瓷地砖和水泥花砖要浸水湿润，风干后待用。

刷结合层：在铺设面层前，宜涂刷界面剂处理或涂刷水灰比为0.4~0.5的水泥浆一层，且随刷随铺，一定将基层表面的水分清除，切忌采用在基层上浇水后洒干水泥的方法。

预排砖：为保证楼地面的装饰效果，预排砖是非常必要的工序。对于矩形楼地面，先在房间内拉对角线，查出房间的方正误差，以便把误差匀到两端，避免误差集中在一侧。靠墙一行面块料与墙边距离应保持一致。板块的排列应符合设计要求，当设计无要求时，应避免出现小于1/2~1/3板块边长的边角料。板块应由房间中央向四周或从主要一侧向另一边排列。把边角料放在周边或不明显处。

铺控制砖：根据已定铺贴方案镶贴控制砖，一般纵横五块面料设置一道控制线，先铺贴好左右靠近基准行的块料，然后根据基准行由内向外挂线逐行铺贴。

单块（张）的铺贴：采用人工或机械拌制干硬性水泥砂浆，拌合要均匀，以手握成团不泌水、手捏能自然散开为准，配比根据设计要求，用量要根据需要，在水泥初凝前用完。

干硬性水泥砂浆结合层应用刮尺及木抹子压平打实（抹铺结合层时，基层应保持湿润，已刷素泥浆不得有风干现象，抹好后，以站上人只有轻微脚印而无凹陷为准，一块一铺）。

将地砖干铺在结合层上，调整结合层的厚度和平整度。使地砖与控制线吻合，与相邻地砖缝隙均匀、表面平整，然后取下地砖，用水泥膏（2~3mm厚）满涂块料背面，对准挂线及缝子，将块料铺贴上，用橡皮锤敲至正确位置，挤出的水泥膏及时清理干净（缝子比砖面凹2mm为宜）。

陶瓷锦砖（马赛克、纸皮石）要用平整木板压在块料上，用橡皮锤着力敲击至平正，将挤出的水泥膏及时清理干净，块料贴上后，在纸面刷水湿润，将纸揭去，并及时将纸屑清干净，拨正歪斜缝子，铺上平木板，用橡皮锤拍平打实。

嵌缝：待粘贴水泥膏凝固后，应采用同品种、同强度等级、同颜色的水泥填平缝子，用锯末、棉丝将表面擦干净至不留残灰为止，并做养护和保护。

养护：在面层铺设或填缝后，表面应覆盖，保湿，其养护时间不应少于7d。

镶贴踢脚板：一般采用与地面块材同品种、同规格的材料，镶贴前先将板块刷水湿润，将基层浇水湿透，均匀涂刷素水泥浆，边刷边贴。在墙两端先各镶贴一块踢脚板，其上口高度应在同一水平线内，突出墙面厚度应一致，然后沿两块踢脚板上楞拉通线，用1:2水泥砂浆逐块依顺序镶贴。踢脚板的尺寸规格应和地面材料一致，板间接缝应与地面接缝贯通，镶贴时随时检查踢脚板的平顺和垂直，擦缝做法同地面。

4. 质量要求

面层所用的板块的品种、质量必须符合设计要求。

面层与下一层的结合（粘结）应牢固，无空鼓［单块砖边有局部空鼓，且每自然间（标准间）不超过总数的5%可不计］。

砖面层观感质量检验标准：砖面层的表面应洁净，图案清晰，色泽一致，接缝平整，深浅一致，周边顺直，板块无裂纹、掉角和缺棱等缺陷；面层邻接处的镶边用料及尺寸应符合设计要求，边角整齐、光滑；面层表面的坡度应符合设计要求，不倒泛水、无积水；与地漏、管道结合处应严密牢固，无渗漏。

踢脚板表面应洁净、高度一致、结合牢固、出墙厚度一致。

楼梯踏步和台阶板的缝隙宽度应一致，齿角整齐；楼层梯段相邻踏高度差不应大于10mm；防滑条顺直、牢固。

大面积砖面层铺贴时，要根据设计要求设置变形缝。

砖面层的允许偏差和检验方法应符合表9-4的规定。

9.4.2 大理石面层和花岗石面层

大理石和磨光花岗石板材不得用于室外地面，鉴于大理石为石灰岩用于室外易风化的特性，磨光板材用于室外地面易滑伤人，室外地面可采用麻面或机刨花岗石板。

大理石和花岗石面层（或碎拼大理石、碎拼花岗石）的允许偏差和检验方法应符合表9-4的规定。

大理石和花岗石面层的其他要求和施工方法（干铺）与砖面层基本相同，大理石和花岗石面层常设计有各种花纹、图案纹理或串边。施工时更要认真预排，并绘制成图，编制材料加工单，根据加工单加工和铺贴面层，确保装饰效果。

9.5 木、竹面层铺设

木、竹面层有实木地板面层、实木复合地板面层、中密度（强化）复合地板面层、竹地板面层等（包括免刨免漆类）。常用的有实木地板面层、实木复合地板面层。

木、竹面层的面层构造层、架空构造层、通风等设计与施工是组成建筑木、竹地面的三大要素，其设计与施工质量直接影响建筑木、竹地面的正常使用功能、耐久程度及环境保护效果；通风设计与施工尤为突出，无论原始的自然通风，或是近代的室内外的有组织通风，还是现代的机械通风，其通风的长久功能效果主要涉及的室内通风沟或其室外通风窗的构造、施工及管理必须符合设计要求。所以木、竹面层的通风构造层包括室内通风沟、室外通风窗等均应符合设计要求。

木、竹面层的允许偏差和检验方法，应符合表9-5的规定。

表 9-5　木、竹面层的允许偏差和检验方法　　　　　　（单位:mm）

项　　目		板面缝隙宽度	表面平整度	踢脚板上口平齐	板面拼缝平直	相邻板材高差	踢脚板与面层的接缝
允许偏差	实木地板面层 　松木地板	1.0	3.0	3.0	3.0	0.5	1.0
	硬木地板	0.5	2.0	3.0	3.0	0.5	
	拼花地板	0.2	2.0	3.0	3.0	0.5	
	实木复合地板、中密度（强化）复合地板面层、竹地板面层	0.5	2.0	3.0	3.0	0.5	
检验方法		用钢直尺检查	用 2m 靠尺和楔形塞尺检查	拉 5m 通线，不足 5m 拉通线和用钢直尺检查	用钢直尺和楔形塞尺检查	楔形塞尺检查	

9.5.1　实木地板面层

实木地板面层采用条材和块材实木地板或采用拼花实木地板，以空铺方式在基层上铺设。

铺设实木地板面层时，其木搁栅的截面尺寸、间距和稳固方法等均应符合设计要求。木搁栅固定时，不得损坏基层和预埋管线。木搁栅应垫实钉牢，与墙之间留出 30mm 的缝隙，表面应平直。

毛地板铺设时，木材髓心应向上，其板间缝隙不应大于 3mm，与墙之间应留 8～12mm 空隙，表面应刨平。

实木地板面层铺设时，面板与墙之间应留 8～12mm 缝隙。

采用实木制作的踢脚板，背面应抽槽并做防腐处理。

1. 主控项目

实木地板面层所采用的材质和铺设时的木材含水率必须符合设计要求。木搁栅、垫木和毛地板等必须做防腐、防蛀处理。木搁栅安装应牢固、平直。面层铺设应牢固，粘结无空鼓。脚踩检验时不应有明显的声响。

2. 一般项目

实木地板面层应刨平、磨光，无明显刨痕和毛刺等现象；图案清晰、颜色均匀一致。面层缝隙应严密；接头位置应错开、表面洁净。拼花地板接缝应对齐，粘、钉严密；缝隙宽度均匀一致；表面洁净，胶粘无溢胶。踢脚板表面应光滑，接缝严密，高度一致。

实木地板面层的允许偏差应符合表 9-5 的规定。

9.5.2　实木复合地板面层

实木复合地板面层采用条材和块材复合地板或采用拼花实木复合地板，以空铺或实铺方式在基层上铺设。可采用整贴和粘贴法施工。

大面积铺设实木复合地板面层时，应分段铺设，分段缝的处理应符合设计要求。

1. 主控项目

实木复合地板面层所采用的条材和块材，其技术等级及质量要求应符合设计要求。木搁栅、垫木和毛地板等必须做防腐、防蛀处理。木搁栅安装应牢固、平直。面层铺设应牢固，粘贴无空鼓。脚踩检验时不应有明显的声响。

2. 一般项目

实木复合地板面层图案和颜色应符合设计要求，图案清晰，颜色一致，板面无翘曲。面层的接头应错开、缝隙严密、表面洁净。踢脚板表面光滑，接缝严密，高度一致。实木复合地板面层的允许偏差应符合表 9-5 的规定。

本 章 小 结

本章介绍了常用的各种楼地面的要求，主要是灰土垫层、水泥混凝土垫层、水泥混凝土（含细石混凝土）面层、水泥浆面层、砖面层、大理石面层和花岗石面层的一般要求和施工方法。楼地面位于室内装饰工程的最下面，成品保护也必须重视，否则，面层被破坏，会严重影响使用功能和装饰效果。

思考题与习题

1. 厕浴间、厨房和有排水要求的建筑地面面层的标高有哪些要求？
2. 建筑地面工程子分部工程质量验收应检查哪些工程质量文件和记录？
3. 建筑地面工程子分部工程质量验收应检查哪些安全和功能项目？
4. 建筑地面工程子分部工程观感质量综合评价应检查哪些项目？
5. 建筑地面工程施工质量的检验批如何划分？
6. 建筑地面工程检验方法应符合哪些规定？
7. 水泥混凝土垫层如何设置伸缩缝？
8. 简述水泥混凝土面层的施工流程。
9. 简述砖面层的施工流程。
10. 如何进行砖面层的预排砖？
11. 简述整体面层的质量要求。
12. 简述板、块面层的质量要求。
13. 简述木、竹面层的质量要求。

第10章 装饰工程

建筑装饰工程是建筑施工的重要组成部分,主要包括抹灰、饰面、裱糊、涂料、刷浆、地面、花饰、门窗和幕墙等工程。

装饰工程施工前,必须组织材料进场,并对其进行检查、加工和配制;必须做好机械设备和施工工具的准备;必须做好图纸审查、制定施工顺序与施工方法、进行材料试验和试配工作、组织结构工程验收和工序交接检查、进行技术交底等有关技术准备工作;必须进行预埋件、预留洞的埋设和基层的处理等。

装饰工程的施工顺序对保证施工质量起着控制作用。室外抹灰和饰面工程的施工,一般应自上而下进行;高层建筑采取措施后,可分段进行;室内装饰工程的施工,应待屋面防水工程完工后,并在不致被后续工程所损坏和污染的条件下进行;室内抹灰在屋面防水工程完工前施工时,必须采取防护措施。室内吊顶、隔墙的罩面板和花饰等工程,应待室内地(楼)面湿作业完工后施工。

10.1 抹灰工程

抹灰是将各种砂浆、装饰性石屑浆、石子浆涂抹在建筑物的墙面、顶棚、地面等表面上,除了保护建筑物外,还可以作为饰面层起到装饰作用。但随着装饰技术的日新月异,抹灰工程的主要作用已经逐步转换为精装饰工程的基层。

10.1.1 常用抹灰材料

抹灰工程常用材料有胶凝材料、集料、纤维材料、颜料、外掺剂等。

1. 胶凝材料

胶凝材料的用途是利用其"胶凝固结"的特性,使砂浆与基层之间、砂浆与砂浆之间牢固凝结。胶凝材料分为水硬性材料和气硬性材料两类。水硬性材料是既能在水中硬化又能在空气中硬化的材料,常见的有水泥。气硬性材料是指只能在空气中硬化的材料,常见的有石灰、石膏、苛性菱苦土等。

2. 骨料

抹灰工程中常用的骨料有砂、石粒、瓷粒、硅石、珍珠岩等。

1)砂。常用的砂包括普通砂和石英砂。抹灰砂浆中的砂要求干净,尽量不含杂质(若含有杂物,其含量不应超过3%),使用前应过3mm×3mm的筛孔,含泥量较高的砂子在使用前必须用清水洗干净后再使用。通常用于底层和中层的砂浆宜选用中砂,而罩面灰则用细砂。

2)石粒。石粒是由天然大理石、白云石、方解石、花岗岩以及其他天然石料破碎筛分而成。在抹灰工程中用来制作水磨石、水刷石、干粘石、斩假石等。比较常用的是大理石石粒。

228

3）纤维、颜料纤维材料在抹灰饰面中起拉结和骨架作用，提高抗裂和抗拉强度，增强弹性和耐久性。

4）外掺剂抹灰施工中常用的外掺剂有胶粘剂、憎水剂、分散剂等。

10.1.2　抹灰用工具

1. 抹灰常用手工工具

（1）平抹子　抹灰工常用的平抹子有铁抹子、钢皮抹子、塑料抹子、木抹子、小压子和压子等，如图 10-1 所示。

1）铁抹子（又称铁板），一般用于抹底子灰或水刷石、水磨石面层。

2）钢皮抹子与铁抹子的外形相同，但是比较薄，弹性较大，适用于抹水泥砂浆面层和地面压光，纸筋灰、石膏灰面层收光等。

3）塑料抹子是用聚乙烯硬质塑料做成，适用于纸筋灰面层的压光。

4）木抹子（又称木蟹）是用红、白松木做成，适用于砂浆的搓平压实。

5）压子一般适用于压光水泥砂浆面层及纸筋灰等罩面。

6）小压子的用途同压子，适用于小面积缝隙压光。

（2）做角抹子　常用的做角抹子有阴角抹子、圆阴角抹子、塑料阴角抹子、阳角抹子、圆阳角抹子及捋角器等，如图 10-2 所示。

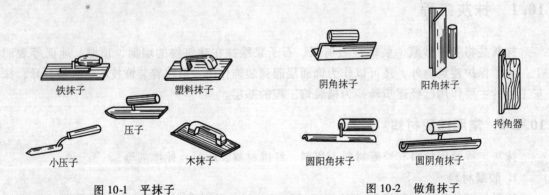

铁抹子　塑料抹子　阴角抹子　阳角抹子

压子　捋角器

小压子　木抹子　圆阳角抹子　圆阴角抹子

图 10-1　平抹子　　　　图 10-2　做角抹子

1）阴角抹子（又称阴抽角器）适用于阴角压光，分为尖角和小圆角两种。

2）圆阴角抹子（又称明沟铁板）适用于水池阴角和明沟压光。

3）塑料阴角抹子适用于纸筋灰等罩面层的阴角压光。

4）阳角抹子（又称阳抽角器）适用于压光阳角和护角线，分为尖角与小圆角两种。

5）圆阳角抹子适用于楼梯踏步防滑条的捋光压实。

6）捋角器适用于捋水泥抱角，作护角。

（3）木制工具　常用的木制工具包括托灰板、木杠和刮尺、八字靠尺、方尺、托线板等，如图 10-3 所示。

1）托灰板用于抹灰时承托砂浆。

2）木杠和刮尺：木杠分为长、中、短三种。长木杠为 2.5～3.5m，一般用于冲筋。中木杠为 2～2.5m，短木杠为 1.5m 左右，木杠断面一般为矩形。刮尺断面一边为平面，另一面为弧形，均用于刮平地面或墙面的抹灰层。

3）八字靠尺（又称引条）一般作为做棱角的依据，其长度按需要截取。

4）方尺（又称兜尺）用于测量阴阳角方正。

5）托线板主要用于测量墙面垂直，其规格为 15mm×120mm×2000mm，板中间有标准线，标准线两侧有刻度尺。

（4）搅拌工具　人工搅拌常用工具有铁锹（铁锨）、灰镐、灰耙（拉耙）、灰叉子、筛子等，如图 10-4 所示。其中，筛子的常用孔径有 10mm、8mm、5mm、3mm、1.5mm、1mm 等几种。

（5）刷子　常用的刷子包括长毛刷、猪棕刷、鸡腿刷、钢丝刷、茅柴刷等，如图 10-5 所示。

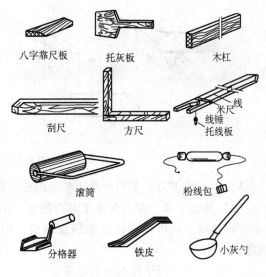

图 10-3　木制工具

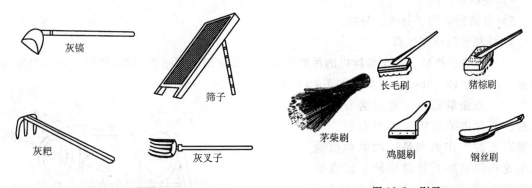

图 10-4　搅拌工具　　　　图 10-5　刷子

1）长毛刷（又称软毛刷子）在室内、外抹灰洒水用。

2）猪棕刷适用于刷水刷石、水泥拉毛等。

3）鸡腿刷适用于阴角处和长毛刷子刷不到的地方。

4）钢丝刷适用于清刷基层及金属表面的锈污。

5）茅柴帚用于木抹子打磨时洒水。

（6）饰面安装专用工具　常用饰面安装工具包括小铁铲、錾子、开刀等，如图 10-6a 所示。

1）小铁铲用于铲灰。

2）錾子（凿子）有平头和尖头两种，适用于剔凿板材、块材。

3）开刀用于陶瓷锦砖拨缝。

（7）斩假石工具　常用斩假石工具包括斩斧、花锤、单刀或多刀等，如图 10-6b 所示。

1）斩斧（剁斧）适用于剁斩假石，也可以用于清理基层。

2）花锤石工常用的工具，也用于斩假石。

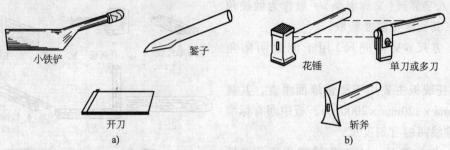

图 10-6　饰面安装工具和斩假石工具

3）单刀或多刀。多刀由几个单刀组成，用于剁斩假石。

（8）其他工具　常用其他工具有铁皮、小灰勺、滚筒、粉线包、分格器等。

1）铁皮。是用弹性较好的钢皮制成，用于小面积或铁抹子伸不进去的地方的抹灰或修理。

2）小灰勺。用于抹灰时舀砂浆。

3）滚筒。用于水磨石地面和细石地面压实。

4）粉线包。用于弹线。

5）分格器。用于分缝、分格。

2. 抹灰常用小型机具

（1）砂浆搅拌机　砂浆搅拌机的种类较多，一般常用的规格有 200～325L，每台班搅拌砂浆的产量为 18～26m³。其外形如图 10-7 所示。

（2）地面磨石机　地面磨石机有单盘、双盘和手提式电动磨石机。单盘磨石机的工作原理是：由电动机通过减速箱带动磨石转盘旋转，转盘底部装有 2～3 套磨石夹具，能夹牢 2～3 块三角磨石，当转盘旋转时，带动磨石工作，同时有水管向磨石喷注清水进行冷却。地面磨石机外形如图 10-8 所示。

（3）地面压光机（又称地坪收光机、水泥抹光机）　在转子中部的十字架底面装 2～4 片抹刀，抹刀的倾斜方向与转子旋转方向一致，转子外缘装有两角带，由电动机带动 V 带使抹刀转子旋转。操作时，先握住操作手柄，起动电动机，抹刀即旋转对水泥地面进行抹光。地面压光机外形如图 10-9 所示。

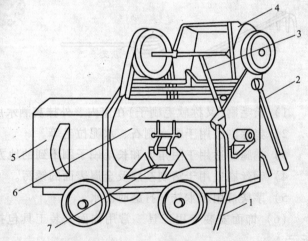

图 10-7　砂浆搅拌机

1—水管　2—上料操纵手柄　3—出料操纵手柄
4—上料斗　5—变速箱　6—搅拌斗　7—出灰门

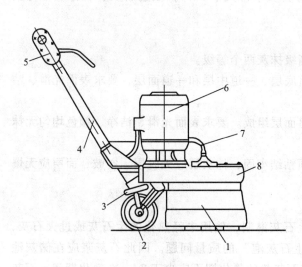

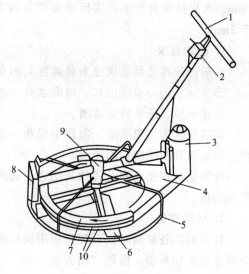

图 10-8　单盘地面磨石机的外形　　　　　　　图 10-9　地面压光机

1—转盘外罩　2—移动滚轮　3—滚轮调节手轮　4—操纵杆　　　1—操纵手柄　2—电气开关　3—电动机　4—防护罩

5—电气开关　6—电动机　7—供水管　8—减速器　　　　　5—保护圈　6—抹刀　7—抹刀转子　8—配置

9—轴承架　10—三角皮带

10.1.3　一般抹灰工程

抹灰一般分三层，即底层、中层和面层（或罩面），如图 10-10 所示。底层主要起与基层粘结的作用，厚度一般为 5~9mm，要求砂浆具有较好的保水性，其稠度较中层和面层大，砂浆的组成材料要根据基层的种类不同而选用相应的配合比。底层砂浆的强度不能高于基层强度，以免抹灰砂浆在凝结过程中产生较强的收缩应力，破坏强度较低的基层，从而产生空鼓、裂缝、脱落等质量问题；中层起找平的作用，砂浆的种类基本与底层相同，只是稠度稍小，中层抹灰较厚时应分层，每层厚度应控制在 5~9mm；面层起装饰作用，要求涂抹光滑、洁净，因此要求用细砂，或用麻刀、纸筋灰浆。各层砂浆的强度要求应为底层＞中层＞面层，并不得将水泥砂浆抹在石灰砂浆或混合砂浆上，也不得把罩面石膏灰抹在水泥砂浆层上。

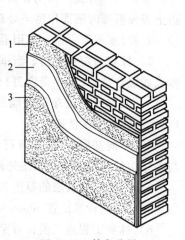

图 10-10　抹灰分层

1—底层　2—中层　3—面层

抹灰层的平均总厚度，不得大于下列规定：

1）顶棚：板条、空心砖、现浇混凝土为 15mm，预制混凝土为 18mm，金属网为 20mm。

2）内墙：普通抹灰为 18~20mm，高级抹灰为 25mm。

3）外墙为 20mm，勒脚及突出墙面部分为 25mm。

4）石墙为 35mm。

5）当抹灰厚度大于 35mm 时，应采取加强措施。

涂抹水泥砂浆每遍厚度宜为 5~7mm；涂抹石灰砂浆和水泥混合砂浆每遍厚度宜为 7~

9mm。面层抹灰经赶平压实后的厚度，麻刀石灰不得大于3mm；纸筋石灰、石膏灰不得大于2mm。

1. 基本要求

一般抹灰按质量要求分为普通抹灰和高级抹灰两个等级。

普通抹灰为一道底层和一道面层或一道底层、一道中层和一道面层，要求表面光滑、洁净、接槎平整、分格缝应清晰。

高级抹灰为一道底层、数层中层和一道面层组成。要求表面光滑、洁净、颜色均匀无抹纹、分格缝和灰线应清晰美观。

抹灰层与基层之间及各抹灰层之间必须粘结牢固，抹灰层应无脱层、空鼓，面层应无爆灰和裂缝。

2. 材料准备

抹灰前准备材料时，石灰膏应用块状生石灰淋制，使用未经熟化的生石灰或过火石灰，会发生爆灰和开裂，俗称"出天花"和"生石灰泡"的质量问题。因此石灰浆应在储灰池中常温下熟化期不少于15d，罩面用的磨细石灰粉的熟化期不应少于3d。在熟化期间，石灰浆表面应保留一层水，以使其与空气隔开而避免炭化，同时应防止冻结和污染。生石灰不宜长期存放，保质期不宜超过一个月。

抹灰用的砂子应过筛，不得含有杂物。抹灰用砂一般用中砂，也可采用粗砂与中砂混合掺用，但对有抗渗性要求的砂浆，要求以颗粒坚硬洁净的细砂为好。抹灰用纸筋麻刀应坚韧干燥、不含杂质。

3. 基层处理

（1）墙面抹灰的基层处理

1）抹灰前应对砖石、混凝土及木基层表面作处理，清除灰尘、污垢、油渍和碱膜等，并洒水湿润。表面凹凸明显的部位，应事先剔平或用1:3水泥砂浆补平，对于平整光滑的混凝土表面拆模时随即作凿毛处理，或用铁抹子满刮水灰比为0.37~0.4（内掺水重3%~5%的108胶）水泥浆一遍，或用混凝土界面处理剂处理。

2）抹灰前应检查门、窗框位置是否正确，与墙连接是否牢固。连接处的缝隙应用水泥砂浆或混合砂浆（加少量麻刀）分层嵌塞密实。

3）凡室内管道穿越的墙洞和楼板洞，凿剔墙后安装的管道，墙面的脚手孔洞均应用1:3水泥砂浆嵌塞密实。

4）不同基层材料（如砖石与木、混凝土结构）相接处应铺钉金属网并绷紧牢固，金属网与各结构的搭接宽度从相接处起每边不少于100mm。

5）为控制抹灰层的厚度和墙面的平整度，在抹灰前应先检查基层表面的平整度，并用与抹灰层相同砂浆设置50mm×50mm的标志或宽约100mm的标筋。

6）抹灰工程施工前，对室内墙面、柱面和门洞的阳角，宜用1:2水泥砂浆做护角，其高度不低于2m，每侧宽度不少于50mm。对外墙窗台、窗框、雨篷、阳台、压顶和突出腰线等，上面应做成流水坡度，下面应做滴水线或滴水槽，滴水槽的深度和宽度均不应小于10mm，要求整齐一致。

（2）顶棚抹灰的基层处理　预制混凝土楼板顶棚在抹灰前应检查其板缝大小，若板缝较大，应用细石混凝土灌实；板缝较小，一可用1:0.3:3的水泥石灰混合砂浆勾实，否则抹灰后将顺缝产生裂缝。预制混凝土板或现浇混凝土顶棚拆模后，构件表面较为光滑、平整，并常粘附一层隔离剂。当隔离剂为滑石粉或其他粉状物时，应先用钢丝刷刷除，再用清水冲干净，当隔离剂为油脂类时，先用浓度为10%的火碱溶液洗刷干净，再用清水冲洗干净。

板条顶棚（单层板条）抹灰前，应检查板条缝是否合适，一般要求间隙为7～10mm。

4. 一般抹灰的施工要点

待标筋砂浆有七八成干后，就可以进行底层砂浆抹灰。

抹底层灰可用托灰板（大板）盛砂浆，用力将砂浆推抹到墙面上，一般应从上而下进行。两标筋之间的墙面砂浆抹满后，即用长刮尺两头靠着标筋，从下而上进行刮灰，使抹上的底层灰与标筋面相平。再用木抹子来回抹压，去高补低，最后再用铁抹子压平一遍。

中层砂浆抹灰应待水泥砂浆（或水泥混合砂浆）底层凝结后或石灰砂浆底层灰七八成干后方可进行。中层砂浆抹灰时，应先在底层灰上洒水，待其收水后，即可将中层砂浆抹上去，一般应从上而下，自左向右涂抹，不用再做标志及标筋，整个墙面抹满后，用木抹来回搓抹，去高补低，再用铁抹子压抹一遍，使抹灰层平整、厚度一致。

面层灰应待中层灰凝固后才能进行。先在中层灰上洒水湿润，将面层砂浆（或灰浆）均匀地抹上去，一般应从上而下，自左向右涂抹整个墙面。抹满后，即用铁抹子分遍压抹，使面层灰平整、光滑，厚度一致。铁抹子运行方向应注意：最后一遍抹压宜是垂直方向，各分遍之间应互相垂直抹压。墙面上半部与墙面下半部面层灰接头处应压抹理顺，不留抹印。

5. 一般抹灰的注意事项及质量要点

1）抹灰工程施工前应先安装门窗框、护栏等，并应将墙上的施工洞堵实。基层应清理干净，并浇水湿润。

2）抹灰工程应分层进行，水泥砂浆每层厚度应5～7mm，混合砂浆每层厚度7～9mm，抹灰层总厚度应符合设计要求。当抹灰总厚度大于或等于35mm时，应采取加强措施。不同材料基体交接处表面的抹灰，应采取防止开裂的加强措施。当采用加强网时，加强网与各基体的搭接宽度不应小于100mm。

3）外墙和顶棚的抹灰层与基层之间及各抹灰层之间必须粘结牢固，抹灰层应无脱层、空鼓，面层应无爆灰和裂缝。

4）室内墙面、柱面、门洞口的阳角做法应符合设计要求，设计无要求时应采取1:2水泥砂浆做暗护角，高度不应低于2m。

5）踢脚板通常用1:3水泥砂浆抹底、中层，用1:2或1:2.5水泥砂浆抹面层。

6）一般抹灰工程的表面质量应符合下列规定：

① 普通抹灰表面应光滑、洁净、接槎平整，分格缝应清晰。

② 高级抹灰表面应光滑、洁净、颜色均匀、无抹纹，分格缝和灰线应清晰美观。

7）阴阳角顺直，棱角整齐，洞口方正，护角、孔洞、槽、盒周围的抹灰表面应整齐、光滑；管道后面的抹灰表面应平整。

8）有排水要求的部位应做滴水线（槽）。滴水线（槽）应整齐顺直，滴水线应内高外低，滴水槽宽度和深度均不应小于10mm。

9）一般抹灰工程质量的允许偏差和检验方法应符合表10-1的规定。

表 10-1　一般抹灰工程质量的允许偏差和检验方法

项次	项　目	允许偏差/mm		检 验 方 法
		普通抹灰	高级抹灰	
1	立面垂直度	4	3	用 2m 垂直检测尺检查
2	表面平整度	4	3	用 2m 靠尺和塞尺检查
3	阴阳角方正	4	3	用直角检测尺检查
4	分格条(缝)直线度	4	3	用 5m 线,不足 5m 拉通线,用钢直尺检查
5	墙裙、勒脚上口直线度	4	3	拉 5m 线,不足 5m 拉通线,用钢直尺检查

注：1. 普通抹灰,本表第 3 项阴角方正可不检查。

　　2. 顶棚抹灰,本表第 2 项表面平整度可不检查,但应平顺。

10.1.4　装饰抹灰施工

装饰抹灰与一般抹灰的区别在于两者具有不同的装饰面层,其底层和中层的做法与一般抹灰基本相同,下面介绍几种主要装饰面层的施工工艺。

1. 水刷石施工

水刷石饰面是将水泥石子浆罩面中尚未干硬的水泥用水冲刷掉,使各色石子外露,形成具有"绒面感"的表面。水刷石是石粒材料饰面的传统做法,这种饰面耐久性强,具有良好的装饰效果,造价较低,是传统的外墙装饰做法之一。

水刷石面层施工的操作方法及施工要点如下:

1)水泥石子浆大面积施工前,为防止面层开裂,需在中层砂浆六七成干时,按设计要求弹线、分格,钉分格条时木分格条应事先在水中浸透。用以固定分格条的两侧八字形纯水泥浆,应抹成 45°角。

水刷石面层施工前,应根据中层抹灰的干燥程度浇水湿润。紧接着用铁抹子满刮水灰比为 0.37 ~ 0.4 的水泥浆(内掺 3% ~ 5% 水重的 108 胶)一道,随即抹水泥石子浆面层。面层厚度视石子粒径而定,通常为石子粒径的 2.5 倍。水泥石子浆的稠度以 5 ~ 7cm 为宜,用铁抹子一次抹平、压实。

每一块分格内抹灰顺序应自下而上,同一平面的面层要求一次完成,不宜留缝。如必须留施工缝时,应留在分格条位置上。

2)修整。罩面灰收水后,用铁抹子溜一遍,将遗留的孔隙抹平。然后用软毛刷蘸水刷去表面灰浆,再拍平;阳角部位要往外刷,水刷石罩面应分遍拍平压实,石子应分布均匀、紧密。

3)喷刷、冲洗。喷刷、冲洗是水刷石施工的重要工序,喷刷、冲洗不净会使水刷石表面色泽灰暗或明暗不一致。

罩面灰浆初凝后,达到刷不掉石子程度时,即可开始喷刷。喷刷时可以两人配合操作,一人用毛刷蘸水轻轻刷掉罩面灰浆,另一人用喷雾器,或用手压喷浆机紧跟着喷刷。先将分格四周喷湿,然后由上向下喷水,喷水要均匀,喷头至罩面距离 10 ~ 20cm。不仅要将表面的水泥浆冲掉,还要将石渣间的水泥冲出来,使得石渣露出灰浆表面 1 ~ 2mm,甚至露出石子粒径的 1/2,使石子清晰可见,均匀密布。然后用清水从上往下全部冲洗干净。

4）起分格条。喷刷后，即可用抹子柄敲击分格条，用抹尖扎入木条上下活动，轻轻取出分格条，然后修饰分格缝并描好颜色。

水刷石是一项传统工艺，由于其操作技术要求较高，洗刷浪费水泥，墙面污染后不易清洗，故现今较少采用。

2. 干粘石施工

干粘石是将干石子直接粘在砂浆层上的一种装饰抹灰做法。装饰效果与水刷石差不多，但湿作业量小，节约原材料，又能明显提高工效。

干粘石面层操作方法和施工要点如下：

（1）抹粘结层 待中层水泥砂浆干至七成左右，洒水湿润后，粘分格条，待分格条粘牢后，在墙面刷水泥浆一遍，随后按格抹砂浆粘结层(1:3水泥砂浆，厚度4~6mm，砂浆稠度小于或等于8cm)。粘结层砂浆一定要抹平，不能显抹纹，按分格大小，一次抹一块或数块，应避免在块中甩搓。

（2）甩石子 干粘石所选石子的粒径比水刷石要小些，一般为4~6mm。粘结砂浆抹平后，应立即甩石子，先甩四周易干部位，然后甩中间，要做到大面均匀，边角和分格条两侧不漏粘，由上而下快速进行。石子使用前应用水冲洗干净并晾干，甩时用托盘盛装，托盘底部用窗纱钉成，以便筛净石子中的残留粉末。如发现饰面上石子有不匀或过稀现象，应用抹子或手直接补贴，否则会使墙面出现死坑或裂缝。

（3）压石子 当粘结砂浆表面均匀地粘上一层石子后，用抹子或辊子轻轻压一下，使石子嵌入砂浆的深度不小于1/2的石子粒径。拍压后石子表面应平整坚实，拍压时用力不宜过大，否则容易翻浆糊面，出现抹子或辊子轴的印迹。阳角处应在角的两侧同时操作，否则当一侧石子粘上后再粘另一侧时不易粘上，出现明显的接槎黑边。

干粘石也可用机械喷石代替手工甩石，施工时利用压缩空气和喷枪将石子均匀有力地喷射到粘结层上。喷头对准墙面距墙约300~400mm，气压以0.6~0.8MPa为宜。在粘结层硬化期间，应洒水养护，保持湿润。

（4）起分格条与修整 干粘石墙面达到表面平整，石子饱满，即可将分格条取出，取分格条应注意不要掉石子。如局部石子不饱满，可立即刷108胶水溶液，再甩石子补齐。将分格条取出后，随即用小溜子和素水泥浆将分格缝修补好，达到顺直清晰。

干粘石操作简便，但日久经风吹雨打易产生脱粒现象，现在已不多采用。

3. 斩假石施工

斩假石又称剁斧石，是在水泥砂浆基层上涂抹水泥石子浆，待硬化后，用剁斧及各种凿子等工具剁出有规律的石纹，使其类似天然花岗石、玄武石、青条石的表面即为斩假石。

斩假石面层施工要点如下：

1）在凝固的底层灰上弹出分格线，洒水润湿按分格线将木分格条用稠水泥浆粘贴在墙面上。

2）待分格条粘牢后，在各个分格区内刮一道水灰比为0.37~0.4的水泥浆(内掺水重3%~5%的108胶)，随即抹上1:1.25水泥石子浆，并压实抹平。隔24h后，洒水养护。

3）待面层水泥石子浆养护到试剁不掉石屑时，就可开始斩剁。斩剁采用各式剁斧，从上而下进行。边角处应斩剁成横向纹道或留出窄条不剁，其他中间部位宜斩剁成竖向纹道。剁的方向应一致，剁纹要均匀，一般要斩剁两遍。已剁好的分格就可起出周围的分格条。

4）全部斩剁完后，清扫斩假石表面。

4. 聚合物水泥砂浆的喷涂、滚涂与弹涂施工

（1）喷涂　喷涂是把聚合物水泥砂浆用砂浆泵或喷斗将砂浆喷涂于外墙面形成的装饰抹灰。

材料要求：浅色面层用白水泥，深色面层用普通水泥；细骨料用中砂或浅色石屑，含泥量不大于300，过3mm孔筛。

聚合物砂浆应用砂浆搅拌机进行拌合。先将水泥、颜料、细骨料干拌均匀，再边搅拌边顺序加入木质素磺酸钠（先溶于少量水中）、108胶和水，直至全部拌匀为止。如是水泥石灰砂浆，应先将石灰膏用少量水调稀，再加入水泥与细骨料的干拌料中。拌合好的聚合物砂浆，宜在2h内用完。

喷涂聚合物砂浆的主要机具设备有：空气压缩机（0.6m³/min）、加压罐、灰浆泵、振动筛（5mm筛孔）、喷枪、喷斗、胶管（25mm）、输气胶管等。波面喷涂使用喷枪。第一遍喷到底层砂浆变色即可，第二遍喷至出浆不流为止，第三遍喷至全部出浆，表面均匀呈波状，不挂流，颜色一致。喷涂时枪头应垂直于墙面，相距约30~50cm，其工作压力，在用挤压式灰浆泵时为0.1~0.15MPa，使用空气压缩机压力为0.4~0.6MPa。喷涂必须连续进行，不宜接槎。粒状喷涂使用喷斗。第一遍满喷盖住底层，收水后开足气门喷布碎点，快速移动喷斗，勿使出浆，第2、3遍应有适当间隔，以表面布满细碎颗粒、颜色均匀不出浆为原则。喷斗应与墙面垂直，相距约30~50cm。

（2）滚涂施工　滚涂是将2~3mm厚带色的聚合物水泥砂浆均匀地涂抹在底层上，用平面或刻有花纹的橡胶、泡沫塑料滚子在罩面层上直上直下实施滚涂，并一次滚出所需花纹。

滚涂饰面的底、中层抹灰与一般抹灰相同。中层一般用1:3水泥砂浆，表面搓平实。然后根据图纸要求，将尺寸分匀以确定分格条位置，弹线后贴分格条。抹灰面干燥后，喷涂有机硅溶液一遍。滚涂操作有干滚和湿滚两种。干滚法是滚子不蘸水，滚子上下来回后再向下滚一遍，达到表面均匀拉毛即可，滚出的花纹较粗，但工效高；湿滚法为滚子蘸水上墙，并保持整个表面水量一致，滚出的花纹较细，但比较费工。

（3）弹涂施工　弹涂是利用弹涂器将不同色彩的聚合物水泥砂浆弹在色浆面层上，形成有类似于干粘石效果的装饰面。

弹涂基层除砖墙基体应先用1:3水泥砂浆抹找平层并搓平外，一般混凝土等表面较为平整的基体，可直接刷底色浆后弹涂。基体应干燥、平整、棱角规矩。弹涂时，先将基层湿润刷（喷）底色浆，然后用弹涂器将色浆弹到墙面上，形成直径为1~3mm大小的图形花点，弹涂面层厚为2~3mm，一般2~3遍成活，每遍色浆不宜太厚，不得流坠，第一遍应覆盖60%~80%，最后罩一遍甲基硅醇钠憎水剂。弹涂应自上而下，从左向右进行。先弹深色浆，后弹浅色浆。喷涂、滚涂、弹涂饰面层，要求颜色一致，花纹大小均匀，不显接槎。

5. 假面砖

假面砖又称仿面砖，适用于装饰外墙面，远看像贴面砖，近看才是彩色砂浆抹灰层上分格。

假面砖抹灰层由底层灰、中层灰、面层灰组成。底层灰宜用1:3水泥砂浆，中层灰宜用1:1水泥砂浆，面层灰宜用5:1:9水泥石灰砂浆（水泥:石灰膏:细砂），按色彩需要掺入适量矿物颜料，成为彩色砂浆。面层灰厚3~4mm。

待中层灰凝固后，洒水湿润，抹上面层彩色砂浆，要压实抹平。待面层灰收水后，用铁梳或铁辊顺着靠尺由上而下划出竖向纹，纹深约1mm，竖向纹划完后，再按假面砖尺寸，

弹出水平线，将靠尺靠在水平线上，用铁刨或铁勾顺着靠尺划出横向沟，沟深约 3～4mm。全部划好纹、沟后，清扫假面砖表面。

6. 仿石

仿石适用于装饰外墙。仿石抹灰层由底层灰、结合层及面层灰组成。底层灰用 12mm 厚 1:3 水泥砂浆，结合层用水泥浆（内掺水重 3%～5% 的 108 胶），面层用 10mm 厚 1:0.5:4 水泥石灰砂浆。

10.1.5 装饰抹灰工程施工注意事项及质量要点

1）抹灰工程施工前应先安装门窗框、护栏等，并应将墙上的施工洞堵实；基层应清理干净，并浇水湿润。

2）抹灰工程应分层进行。当抹灰总厚度大于或等于 35mm 时，应采取加强措施。不同材料基体交接处表面的抹灰，应采取防止开裂的加强措施。

3）各抹灰层与基层之间及各抹灰层之间必须粘结牢固，抹灰层应无脱层、空鼓，面层应无爆灰和裂缝。

4）装饰抹灰分格条（缝）的设置应符合设计要求，宽度和深度应均匀，表面应平整光滑，棱角应整齐。外墙介格留设在洞口上下为宜。

5）有排水要求的部位应做滴水线（槽）。滴水线（槽）应整齐顺直，滴水线应内高外低，滴水槽的宽度和深度均不应小于 10mm。

6）装饰抹灰工程质量的允许偏差和检验方法应符合表 10-2 的规定。

表 10-2　装饰抹灰的允许偏差和检验方法

项次	项　目	允许偏差/mm				检验方法
		水刷石	斩假石	干粘石	假面砖	
1	立面垂直度	5	4	5	5	用 2m 靠尺和塞尺检查
2	表面平整度	3	3	5	4	用 2m 靠尺和塞尺检查
3	阳角方正	3	3	4	4	用直角检测尺检查
4	分格条（缝）直线度	3	3	3	3	用 5m 线，不足 5m 拉通线，用钢直尺检查
5	墙裙、勒脚上口直线度	3	3	~	~	用 5m 线，不足 5m 拉通线，用钢直尺检查

10.2　门窗工程

10.2.1　木门窗制作与安装

1. 施工准备

1）木门窗的扇、框、套等进场时应有产品合格证书、性能检测报告、进场验收记录。

238

2）应对人造木板的甲醛含量进行复验。

3）安装用的机具设备包括粗刨、细刨、裁口刨、单线刨、锯、锤子、斧子、线勒子、錾子、塞尺、线坠、红线包、墨斗、木铅笔、小电锯、电锤、铝合金工装、笤帚等。

4）普通木门窗框的安装应在抹灰前进行，门窗扇的安装应在抹灰后进行。

2. 施工工艺

（1）普通木门窗的制作工艺　工艺流程为：配料→截料→刨料→画线、凿眼→开榫→整理线角→堆放→拼装。

（2）普通木门窗安装工艺

1）安装门窗框应事先检查门窗洞口尺寸、垂直度及木砖数量，应用钉子固定在预埋木砖上，每边固定点不少于两处，其间距不大于1.2m；门窗走头的缺口，在门窗框调整就位后应进行封砌。

2）安装门窗框时需注意水平线要直。多层建筑的门窗在墙中的位置，应在一条直线上。安装时，横竖均拉通线。当门窗框的一面需镶贴（脸）板，则门窗框应凸出墙面，凸出的厚度等于抹灰的厚度。

3）木门窗扇的安装

① 安装前事先量好门窗框的高低尺寸，然后在相应的扇边勾画出高低宽窄的线，双扇门要打迭（自由门除外），先在中间缝处画出中线，再画出边线，并保证梃宽窄一致，上下冒头也要画线刨直。

② 画好高低宽窄线后，用粗刨刨去线外部分，再用细刨刨至光滑平直，使其合乎设计尺寸要求。

③ 将扇放入框中试装合格后，按扇高的1/8～1/10在框上按合页大小画线、并剔出合页槽，槽深一定要与合页厚度相适应，槽底要平。

4）木门窗的小五金安装

① 有木节处或填补的木节处，均不得安装小五金。

② 安装合页、插销、L铁、T铁等小五金时，先用锤子将木螺钉打入长度的1/3，然后用螺钉旋具将本螺钉拧紧、拧平，严禁打入全部深度。采用硬木时，应先钻2/3深度的孔，孔径为本螺钉直径的0.9倍，然后再将木螺钉由孔中拧入。

③ 门锁不宜安装在中冒头与立梃的结合处，以防伤榫。门锁位置一般高出地面90～95cm。

④ 上、下插销要安在梃宽的中间，如采用暗插销，则应在外梃上剔槽。

3. 质量控制要点

1）木门的防火、防腐、防虫处理应符合设计要求。制作胶合板门、纤维板门时，边框和横楞应在同一平面上，面层、边框及横楞应加压胶结。横楞和上、下冒头应各钻两个以上的透气孔，透气孔应通畅。胶合板门板材应做甲醛含量检测。

2）木门的品种、类型、规格、开启方向、安装位置及连接方式应符合设计要求。

3）木门框的安装必须牢固。固定框所用木砖设置必须符合标准要求，在砌体上安装门严禁用射钉固定。

① 固定木砖位置应距框上下各180mm放置一块，中间部分间距不超1.2m，木砖应大头朝里。

② 门框上枱头应置于墙内，禁止随意切锯。

③ 门洞间隙每边不应超 20mm，如超过 20mm，则钉子要加长，并在木砖与门框间加木垫，保证钉子进入木砖内 50mm。

4）木门扇必须安装牢固，并应开关灵活，关闭严密，无变形翘曲。

5）木门配件的型号、规格、数量应符合设计要求，安装应牢固，位置应正确，功能应满足使用要求。

① 木门拉手及插销高度宜 900～1050mm，同一室内单元或整栋楼，位置力求一致，尺寸准确。

② 安装合页必须按画好的位置线开合页槽，槽深应与合页厚度吻合。根据合页规格选用合适的螺钉，螺钉用锤打入 1/3 深后再拧入，避免不平、歪斜。

③ 五金配件数量、规格严格按数量表安装，并做好防腐后再安装。

6）木门窗制作的允许偏差和检验方法应符合表 10-3 的规定。

表 10-3　木门窗制作的允许偏差和检验方法

项次	项　目	构件名称	允许偏差/mm		检验方法
			普通	高级	
1	翘曲	框	3	2	将框、扇平放在检查平台上，用塞尺检查
		扇	2	2	
2	对角线长度差	框、扇	3	2	用钢直尺检查，框量裁口里角，扇量外角
3	表面平整度	扇	2	2	用 1m 靠尺和塞尺检查
4	高度、宽度	框	0～2	0～1	用钢直尺检查，框量裁口里角，扇量外角
		扇	+2.0	+1.0	
5	裁口等结合处高低差	框、扇	1	0.5	用钢直尺和塞尺检查
6	相邻棂子两端间距	扇	2	1	用钢直尺检查

7）木门安装的留缝限值、允许偏差和检验方法应符合表 10-4 的规定。

表 10-4　木门安装的留缝限值、允许偏差和检验方法

项次	项　目	留缝限值/mm		允许偏差/mm		检验方法
		普通	高级	普通	高级	
1	门槽口对角线长度差	～	～	3	2	用钢直尺检查
2	门框的下、侧面垂直度	～	～	2	1	用 1m 垂直检测尺检查
3	框与扇、扇与扇接缝高低差	～	～	2	1	用钢直尺和塞尺检查
4	门扇对口缝	1～2.5	1.5～2	～	～	用塞尺检查
5	工业厂房双扇大门对口缝	2～5	～	～	～	
6	门扇与上框间留缝	1～2	1～1.5	～	～	
7	门扇与侧框间留缝	1～2.5	1～1.5	～	～	用塞尺检查
8	门扇与下框间留缝	3～5	3～4	～	～	
9	双层门内外框间距	～	～	4	3	

项次	项　目		留缝限值/mm		允许偏差/mm		检　验　方　法
			普通	高级	普通	高级	
10	无下框时门扇与地面间留缝	外门	4~7	5~6	~	~	用钢直尺检查
		内门	5~8	6~7	~	~	用塞尺检查
		卫生间门	8~12	8~10	~	~	
		厂房大门	10~20		~	~	

10.2.2　金属门窗安装工程

1. 钢门窗安装

建筑中应用较多的钢门窗有薄壁空腹钢门窗和实腹钢门窗。钢门窗在工厂加工制作后整体运到现场进行安装。

钢门窗采用后塞口方法安装。可在洞口四周墙体预留孔埋设铁脚连接件固定，或在结构内预埋铁件，安装时将铁脚焊在预埋件上。

门窗位置确定后，将铁脚与预埋件焊接或埋入预留墙洞内，用1:2水泥砂浆或细石混凝土将洞口缝隙填实。铁脚尺寸及间隙按设计要求留设，但每边不得少于2个，铁脚与端角距离约180mm。

大面组合钢窗可在地面上先拼装好。为防止吊运过程中变形，可在钢窗外侧用木方或钢管加固。

砌墙时门窗洞口应比钢门窗框每边大15~30mm，作为嵌填砂浆的预留空间。其中清水砖墙不小于15mm；水泥砂浆抹面墙不小于20mm；水刷石墙不小于25mm；贴面砖或板材墙不小于30mm。

2. 铝合金门窗安装

（1）施工准备

1）技术准备。按施工图纸检验洞口尺寸、外墙面层间垂直、标高线，并进行技术交底。

2）材料要求

① 铝合金门窗的规格、型号应符合设计要求，五金配件应与门窗型号匹配，配套齐全，且应具有出厂合格证、性能检测报告、进场验收记录和复验报告。

② 所用的零附件及固定件宜采用不锈钢件，若采用其他材质必须进行防腐防锈处理。

③ 防腐材料、填缝材料、密封材料、防锈漆、水泥、砂、连接板等应符合设计要求和有关标准的规定。

④ 材料进场必须按图纸要求规格、型号严格检查验收尺寸、壁厚、配件等，如发现不符设计要求，有劈棱、窜角、翘曲不平、表面损伤、色差较大，无保护膜等不合格材料时不得接收入库；入库材料应分型号、规格堆放整齐；搬运时轻拿轻放，严禁扔摔。

3）主要机具

① 机械设备包括铝合金切割机、平提电钻、电锤、电焊机、经纬仪。

② 主要工具包括圆锉刀、半圆锉刀、划针、铁脚、圆规、钢直尺、螺钉旋具、平锤、

钳子、水平尺、线坠、墨斗、水桶、抹子。

4）作业条件

① 主体结构经有关质量部门验收合格，墙面抹灰已完，工种之间已办好交接手续。

② 检查门窗洞口尺寸及标高是否符合设计要求。有预埋件的门窗口还应检查预埋件的数量、位置及埋设方法是否符合设计要求。

③ 按图纸要求尺寸弹好门窗中线，并弹好室内 +50cm 水平线。

④ 检查铝合金门窗，如有劈棱窜角和翘曲不平、偏差超标，表面损伤，变形及松动、外观色差较大者，应与有关人员协商解决，经处理、验收合格后方可安装。

（2）施工工艺

1）工艺流程。弹线找规矩→门窗洞口处理→门窗洞口内埋设连接铁件→铝合金门窗拆包检查→按图纸编号运至安装地点→检查铝合金门窗保护膜→铝合金门窗框就位安装→门窗口四周嵌缝、填保温材料→清理→安装门窗扇→安装五金配件→安装门窗密封条→框边打密封胶。

2）弹线定位

① 在最高层找出洞口边线，用经纬仪或线坠将边线下引做好标记，对特别不直、有位移的洞口应提早处理，但不得影响结构，弹好室内水平线，在线上量出窗下皮标高，弹线找直，每一层窗下皮应在同一水平线上。

② 墙厚方向的位置确定。根据外墙大样图及窗台板宽度，确定铝合金门窗在墙厚方向的安装位置，如外墙厚度有偏差时，原则上应以同一房间窗台板外露尺寸一致为准，窗台板以伸入窗框下 5mm 为宜。

3）铝合金窗披水安装

按施工图纸要求将披水固定在铝合金窗上，且要保证位置正确、安装牢固。

4）防腐处理

① 门窗框四周外表的防腐处理设计有要求时，按设计要求处理，如果设计没有要求时，可涂刷防腐涂料或粘贴塑料薄膜进行保护，以免水泥砂浆直接与铝合金门窗表面接触，产生电化学反应，腐蚀铝合金门窗。

② 安装铝合金门窗时，如果采用连接铁件固定，则连接铁件、固定件等安装用金属零件最好用不锈钢件，否则必须进行防腐处理，以免产生电化学反应，腐蚀铝合金门窗。

5）铝合金门窗安装就位

根据划好的门窗定位线，安装铝合金门窗框，并及时调整好门窗框的水平、垂直及对角线长度等符合质量标准，然后用木楔临时固定。

6）铝合金门窗的固定

① 建筑外门窗的安装必须牢固。在砌体上安装门窗及连接件严禁用射钉固定。

② 当墙体上有铁件时，可直接把铝合金门窗的铁脚直接与墙体上的预埋铁件焊牢，焊接处需作防锈处理。

③ 当墙体上没有预埋铁件时，可用膨胀螺栓将铝合金窗的铁脚固定到墙上。

④ 当墙体上没有预埋铁件时，也可用电钻在墙上打 80mm 深、直径为 6mm 的孔，用 L 形、80mm×50mm、直径 6mm 钢筋，在长的一端粘涂 108 胶水泥浆，然后打入孔中，待 108 胶水泥浆终凝后，再将铝合金门窗的铁脚与预埋的 6mm 钢筋焊牢。

242

7）门窗框与墙体间缝隙的处理

① 铝合金门窗安装固定后，应先进行隐蔽工程验收，合格后及时按设计要求处理门窗框与墙体之间的缝隙。

② 如果设计未要求时，可采用弹性保温材料或玻璃棉毡条分层填塞缝隙，外表面留 5～8mm 深槽口填嵌缝油膏或密封胶。

8）地弹簧座的安装

① 根据地弹簧座的设计位置，提前画线剔洞，将地弹簧座用水泥砂浆固定在洞槽内。

② 调整地弹簧座使其上表皮与室内地坪齐平，转轴轴线一定要与门框横料的定位轴心线一致。

9）安装铝合金纱门窗绷铁纱（或钢纱、铝纱）、裁纱，压条固定。

① 截纱要比实际尺寸每边各长 50mm，以利于压纱。

② 绷纱时先将纱铺平，将上压条压好、压实，螺钉拧紧，将纱拉平绷紧装下压条，拧螺钉，然后再装两侧压条，用螺钉固定，将多余的纱用扁铲割掉，要切割干净、不留纱头。

（3）安全生产、现场文明施工要求

1）进入现场必须戴安全帽，严禁穿拖鞋、高跟鞋、带钉易滑鞋或光脚进入现场。

2）安装用的梯子应牢固可靠，不应缺档，梯子放置不应过陡，其与地面夹角以 60° 为宜。

3）材料要堆放平稳。工具要随手放入工具袋内。上下传递物件工具时，不得抛掷。

4）机电器具应安装触电保护器，以确保施工人员安全。

5）经常检查锤把是否松动，电焊机、电钻是否漏电。

6）高空室外操作应系好安全带，严禁将安全带挂在窗撑上。

（4）金属门窗质量控制要点

1）金属门窗安装应采用预留洞口的施工方法，不得边安装边砌口或先安装后砌口的施工方法。

2）金属门窗的品种、类型、规格、尺寸、性能、开启方向、安装位置、连接方式及铝合金门的型材壁厚应符合设计要求，防止铝型材太薄产生变形，窗型材壁厚不应小于1.4mm 门型材壁厚不应小于 2.0mm。

3）金属门窗框和副框的安装必须牢固，固定间距不大于 250mm。预埋件的数量、位置、埋设方式、与框的连接方式必须符合设计要求。在砖墙上固定严禁使用射钉，应先砌入混凝土预制块，强度不小于 C20。

4）金属门窗扇必须安装牢固，并应开关灵活、关闭严密，无倒翘。推拉门窗必须有防脱落措施，框扇搭压量不应小于 8mm。

5）金属门窗配件的型号、规格、数量应符合设计要求，安装应牢固，位置应正确，不应锈蚀，功能应满足使用要求。

6）金属门窗表面应洁净、平整、光滑、色泽一致，无锈蚀。大面应无划痕、碰伤。漆膜或保护层应连续。

7）铝合金门窗推拉门窗扇开关应顺畅、无阻滞，开关力应不大于 100N。

8）金属门窗框与墙体之间的缝隙应填嵌饱满连续，并采用密封胶密封。密封胶表面应光滑、顺直，无裂纹，宽度宜为 5～8mm。

9）金属门窗组合框两樘连接处应设拼樘料，组合形式必须符合标准要求并具有一定刚度。组合窗间立柱上，下端应各嵌入框顶和框底 25mm 以上。

10）带排水孔的金属门窗，排水孔应畅通，位置和数量应符合设计要求，并应设置内排水槽。

11）铝合金门窗安装的允许偏差和检验方法应符合表 10-5 的规定。

表 10-5　铝合金门窗安装的允许偏差和检验方法

项　次	项　目		允许偏差/mm	检　验　方　法
1	门窗槽口宽度、高度	≤1500mm	1.5	用钢直尺检查
		>1500mm	2	
2	门窗槽口对角线长度差	≤2000mm	3	用钢直尺检查
		>2000mm	4	
3	门窗框的正、侧面垂直度		2.5	用垂直检测尺检查
4	门窗横框的水平度		2	用1m水平尺和塞尺检查
5	门窗横框标高		5	用钢直尺检查
6	门窗竖向偏离中心		5	用钢直尺检查
7	双层门窗内外框间距		4	用钢直尺检查
8	推拉门窗扇与框搭接量		1.5	用钢直尺检查

12）涂色镀锌钢板门窗安装的允许偏差和检验方法应符合表 10-6 的规定。

表 10-6　涂色镀锌钢板门窗安装的允许偏差和检验方法

项次	项　目		允许偏差/mm	检　验　方　法
1	门窗槽口宽度、高度	≤1500mm	2	用钢直尺检查
		>1500mm	3	
2	门窗槽口对角线长度差	≤2000mm	4	用钢直尺检查
		>2000mm	5	
3	门窗框的正、侧面垂直度		3	用垂直检测尺检查
4	门窗横框的水平度		3	用1m水平尺和塞尺检查
5	门窗横框标高		5	用钢直尺检查
6	门窗竖向偏离中心		5	用钢直尺检查
7	双层门窗内外框间距		4	用钢直尺检查
8	推拉门窗扇与框搭接量		2	用钢直尺检查

3. 涂色镀锌钢板门窗安装

（1）施工准备

1）主要机具。主要机具包括螺钉旋具、粉线包、托线板、线坠、扳手、锤子、钢卷尺、塞尺、毛刷、刮刀、錾子、铁水平、丝锥、扫帚、冲击电钻、射钉枪、电焊机、面罩、小水壶等。

2）作业条件

① 结构工程已完、经验收后达到了合格标准，已办理了工种之间交接验收。

② 按图示尺寸弹好窗中线及 50cm 的标高线，核对门窗口预留尺寸及标高是否正确，如不符，应提前进行处理。

③ 检查原结构施工时门窗两侧预留铁件的位置是否正确，是否满足安装需要，如有问题应及时调整。

④ 开包检查核对门窗规格、尺寸和开启方向是否符合图纸要求、检查门窗框扇角梃有无变形，玻璃及零部件是否损坏，如有破损，应及时修复或更换后方可安装。

⑤ 提前准备好安装脚手架，并做好安全防护。

（2）施工工艺

1）工艺流程。弹线找规矩→门窗洞口处理→门窗洞口预埋铁件的核查→拆包检查门窗质量→按图纸编号运至安装地点→涂色镀锌钢板门窗就位安装→门窗四周嵌缝、填保温材料→清理→质量检验→成品保护。

2）弹线找规矩。在最高层找出门窗口边线。用大线坠将门窗口边线引到各层，并在每层窗口处划线、标注，对个别不直的窗口边应进行处理。高层建筑可用经纬仪作垂直线。

门窗口的标高尺寸应以楼层 +50cm 水平线为准往上返，这样可分别找出窗下皮安装标高及门口安装标高位置。

3）墙厚方向的安装位置。根据外墙大样及窗台板的宽度，确定涂色镀锌钢板门窗安装位置，安装时应以同一房间窗台板外露宽度相同来掌握。

4）与墙体固定的两种方法

① 带副框的门窗安装（图 10-11）

a. 按门窗图纸尺寸在工厂组装好副框运到施工现场，用 M5×12 的自攻螺钉将连接件铆固在副框上。

b. 按图纸要求的规格、型号运送到安装现场。

c. 将副框装入洞口，并与安装位置线齐平，用木楔临时固定，校正副框的正、侧面垂直度及对角线的长度无误后，用木楔固定。

d. 将副框的连接件逐件用电焊焊牢在洞口的预埋铁件上。

e. 嵌塞门窗副框四周的缝隙，并及时将副框清理干净。

f. 在副框与门窗的外框接触的顶、侧面贴上密封胶条，将门窗装入副框内，适当调整，自攻螺钉将门窗外框与副框连接牢固，扣上孔盖；安装推拉窗时，还应调整好滑块。

g. 副框与外框、外框与门窗之间的缝隙，应填充密封胶。

h. 做好门窗的防护，防止碰撞、损坏。

② 不带副框的安装（图 10-12）

a. 按设计图的位置在洞口内弹好门窗安装位置线，并明确门窗安装的标高尺寸。

b. 按门窗外框上膨胀螺栓的位置，在洞口相应位置的墙体上钻膨胀螺栓孔。

c. 将门窗装入洞口安装线上，调整门窗的垂直度、标高及对角线长度，合格后用木楔固定。

d. 门窗与洞口用膨胀螺栓固定好，盖上螺栓盖。

e. 门窗与洞口之间的缝隙按设计要求的材料嵌塞密实，表面用建筑密封胶封闭。

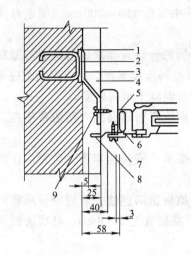

图 10-11　带副框涂色镀锌钢板门窗安
装节点示意图

1—预埋铁板　2—预埋件 φ10 圆铁　3—连接
件　4—水泥砂浆　5—密封膏　6—垫片
7—自攻螺钉　8—副框　9—自攻螺钉

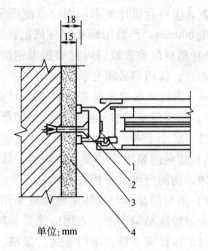

单位：mm

图 10-12　不带副框涂色镀锌钢板门窗
安装节点示意图

1—塑料盖　2—膨胀螺钉　3—密
封膏　4—水泥砂浆

10.2.3　塑料门窗安装

1. 施工准备

（1）主要机具设备　主要机具设备包括电锤、电钻、射钉枪、经纬仪、锤子、錾子、钢卷尺、螺钉旋具、水平尺、线坠、楔子、粉线包等。

（2）作业条件

1）主体结构已施工完毕，墙面抹灰完成。工种之间的交接手续已办完。

2）按图要求弹好门窗位置线，并根据已弹好的 +50cm 水平线，确定好安装标高。

3）校核已留置的门窗洞口尺寸及标高是否符合设计要求，有问题的应及时修正。

4）检查塑料门窗安装时的连接位置排列是否符合要求。

5）检查门窗表面色泽是否均匀，是否有裂纹、麻点、气孔和明显擦伤。

2. 施工工艺

工艺流程：弹中线找平→安装连接件或固定片→塑料门窗就位、安装、固定→周边填保温材料→安装玻璃→门窗四周嵌缝打胶→安装五金配件→清理。

3. 质量控制要点

1）塑料门窗安装应采用预留洞口的施工方法，不得边安装边砌口或先安装后砌口的施工方法。

2）塑料门窗的品种、类型、规格、尺寸、开启方向、安装位置、连接方式及填嵌密封处理应符合设计要求。内衬增强型钢的壁厚及设置应符合国家现行产品标准的质量要求，一般为 1.5mm，并需作防腐处理。

3）塑料门窗框、副框和扇的安装必须牢固。固定片或膨胀螺栓的数量与位置应正确，连接方式应符合设计要求。固定点应距窗角、中横框、中竖框 150～200mm，固定点间距应不大于 600mm。严禁用螺栓穿框固定。

4）塑料门窗拼樘料内衬增加型钢的规格、壁厚必须符合设计要求，型钢应与型材内腔紧密吻合，其两端必须与洞口固定牢固。窗框必须与拼樘料连接紧密，固定点间距应不大于 600mm，钢衬两端要比拼樘料长 10～15mm，用 C20 细石混凝土填塞密实。

5）塑料门窗扇应开关灵活、关闭严密，无倒翘。推拉门窗扇必须有防脱落措施。框扇搭压量不应小于 8mm。

6）塑料门窗配件的型号、规格、数量应符合设计要求，安装应牢固，位置应正确，不应锈蚀，功能应满足使用要求。

7）塑料门窗框与墙体间缝隙应采用闭孔弹性材料填嵌饱满连续，表面应采用密封胶密封。密封胶应粘结牢固，表面应光滑、顺直、无裂纹，宽度宜为 5～8mm。玻璃密封条与玻璃槽口的接缝应平整，不得卷边、脱槽。

8）塑料门窗表面应洁净、平整、光滑，大面应无划痕、碰伤。

9）塑料门窗扇的密封条不得脱槽，旋转窗间隙应基本均匀。

10）塑料门窗扇的开关力应符合下列规定：

① 平开门窗扇平铰链的开关力应不大于 80N；滑撑铰链的开关力应不大于 80N，并不小于 30N。

② 推拉门窗扇的开关力应不大于 100N。

11）排水孔应畅通，位置和数量应符合设计要求，一般距框边宜 8cm。同时检查内排水槽的设置，保证槽内冷凝水能顺畅排出。

12）门扇应安装牢固不宜掉扇，无变形。封闭严密，绷砂紧密。

13）塑料门窗安装的允许偏差和检验方法应符合表 10-7 的规定。

表 10-7　塑料门窗安装的允许偏差和检验方法

项次	项　目		允许偏差/mm	检验方法
1	门窗槽口宽度、高度	≤1500mm	2	用钢直尺检查
		>1500mm	3	
2	门窗槽口对角线长度差	≤2000mm	3	用钢直尺检查
		>2000mm	5	
3	门窗框的正、侧面垂直度		3	用1m垂直检测尺检查
4	门窗横框的水平度		3	用1m水平尺和塞尺检查
5	门窗横框标高		5	用钢直尺检查
6	门窗竖向偏离中心		5	用钢直尺检查
7	双层门窗内外框间距		4	用钢直尺检查
8	同樘平开门窗相邻扇高度差		2	用钢直尺检查
9	平开门窗铰链部位配合间隙		+2；-1	用塞尺检查
10	推拉门窗扇与框搭接量		+1.5；~2.5	用钢直尺检查
11	推拉门窗扇与竖框平等度		2	用1m水平尺和塞尺检查

10.2.4 特种门安装

1. 施工准备

（1）主要机具：螺钉旋具、粉线包、托线板、线坠、扳手、锤子、钢卷尺、毛刷、刮刀、錾子、水平尺、冲击电钻、射钉枪、电焊机等。

（2）作业条件

1）结构工程已完，已办理了工种之间验收交接。

2）弹好中线及 +50cm 的标高线，核对门口尺寸及标高是否正确或应提前进行处理。

3）检查原结构施工时，洞口周围预留埋件是否正确，是否满足安装需要，及时调整。

4）开包检查核对规格、尺寸和开启方向是否符合图纸要求，检查门框、扇角有无变形，附件是否损坏，如有损坏，应及时修复或更换后方可安装。

5）提前准备好安装用脚手架，并搞好安全防护。

2. 施工工艺

（1）防火门

1）工艺流程。弹线找规距洞口处理→洞口预埋件核查→拆包检查门的质量→按图纸编号运至安装地点→安装→四周嵌缝→清理→质量检查→成品保护。

2）划线。按设计要求的尺寸、标高和方向，画出门框口位置线。

3）立门框。先拆掉门框下部的固定板。门框口高度比门扇高度大于30mm，洞口两侧已经预留凹槽，门框埋地20mm深。

将框用木楔临时固定在洞口内，经校正合格后，固定木楔。门框铁角与预埋件焊牢。

4）安装门扇及附件。门框周边缝隙，用水泥砂浆或细石混凝土嵌塞牢固，经养护凝固后，粉刷洞口及墙体粉刷完毕后，安装门扇、五金配件和有关防火装置。门闭合时，门缝应均匀平整，开启自由轻便，不得有过紧、过松和反弹现象。

（2）金属卷帘门

工艺流程。检查预埋件→安装→调试→粉刷。

（3）玻璃转门安装

1）工艺流程。质量检查→固定门框→安装转轴→安装门顶及转臂并调整→安装玻璃。

2）质量检查。开箱后，检查构件质量是否合格，零配件是否齐全，门樘尺寸是否与预留门洞尺寸相符。

3）门框固定。按洞口位置将门框正确地与预埋件固定，并检查固定的是否水平、居中。

4）安装转轴。将底座下垫实，不允许有下陷情况，然后固定底座，底座临时焊接轴承支座，使转轴垂直于地面。

5）安装门顶及转臂。转臂不允许预先固定，以便于调整。安装门扇、旋转门扇，保证上下间隙；调整转臂位置，以保证门扇与转臂之间间隙。

6）整体固定。先焊接上轴承座，用混凝土固定底座。

248

7）安装玻璃。

3. 安全生产、现场文明施工要求

1）进入现场必须戴安全帽，严禁穿拖鞋、高跟鞋、带钉易滑鞋或光脚进入现场。

2）安装用的梯子应牢固可靠，不应缺档，梯子放置不应过陡，其与地面夹角以 60° 为宜。

3）材料要堆放平稳。工具要随手放入工具袋内。上下传递物件工具时，不得抛掷。

4）机电器具应安装触电保护器，以确保施工人员安全。

5）经常检查锤把是否松动，电焊机、电钻是否漏电。

6）高空室外操作应系好安全带，严禁将安全带挂在窗撑上。

4. 质量控制要点

1）特种门的质量和各项性能应符合设计要求。

2）特种门的品种、类型、规格、尺寸、开启方向、安装位置及防腐处理应符合设计要求。

3）带有机械装置、自动装置或智能化装置的特种门，其机械装置、自动装置或智能化装置的功能应符合设计要求和有关标准的规定。

4）特种门的安装必须牢固。预埋件的数量、位置、埋设方式、与框的连接方式必须符合设计要求。

5）特种门的配件应齐全，位置应正确，安装应牢固，功能应满足使用要求和特种门的各项性能求。

6）推拉自动门安装的留缝限值、允许偏差和检验方法应符合表 10-8 的规定。

表 10-8　推拉自动门安装的留缝限值、允许偏差和检验方法　　　（单位:mm）

项　次	项　　目		留缝限值	允许偏差	检　验　方　法
1	门槽口宽度、高度	≤1500mm	~	1.5	用钢直尺检查
		>1500mm	~	2	
2	门槽口对角线长度差	≤2000mm	~	2	用钢直尺检查
		>2000mm	~	2.5	
3	门框的正、侧面垂直度		~	1	用1m垂直检测尺检查
4	门构件装配间隙		~	0.3	用塞尺检查
5	门梁导轨水平度		~	1	用1m水平尺和塞尺检查
6	下导轨与门梁导轨平行度		~	1.5	用钢直尺检查
7	门扇与侧框间留缝		1.2~1.8	~	用塞尺检查
8	门扇对口缝		1.2~1.8	~	用塞尺检查

7）推拉自动门的感应时间限值和检验方法应符合表 10-9 的规定。

表 10-9　推拉自动门的感应时间限值和检验方法

表 10-9　推拉自动门的感应时间限值和检验方法

项次	项　　目	感应时间限值/s	检验方法	项次	项　　目	感应时间限值/s	检验方法
1	开门响应时间	≤0.5	用秒表检查	3	门扇全开启后保持时间	13 ~ 17	用秒表检查
2	堵门保护延时	16 ~ 20	用秒表检查				

8）旋转门安装的允许偏差和检验方法应符合表 10-10 规定。

表 10-10　旋转门安装的允许偏差和检验方法

项次	项　　目	允许偏差/mm		检验方法
		金属框架玻璃旋转门	木质旋转门	
1	门扇正、侧面垂直度	1.5	1.5	用1m垂直检测尺检查
2	门扇对角线长度差	1.5	1.5	用钢直尺检查
3	相邻扇高度差	1	1	用钢直尺检查
4	扇与圆弧边留缝	1.5	2	用塞尺检查
5	扇与上顶间留缝	2	2.5	用塞尺检查
6	扇与地面间留缝	2	2.5	用塞尺检查

10.2.5　门窗玻璃安装

1. 施工准备

（1）材料准备

1）玻璃等材料品种、规格和颜色应符合设计要求，其质量及观感符合有关产品标准。

2）平板、磨砂、彩色、压花、吸热、热反射、中空、夹层、钢化玻璃等品种、规格按设计要求选用，进场的玻璃应有产品合格证，安全玻璃应有资质证书。

3）油灰（腻子）应具有塑性且不泛油，不粘手，应柔软，有拉力、支撑力。外观呈灰白色稠塑性固体膏状为好。用于钢门窗玻璃的油灰应具有防锈性。

4）红丹、铅油、玻璃钉、钢丝卡子、油绳、橡胶垫、木压条、煤油等应满足设计要求。

5）橡胶压条、密封胶应符合设计要求，并应有产品合格证及使用说明。

6）氯丁橡胶垫层及铝合金垫层，根据需要准备。

7）玻璃胶的选用应与铝合金相匹配，并应有出厂合格证。

8）玻璃的运输和存放应符合下列规定：

① 玻璃的运输和存放应符合现行《普通平板玻璃》（GB 4871—1995）的有关规定。

② 玻璃不应搁置和倚靠在可能损伤玻璃边缘和玻璃面的物体上。

③ 应防止玻璃被风吹倒。

9）当用人力搬运玻璃时应符合下列规定：

① 应避免玻璃在搬运过程中破损。

② 搬运大面积玻璃时应注意风向，确保安全。

（2）工具、机具　主要包括工作台、玻璃刀、尺板、钢卷尺、木折尺、克丝钳、錾子、油灰刀、木柄小锤、方尺、棉丝或抹布、毛笔、手动吸盘、电动真空吸盘、运玻璃小车、注胶枪、安全带、工具袋等。

2. 施工工艺

（1）钢、木框扇玻璃安装　工艺流程：玻璃挑选、裁制→分规格放置→安装前擦净→刮底油灰→镶嵌玻璃→刮油灰、净边。

（2）塑料框扇玻璃安装　工艺流程：清理玻璃槽口污物→玻璃安装前准备→玻璃安装就位橡胶压条→固定→检查压条位置将玻璃固定好→擦玻璃。

（3）铝合金框扇玻璃安装　工艺流程：清理玻璃槽口污物→玻璃安装前准备→玻璃安装就位橡胶压条→将橡胶压条嵌入凹槽→将玻璃固定→玻璃清理。

3. 安全生产、现场文明施工要求

1）操作前，按有关操作规程和安全标准检查脚手架搭设是否牢固，跳板有无腐朽之处，如有应及时修理改正。经检查合格后，才能进行玻璃安装。

2）在多层脚手架上作业时，尽量避免在同一垂直线上工作，如需要立体交叉作业时，必须戴好安全帽，并采取可靠的防护措施。

3）严禁将脚手架搭设在门窗框、窗台上及散热器、管道上。

4）严禁搭设跳板。

5）夜间用临时移动照明灯具，应使用安全电压，垂直运输等机械设备的操作人员必须持证上岗，非操作人员不得操作。

6）现场所用油灰、钉子、钢丝卡子、木压条、橡胶条、密封胶筒及玻璃下脚料要随时消除干净，做到"工完料净，人走场地清"。

7）玻璃安装时，避免与太多工种交叉作业，以免在安装时，各种物体与玻璃碰撞，击碎玻璃。

8）作业时，不得将废弃的玻璃乱仍，以免伤害到其他作业人员。

9）安装玻璃应从上往下逐层安装。安装玻璃应用吸盘，作业下方严禁走人或停留。

10）安装玻璃或擦玻璃时，严禁用手攀窗框、窗扇和窗撑；操作时应系好安全带，严禁把安全带挂在窗撑上。

4. 质量控制要点

1）玻璃的品种、规格、尺寸、色彩、图案和涂膜朝向应符合设计要求。单块玻璃大于 $1.5m^2$ 时应使用安全玻璃。建筑物需要以玻璃作为建筑材料的下列部位必须使用安全玻璃：

① 7 层及 7 层以上建筑物外开窗。

② 面积大于 $1.5m^2$ 的窗玻璃或玻璃底边最终装修面小于 500mm 的落地窗。

③ 幕墙（全玻幕除外）。

④ 倾斜装配窗、各类顶棚（含天窗、采光顶）。

⑤ 观光电梯及其外围护。

⑥ 室内隔断、浴室围护和屏风。

⑦ 楼梯、阳台、平台走廊的栏板和中庭内栏板（安全玻璃厚度不小于 12mm）。

⑧ 用于承受行人的地面板。

⑨ 水族馆和游泳池的观察窗、观察孔。

⑩ 公共建筑物的出入口、门厅等部位。

⑪ 易遭受撞击、冲击而造成人体伤害的其他部位。

2）门窗玻璃裁割尺寸应正确。安装后的玻璃应牢固，不得有裂纹、损伤和松动。玻璃中空层内不得有灰尘和水蒸气。

3）玻璃尺寸应与框扇槽内预留尺寸基本吻合，四周与框扇间隙为 2～3mm，玻璃厚度按要求严格控制。

4）玻璃的安装方法应符合设计要求。固定玻璃的钉子或钢丝卡的数量、规格应保证玻璃安装牢固。

5）密封条与玻璃、玻璃槽口的接触应紧密、平整。密封胶与玻璃、玻璃槽口的边缘应粘结牢固、接缝平齐。下料长度应比装配长度长 20～30mm。

6）带密封条的玻璃压条，其密封条必须与玻璃全部贴紧，压条与型材之间应无明显缝隙，压条接缝应不大于 0.5mm。

7）玻璃表面应洁净，中空玻璃中空层内不得有灰尘和蒸汽。

8）为防止门窗的框、扇型材胀缩、变形时导致玻璃破碎，门窗玻璃不应直接接触型材。玻璃应按规定加设垫块。为保护镀膜玻璃上的镀膜层及发挥镀膜层的作用，单面镀膜玻璃的镀膜层应朝向室内。双层玻璃的单面镀膜玻璃应在最外层，镀膜层应朝向室内。

10.3 吊顶工程

10.3.1 吊顶工程组成

吊顶采用悬吊方式将装饰顶棚支承于屋顶或楼板下面。吊顶的构造组成主要由支承、基层和面层三个部分组成。

1. 支承吊顶

支承由吊杆（吊筋）和主龙骨组成。

（1）木龙骨吊顶的支承　木龙骨吊顶的主龙骨又称为大龙骨或主梁，传统木质吊顶的主龙骨多采用 50mm×70mm～60mm×100mm 的方木或薄壁槽钢、∟60×6～∟70×7 角钢制作。龙骨间距按设计，如设计无要求，一般按 1m 设置。主龙骨一般用 φ8～10mm 的吊顶螺栓或 8 号镀锌钢丝与屋顶或楼板连接。木吊杆和木龙骨必须作防腐和防火处理。

（2）金属龙骨吊顶的支承部分　轻钢龙骨与铝合金龙骨吊顶的主龙骨截面尺寸取决于荷载大小，其间距尺寸应考虑次龙骨的跨度及施工条件，一般采用 1～1.5m。其截面形状较多，主要有 U 形、T 形、C 形、L 形等。主龙骨与屋顶结构或楼板结构多通过吊杆连接，吊杆与主龙骨用特制的吊杆件或套件连接。金属吊杆和龙骨应作防锈处理。

2. 基层

基层用木材、型钢或其他轻金属材料制成的次龙骨组成。吊顶面层所用材料不同，其基层部分的布置方式和次龙骨的间距大小也不一样，但一般不应超过 600mm。

吊顶的基层要结合灯具位置、风扇或空调透风口位置等进行布置，留好预留洞口及吊挂设施等，同时应配合管道、线路等安装工程施工。

3. 面层

木龙骨吊顶,其面层多用人造板(如胶合板、纤维板、木丝板、刨花板)面层或板条(金属网)抹灰面层。轻钢龙骨、铝合金龙骨吊顶,其面板多用装饰吸声板(如纸面石膏板、钙塑泡沫板、纤维板、矿棉板、玻璃丝棉板等)制作。

10.3.2 吊顶施工工艺

1. 木质吊顶施工

(1) 弹水平线 首先将楼地面基准线弹在墙上,并以此为起点,弹出吊顶高度水平线。

(2) 主龙骨的安装 主龙骨与屋顶结构或楼板结构连接主要有三种方式:用屋面结构或楼板内预埋铁件固定吊杆;用射钉将角铁等固定于楼底面固定吊杆;用金属膨胀螺栓固定铁件再与吊杆连接(图10-13)。

主龙骨安装后,沿吊顶标高线固定沿墙木龙骨,木龙骨的底边与吊顶标高线齐平。一般是用冲击电钻在标高线以上10mm处墙面打孔,孔内塞入木楔,将沿墙龙骨钉固于墙内木楔上。然后将拼接组合好的木龙骨架托到吊顶标高位置,整片调正调平后,将其与沿墙龙骨和吊杆连接。

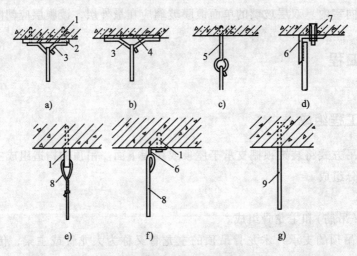

图 10-13 主龙骨安装

a) 射钉固定 b) 预埋件固定 c) 预埋 φ6 钢筋吊环 d) 金属膨胀螺栓固定
e) 射钉直接连接钢丝(或 8 号钢丝) f) 射钉角铁连接 g) 预埋 8 号镀锌钢丝
1—射钉 2—焊板 3—φ10 钢筋吊环 4—预埋钢板 5—φ6 钢筋 6—角钢
7—金属膨胀螺栓 8—镀锌钢丝(8 号、12 号、14 号) 9—8 号镀锌钢丝

(3) 罩面板的铺钉 罩面板多采用人造板,应按设计要求切成方形、长方形等。板材安装前,按分块尺寸弹线,安装时由中间向四周呈对称排列,顶棚的接缝与墙面交圈应保持一致。面板应安装牢固且不得出现折裂、翘曲、缺棱掉角和脱层等缺陷。

2. 轻金属龙骨吊顶施工

轻金属龙骨按材料分为轻钢龙骨和铝合金龙骨。

(1) 轻钢龙骨装配式吊顶施工 利用薄壁镀锌钢板带经机械冲压而成的轻钢龙骨即为吊顶的骨架型材。轻钢吊顶龙骨有 U 形和 T 形两种。

U 形上人轻钢龙骨安装方法如图 10-14 所示。

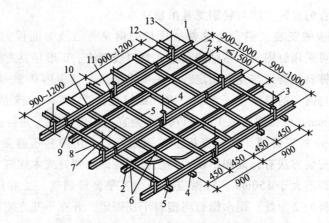

图 10-14 U 形龙骨吊顶示意图

1—BD 大龙骨 2—UZ 横撑龙骨 3—吊顶板 4—UZ 龙骨 5—UX 龙骨 6—UZ₃ 支托连接 7—UZ₂ 连接件

8—UX₂ 连接件 9—BD₂ 连接件 10—UX₁ 吊挂 11—UX₂ 吊件 12—BD₁ 吊件 13—UX₃ 吊杆 φ8 ~ φ10

施工前，先按龙骨的标高在房间四周的墙上弹出水平线，再根据龙骨的要求按一定间距弹出龙骨的中心线，找出吊点中心，将吊杆固定在埋件上。吊顶结构未设埋件时，要按确定的节点中心用射钉固定螺钉或吊杆，吊杆长度计算好后，在一端套螺纹，螺纹的长度要考虑紧固的余量，并分别配好紧固用的螺母。

主龙骨的吊顶挂件连在吊杆上校平调正后，拧紧固定螺母，然后根据设计和饰面板尺寸要求确定的间距，用吊挂件将次龙骨固定在主龙骨上，调平调正后安装饰面板。

饰面板的安装方法有：

1）搁置法：将饰面板直接放在 T 形龙骨组成的格框内。有些轻质饰面板，考虑刮风时会被掀起（包括空调口、通风口附近），可用木条、卡子固定。

2）嵌入法：将饰面板事先加工成企口暗缝，安装时将 T 形龙骨两肢插入企口缝内。

3）粘贴法：将饰面板用胶粘剂直接粘贴在龙骨上。

4）钉固法：将饰面板用钉、螺钉、自攻螺钉等固定在龙骨上。

5）卡固法：多用于铝合金吊顶，板材与龙骨直接卡接固定。

（2）铝合金龙骨装配式吊顶施工 铝合金龙骨吊顶按罩面板的要求不同分为龙骨底面不外露和龙骨底面外露两种形式；按龙骨结构型式不同分为 T 型和 TL 型。TL 型龙骨属于安装饰面板后龙骨底面外露的一种（图 10-15、图 10-16）。

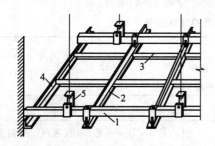

图 10-15 TL 型铝合金吊顶

1—大龙骨 2—大 T 型龙骨 3—小 T 形龙骨

4—角条 5—大吊挂件

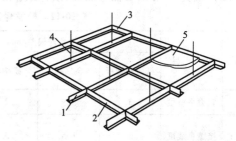

图 10-16 TL 型铝合金不上人吊顶

1—大 T 形龙骨 2—小 T 形龙骨 3—吊件

4—角条 5—饰面板

铝合金吊顶龙骨的安装方法与轻钢龙骨吊顶基本相同。

（3）常见饰面板的安装　铝合金龙骨吊顶与轻钢龙骨吊顶饰面板安装方法基本相同。石膏饰面板的安装可采用钉固法、粘贴法和暗式企口胶接法。U形轻钢龙骨采用钉固法安装石膏板时，使用镀锌自攻螺钉与龙骨固定。钉头要求嵌入石膏板内0.5~1mm，钉眼用腻子刮平，并用石膏板与同色的色浆腻子涂刷一遍。螺钉规格为M5×25或M5×35。螺钉与板边距离应不大于15mm，螺钉间距以150~170mm为宜，均匀布置，并与板面垂直。石膏板之间应留出8~10mm的安装缝。待石膏板全部固定好后，用塑料压缝条或铝压缝条压缝。钙塑泡沫板的主要安装方法有钉固和粘贴两种。钉固法即用圆钉或木螺钉，将面板钉在顶棚的龙骨上，要求钉距不大于150mm，钉帽应与板面齐平，排列整齐，并用与板面颜色相同的涂料装饰。钙塑板的交角处，用木螺钉将塑料小花固定，并在小花之间沿板边按等距离加钉固定。用压条固定时，压条应平直，接口严密，不得翘曲。钙塑泡沫板用粘贴法安装时，胶粘剂可用401胶或氯丁胶浆——聚异氯酸酯胶(10:1)涂胶后应待稍干，方可把板材粘贴压紧。胶合板、纤维板安装应用钉固法：要求胶合板钉距80~150mm，钉长25~35mm，钉帽应打扁，并进入板面0.5~1mm，钉眼用油性腻子抹平；纤维板钉距80~120mm，钉长20~30mm，钉帽进入板面0.5mm，钉眼用油性腻子抹平；硬质纤维板应用水浸透，自然阴干后安装。矿棉板安装的方法主要有搁置法、钉固法和粘贴法。顶棚为轻金属T形龙骨吊顶时，在顶棚龙骨安装放平后，将矿棉板直接平放在龙骨上，矿棉板每边应留有板材安装缝，缝宽不宜大于1mm。顶棚为木龙骨吊顶时，可在矿棉板每四块的交角处和板的中心用专门的塑料花托脚，用木螺钉固定在木龙骨上；混凝土顶面可按装饰尺寸做出平顶木条，然后再选用适宜的粘胶剂将矿棉板粘贴在平顶木条上。

10.3.3　吊顶工程质量要求

1. 暗龙骨吊顶工程

1）吊顶工程的木吊杆、木龙骨和木饰面板必须进行防火处理，并应符合有关设计防火规范的规定。吊顶工程中的预埋件、钢筋吊杆和型钢吊杆应进行防锈处理。吊杆距主龙骨端部距离不得大于300mm，当大于300mm时，应增加吊杆。当吊杆长度大于1.5m时，应设置反支撑。当吊杆与设备相遇时，应调整并增设吊杆。重型灯具、电扇及其他重型设备严禁安装在吊顶工程的龙骨上。

2）暗龙骨吊顶工程安装的允许偏差和检验方法应符合表10-11的规定。

表 10-11　暗龙骨吊顶工程安装的允许偏差

项次	项　　目	允许偏差/mm				检验方法
		纸面石膏板	金属板	矿棉板	木板、塑料板、格栅	
1	表面平整度	3	2	2	3	用2m靠尺和塞尺检查
2	接缝直线度	3	1.5	3	3	拉5m线，不足5m拉通线，用钢直尺检查
3	接缝高低差	1	1	1.5	1	用钢直尺和塞尺检查

2. 明龙骨吊顶工程

1）吊顶工程的木吊杆、木龙骨和木饰面板必须进行防火处理，并应符合有关设计防火规范的规定。吊顶工程中的预埋件、钢筋吊杆和型钢吊杆应进行防锈处理。

2）吊杆距主龙骨端部距离不得大于300mm，当大于300mm时，应增加吊杆。当吊杆长度大于1.5m时，应设置反支撑。当吊杆与设备相遇时，应调整并增设吊杆。重型灯具、电扇及其他重型设备严禁安装在吊顶工程的龙骨上。

3）饰面材料的安装应稳固严密。饰面材料与龙骨的搭接宽度应大于龙骨受力面宽度的2/3。

4）吊杆、龙骨的材质、规格、安装间距及连接方式应符合设计要求。金属吊杆、龙骨应进行表面防腐处理；木龙骨应进行防腐、防火处理。

5）明龙骨吊顶工程安装的允许偏差和检验方法应符合表10-12的规定。

表 10-12　明龙骨吊顶工程安装的允许偏差和检验方法

项次	项　目	允许偏差/mm				检 验 方 法
		石膏板	金属板	矿棉板	塑料板、玻璃板	
1	表面平整度	3	2	3	3	用2m靠尺和塞尺检查
2	接缝直线度	3	2	3	3	拉5m线，不足5m拉通线，用钢直尺检查
3	接缝高低差	1	1	2	1	用钢直尺和塞尺检查

10.4　轻质隔墙工程

10.4.1　增强石膏空心条板轻质隔墙

1. 施工准备

（1）技术准备

1）图纸会审，编制隔墙安装工程施工方案。

2）对施工班组进行技术交底。

3）对施工班组进行安全交底。

（2）材料及工具

1）增强石膏空心条板：增强石膏空心条板有标准板、门框板、窗框板、门上板、窗上板、窗下板及异形板。标准板用于一般隔墙，其他的板按工程设计确定的规格进行加工。

2）胶合剂：SG 791建筑胶合剂，以醋酸乙烯为单位的高聚物作主胶料，与其他原材料配制而成，系无色透明胶液。本胶液与建筑石膏粉调制成胶合剂，适用于石膏条板粘结，石膏条板与砖墙、混凝土墙粘结；石膏粘结压、剪强度不低于2.5MPa。也可用类似的专用石膏胶合剂，但应经试验确认可靠后，才能使用。

3）建筑石膏粉：应符合三级以上标准。

4）玻纤布条：条宽50mm，用于板缝处理；条宽200mm，用于墙面转角附加层。涂塑中碱玻璃纤维网格布：网格 8 目/m²；布重 >80g/m²。

5）石膏腻子：抗压强度 >2.5MPa；抗折强度 >1.0MPa；粘结强度 >0.2MPa；终凝时间 3h。

6）工具：笤帚、木工手锯、钢丝刷、小灰槽、2m 靠尺、开刀、2m 托线板、专用撬棍、钢直尺、橡皮锤、木楔、电钻、錾子、射钉枪等。

（3）作业条件

1）屋面防水层及结构分别施工和验收完毕，墙面弹出 +50cm 标高线。

2）操作地点环境温度不低于 5℃。

3）正式安装以前，先试安装样板墙一道，经鉴定合格后再正式安装。

2. 施工工艺

（1）清理　清理隔墙板与顶面、地面、墙面的结合部，凡凸出墙面的砂浆、混凝土块等必须剔除并扫净，结合部应找平。

（2）放线、分档　在地面、墙面及顶面根据设计位置，弹好隔墙边线及门窗洞边线，并按板宽分档。

（3）配板、修补　板的长度应按楼面结构层净高尺寸减 20~30mm。计算并测量门窗洞口上部及窗口下部的隔板尺寸，按此尺寸配有预埋件的门窗框板。当板的宽度与隔墙的长度不相适应时，应将部分隔墙板预先拼接加宽（或锯窄）成合适的宽度，放置在阴角处。有缺陷的板应修补。

（4）抗震要求　有抗震要求时，应按设计要求用 U 形钢板卡固定条板的顶端。在两块条板顶端拼缝之间用射钉将 U 形钢板卡固定在梁或楼板上，随安板随固定 U 形钢板卡。

（5）配制胶合剂　将 SG 791 胶与建筑石膏粉配制成胶泥，石膏粉:SG 791 = 1:(0.6~0.7)（重量比）。胶合剂的配制量以一次不超过 20min 使用时间为宜。配制的胶合剂超过 30min 已凝固的，不得再加水加胶重新调制使用，以避免板缝因粘结不牢而出现裂缝。

（6）安装隔墙板　隔墙板安装顺序应从与墙的结合处或门洞边开始，依次顺序安装。板侧清刷浮灰，在墙面、顶面、板的顶面及侧面（相拼合面）先刷 SG 791 胶液一道，再满刮 SG 791 胶泥，按弹线位置安装就位，用木楔顶在板底，再用手平推隔板，使之板缝冒浆，一个人用特制的撬棍在板底部向上顶，另一人打木楔，使隔墙板挤紧顶实，然后用开刀（腻子刀）将挤出的胶合剂刮平。按以上操作方法依次安装隔墙板。

在安装隔墙板时，一定要注意使条板对准预先在顶板和地板上弹好的定位线，并在安装过程中随时用 2m 靠尺及塞尺测量墙面的平整度，用 2m 托线板检查板的垂直度。

粘结完毕的墙体，应在 24h 以后用 C20 干硬性细石混凝土将板下口堵严，当混凝土强度达到 10MPa 以上，撤去板下木楔，并用 M20 强度等级的干硬性砂浆灌实。

（7）铺设电线管、安接线盒　按电气安装图找准位置划出定位线，铺设电线管、安接线盒。所有电线管必须顺石膏板板孔铺设，严禁横铺和斜铺。

安接线盒，先在板面钻孔扩孔（防止猛击），再用錾子扩孔，孔要大小适度，要方正。孔内清理干净，先刷 SG 791 胶液一道，再用 SG 791 胶泥安接线盒。

（8）安水暖、煤气管道卡　按水暖、煤气管道安装图找准标高和横向位置，划出管卡定位线，在隔墙板上钻孔扩孔（禁止剔凿），将孔内清理干净，先刷 SG 791 胶液一道，再用 SG 791 胶泥固定管卡。

（9）安装吊挂埋件

1）隔墙板上可安装碗柜、设备和装饰物，每一块板可设两个吊点，每个吊点吊重不大于80kg。

2）先在隔墙板上钻孔扩孔（防止猛击），孔内应清理干净，先刷SG 791胶液一道，再用SG 791胶泥固定埋件，待干后再吊挂设备。

（10）安门窗框　一般采用先留门窗洞口，后安门窗框的方法。钢门窗框必须与门窗口板中的预埋件焊接。木门窗框用L形连接件连接，一边用木螺钉与木框连接，另一端与门窗口板中预埋件焊接。门窗框与门窗口板之间缝隙不宜超过3mm，超过3mm时应加木垫片过渡。将缝隙浮灰清理干净，先刷SG 791胶液一道，再用SG 791胶泥嵌缝。嵌缝要严密，以防止门窗开关时碰撞门框造成裂缝。

（11）板缝处理　隔墙板安装后10d，检查所有缝隙是否粘结良好，有无裂缝，如出现裂缝，应查明原因后进行修补。已粘结良好的所有板缝，先清理浮灰，再刷SG 791胶液粘贴50mm宽玻纤网格带，转角隔墙在阴角处粘贴200mm宽（每边各100mm宽）玻纤布一层。干后刮SG 791胶泥，略低于板面。

（12）板面装修

1）一般居室墙面，直接用石膏腻子刮平，打磨后再刮第二道腻子（要根据饰面要求选择不同强度的腻子），再打磨平整，最后做饰面层。

2）隔墙踢脚板，一般板应先在根部刷一道胶液，再做水泥或贴块料踢脚板；如做塑料、木踢脚板，可不刷胶液，先钻孔打入木楔，再用钉钉在隔墙板上。

3）墙面贴瓷砖前须将板面打磨平整，为加强黏结力，先刷SG 791胶水（SG 791胶：水 = 1:1）一道，再用SG 8407胶调水泥（或类似的瓷砖胶）粘贴瓷砖。

4）如遇板面局部有裂缝，在做喷浆前应先处理，才能进行下一工序。

3. 安全生产、现场文明施工要求

1）隔墙工程的脚手架搭设应符合建筑施工安全标准。

2）脚手架上搭设跳板应用钢丝绑扎固定，不得有探头板。

3）工人操作应戴安全帽，注意防火。

4）施工现场必须工完场清。设专人洒水、打扫，不能扬尘污染环境。

5）有噪声的电动工具应在规定的作业时间内施工，防止噪声污染、扰民。

6）机电器具必须安装触电保护装置。发现故障立即修理。

7）遵守操作规程，非操作人员决不准乱动机具，以防伤人。

4. 质量控制要点

1）轻质隔墙工程应对人造板甲醛含量进行复验。龙骨安装前应进行防火、防腐处理。

2）轻质隔墙与顶棚和其他墙体的交接处应采取防裂措施。

3）隔墙板材的品种、规格、性能、颜色应符合设计要求。有隔声、隔热、阻燃、防潮等特殊要求的工程，板材应有相应性能等级的检测报告。

4）安装隔墙板所需预埋件、连接件的位置、数量及连接方法应符合设计要求。

5）隔墙板材安装必须牢固。现制钢丝网水泥隔墙与周边墙体的连接方法应符合设计要求，并应连接牢固。

6）隔墙板材所用接缝材料的品种及接缝方法应符合设计要求，并有防止裂缝的措施。

7）隔墙板材安装应垂直、平整、位置正确，板材不应有裂缝或缺损。

8）板材隔墙表面应平整光滑、色泽一致、洁净，接缝应均匀、顺直。

9）隔墙上的孔洞、槽、盒应位置正确、套割方正、边缘整齐。

10）板材隔墙安装的允许偏差和检验方法应符合表 10-13 的规定。

表 10-13　板材隔墙安装的允许偏差和检验方法

项次	项　目	允许偏差/mm				检　验　方　法
		复合轻质墙板		石膏空心板	钢丝网水泥板	
		金属夹芯板	其他复合板			
1	立面垂直度	2	3	3	3	用 2m 垂直检测尺检查
2	表面平整度	2	3	3	3	用 2m 靠尺和塞尺检查
3	阴阳角方正	3	3	3	4	用直角检测尺检查
4	接缝高低差	1	2	2	3	用钢直尺和塞尺检查

10.4.2　骨架隔墙工程

1. 轻钢龙骨纸面石膏板隔墙施工

轻钢龙骨纸面石膏板墙体具有施工速度快、成本低、劳动强度小、装饰美观及防火、隔声性能好等特点。因此其应用广泛，具有代表性。

用于隔墙的轻钢龙骨有 C50、C75、C100 三种系列，各系列轻钢龙骨由沿顶龙骨、沿地龙骨、竖向龙骨、加强龙骨和横撑龙骨以及配件组成（图 10-17）。

（1）弹线　根据设计要求确定隔墙的位置、隔墙门窗的位置，包括地面位置、墙面位置、高度位置以及隔墙的宽度。并在地面和墙面上弹出隔墙的宽度线和中心线，按所需龙骨的长度尺寸，对龙骨进行划线配料。按先配长料，后配短料的原则进行。量好尺寸后，用粉饼或记号笔在龙骨上画出切截位置线。

（2）固定沿地沿顶龙骨　沿地沿顶龙骨固定前，将固定点与竖向龙骨位置错开，用膨胀螺栓和打木楔钉、铁钉与结构固定，或直接与结构预埋件连接。

（3）骨架连接　按设计要求和石膏板尺寸，进行骨架分格设置，然后将预选切裁好的竖向龙骨装入沿地、沿顶龙骨内，校正其垂直度后，将竖向龙骨与沿地、沿顶龙骨固定起来，固定方法用定位焊将两者焊牢，或者用连接件与自攻螺钉固定。

（4）石膏板固定　固定石膏板用平头自攻螺钉，其规格通常为 M4 × 25 或 M5 × 25 两种，螺钉间距 200mm 左右。安装时，将石膏板竖向放置，贴在龙骨上用电钻同时把板材与龙骨一起打孔，再拧上自攻螺

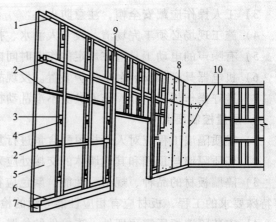

图 10-17　轻钢龙骨纸面石膏板隔墙
1—沿顶龙骨　2—横撑龙骨　3—支撑卡　4—贯通孔
5—石膏板　6—沿地龙骨　7—混凝土踢脚座
8—石膏板　9—加强龙骨　10—塑料壁纸

钉。螺钉要沉入板材平面 2~3mm。

石膏板之间的接缝分为明缝和暗缝两种做法。明缝是用专门工具和砂浆胶合剂勾成立缝。明缝如果加嵌压条，装饰效果较好。暗缝的做法首先要求石膏板有斜角，在两块石膏板拼缝处用嵌缝石膏腻子嵌平，然后贴上 50mm 宽的穿孔纸带，再用腻子补一道，与墙面刮平。

（5）饰面 待嵌缝腻子完全干燥后，即可在石膏板隔墙表面裱糊墙纸、织物或进行涂料施工。

2. 铝合金隔墙施工技术

铝合金隔墙是用铝合金型材组成框架，再配以玻璃等其他材料装配而成。

（1）弹线 根据设计要求确定隔墙在室内的具体位置、墙高、竖向型材的间隔位置等。

（2）划线 在平整干净的平台上，用钢直尺和钢划针对型材划线，要求长度误差±0.5mm，同时不要碰伤型材表面。下料时先长后短，并将竖向型材与横向型材分开。沿顶、沿地型材要划出与竖向型材的各连接位置线。划连接位置线时，必须划出连接部位的宽度。

（3）铝合金隔墙的安装固定 半高铝合金隔墙通常先在地面组装好框架后再竖立起来固定，全封铝合金隔墙通常是先固定竖向型材，再安装横档型材来组装框架。铝合金型材相互连接主要用铝角和自攻螺钉，它与地面、墙面的连接，则主要用铁脚固定法。

（4）玻璃安装 先按框洞尺寸缩小 3~5mm 裁好玻璃，将玻璃就位后，用与型材同色的铝合金槽条，在玻璃两侧夹定，校正后将槽条用自攻螺钉与型材固定。安装活动窗口上的玻璃，应与制作铝合金活动窗口同时安装。

3. 质量控制要点

1）隔墙工程应对人造板甲醛含量进行复验。龙骨安装前应进行防火、防腐处理。

2）隔墙与顶棚和其他墙体的交接处应采取防裂措施。

3）骨架隔墙所用龙骨、配件、墙面板、填充材料及嵌缝材料的品种、规格、性能和木材的含水率应符合设计要求。有隔声、隔热、阻燃、防潮等特殊要求的工程，材料应有相应性能等级的检测报告。

4）骨架隔墙安装的允许偏差和检验方法应符合表 10-14 的规定。

表 10-14　骨架隔墙安装的允许偏差和检验方法

项次	项　目	允许偏差/mm		检验方法
		纸面石膏板	人造木板、水泥纤维板	
1	立面垂直度	3	4	用 2m 垂直检测尺检查
2	表面平整度	3	3	用 2m 靠尺和塞尺检查
3	阴阳角方正	3	3	用直角检测尺检查
4	接缝直线度	—	3	拉 5m 线，不足 5m 拉通线，用钢直尺检查
5	压条直线度	—	3	拉 5m 线，不足 5m 拉通线，用钢直尺检查
6	接缝高低差	1	1	用钢直尺和塞尺检查

10.4.3　活动板墙

1. 材料及工具准备

活动隔墙一般由滑轮、导轨和隔扇构成，其所用的墙板、配件材料与工具的要求同其他板材隔墙和骨架隔墙等所用的材料与工具要求。

2. 作业条件

1）结构已验收，屋面防水层已施工完毕，墙面弹出 +50 cm 标高线。

2）顶棚、墙体抹灰已完成，基底含水率在12%以下；如有地枕时，地枕应达到设计强度值。

3）如果使用木龙骨必须进行防火处理，符合防火规范的规定，直接接触结构的木龙骨应预先刷防腐漆。

4）正式安装以前，先试安装样板墙一道，经鉴定合格后再正式安装。

3. 操作工艺

工艺流程：结构墙面、顶面、地面清理和找平→放线、找规矩→埋设连接铁件→隔扇制作→安装滑轮与导轨→安装隔扇→检验调整→验收。

4. 安全生产、现场文明施工要求

1）脚手架搭设应符合建筑施工安全标准的相关要求。脚手架上搭设跳板应用钢丝绑扎固定，不得有探头板。

2）工人操作应戴安全帽，操作区域严禁吸烟，注意防火。

3）施工现场必须工完场清。设专人洒水、打扫，不能扬尘污染环境。

4）有噪声的电动工具应在规定的作业时间内施工，防止噪声污染、扰民。

5）机电器具必须安装触电保护装置，发现问题立即修理。严格遵守操作规程，非操作人员决不准乱动机具，以防伤人。

6）现场保持良好通风。

5. 质量控制要点

1）活动隔墙工程应对人造板甲醛含量进行复验。龙骨安装前应进行防火、防腐处理。

2）活动隔墙与顶棚和其他墙体的交接处应采取防裂措施。

3）活动隔墙所用墙板、配件等材料的品种、规格、性能和木材的含水率应符合设计要求。有阻燃、防潮等特性要求的工程，材料应有相应性能等级的检测报告。

4）活动隔墙轨道必须与基体结构连接牢固，并应位置正确。

5）活动隔墙用于组装、推拉和制动的构配件必须安装牢固、位置正确，推拉必须安全、平稳、灵活。

6）活动隔墙制作方法、组合方式应符合设计要求。

7）活动隔墙表面色泽一致、平整光滑、洁净，线条应顺直、清晰。

8）活动隔墙上的孔洞、槽、盒应位置正确、套割吻合、边缘整齐。

9）活动隔墙推拉应无噪声。

10）活动隔墙安装的允许偏差和检验方法应符合表10-15的规定。

表 10-15　活动隔墙安装的允许偏差和检验方法

项次	项　　目	允许偏差/mm	检　验　方　法
1	立面垂直度	3	用 2m 垂直检测尺检查
2	表面平整度	2	用 2m 靠尺和塞尺检查
3	接缝直线度	3	拉 5m 线，不足 5m 拉通线，用钢直尺检查
4	接缝高低差	2	用钢直尺和塞尺检查
5	接缝宽度	2	用钢直尺检查

10.4.4　玻璃隔墙

1. 玻璃隔墙分类

玻璃隔墙分为两大类：玻璃板隔墙、玻璃砖隔墙。

2. 玻璃板隔墙施工准备

（1）技术准备　熟悉施工图纸，编制施工方案，并对工人进行书面技术交底及安全交底。

（2）材料准备

1）根据设计要求购置各种玻璃、钢骨架、木龙骨（60mm×120mm）、玻璃胶、橡胶垫和各种压条。

2）紧固材料：膨胀螺栓、射钉、自攻螺钉、木螺钉和粘贴嵌缝料，应符合设计要求。

3）玻璃规格：厚度有 8mm、10mm、12mm、15mm、18mm、22mm 等。长宽根据工程设计要求确定。

（3）机具准备

1）机械：电动气泵、小电锯、小台刨、手电钻、冲击钻、电动无齿锯。

2）手动工具：扫槽刨、线刨、锯、斧、刨、锤、螺钉旋具、直钉枪、摇钻、线坠、靠尺、玻璃吸盘、胶枪等。

（4）作业条件

1）工程主体结构已验收，屋面已做完防水。

2）砌墙时应根据顶棚标高在四周墙壁上预埋防腐木砖。

3）木龙骨必须进行防火处理，并应符合有关防火规范的规定，直接接触结构的木龙骨应预先刷防腐漆。

4）做隔墙的房间，在地面湿作业前，将直接接触地面的木龙骨安装完毕，并做好防腐处理。

3. 玻璃板隔墙施工工艺

（1）工艺流程

弹隔墙定位线→划分龙骨分档线→安装电路管线设施→装大龙骨→安装小龙骨→防腐处理→安装玻璃→打玻璃胶→安装压条→验收。

（2）施工工艺要点

1）弹线：根据楼层设计标高水平线，顺墙高量至顶棚设计标高，沿墙弹隔断垂直标高线及天地龙骨的水平线，并在天地龙骨的水平线上划好龙骨的分档位置线。

2）安装大龙骨：

① 天地龙骨安装：先根据设计要求固定天地龙骨，如无设计要求时，可以用 φ8 ~ 12 膨胀螺栓或 10 ~ 16cm 钉子固定，膨胀螺栓固定点间距 600 ~ 800mm。安装前作好防腐处理。

② 沿墙边龙骨安装：根据设计标高固定边龙骨，边龙骨应启抹灰收口槽，如无设计要求时，可以用 φ8 ~ 12 膨胀螺栓或 10 ~ 16cm 钉子固定，固定点间距 600 ~ 800mm。安装前作好防腐处理。

3）中龙骨安装：根据设计要求按分档线位置固定中龙骨，用 13cm 的钢钉固定，龙骨每端固定应不少于 3 颗钉子，钢龙骨用专用卡具或拉铆钉固定，必须安装牢固。

4）小龙骨安装：根据设计要求按分档线位置固定小龙骨，用扣榫或钉子固定。必须安装牢固。安装中龙骨前，也可以根据安装玻璃的规格在小龙骨上安装玻璃槽。

5）安装玻璃：根据设计要求按玻璃的规格安装在小龙骨上；如用压条安装时，先固定玻璃一侧的压条，并用橡胶垫垫在玻璃下方，再用压条将玻璃固定；如用玻璃胶直接固定玻璃，应将玻璃先安装在小龙骨的预留槽内，然后用玻璃胶封闭固定。

6）打玻璃胶：打胶前，应先将玻璃的注胶部位擦拭干净，晾干后沿玻璃四周粘上纸胶带，根据设计要求将各种玻璃胶均匀地打在玻璃与小龙骨之间。待玻璃胶完全干燥后撕掉纸胶带。

7）安装压条：根据设计要求将各种规格材质的压条，用直钉或玻璃胶固定在小龙骨上，钢龙骨用胶条或玻璃胶固定。

8）玻璃隔墙构造如图 10-18 所示。

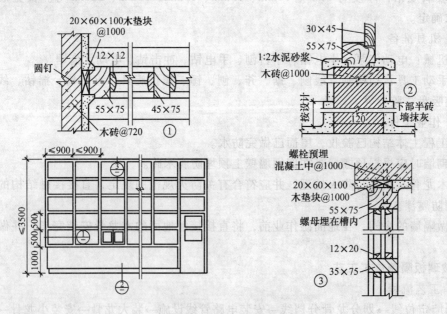

图 10-18 玻璃隔墙构造

4. 玻璃砖隔墙施工准备

（1）材料准备

1）玻璃砖：内壁呈凸凹状的空心砖或实心砖，四周有 5mm 的凹槽，要求棱角整齐。

2）水泥：用 32.5 级普通硅酸盐白水泥。

3）砂：用白色砂砾，粒径 0.1～1.0mm，不含泥土及其他颜色的杂质。

4）掺合料：白灰膏、石膏粉、胶粘剂。

5）其他材料：φ6mm 钢筋、玻璃丝毡或聚苯乙烯、槽钢等。

（2）主要机具设备

1）机具设备：砂浆搅拌机、提升架、卷扬机等。

2）主要工具：大铲、托线板、线坠、白线、2m 钢卷尺、铁水平尺、皮数杆、小水桶、灰槽、扫帚、透明塑料胶带、橡皮锤、手推胶轮车等。

（3）作业条件

1）基层防水层及保护层已施工完毕，并已验收。

2）基层用素混凝土或垫木找平，并找好标高。根据玻璃砖的排列作出基础底脚，底脚通常厚度略小于玻璃砖的厚度。

3）在墙下面弹好摺底砖线，按标高立好皮数杆，皮数杆的间距以 15～20m 为宜。

4）按设计图对墙的尺寸要求，将与玻璃砖隔墙相接的建筑墙面的侧边整修平整垂直，并在玻璃砖墙四周弹好墙身线、门窗洞口位置线及其他尺寸线，办完预检手续。

5）当玻璃砖砌筑在金属或木质框架中，则应先安装固定好墙顶及两侧的槽钢或木框。

5. 玻璃砖隔墙施工工艺

1）工艺流程。施工准备→选砖、选金属型材→弹线→调制砌筑砂浆→砌筑→灌缝与勾缝→结合部密封→检查验收。

2）组砌方法一般采用十字缝立砖砌筑。

3）玻璃砖墙层与层之间应放置 φ6mm 双排钢筋网，对接位置可设在玻璃砖的中央。最上一层玻璃砖砌筑在墙中部收头。顶部槽钢内亦放置玻璃丝毡（或聚苯乙烯）。

4）砌筑时水平灰缝和竖向宽度一般控制在 8～10mm。划缝随灌完立缝砂浆随划，划缝深度为 8～10mm，要求深浅一致，清扫干净，划缝过 2～3h 后，即可勾缝。勾缝砂浆内掺入水泥重 2% 的石膏粉，以加速凝结。

5）为了保证玻璃砖隔墙的平整性和砌筑方便，每层玻璃砖在砌筑之前，宜在玻璃砖上放置木垫块（图 10-19）。其长度有两种：玻璃砖厚度为 50mm 时，木垫块长 35mm 左右；玻璃砖厚度为 80mm 时，木垫块长 60mm 左右。每块玻璃砖上放两块，卡在玻璃砖的凹槽内。

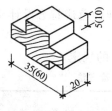

图 10-19　木垫块

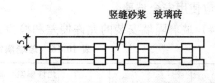

图 10-20　玻璃砖的安装方法

6）砌筑时，将上层玻璃砖下压在下层玻璃砖上，同时使玻璃砖的中间槽卡在木垫块上，两层玻璃砖的间距为 5～8mm。缝中承力钢筋间隔小于 650mm，伸入竖缝和横缝，并与玻璃砖上下、两侧的框体和结构体牢固连接（图 10-20～图 10-22）。

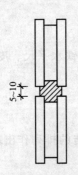

图 10-21 玻璃砖上下的安装位置

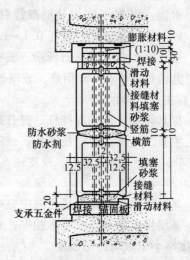

图 10-22 玻璃砖墙砌筑组合图

6. 安全生产、现场文明施工要求

1）注意玻璃的运输和保管。运输中应轻拿轻放，侧抬侧立并互相绑牢，不得平抬平放。堆放处应平整，下垫 100mm×100mm 木方，板应侧立，垫木方距板端 50cm。玻璃砖不应堆放过高，防止打碎伤人。

2）各种材料应分类存放，并挂牌标明材料名称、规格，切勿用错。胶、粉、料应储存于干燥处，严禁受潮。

3）有噪声的电动工具应在规定的作业时间内施工，防止噪声污染、扰民。

4）所有机电器具必须安装剩余电流动作保护装置，每日开机前，检查其工作状态是否良好，发现问题及时修理、更换。使用时遵守操作规程，非操作人员不得乱动机具，以防伤人。

5）施工现场必须保持良好的通风，做到工完场清。避免扬尘污染环境。

6）脚手架搭设应符合建筑施工安全标准的相关要求。搭设脚手板时应用 12 号钢丝绑扎牢固，不得有探头板。在脚手架上砌墙时，盛灰桶装灰容量不得超过其容积的 2/3。

7）工人操作应戴安全帽，操作区域严禁吸烟，注意防火。

7. 质量控制要点

1）玻璃隔墙工程应对人造板甲醛含量进行复验。龙骨安装前应进行防火、防腐处理。

2）玻璃隔墙与顶棚和其他墙体的交接处应采取防裂措施。

3）玻璃隔墙工程所用材料的品种、规格、性能、图案和颜色应符合设计要求。玻璃板隔墙应使用安全玻璃。

4）玻璃隔墙安装的允许偏差和检验方法应符合表 10-16 的规定。

表 10-16　玻璃隔墙安装的允许偏差和检验方法

项次	项　目	允许偏差/mm		检 验 方 法
		玻 璃 砖	玻 璃 板	
1	立面垂直度	3	2	用 2m 垂直检测尺检查
2	表面平整度	3	—	用 2m 靠尺和塞尺检查
3	阴阳角方正	—	2	用直角检测尺检查

（续）

项次	项　目	允许偏差/mm		检验方法
		玻　璃　砖	玻　璃　板	
4	接缝直线度	—	2	拉5m线，不足5m拉通线，用钢直尺检查
5	接缝高低差	3	2	用钢直尺和塞尺检查
6	接缝宽度	—	1	用钢直尺检查

10.5　饰面工程

饰面工程是指将块料面层镶贴（或安装）在墙柱表面以形成装饰层。块料面层的种类基本可分为饰面砖和饰面板两大类。饰面砖分有釉和无釉两种，包括釉面瓷砖、外墙面砖、陶瓷锦砖、玻璃锦砖、劈离砖、以及耐酸砖等；饰面板包括：天然石饰面板（如大理石、花岗石和青石板等）、人造石饰面板（如预制水磨石板，合成石饰面板等）、金属饰面板（如不锈钢板、涂层钢板、铝合金饰面板等）等。

10.5.1　饰面砖镶贴

1. 施工准备

饰面砖的基层处理和找平层砂浆的涂抹方法与装饰抹灰基本相同。

饰面砖在镶贴前，应根据设计对釉面砖和外墙面砖进行选择，要求挑选规格一致，形状平整方正，不缺棱掉角，不开裂和脱釉，无凹凸扭曲，颜色均匀的面砖及各种配件。按标准尺寸检查饰面砖，分出符合标准尺寸和大于或小于标准尺寸三种规格的饰面砖，同一类尺寸应用于同一层间或同一面墙上，以做到接缝均匀一致。陶瓷锦砖应根据设计要求选择好色彩和图案，统一编号，便于镶贴时依号施工。

釉面砖和外墙面砖镶贴前应先清扫干净，然后置于清水中浸泡。釉面砖浸泡到不冒气泡为止，一般2~3h。外墙面砖则需隔夜浸泡、取出晾干，以饰面砖表面有潮湿感，手按无水迹为准。

外墙面砖预排时应根据设计图纸尺寸，进行排砖分格并绘制大样图。一般要求水平缝应与旋脸、窗台齐平，竖向要求阴角及窗口处均为整砖，分格按整块分匀，并根据已确定的缝子大小做分格条和划出皮数杆。对墙、墙垛等处要求先测好中心线，水平分格线和阴阳角垂直线。

2. 釉面砖镶贴

（1）墙面镶贴方法　釉面砖的排列方法有"对缝排列"和"错缝排列"两种（图10-23）。

1）在清理干净的找平层上，依照室内标准水平线，校核地面标高和分格线。

2）以所弹地平线为依据，设置支撑釉面砖的地面木托板，加木托板的目的是为防止釉面砖因自重向下滑移。木托板表面应加工平整，其高度

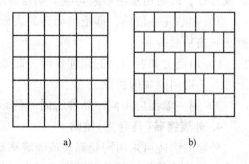

图 10-23　釉面砖镶贴形式
a）矩形砖对缝　b）方形砖错缝

为非整砖的调节尺寸。整砖的镶贴，就从木托板开始自下而上进行。每行的镶贴宜以阳角开始，把非整砖留在阴角。

3）调制糊状的水泥浆，其配合比为水泥:砂 = 1:2（体积比），另掺水泥重量 3%~4% 的108 胶；掺时先将 108 胶用两倍的水稀释，然后加在搅拌均匀的水泥砂浆中，继续搅拌至混合为止。也可按水泥:108 胶水:水 = 100:5:26 的比例配制纯水泥浆进行镶贴。镶贴时，用铲刀将水泥砂浆或水泥浆均匀涂抹在釉面砖背面（水泥砂浆厚度 6~10mm，水泥浆厚度 2~3mm 为宜），四周刮成斜面，按线就位后，用手轻压，然后用橡皮锤或小铲把轻轻敲击，使其与中层贴紧，确保釉面砖四周砂浆饱满，并用靠尺找平。镶贴釉面砖宜先沿底尺横向贴一行，再沿垂直线竖向贴几行，然后从下往上从第二横行开始，在已贴的釉面砖口间拉上准线（用细钢丝），横向各行釉面砖依准线镶贴。

（2）顶棚镶贴方法　镶贴前，应把墙上的水平线翻到墙顶交接处（四边均弹水平线），校核顶棚方正情况，阴阳角应找直，并按水平线将顶棚找平。如果墙与顶棚均贴釉面砖时，则房间要求规方，阴阳角都须方正，墙与顶棚呈 90°直角。排砖时，非整砖应留在同一方向，使墙顶砖缝交圈。镶贴时应先贴标志块，间距一般为 1.2m，其他操作与墙面镶贴相同。

3. 外墙釉面砖镶贴

外墙釉面砖镶贴由底层灰、中层灰、结合层及面层组成。外墙釉面砖的镶贴形式由设计而定。矩形釉面砖宜竖向镶贴；釉面砖的接缝宜采用离缝，缝宽不大于 10mm；釉面砖一般应对缝排列，不宜采用错缝排列。

1）外墙面贴釉面砖应从上而下分段，每段内应自下而上镶贴。

2）在整个墙面两头各弹一条垂直线，如墙面较长，在墙面中间部位再增弹几条垂直线，垂直线之间距离应为釉面砖宽的整倍数（包括接缝宽），墙面两头垂直线应距墙阳角（或阴角）为一块釉面砖的宽度。垂直线作为竖行标准。

3）在各分段分界处各弹一条水平线，作为贴釉面砖横行标准。各水平线的距离应为釉面砖高度（包括接缝）的整倍数。

4）清理底层灰面，并浇水湿润，刷一道素水泥浆，紧接着抹上水泥石灰砂浆，随即将釉面砖对准位置镶贴上去，用橡胶锤轻敲，使其贴实平整。

5）每个分段中宜先沿水平线贴横向一行砖，再沿垂直线贴竖向几行砖，从下往上第二横行开始，应在垂直线处已贴的釉面砖上口间拉上准线，横向各行釉面砖依准线镶贴。

6）阳角处正面的釉面砖应盖住侧面的釉面砖的端边，即将接缝留在侧面，或在阳角处留成方口，以后用水泥砂浆勾缝。阴角处应使釉面砖的接缝正对阴角线。

7）镶贴完一段后，即把釉面砖的表面擦洗干净，用水泥细砂浆勾缝，待其干硬后，再擦洗一遍釉面砖面。

8）墙面上如有突出的预埋件时，此处釉面砖的镶贴，应根据具体尺寸用整砖裁割后贴上去，不得用碎块砖拼贴。

9）同一墙面应用同一品种、同一色彩、同一批号的釉面砖，并注意花纹倒顺。

4. 外墙锦砖（马赛克）镶贴

外墙贴锦砖可采用陶瓷锦砖或玻璃锦砖。锦砖镶贴由底层灰、中层灰、结合层及面层等组成。锦砖的品种、颜色及图案选择由设计而定。锦砖是成联供货的，所镶贴墙面的尺寸最好是砖联尺寸的整倍数，尽量避免将联拆散。

外墙镶贴锦砖施工要点：

1）外墙镶贴锦砖应自上而下进行分段，每段内从下而上镶贴。

2）底层灰凝固后，清理墙面使其干净。按砖联排列位置，在墙面上弹出砖联分格线。根据图案形式，在各分格内写上砖联编号，相应在砖联纸背上也写上砖联编号，以便对号镶贴。

3）清理各砖联的粘贴面（即锦砖背面），按编号顺序预排就位。

4）在底层灰面上洒水湿润，刷上水泥浆一道（中层灰），接着涂抹纸筋石灰膏水泥混合灰结合层，紧跟着将砖联对准位置镶贴上去并用木垫板压住，再用橡胶锤全面轻轻敲打一遍，使砖联贴实平整。砖联可预先放在木垫板上，连同木垫板一齐贴上去，敲打木垫板即可。砖联平整后即取下木垫板。

5）待结合层的混合灰能粘住砖联后，即洒水湿润砖联的背纸，轻轻将其揭掉。要将背纸撕揭干净，不留残纸。

6）在混合灰初凝前，修整各锦砖间的接缝，如接缝不正、宽窄不一，应拨正。如有锦砖掉粒，应予补贴。

7）在混合灰终凝后，用同色水泥擦缝（略洒些水）。白色为主的锦砖应用白水泥擦缝；深色为主的锦砖应用普通水泥擦缝。

8）擦缝水泥干硬后，用清水擦洗锦砖面。

9）非整砖联处，应根据所镶贴的尺寸，预先将砖联裁割，去掉不需要的部分（连同背纸），再镶贴上去，不可将锦砖块从背纸上剥下来，一块一块地贴上去。

10）如结合层所用的混合灰中未掺入108胶，应在砖联的粘贴面随贴随刷一道混凝土界面处理剂，以增强砖联与结合层的粘结力。

11）每个分段内的锦砖宜连续贴完。

12）墙及柱的阳角处，不宜将一面锦砖边凸出去盖住另一面锦砖接缝，而应各自贴到阳角线处，缺口处用水泥细砂浆勾缝。

10.5.2 大理石板、花岗石板、青石板、预制水磨石板等饰面板的安装

1. 小规格饰面板的安装

小规格大理石板、花岗石板、青石板、预制水磨石板，板材尺寸小于 $300mm \times 300mm$，板厚 $8 \sim 12mm$，粘贴高度低于 $1m$ 的踢脚板板、勒脚、窗台板等，可采用水泥砂浆粘贴的方法安装。

（1）踢脚板粘贴　用 $1:3$ 水泥砂浆打底，找规矩，厚约 $12mm$，用刮尺刮平，划毛。待底子灰凝固后，将经过湿润的饰面板背面均匀地抹上厚 $2 \sim 3mm$ 的素水泥浆，随即将其贴于墙面，用木锤轻敲，使其与基层粘结紧密。随之用靠尺找平，使相邻各块饰面板接缝齐平，高差不超过 $0.5mm$，并将边口和挤出拼缝的水泥擦净。

（2）窗台板安装　清除窗台上的垃圾杂物，洒水润湿。用 $1:3$ 干硬性水泥砂浆或细石混凝土抹找平层，用刮尺刮平，均匀地撒上干水泥，待水泥充分吸水呈水泥浆状态，再将湿润后的板材平稳地安上，用木锤轻轻敲击，使其平整并与找平层有良好的粘结。在窗口两侧墙上的剔槽处要先浇水润湿，板材伸入墙面的尺寸（进深与左右）要相等。板材放稳后，应用水泥砂浆或细石混凝土将嵌入墙的部分塞密堵严。窗台板接样处注

意平整，并与窗下槛同一水平。

（3）碎拼大理石　大理石厂生产光面和镜面大理石时，裁割的边角废料，经过适当的分类加工，可作为墙面的饰面材料，能取得较好的装饰效果。如矩形块料、冰裂状块料、毛边碎块等各种形体的拼贴组合，都会给人以乱中有序、自然优美的感觉。

1）矩形块料。对于锯割整齐而大小不等的正方形大理石边角块料，以大小搭配的形式镶拼在墙面上，缝隙间距为 1 ~ 1.5mm，镶贴后用同色水泥色浆嵌缝，可嵌平缝，也可嵌凸缝，擦净后上蜡打光。

2）冰裂状块料。将锯割整齐的各种多边形大理石板碎料，搭配成各种图案。缝隙可做成凹凸缝，也可做成平缝，用同色水泥色浆嵌抹，擦净后上蜡打光。平缝的间隙可以稍小，凹凸缝的间隙可为 10 ~ 12mm，凹凸为 2 ~ 4mm。

3）毛边碎料。选取不规则的毛边碎块，因不能密切吻合，故镶拼的接缝比以上两种块料大，应注意大小搭配，乱中有序，生动自然。

2. 湿法铺贴工艺

湿法铺贴工艺适用于板材厚为 20 ~ 30mm 的大理石、花岗石或预制水磨石板，墙体为砖墙或混凝土墙。

湿法铺贴工艺是传统的铺贴方法，即在竖向基体上预挂钢筋网，用铜丝或镀锌铁丝绑扎板材并灌水泥砂浆粘牢。这种方法的优点是牢固可靠，缺点是工序繁琐，卡箍多样，板材上钻孔易损坏，特别是灌注砂浆易污染板面和使板材移位。

采用湿法铺贴工艺，墙体应设置锚固体。砖墙体应在灰缝中预埋 $\phi 6$ 钢筋钩，钢筋钩间距为 500mm 或按板材尺寸取值，当挂贴高度大于 3m 时，钢筋钩改用 $\phi 10$ 钢筋，钢筋钩埋入墙体内深度应不小于 120mm，伸出墙面 30mm，混凝土墙体可射入 $\phi 3.7 \times 62$ 的射钉，间距亦为 500mm 或按板材尺寸取值，射钉打入墙体内 30mm，伸出墙面 32mm。

挂贴饰面板之前，将 $\phi 6$ 钢筋网焊接或绑扎于锚固件上。钢筋网双向间距为 500mm 或按板材尺寸取值。

在饰面板上、下边各钻不少于两个 $\phi 5$ 的孔，孔深 15mm，清理饰面板的背面。用双股 18 号铜丝穿过钻孔，把饰面板绑牢于钢筋网上。饰面板的背面距墙面应不小于 50mm。饰面板钢筋网片固定及安装方法如图 10-24 所示。

饰面板的接缝宽度可垫木楔调整，应确保饰面板外表面平整、垂直及板的上沿平顺。

每安装好一行横向饰面板后，即进行灌浆。灌浆前，应浇水将饰面板背面及墙体表面湿润，在饰面板的竖向接缝内填塞 15 ~ 20mm 深的麻丝或泡沫塑料条以防漏浆（光面、镜面和水磨石饰面

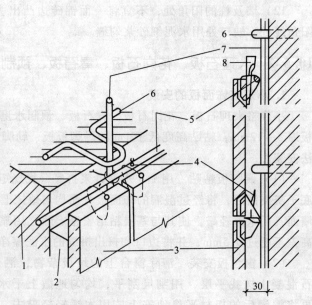

图 10-24　饰面板钢筋网片固定及安装方法
1—墙体　2—水泥砂浆　3—大理石板　4—铜丝　5—横筋
6—铁环　7—立筋　8—定位木楔

板的竖缝,可用石膏灰临时封闭,并在缝内填塞泡沫塑料条)。

3. 干法铺贴工艺

干法铺贴工艺,通常称为干挂法施工,即在饰面板材上直接打孔或开槽,用各种形式的连接件与结构基体用膨胀螺栓或其他架设金属连接而不需要灌注砂浆或细石混凝土。饰面板与墙体之间留出 40~50mm 的空腔。这种方法适用于 30m 以下的钢筋混凝土结构基体上不适用于砖墙和加气混凝土墙。

干法铺贴工艺主要采用扣件固定法,如图 10-25 所示。

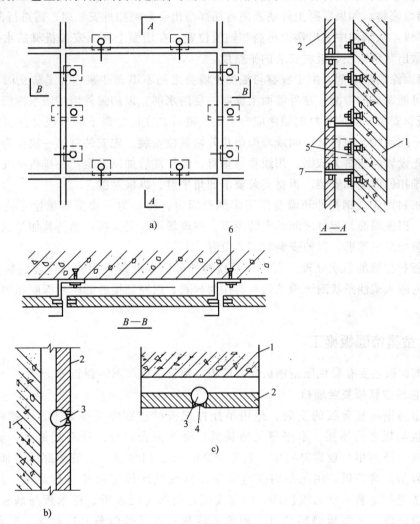

图 10-25　用扣件固定大规格石材饰面板的干作业做法

a)板材安装立面图　b)板块水平接缝剖面图

c)板块垂直接缝剖面图

1—混凝土外墙　2—饰面石板　3—泡沫聚乙烯嵌条　4—密封

硅胶　5—钢扣件　6—胀铆螺栓　7—销钉

扣件固定法的安装施工步骤如下:

1)板材切割。按照设计图纸要求在施工现场进行切割,由于板块规格较大,宜采用石材切割机切割，注意保持板块边角的挺直和规矩。

2）磨边。板材切割后，为使其边角光滑，可采用手提式磨光机进行打磨。

3）钻孔。相邻板块采用不锈钢销钉连接固定，销钉插在板材侧面孔内。孔径为 $\phi 5mm$，深度为 12mm，用电钻打孔。由于它关系到板材的安装精度，因而要求钻孔位置准确。

4）开槽。由于大规格石板的自重大，除了由钢扣件将板块下口托牢以外，还需在板块中部开槽设置承托扣件以支承板材的自重。

5）涂防水剂。在板材背面涂刷一层丙烯酸防水涂料，以增强外饰面的防水性能。

6）墙面修整。如果混凝土外墙表面有局部凸出会影响扣件安装时，需进行凿平修整。

7）弹线。从结构中引出楼面标高和轴线位置，在墙面上弹出安装板材的水平和垂直控制线，并做出灰饼以控制板材安装的平整度。

8）墙面涂刷防水剂。由于板材与混凝土墙身之间不填充砂浆，为了防止因材料性能或施工质量可能造成的渗漏，在外墙面上涂刷一层防水剂，以加强外墙的防水性能。

9）板材安装。安装板材的顺序应自下而上进行，在墙面最下一排板材安装位的上下口拉两条水平控制线，板材从中间或墙面阳角开始就位安装。先安装好第一块作为基准，其平整度以事先设置的灰饼为依据，用线垂吊垂直，经校准后加以固定。一排板材安装完毕，再进行上一排扣件固定和安装。板材安装要求四角平整，纵横对缝。

10）板材固定。钢扣件和墙身用胀铆螺栓固定，扣件为一块钻有螺栓安装孔和销钉孔的平钢板，根据墙面与板材之间的安装距离，在现场用手提式折压丛将其加工成角型钢。扣件上的孔洞均呈椭圆形，以便安装时调节位置。

11）板材接缝的防水处理。石板饰面接缝处的防水处理采用密封硅胶嵌缝。嵌缝之前先在缝隙内嵌入柔性条状泡沫聚乙烯材料作为衬底，以控制接缝的密封深度和加强密封胶的粘接力。

10.5.3 金属饰面板施工

金属饰面板主要有彩色压型钢板复合墙板、铝合金板和不锈钢板等。

1. 彩色压型钢板复合墙板

彩色压型钢板复合板的安装，是用吊挂件把板材挂在墙身檩条上，再把吊挂件与檩条焊牢；板与板之间连接，水平缝为搭接缝，竖缝为企口缝。所有接缝处，除用超细玻璃棉塞缝外，还需用自攻螺钉钉牢，钉距为 200mm。门窗洞口、管道穿墙及墙面端头处，墙板均为异型复合墙板，用压型钢板与保温材料按设计规定尺寸进行裁割，然后按照标准板的做法进行组装。女儿墙顶部、门窗周围均设防雨泛水板，泛水板与墙板的接缝处，用防水油膏嵌缝。压型板墙转角处，用槽形转角板进行外包角和内包角，转角板用螺栓固定。

2. 铝合金板墙面施工

铝合金板墙面装饰主要用在同玻璃幕墙或大玻璃窗配套，或商业建筑的入口处的门脸、柱面及招牌的衬底等部位，或用于内墙装饰，如大型公共建筑的墙裙等。

铝合金板材有方形板和条形板，方形板有正方形板、矩形板及异形板。条形板一般是指宽度在 150mm 以内的窄条板材，长度 6m 左右，厚度多为 0.5~1.5mm。根据其断面及安装形式的不同，通常又被分为铝合金条板或铝合金扣板。铝合金条板断面的一般形式及扣板断面的形式如图 10-26 所示，铝合金扣板断面如图 10-27 所示。另外，还有铝合金蜂窝板，其断面呈蜂窝腔，如图 10-28 所示。

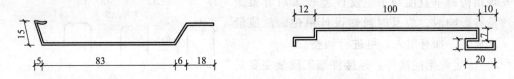

图 10-26　铝合金条板断面　　　　　　　图 10-27　铝合金扣板断面

（1）铝合金板的固定　铝合金板的固定方法较多，按其固定原理可分为两类：一类是配合特制的带齿形卡脚的金属龙骨，安装时将板条卡在龙骨上面，不需使用钉件；另一种固定方法是将铝合金板用螺栓或自攻螺钉固定于型钢或木骨架上。

1）铝合金扣板的固定。铝合金扣板多用于建筑首层的入口及招牌衬底等较为醒目的部位，其骨架可用角钢或槽钢焊成，也可用方木铺钉。骨架与墙面基层多用膨胀螺栓固定，扣板与骨架用自攻螺丝固定。

扣板的固定特点是螺钉头不外露，扣板的一边用螺钉固定，另一块扣板扣上后，恰好将螺钉盖住。

2）铝合金蜂窝板的固定。铝合金蜂窝板与骨架用连接板固定，连接件断面如图 10-29 所示。

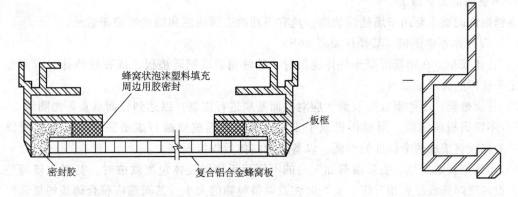

图 10-28　铝合金蜂窝板断面　　　　　　图 10-29　连接件断面

3）铝合金成型板的简易固定。在铝合金板的上下各留两个孔，然后与内架上焊牢的钢销钉相配。安装时，只需将铝合金板的孔眼穿入销钉即可，上下板之间的缝隙内，填充聚氯乙烯泡沫，然后在其外侧注入硅酮密封胶。

4）铝合金条板与特制龙骨的卡接固定。在图 10-30 所示的铝合金条板与以上介绍的几种板的固定方法截然不同，该条板卡在特制的龙骨上，龙骨与墙基层固定牢固。龙骨由镀锌钢板冲压而成，安装条板时，将条板卡在龙骨的顶面。此种固定方法简便可靠，拆换也较为方便。安装铝合金板的龙骨形式比较多，条板的断面也多种多样，在实际工程中应着重注意的是，龙骨与铝合金墙板应配套使用。

（2）铝合余板墙面施工　铝合金墙板安装的工程质量要求较高，其技术难度也比较大。在施工前应认真查阅图纸，领会设计意图，并需进行详细的技术交底，操作者能够主动地做好每一道工序。

1）放线。放线前要检查结构的质量情况，如果发现结构的垂直度与平整度误差较大对骨架固定质量有影响时，应及时通知设计单位。放线最好一次放完，如有出入，可进行调整。

2）固定骨架连接件。连接件施工质量主要是要保证牢固可靠，在操作过程中要加强自检和互检，并将检查结果做好隐蔽验收记录。如焊缝的长度、高度、膨胀螺栓的埋入深度等最好做拉拔试验，看其是否符合设计要求。型钢一类的连接件，其表面应镀锌，焊缝处应刷防锈漆。

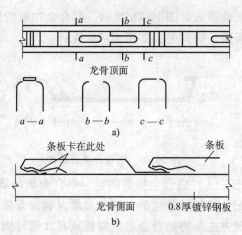

图 10-30　铝合金条板与特制龙骨的卡接固定

3）固定骨架。所有的骨架均应经防腐处理。骨架安装要牢固，位置要准确。待安装完毕后，应对中心线、表面标高做全面检查。高层建筑的大面积外墙板，宜用经纬仪对横竖杆件进行贯通检查，以保证饰面板的安装精度，在检查无误后，即可对骨架进行固定，同时对所有的骨架进行防腐处理。

4）安装铝合金板。板与板之间，一般应当留出 10～20mm 的间隙，最后用氯丁橡胶条或硅酮密封胶进行密封处理。

3. 不锈钢饰面板施工

不锈钢饰面板主要用于墙柱面装饰，具有强烈的金属质感和抛光的镜面效果。

（1）圆柱体不锈钢板　其操作要点如下：

1）柱体成型。在钢筋混凝土柱体浇筑时，预埋钢质或铜质垫板，或在柱体抹灰时将垫板固定于柱体的抹灰基层内。

2）柱面修整。不锈钢板安装前，应对柱面基层进行修整，以达到柱面垂直、光圆。

3）不锈钢板的滚圆。用卷板机或手工将不锈钢板卷成或敲打成所需直径的规则圆筒体。一般将板材滚成两个标准的半圆，以备包覆柱体后焊接固定。

4）不锈钢板的定位。安装滚圆加工后的不锈钢板与圆柱体包覆就位时，其拼取接缝处应与预设的施焊垫板位置相对应。安装时注意调整缝隙的大小，其间隙应符合焊接的规范要求（0～1.0mm），并保持均匀一致；焊缝两侧板面不应出现高低差。可以用点焊或其他办法，先将板的位置固定，以利于下一步的正式焊接。

5）焊接操作。为了保证不锈钢板的附着性和耐腐性不受损失，避免其对碳的吸收或在焊接过程中混入杂质，应在施焊前对焊缝区进行脱脂去污处理。常用三氯代乙烯、苯、汽油、中性洗涤剂或其他化学药品，用不锈钢丝细毛刷进行刷洗。必要时，还可采用砂轮机进行打磨，使焊接区金属表面暴露。此后，在焊缝两侧固定铜质或钢质压板，此压板与预设的垫板共同构成了防止不锈钢板在焊接时受热变形的防范措施。

对于厚度在 2mm 以内的不锈钢板的焊接，一般不开坡口，而是采用平口对焊方式。如若设计要求焊缝开坡口时，其开口操作应在安装就位之前进行。对于不锈钢板的包柱施工，其焊接方法应以手工电弧焊或气焊为宜，特别是厚度在 1mm 以下的不锈薄板，应采用气焊。当采用手工电弧焊做薄板焊接时，需使用较细的不锈钢焊条及较小的焊接电流进行操作。

6）打磨修光。由于施焊，不锈钢板包柱饰面的拼缝处会不平整，而且粘附有一定量的熔渣，为此，须将其表面修平和清洁。在一般情况下，当焊缝表面并无太明显的凹痕或凸出粗粒焊珠时，可直接进行抛光。当表面有较大凹凸不平时，应使用砂轮机磨平后换上抛光轮作抛光处理，使焊缝痕迹不很显露，焊缝区表面应洁净光滑。

（2）圆柱体不锈钢板镶包饰面施工　这种包柱镶固不锈钢板做法的主要特点是不用焊接，比较适宜于一般装饰柱体的表面装饰施工，操作较为简便快捷。通常用木胶合板作柱体的表面，也是不锈钢饰面板的基层。其饰面不锈钢板的圆曲面加工，可采用上述手工滚圆或卷扳机于现场加工制作，也可由工厂按所需曲度事先加工完成。其包柱圆筒形体的组合，可以由两片或三片加工好拼接。但安装的关键在于片与片之间的对口处理，其方式有直接卡口式和嵌槽压口式两种。

（3）方柱体不锈钢板饰面施工

1）方柱体上安装不锈钢薄板作饰面，其基层也应是木质胶合板，柱体骨架上装设胶合板基面的操作如前所述，将其表面清理洁净后即刷涂万能胶或其他胶粘剂，将不锈钢板粘贴其上，然后在转角处用不锈钢成型角压边包角。在压边不锈钢成型角与饰面板接触处，可注入少量玻璃胶封口。

2）方柱角位的造型形式较多，最常采用的是阳角形、阴角形和斜角形三种。其包角构造的材料，多用不锈钢或黄铜，也可用铝合金及装饰木线等。

① 阳角构造。阳角构造为较多使用的角位构造。其两个面在角位处直角相交，用包角压边线条作封角处理，可用镜面黄铜角型材，也可用不锈钢角型材，用自攻螺钉或铆接法来进行固定，也可使用其他角型饰线粘贴与卡接。图 10-31 所示为常见的方柱阳角封口构造处理方式。

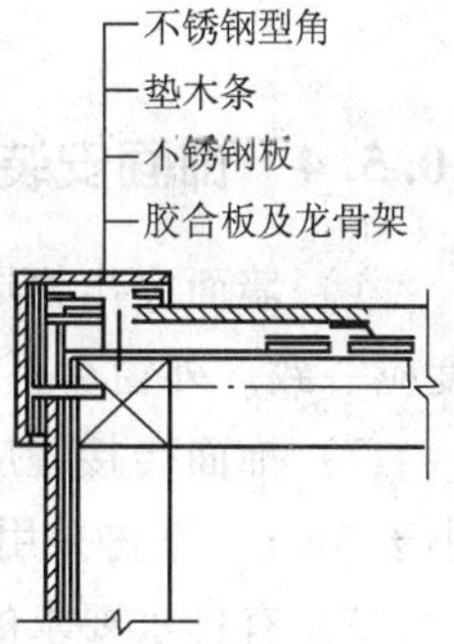

［图中标注：
不锈钢型角
垫木条
不锈钢板
胶合板及龙骨架］

图 10-31　不锈钢板饰面的阳角处理

② 斜角构造。可分为大斜角与小斜角，均可使用不锈钢型材处理。其中大斜角的两个转角处，可按不锈钢板包圆柱时的对口方式处理，即采用直接卡口式或是嵌槽压口式作角位的构造处理，如图 10-32 所示。

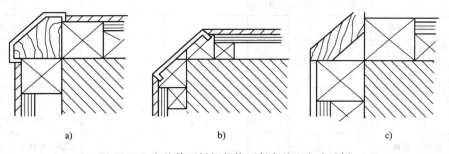

a)　　　　　　　　b)　　　　　　　　c)

图 10-32　方柱体不锈钢板饰面斜角处理方式示例

a）金属角型材　b）大斜角不锈钢板焊接或卡接　c）采用装饰木线封角

③ 阴角构造。在柱体的角位上做一个向内凹入的角，这种构造较多见于一些装饰造型柱体的角位处理。其包角形式可作不同尺度的两折或多折变化，由设计而定。也是使用不锈

钢或黄铜等成型的型材来进行封角和压边。方柱转角的阴角式处理如图 10-33 所示。

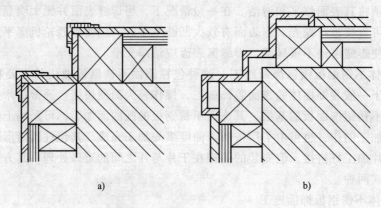

a)   b)

图 10-33　方柱转角的阴角式处理

10.5.4　饰面安装工程质量控制要点

1）墙面突出物周围的饰面砖应整砖套割吻合，边缘应整齐。墙裙、贴脸突出墙面的厚度应一致。外窗台下部面砖应进入窗框 5mm。

2）饰面砖接缝应平直、光滑，填嵌应连续、密实；宽度和深度符合设计要求，一般不小于 5mm；不得采用密封，缝深不宜大于 3mm，也可采用平缝。

3）有排水要求的部位应做滴水线（槽）。滴水线（槽）应顺直，流水坡向应正确，坡度应符合设计要求，在水平阳角处，顶面排水坡度不应小于 3%。

4）饰面板安装的允许偏差和检验方法应符合表 10-17 的规定。

表 10-17　饰面板安装的允许偏差和检验方法

项次	项　目	允许偏差/mm							检 验 方 法
		石材			瓷板	木材	塑料	金属	
		光面	剁斧石	蘑菇石					
1	立面垂直度	2	3	3	2	1.5	2	2	用 2m 垂直检测尺检查
2	表面平整度	2	3	~	1.5	1	3	3	用 2m 靠尺和塞尺检查
3	阴阳角方正	2	4	4	2	1.5	3	3	用直角检测尺检查
4	接缝直线度	2	4	4	2	1	1	1	拉 5m 线，不足 5m 拉通线，用钢直尺检查
5	墙裙、勒脚上口直线度	2	3	3	2	2	2	2	拉 5m 线，不足 5m 拉通线，用钢直尺检查
6	接缝高低差	0.5	3	~	0.5	0.5	1	1	用钢直尺和塞尺检查
7	接缝宽度	1	2	2	1	1	1	1	用钢直尺检查

5）饰面砖粘贴的允许偏差和检验方法应符合表 10-18 的规定。

表 10-18　饰面砖粘贴的允许偏差和检验方法

项次	项　目	允许偏差/mm		检验方法
		外墙面砖	风墙面砖	
1	立面垂直度	3	2	用 2m 垂直检测尺检查
2	表面平整度	4	3	用 2m 靠尺和塞尺检查
3	阴阳角方正	3	3	用直角检测尺检查
4	接缝干线度	3	2	拉 5m 线，不足 5m 拉通线，用钢直尺检查
5	按缝高低差	1	0.5	用钢直尺和塞尺检查
6	接缝宽度	1	1	用钢直尺检查

6）护栏和扶手安装的允许偏差和检验方法应符合表 10-19 的规定。

表 10-19　护栏和扶手安装的允许偏差和检验方法

项　次	项　目	允许偏差（mm）	检验方法
1	护栏垂直度	3	用 1m 垂直检测尺检查
2	栏杆间距	3	用钢直尺检查
3	扶手直线度	4	拉通线，用钢直尺检查
4	扶手高度	3	用钢直尺检查

10.6　幕墙工程

幕墙是近代科学技术发展的产物，是高层建筑时代的显著特征，其主要部分由支撑结构体系与面板组成的、可相对主体结构有一定的位移能力、不分担主体结构所受作用的建筑外围护结构或装饰性结构。在目前的建筑市场中，可分为以下三种类型：玻璃幕墙工程、石材幕墙工程及金属幕墙工程。

10.6.1　玻璃幕墙工程施工

1. 施工准备

（1）铝合金型材　应进行表面阳极氧化处理。铝型材的品种、级别、规格、颜色、断面形状、表面阳极氧化膜厚度等，必须符合设计要求，其合金成分及机械性能应有生产厂家的合格证明，并应符合现行国家有关标准。进入现场要进行外观检查；要平直规方，表面无污染、麻面、凹坑、划痕、翘曲等缺陷，并分规格、型号分别码放在室内木方垫上。

（2）玻璃　外观质量和光学性能应符合现行的国家标准。

（3）橡胶条、橡胶垫　应有耐老化阻燃性能试验出厂证明，尺寸符合设计要求，无断裂现象。

（4）铝合金装饰压条、扣件　颜色一致，无扭曲、划痕、损伤现象，尺寸符合设计要求。

276

（5）连接龙骨的连接件 竖向龙骨与水平龙骨之间的镀锌连接件、竖向龙骨之间接专用的内套管及连接件等，均要在厂家预制加工好，材质及规格尺寸要符合设计要求。

（6）承重紧固件 竖向龙骨与结构主体之间，通过承重紧固件进行连接，紧固件的规格尺寸应符合设计要求，为了防止腐蚀，紧固件表面须镀锌处理，紧固件与预埋在混凝土梁、柱、墙面上的埋件固定时，应采用不锈钢或镀锌螺栓。

（7）螺栓、螺母、钢钉等紧固件用不锈钢或镀锌件，规格尺寸符合设计要求，并有出厂证明。

（8）密封胶 接缝密封胶是保证幕墙具有防水性能、气密性能和防震性能的关键。其材料必须有很好的防渗透、抗老化、抗腐蚀性能，并具有能适应结构变形和温度胀缩的弹性，因此应有出厂证明和防水试验记录。

2. 操作工艺

工艺流程：安装各楼层紧固铁件→横竖龙骨装配→安装竖向主龙骨→安装横向次龙骨→安装镀锌钢板→安装保温防火矿棉→安装玻璃→安装盖板及装饰压条。

3. 质量控制要点

1）玻璃幕墙的设计文件应经原设计单位认可，幕墙及其连接件应具有足够的承载力、刚度和相对于主体结构的位移能力。幕墙构架立柱的连接金属角码与其他连接件应采用螺栓连接，并应有防松动措施。

2）隐框、半隐框幕墙所采用的结构粘结材料必须是中性硅酮结构密封胶，其性能必须符合《建筑用硅酮结构密封胶》（GB 16776—2005）的规定；硅酮结构密封胶必须在有效期内使用。

3）立柱和横梁等主要受力构件，其截面受力部分的壁厚应经计算确定，且铝合金型材壁厚不应小于3.0mm，钢型材壁厚不应小于3.5mm。主柱应采用螺栓与角码连接，螺栓直径应经过计算，并不应小于10mm。不同金属材料接触时应采用绝缘垫片分隔。

4）隐框或半隐框玻璃幕墙，每块玻璃下端应设置两个铝合金或不锈钢托条，其长度不应小于100mm，厚度不应小于2mm，托条外端应低于玻璃外表面2mm。

5）每平方米玻璃的表面质量和检验方法应符合表10-20的规定。

表 10-20 每平方米玻璃的表面质量和检验方法

项次	项目	质量要求	检验方法
1	明显划伤和长度<100mm的轻微划伤	不允许	观察
2	长度≤100mm的轻微划伤	≤8条	用钢直尺检查
3	擦伤总面积	≤500mm^2	用钢直尺检查

6）一个分格铝合金型材的表面质量和检验方法应符合表10-21的规定。

表 10-21 一个分格铝合金型材的表面质量和检验方法

项次	项目	质量要求	检验方法
1	明显划伤和长度<100mm的轻微划伤	不允许	观察
2	长度≤100mm的轻微划伤	≤2条	用钢直尺检查
3	擦伤总面积	≤500mm^2	用钢直尺检查

7）明框玻璃幕墙安装的允许偏差和检验方法应符合表10-22的规定。

表 10-22　明框玻璃幕墙安装的允许偏差和检验方法

项次	项目		允许偏差/mm	检验方法
1	幕墙垂直度	幕墙高度≤30m	10	用经纬仪检查
		30m<幕墙高度≤60m	15	
		60m<幕墙高度≤90m	20	
		幕墙高度>90m	25	
2	幕墙水平度	幕墙幅宽≤35m	5	用水平仪检查
		幕墙幅宽>35m	7	
3	构件直线度		2	用2m靠尺和塞尺检查
4	构件水平度	构件长度≤2m	2	用水平仪检查
		构件长度>2m	3	
5	相邻构件错位		1	用钢直尺检查
6	分格框对角线长度差	对角线长度≤2m	3	用钢直尺检查
		对角线长度>2m	4	

8）隐框、半隐框玻璃幕墙安装的允许偏差和检验方法应符合表10-23的规定。

表 10-23　隐框、半隐框玻璃幕墙安装的允许偏差和检验方法

项次	项目		允许偏差/mm	检验方法
1	幕墙垂直度	幕墙高度≤30m	10	用经纬仪检查
		30m<幕墙高度≤60m	15	
		60m<幕墙高度≤90m	20	
		幕墙高度>90m	25	
2	幕墙水平度	层高≤3m	3	用水平仪检查
		层高>3m	5	
3	幕墙表面平整度		2	用2m靠尺和塞尺检查
4	板材立面垂直度		2	用垂直检测尺检查
5	板材上沿水平度		2	用1m水平尺和钢直尺检查
6	相邻板材板角错位		1	用钢直尺检查
7	阳角方正		2	用直角检测尺检查
8	接缝直线度		3	拉5m线，不足5m拉通线，用钢直尺检查
9	接缝高低差		1	用钢直尺和塞尺检查
10	接缝宽度		1	用钢直尺检查

4. 应注意的质量问题

1）玻璃安装不上。安装竖向、横向龙骨时，未认真核对中心线和垂直度，也未核对玻璃尺寸，因此在安装竖、横龙骨时，必须严格控制垂直度及中心线位置。

2）装饰压条不垂直、不水平。安装装饰压条时，应采取吊线和拉水平线进行控制，安装完成后应横平、竖直。

3）玻璃出现严重"影象畸变"现象。造成原因是，玻璃本身翘曲、橡胶条安装不平、玻璃镀膜层的一侧沾染胶泥等。因此玻璃进场时要进行开箱抽查，安装前发现有翘曲现象应剔出不用。安装过程中各道工序应严格操作，密封条镶嵌平整，打胶后半表面擦干净。

4）铝合金构件表面污染严重。主要是在运输安装过程中，过早撕掉表面保护膜，或打胶时污染面层。

5）玻璃幕墙渗水。由于玻璃四周的橡胶条嵌塞不严或接口有缝隙而造成雨水渗入，因此安装橡胶条时，橡胶条规格要匹配，尺寸不得过大或过小，嵌塞要平整密实，接口处一定要用密封胶充填实，达到不漏水为准。

6）连接竖向龙骨的紧固件与预埋件焊接不牢固。此紧固件应该是承重件，关系到幕墙框架与主体结构连接的安全牢固程度，因此连接紧固件与预埋件焊接质量必须严格控制，应让持焊工上岗证的焊工进行焊接，焊缝的高度、长度应按结构焊缝的要求施焊。

7）幕墙玻璃个别部分有黑色痕迹。主要是个别玻璃镀膜不符合要求所造成。玻璃进场安装前每块要进行检查，合格后再安装。

5. 安全环保措施

（1）安全措施

1）玻璃幕墙安装施工应符合现行行业标准《建筑施工高处作业安全技术规范》（JGJ 80—1991）、《建筑机械使用安全技术规程》（JGJ 33—2012）、《施工现场临时用电安全技术规范》（JGJ 46—2005）的有关规范。

2）安装施工机具在使用前，应进行严格检查。电动工具应进行绝缘电压试验；手持玻璃吸盘及玻璃吸盘机应进行吸附重量和吸附持续时间试验。

3）采用外脚手架施工时，脚手架应经过设计，并应与主体结构可靠连接。采用落地式钢管脚手架时，应双排布置。

4）当高层建筑的玻璃幕墙安装与主体结构施工交叉作业时，在主体结构的施工层下方应设置防护网；在距离地面约3m高度处，应设置挑出宽度不小于6m的水平防护网。

（2）环保措施

1）合理安排作业时间、尽量减少夜间作业，以减少施工时机具噪声污染；避免影响施工现场内或附近居民的休息。

2）完成每项工序后，应及时清理施工后滞留的垃圾，比如胶、胶瓶、胶带纸等，保持施工现场的清洁。

3）对于密封材料及清洗溶剂等可能产生有害物质或气体的材料，应作好保管工作，并在挥发过期前使用完毕，以免对环境造成影响。

10.6.2 石材幕墙工程施工

1. 施工现场准备

1）施工人员熟悉图纸，熟悉施工工艺，对施工班组进行技术交底和操作培训。

2）主要机具设备有台钻、无齿切割锯、冲击钻、手枪钻、压力扳手、开口扳手、专用手推车、锤子、錾子、靠尺、水平尺等。

3）材料准备

① 材料选择。须选用同一个矿脉的石材，保证花岗石的物理性能无差异；石材外装饰面的色差控制以甲方确定的石材样板为色差控制标准，从荒料开始就进行选择色泽一致的原料，做到花岗石板材基本上无色差现象。

② 板块加工程序　首先对荒料进行编号，再根据编号顺序逐一进行石纹规律调查，将石纹一致的加工锯成板胚，再将每块荒料的板胚进行编号，选定所需的表面，而后把板面粗磨打平到符合标准 T 205—1983 的要求：

a. 产品表面光泽度须达到 85 度以上，表团平整度误差不超过 0.5mm 角度偏差不超过 0.5mm，几何尺寸要达到（+0，-1mm）的要求，厚度偏差不超出（+1mm，-2mm）。

b. 产品表面色差尽量控制基本一致，但不允许有石胆、石蛇、射线、扫花及边角有损现象。

c. 根据建筑设计图纸所提供的石材分块、布局、颜色品种及搭配、表面加工形式、线角处理方案，并结合施工现场结构的实际状况，绘制出板材排列翻样图，每块石材均应编号，注明尺寸大小，绘制平面图、排列图及详图。

d. 驻石材加工厂检验员一名，材料进场检验员一名及现场色差控制员一名。所有施工人员熟悉图纸，熟悉施工工艺，施工主管须对施工班组织进行技术交底和操作培训。

e. 对石材板材需开箱预检数量、规格及外观质量，逐块检查，不符合质量标准的立即返回加工厂。按图纸编号预摆检查，对需挂石材的基层尺寸，垂直度进行预检。

f. 色差排列：现场色差控制员将对所有石板进行色差控制，将颜色一致的石板进行预排；对花岗石板材需开箱预检数量，规格及外观质量，逐块检查，不符合质量标准的立即按不合格产品处理。按图纸上的编号预摆排列检查无明显色差，石材的编号应同设计一致，不得因加工造成混乱。

2. 施工工艺流程要点

1）基层准备。清理预做饰面石材的结构表面，弹出垂直线。也可根据需要弹出安装石材的位置线和分块线。

2）石材准备。根据设计尺寸，将专用模具固定在台钻上，进行石材开槽。

3）挂线。按图纸要求，用经纬仪打出大角两个面的竖向控制线，在大角上下两端固定挂线的角钢，用钢丝挂竖向控制线，并在控制线的上下做出标记；将连接件用螺栓固定在埋件上，安装竖龙骨，调整好竖龙骨后在竖龙骨上分段安装横梁；在横梁上安装底层石材铝合金托板，放置底层石板，调节并暂时固定；用云石胶嵌下层石材的上槽，安装上层铝合金挂件，嵌上层石材下槽。

4）临时固定上层石材，安装铝合金挂件。重复以上工序，直至完成全部石材安装，最后安装顶层石材。

5）清理胶缝，塞泡沫棒，粘防污保护胶条、用耐候胶注胶嵌缝；撕去保护胶带，清洁石材表面。

3. 石材幕墙的安装

（1）龙骨的安装

1）按图纸要求，在大角的两个面按照龙骨的厚度与主体的垂直度找出主龙骨的外平垂直线，在大角上下两固定挂线角钢处用钢丝线挂竖向控制线。

2）用施工线连接两大角垂直线找出龙骨线，按照石材分格找出龙骨垂直线，沿龙骨垂直线与外平线安装主龙骨，先与连接件点焊，调整好后再满焊，焊接节点焊缝应饱满、平整光滑。幕墙构件施焊后，其表面应采取有效的防锈措施。

3）按照石材分格，以两边龙骨为固定点，沿水平中心线挂一道钢丝做为龙骨的水平控制线，依水平控制线将横梁用螺栓连接在立柱上，同一层横梁安装应自下而上进行，当安装完一层时，应进行检查、调整、校正后再满焊，以保证达到质量标准。

4）石材幕墙立柱安装应符合下列规定：

① 立柱安装偏差不应大于3mm，轴线前后偏差不应大于2mm，左右偏差不应大于3mm。

② 相邻两根立柱安装标高偏差不应大于3mm。同层立柱的最大标高偏差不应大于5mm，相邻两根立柱的距离偏差不应大于2mm。

5）石材幕墙横梁安装应符合下列规定：

① 应将横梁两端的连接件及垫片安装有立柱的预定位置，并应安装牢固，其接缝应严密。

② 相邻两根横梁的水平标高偏差不应大于1mm；当一幅幕墙宽度大于35m时，同层标高偏差不应大于7mm。

（2）石材板块的安装

1）首先应进行定位划线，确定石材板块在外平面的水平、垂直位置，并在框架平面外设控制点，拉控制线控制安装的平面度和各组件的位置。

2）在底层横龙骨上安装铝合金挂件，注意在铝合金挂件与钢龙骨间先放置隔离垫片。把云石胶抹入石材的下槽。然后双人抬放石材到挂件上，对孔，就位。把云石胶灌入板材的上槽内，临时固定上层铝合金挂件，按水平控制线的要求调整挂件，固定挂件。

3）注胶。板材位置调整好后，板缝之间可以注耐候密封胶。注胶前，应先将填缝部位用规定溶剂清理板缝，后在板缝内塞入泡沫棒，并在缝两边贴保护胶纸，防止胶污染石材。注胶后，撕掉保护胶纸。要求胶缝饱满，无气泡。

填充耐候密封胶时，石材板缝的宽度、厚度应根据密封胶的技术参数经计算后确定。

4）清洗、保护。石材幕墙完工后，制定从上往下的清洗方案，清洗幕墙时，清洁剂应符合要求，不得产生腐蚀和污染。清洗过后在石材表面刷一层石材保护剂，防止空气中的污染物渗入石材毛细孔中，污染石材。

4. 安全环保措施

1）石材幕墙安装施工的安全措施除应符合现行行业标准《建筑施工高处作业安全技术规范》（JGJ 80—1991）的规定外，还应遵守施工组织设计确定的各项要求。

2）安装幕墙用的施工机具和吊篮在使用前应进行严格检查，符合规定后方可使用。

3）施工人员作业时必须戴安全帽，系安全带，并配备工具袋。

4）当高层建筑的石材幕墙安装与主体结构施工交叉作业时，在主体结构的施工层下方应设置防护网；在距离地面约3m高度处，应设置挑出宽度不小于6m的水平防护网。

5）现场焊接作业时应采取防火措施，在焊接下方应设防火斗。

6）脚手板上的废弃杂物应及时清理，不得在窗合、栏杆上放置施工工具。

5. 质量控制要点

1）石材幕墙的设计文件应经原设计单位认可，幕墙及其连接件应具有足够的承载力、刚度和相对于主体结构的位移能力。幕墙构架立柱的连接金属角码与其他连接件应采用螺栓连接，并应有防松动措施。

2）石材幕墙工程所用材料的品种、规格、性能等级，应符合设计要求及国家现行产品标准和工程技术规范的规定。石材的弯曲强度不应小于 8.0MPa；吸水率应小于 0.8%。石材幕墙的铝合金挂件厚度不应小于 4.0mm，不锈钢挂件厚度不应小于 3.0mm。

3）每平方米石材的表面质量和检验方法应符合表 10-24 的规定。

表 10-24　每平方米石材的表面质量和检验方法

项次	项　目	质量要求	检验方法	项次	项　目	质量要求	检验方法
1	明显划伤和长度 >100mm 的轻微划伤	不允许	观察	2	长度≤100mm 的轻微划伤	≤8 条	用钢直尺检查
				3	擦伤总面积	≤500mm^2	用钢直尺检查

4）石材幕墙安装的允许偏差和检验方法应符合表 10-25 的规定。

表 10-25　石材幕墙安装的允许偏差和检验方法

项次	项　目		允许偏差/mm		检验方法
			光面	麻面	
1	幕墙垂直度	幕墙高度≤30m	10		用经纬仪检查
		30m<幕墙高度≤60m	15		
		60m<幕墙高度≤90m	20		
		幕墙高度>90m	25		
2	幕墙水平度		3		用水平仪检查
3	板材立面垂直度		3		用水平仪检查
4	板材上沿水平度		2		用 1m 水平尺和钢直尺检查
5	相邻板材板角错位		1		用钢直尺检查
6	阳角方正		2	3	用垂直检测尺检查
7	接缝直线度		2	4	用直角检测尺检查
8	接缝高低差		3	4	拉 5m 线，不足 5m 拉通线，用钢直尺检查
9	接缝宽度		1	~	用钢直尺和塞尺检查
10	板材立面垂直度		1	2	用钢直尺检查

10.6.3 金属幕墙工程施工

1. 施工工艺流程

金属幕墙施工工艺流程为：测量放线→检查预埋件→安装连接铁件→注密封胶→金属板安装→金属型材安装→清洁→工程验收。

2. 施工准备及作业条件

（1）准备 施工前应按要求准确提出所需材料的规格及各种配件的数量，以便于加工订做。对照幕墙的骨架设计，复检主体结构的质量。对主体结构的预留孔洞及表面的缺陷，应做好记录，及时提醒有关方面解决。详细核查施工图纸和现场实测尺寸，以确保设计加工的完善，同时认真与结构图纸及其他专业图纸进行核对，以及时发现其不相符部位，尽早采取有效措施进行修正。

（2）条件 现场要单独设置库房，以防止进场材料受到损伤。构件进入库房后应按品种和规格堆放在特种架子或垫木上。在室外堆放时，要采取保护措施。构件安装前均应进行检验和校正，构件应平直、规方，不得有变形和刮痕。不合格的构件不得安装。

根据幕墙骨架设计图纸规定的高度和宽度，搭设施工双排脚手架。如利用土建施工时的脚手架，则应进行检查修整，以符合高空作业规程的要求，大风、低温及下雨等气候条件下不得进行施工。安装施工前要将金属板及配件用运至各施工面层上。

（3）放线 土建单位提供基准线及轴线控制点。将所有预埋件打出，并复测其位置尺寸。根据其准线在底层确定墙的水平均数宽度和出入尺寸。经纬仪向上引数条垂线，以确定幕墙转角位和立面尺寸。根据轴线和中线确定一立面的中线。测量放线时应控制分配误差，不使误差积累。测量放线时应在风力小于4级情况下进行。放线时应及时校核，以保证幕墙垂直度及在立柱位置的正确性。

3. 幕墙型材加工和安装

（1）金属板幕墙在制作前应对建筑设计施工图进行核对，并对主体结构进行复测，按实测结果调整幕墙位置并经设计单位同意后，方可加工组装。

（2）加工技术要求

1）各种型材下料长度尺寸允许偏差为 ±1mm；横梁的允许偏差为 ±0.5mm；竖框的允许偏差为 ±1mm；端头斜度的允许偏差为 −1.5mm。

2）加工面必须去毛刺、飞边，截料端头不应有加工变形，毛刺不应大于 0.2mm。

3）螺栓孔应由钻孔和扩孔两道工序完成。

4）钻孔尺寸要求：孔位允许偏差为 ±0.5mm；孔距允许偏差 ±0.5mm；累计偏差不应大于 ±1.0mm。

（3）加工质量要求。金属板幕墙结构杆件在截料之前应进行校正调整。构件的连接要牢固，各构件连接处的缝隙应进行密封处理。金属板幕墙与建筑主体结构连接的固定支座材料宜选用金属合金、不锈钢或表面镀锌处理的碳素结构钢，并应具备调整范围，其调整尺寸不应小于40mm。

非金属材料的加工使用应符合下列要求：幕墙所使用的垫块、垫条的材质应符合《建筑橡胶密封垫预成型实芯硫化的结构密封垫用材料》（HGT 3099—2004）的规定。

4. 幕墙金属板的安装

（1）金属板安装

1）应对横竖连接构件进行检查、测量、调整。

2）金属板构件安装时应保持左右、上下的偏差小于1.5mm。

3）金属板空缝安装时，必须有防水措施，并应有按设计要求的排水出口。

4）板块安装完毕后，板材之间的间隙用耐候胶嵌缝密封，防止气体渗透和雨水渗漏。

（2）注胶

1）注胶之前要充分清洁板材间缝隙，清除水、油渍、涂料、灰尘等。可用甲苯或甲基二乙酮作清洁剂，充分清洁粘结面，并加以干燥。

2）为调整缝的深度，避免三边粘结，在缝内充填聚氯乙烯发泡材料。

3）为避免密封胶污染板材，在缝两边贴保护胶纸。

4）注胶后将胶缝表面抹平压实，去掉多余的胶。

5）注胶完毕后，将保护胶纸撕掉，必要时可用溶剂擦拭。

6）注胶完毕之后进行全面的清洁，撕掉金属型材的保护膜，擦拭板材内外面的污物，切忌损坏镀膜层。

5. 施工注意事项

施工前应检查选用的金属单板及型材是否符合要求，规格是否齐全，表面有无划痕，有无弯曲现象。选用的材料要一次进货，可保证色彩一致，规格型号统一。连接件及骨架的位置，要与金属单板规格尺寸一致，以减少施工现场材料切割。施工后的墙体表面应做到表面平整，连接可靠，无翘起、卷边。

6. 质量控制要点

1）金属幕墙的设计文件应经原设计单位认可，幕墙及其连接件应具有足够的承载力、刚度和相对于主体结构的位移能力。幕墙构架立柱的连接金属角码与其他连接件应采用螺栓连接，并应有防松动措施。

2）每平方米金属板的表面质量和检验方法应符合表10-26的规定。

表 10-26　每平方米金属板的表面质量和检验方法

项次	项　目	质量要求	检验方法	项次	项　目	质量要求	检验方法
1	明显划伤和长度 >100mm 的轻微划伤	不允许	观察	2	长度≤100mm 的轻微划伤	≤8条	用钢直尺检查
				3	擦伤总面积	≤500mm^2	用钢直尺检查

3）金属幕墙安装的允许偏差和检验方法应符合表10-27的规定。

表 10-27　金属幕墙安装的允许偏差和检验方法

项次	项　目		允许偏差 /mm	检验方法
1	幕墙垂直度	幕墙高度≤30m	10	用经纬仪检查
		30m <幕墙高度≤60m	15	
		60m <幕墙高度≤90m	20	
		幕墙高度 >90m	25	

（续）

项次	项　目		允许偏差 /mm	检验方法
2	幕墙水平度	层高≤3m	3	用水平仪检查
		层高>3m	5	
3	幕墙表面平整度		2	用2m靠尺和塞尺检查
4	板材立面垂直度		3	用垂直检测尺检查
5	板材上沿水平度		2	用1m水平尺和钢直尺检查
6	相邻板材板角错位		1	用钢直尺检查
7	阳角方正		2	用直角检测尺检查
8	接缝直线度		3	拉5m线，不足5m拉通线，用钢直尺检查
9	接缝高低差		1	用钢直尺和塞尺检查
10	接缝宽度		1	用钢直尺检查

7. 安全环保措施

（1）安全措施

1）金属幕墙安装施工的安全措施除应符合现行行业标准《建筑施工高处作业安全技术规范》JGJ 80—1991 的规定外，还应遵守施工组织设计确定的各项要求。

2）安装幕墙用的施工机具和吊篮在使用前应进行严格检查，符合规定后方可使用。

3）施工人员作业时必须戴安全帽，系安全带，并配备工具袋。

4）当高层建筑的金属幕墙安装与主体结构施工交叉作业时，在主体结构的施工层下方应设置防护网；在距离地面约3m高度处，应设置挑出宽度不小于6m的水平防护网。

5）现场焊接作业时应采取防火措施，在焊接下方应设防火斗。

6）脚手板上的废弃杂物应及时清理，不得在窗合、栏杆上放置施工工具。

（2）环保措施

1）合理安排作业时间、尽量减少夜间作业，以减少施工时机具噪声污染；避免影响施工现场内或附近居民的休息。

2）完成每项工序后，应及时清理施工后滞留的垃圾，比如胶、胶瓶、胶带纸等，保持施工现场的清洁。

3）对于密封材料及清洗溶剂等可能产生有害物质或气体的材料，应作好保管工作，并在挥发过期前使用完毕，以免对环境造成影响。

10.7　涂饰工程

10.7.1　涂料涂饰工程

涂料主要由胶粘剂、颜料、溶剂和辅助材料等组成。涂料的品种繁多，按装饰部位不同有内外墙涂料、顶棚涂料、地面涂料、门窗涂料；按成膜物质不同有油性涂料（也称油漆）、有机高分子涂料、无机高分子涂料、有机无机复合涂料；按涂料分散介质不同有溶剂型涂料、水溶性涂料。水溶性涂料适用于室内外混凝土、抹灰表面；溶剂型涂料适用于金属及木材基面油漆。

1. 基层处理

混凝土和抹灰基层表面必须坚实，无酥板、脱层、起砂、粉化等现象，否则应铲除。基层表面要求平整，如有孔洞、裂缝，需用同种涂料配制的腻子批嵌，除去表面的油污、灰尘、泥土等，清洗干净。对于施涂溶剂型涂料的基层，其含水率应控制在8%以内，对于施涂乳液型涂料的基层，其含水率应控制在10%以内。

对于木材基层表面，应先将木材表面上的灰尘，污垢应清除，并把木材表面的缝隙、毛刺等用腻子填补磨光，木材基层的含水率不得大于12%。

金属基层表面：将灰尘、油渍、锈斑、焊渣、毛刺等清除干净。

2. 涂料施工

涂料施工主要操作方法有刷涂、滚涂、喷涂、刮涂、弹涂、抹涂等。

在工厂制作组装的钢木制品和金属构件，其涂料宜在生产制作阶段施工，最后一遍安装后在现场施涂。现场制作的构件，组装前应先施涂一遍底子油（干油性且防锈的涂料），安装后再施涂。

3. 喷塑涂料施工

（1）喷塑涂料的涂层结构　按喷塑涂料层次的作用不同，其涂层构造分为封底涂料、主层涂料、罩面涂料。按使用材料分为底油、骨架和面油。喷塑涂料质感丰富、立体感强，具有乳雕饰面的效果。

1）底油。底油是涂布在基层上的涂层。它的作用是渗透到基层内部，增强基层的强度，同时又对基层表面进行封闭，并消除基层表面有损于涂层附着的因素，增加骨架涂料与基层之间的结合力。底油作为封底涂料，可以防止硬化后的水泥砂浆抹灰层可溶性盐渗出而破坏面层。

2）骨架。骨架是喷塑涂料特有的一层成型层，是喷塑涂料的主要构成部分。使用特制大口径喷枪或喷斗，喷涂在底油之上，再经过滚压，即形成质感丰富，新颖养观的立体花纹图案。

3）面油。面油是喷塑涂料的表面层。面油内加入各种耐晒彩色颜料，使喷塑涂层具有理想的色彩和光感。面油分为水性和油性两种，水性面油无光泽，油性面油有光泽，但目前大都采用水性面油。

（2）喷塑涂料施工　底油的涂刷用漆刷进行，要求涂刷均匀不漏刷。

喷点施工的主要工具是喷枪，喷嘴有大、中、小三种，分别可喷出大点、中点和小点。施工时可按饰面要求选择不同的喷嘴。喷点操作的移动速度要均匀，其行走路线可根据施工需要由上向下或左右移动。喷枪在正常情况下其喷嘴距墙 50~60cm 为宜；喷头与墙面成 60°~90°夹角，空压机压力为 0.5MPa。如果喷涂顶棚，可采用顶棚喷涂专用喷嘴。

如果需要将喷点压平，则喷点后 5~10min 便可用胶辊蘸松节水，在喷涂的圆点上均匀地轻轻滚，将圆点压扁，使之成为具有立体感的压花图案。

喷涂面油应在喷点施工 12min 后进行，第一道滚涂水性面油，第二道可用油性面油，也可用水性面油。

如果基层有分格条，面油涂饰后即行揭去，对分格缝可按设计要求的色彩重新描绘。

4. 多彩喷涂施工

多彩喷涂具有色彩丰富、技术性能好、施工方便、维修简单、防火性能好、使用寿命长等特点，因此运用广泛。

多彩喷涂的工艺可按底涂、中涂、面涂或底涂、面涂的顺序进行。

底涂：底层涂料的主要作用是封闭基层，提高涂膜的耐久性和装饰效果。底层涂料为溶剂性涂料，可用刷涂、滚涂或喷涂的方法进行操作。

中涂：中层为水性涂料，涂刷 1～2 遍，可用刷涂、滚涂及喷涂施工。

面涂（多彩）喷涂：中层涂料干燥约 4～8h 后开始施工。操作时可采用专用的内压式喷枪，喷涂压力 0.15～0.25MPa，喷嘴距墙 300～400mm，一般一遍完成，如涂层不均匀，应在 4h 内进行局部补喷。

5. 聚氨酯仿瓷涂料层施工

这种涂料是以聚氨酯-丙烯酸树脂溶液为基料，加入优质大白粉、助剂等配制而成的双组分固化型涂料。涂膜外观是瓷质状，其耐沾污性、耐水性及耐候性等性能均较优异。可以涂刷在木质、水泥砂浆及混凝土饰面上，具有优良的装饰效果。

聚氨酯仿瓷复层涂料一般分为底涂、中涂和面涂三层，其操作要点如下：

1）基层表面应平整、坚实、干燥、洁净，表面的蜂窝、麻面和裂缝等缺陷应采用相应的腻子嵌平。金属材料表面应除锈，有油渍斑污者，可用汽油，二甲苯等溶剂清理。

2）底涂施工。底涂施工可采用刷涂、滚涂、喷涂等方法进行。

3）中涂施工。中涂一般均要求采用喷涂，喷涂压力依照材料使用说明，喷嘴口径一般为 φ4。根据不同品种，将其甲乙组份进行混合调制或直接采用配套中层涂料均匀喷涂，如果涂料太稠，可加入配套溶液或酯酸丁酯进行稀释。

4）面涂施工。面涂可用喷涂、滚涂或刷涂方法施工，涂层施工的间隔时间一般在 2～4h 之间。

仿瓷涂料施工要求环境温度不低于 5℃，相对湿度不大于 85%，面涂完成后要保养 3～5d。

6. 质量控制点

1）涂饰工程的基层处理应符合下列要求：

① 新建筑物的混凝土或抹灰层基层在涂饰涂料前应涂刷抗碱封闭底漆。

② 旧墙面在涂饰涂料前应清除疏松的旧装修层，并涂刷界面剂。

③ 混凝土或抹灰基层涂刷溶剂型涂料时，含水率不得大于 8%；涂刷乳液型涂料时，含水率不得大于 10%。木材基层的含水率不得大于 12%。

④ 基层腻子应平整、坚实、牢固，无粉化、起皮和裂缝；内墙腻子的粘结强度应符合《建筑室内用腻子》（JG/T 3049—1998）的规定。外墙基层腻子过厚宜造成强度低。

⑤ 厨房、卫生间墙面必须使用耐水腻子。

⑥ 溶剂型涂料涂饰工程的基层应使用与面层匹配的底腻子进行处理，必须保证基层强度。

2）薄涂料的涂饰质量和检验方法应符合表 10-28 的规定。

表 10-28　薄涂料的涂饰质量和检验方法

项次	项　目	普通涂饰	高级涂饰	检验方法
1	颜色	均匀一致	均匀一致	观察
2	泛碱、咬色	允许少量轻微	不允许	
3	流坠、疙瘩	允许少量轻微	不允许	
4	砂眼、刷纹	允许少量轻微砂眼、刷纹通顺	无砂眼，无刷纹	
5	装饰线、分色线直线度允许偏差/mm	2	1	拉 5m 线，不足 5m 拉通线，用钢直尺检查

3）厚涂料的涂饰质量和检验方法应符合表 10-29 的规定。

表 10-29　厚涂料的涂饰质量和检验方法

项次	项　目	普通涂饰	高级涂饰	检验方法
1	颜色	均匀一致	均匀一致	观察
2	泛碱、咬色	允许少量轻微	不允许	
3	点状分布	~	疏密均匀	

4）复合涂料的涂饰质量和检验方法应符合表 10-30 的规定。

表 10-30　复合涂料的涂饰质量和检验方法

项次	项　目	质量要求	检验方法
1	颜色	均匀一致	观察
2	泛碱、咬色	不允许	
3	喷点疏密程度	均匀，不允许连片	

5）色漆的涂饰质量和检验方法应符合表 10-31 的规定。

表 10-31　色漆的涂饰质量和检验方法

项次	项　目	变通涂饰	高级涂饰	检验方法
1	颜色	均匀一致	均匀一致	观察
2	光泽、光滑	光泽基本均匀光滑无挡手感	光泽均匀一致光滑	观察、手摸检查
3	刷纹	刷纹通顺	无刷纹	观察
4	裹棱、流坠、皱皮	明显处不允许	不允许	观察
5	装饰线、分色线直线度允许偏差/mm	2	1	拉 5m 线，不足 5m 拉通线，用钢直尺检查

注：无光色漆不检查光泽。

6）清漆的涂饰质量和检验方法应符合表 10-32 的规定。

表 10-32　清漆的涂饰质量和检验方法

项次	项　目	普通涂饰	高级涂饰	检验方法
1	颜色	基本一致	均匀一致	观察
2	木纹	棕眼刮平、木纹清楚	棕眼刮平、木纹清楚	观察
3	光泽、光滑	光泽基本均匀光滑无挡手感	光泽均匀一致光滑	观察、手摸检查
4	刷纹	无刷纹	无刷纹	观察
5	裹棱、流坠、皱皮	明显处不允许	不允许	观察

7. 涂料工程的安全技术

1）涂料材料和所用设备必须要有经过安全教育的专人保管，设置专用库房，各类储油原料的桶必须封盖。

2）涂料库房与建筑物必须保持一定的安全距离，一般在 2m 以上。库房内严禁烟火且有足够的消防器材。

3）施工现场必须具有良好的通风条件，通风不良时须安置通风设备，喷涂现场的照明灯应加保护罩。

4）使用喷灯，加油不得过满，打气不能过足，使用时间不宜过长，点火时火嘴不准对人。

5）使用溶剂时，应做好眼睛和皮肤等的防护，并防止中毒。

10.7.2　美术涂饰工程

美术涂饰，是以油和油性涂料为基本材料，运用美术的手法，把人们喜爱的花卉、鱼鸟、山水等动、植物的图像，彩绘在室内墙面、顶棚等处，作为室内装饰的一种形式。

1. 一般规定

1）美术涂饰一般分为中级和高级两级，并在一般涂料工程完成的基础上进行。

2）涂饰的色调和图案随环境需要选择，在正式施工前应做样板，方可大面积施工。

3）套色漏花是在刷好色浆的基础上进行的。用特制的漏板，按美术形式有规律地将各种颜色喷（刷）在墙面上。

4）套色漏花按施工方法可分为两种，一是喷涂法，二是刷涂法。一般宜用喷印方法进行，并按分色顺序喷印。前套漏板喷印完，待涂料（或浆料）稍干后，方可进行下套漏板的喷印。

2. 施工准备

（1）材料要求

1）涂料。光油、清油、铅油、各色油性调和漆（酯胶调和漆、酚醛调和漆、醇酸调和漆等），或各色无光调和漆等；应有产品合格证、出厂日期及使用说明。

2）稀释剂。汽油、煤油、松香水、酒精、醇酸稀料等与油漆相应配套的稀料。

3）各色颜料应耐碱、耐光。

（2）主要机具　一般应备有高凳、脚手板、调色板、油画笔、半截大桶、小油桶、铜丝箩、橡皮刮板、钢皮刮板、笤帚、腻子槽、开刀、刷子、排笔、砂纸、棉丝、擦布等。

(3) 作业条件

1) 墙面必须干燥，基层含水率不得大于8%。

2) 墙面的设备管洞应提前处埋完毕，为确保墙面干燥，各种穿墙孔洞都应提前抹灰补齐。

3) 门窗要提前安装好玻璃。

4) 大面积施工前应事先做好样板间，经有关质量部门检查鉴定合格后，方可组织施工班组进行大面积施工。

5) 施工环境应通风良好，湿作业已完成并具备一定的强度，环境比较干燥。

6) 冬期施工室内油漆涂料工程，应在采暖条件下进行，室温保持均衡，一般室内温度不宜低于10℃，相对湿度为60%，不得突然变化。同时应设专人负责测试和开关门窗，以利通风。

3. 施工工艺

(1) 仿木纹　仿木纹一般是仿硬质木材的木纹如黄菠萝、水曲柳、榆木、核桃等木纹，通过专用工具和工艺手法用涂料涂饰在内墙面上。涂饰完成后，似镶木质墙裙；在木门窗表面上，亦可用同样方法涂饰仿木纹。

(2) 仿石纹，又称"假大理石"。

1) 一种方法是用丝棉经温水浸泡后，拧去水分，用手甩开使之松散，以小钉挂在墙上，并将丝棉理成如大理石的各种纹理状。涂料的颜色一般以底层涂料的颜色为基底，再喷涂深、浅两色，喷涂的顺序是浅色＋深色＋白色，共为三色。喷完后即将丝棉揭去，墙面上即显出细纹大理石纹。

2) 另一种方法是在底层涂好白色涂料的面上，再刷一道浅灰色涂料，未干燥时就在上面刷上黑色的粗条纹，条纹要曲折不能端直。在涂料将干未干时，用干净刷子把条纹的边线刷混，刷到隐约可见，使两种颜色充分调和。

(3) 涂饰鸡皮皱面层

1) 底层上涂上拍打鸡皮皱纹的涂料，其配合比目前常用的(质量比)为：清油15、钛白粉26、麻斯面(双飞粉)54、松节油5，也可由试验确定。

2) 涂刷面层的厚度为1.5～2.0mm，比一般涂刷的涂料要厚些。刷鸡皮皱涂料和拍打鸡皮皱纹应同时进行。即前边一人涂刷，后边一人随着拍打。起粒大小应均匀一致。

(4) 拉毛面层

1) 墙面底层要做到表面嵌补平整。用血料腻子加石膏粉或熟桐油的菜胶腻子。用钢皮或木刮尺满刮。

2) 石膏油拉毛。在基层清扫干净后，应刷一遍底油，以增强其附着力并便于操作。刮石膏油时，要满刮并严格控制厚度，表面要均匀平整。

4. 安全生产、现场文明施工要求

高空作业超过2m应按规定搭设脚手架。施工前要进行检查是否牢固。使用的人字梯应四角落地，摆放平稳，梯脚应设防滑橡皮垫和保险链。人字梯上铺设脚手板，脚手板两端搭设长度不得少于20cm，脚手板中间不得同时两人操作。梯子挪动时，作业人员必须下来，严禁站在梯子上踩高跷式挪动，人字梯顶部铰轴不准站人，不准铺设脚手板。人字梯应当经常检查，发现开裂、腐朽、楔头松动、缺档等，不得使用。

5. 质量注意事项

美术涂饰工程的基层处理应符合以下要求：

（1）新建筑物的混凝土或抹灰层基层在涂饰涂料前应涂刷抗碱封闭底漆。

（2）旧墙面在涂饰涂料前应清除疏松的旧装修层，并涂刷界面剂。

（3）混凝土或抹灰基层涂刷溶剂型涂料时，含水率不得大于 8%；涂刷乳液型涂料时，含水率不得大于 10%。木材基层的含水率不得大于 12%。

10.8 裱糊与软包工程

裱糊与软包施工是目前国内外使用较为广泛的施工方法，可用在墙面、顶棚、梁柱等部位作贴面装饰。墙纸的种类较多，工程中常用的有普通墙纸、塑料墙纸和玻璃纤维墙纸。从表面装饰效果看，有仿锦缎、静电植绒、印花、压花、仿木、仿石等墙纸。

10.8.1 裱糊工程

1. 基层处理

要求基层平整、洁净，有足够的强度并适宜与墙纸牢固粘贴。基层应基本干燥，混凝土和抹灰层含水率不高于 8%，木制品含水率不高于 12%。对局部麻点、凹坑须先用腻子找平，再满刮腻子，砂纸磨平。然后在表面满刷一遍底胶或底油，作为对基体表面的封闭，其作用是以免基层吸水太快，引起胶粘剂脱水，影响墙纸粘结。底胶或底油所用材料应视装饰部位及等级和环境情况而定，一般是涂刷 1:0.5~1 的 108 胶水溶液。南方地区做室内高级装饰时用酚醛清漆或光油效果更好。

2. 弹分格线

底胶干燥后，在墙面基层上弹水平、垂直线，作为操作时的标准。取线位置从墙的阴角起，用粉线在墙面上弹出垂直线，宽度以小于墙纸幅 10~20mm 为宜。为使墙纸花纹对称，应在窗口弹好中心线，由中心线往两边分线，如窗口不在中间，应弹窗间墙中心线，再向其两侧分格弹线，在墙纸粘贴前，应先预拼试贴，观察其接缝效果，以决定裁纸边沿尺寸及对好花纹图案。

3. 裁纸

根据墙纸规格及墙面尺寸统筹规划裁纸，纸幅应编号，按顺序粘贴。墙面上下要预留裁制尺寸，一般两端应多留 30~40mm。当墙纸有花纹、图案时，要预先考虑完工后的花纹、图案、光泽，且应对接无误，不要随便裁割。同时还应根据墙纸花纹、纸边情况采用对口或搭口裁割接缝。

4. 焖水

纸基塑料墙纸遇到水或胶液，开始自由膨胀，约在 5~10min 时胀足，干后自行收缩，干纸刷胶立即上墙裱贴必定会出现大量气泡，皱折而不能成活。因此，必须先将墙纸在水槽中浸泡几分钟，或在墙纸背后刷清水一道，或墙纸刷胶后叠起静置 10min，使墙纸湿润，然后再裱糊，水分蒸发后墙纸便会收缩、绷紧。

5. 刷胶

墙面和墙纸各刷粘结剂一道，阴阳角处应增刷 1~2 遍，刷胶应满而匀，不得漏刷。墙面涂刷粘结剂的宽度应比墙纸宽 20~30mm。墙纸背面刷胶后，应将胶面与胶面反复对迭，以免胶干得太快，也便于上墙，并使裱糊的墙面整洁平整。

6. 裱贴

1）裱贴墙纸时，首先要垂直，后对花纹拼缝，再用刮板用力抹压平整。先贴长墙面，后贴短墙面。每个墙面从显眼的墙角以整幅纸开始，将窄条纸的裁边留在不明显的阴角处。墙面裱糊原则是先垂直面后水平面，先细部后大面。贴垂直面时先上后下，贴水平面时先高后低。

2）裱糊墙纸时，阳角处不得拼缝。墙纸应绕过墙角，宽度不超过 12mm。包角要压实，阴角墙纸搭接时，应先裱糊压在里面的转角墙纸，再粘贴非转角的墙纸，搭接宽度一般不小于 2~3mm，且保持垂直无毛边。

采用搭口拼缝时，要待胶粘剂干到一定程度后，才用刀具裁割墙纸，小心地撕去割出部分，再刮压密实。

3）粘贴的墙纸应与挂镜线、门窗贴脸板和中踢脚板等紧接，不得有缝隙。

4）在吊顶面上裱贴壁纸，第一段通常要贴靠近主窗，与墙壁平行的部位。长度小于 2m 时，则可跟窗户成直角粘贴。

在裱贴第一段前，须先弹出一条直线。其方法为，在距吊顶面两端的主窗墙角 10mm 处用铅笔等做两个记号。在其中的一个记号处敲一枚钉子，在顶棚上弹出一道与主窗墙面平行的粉线。

裁纸、浸水、刷胶后，将整条壁纸反复折叠。然后用一卷未开封的壁纸卷或长刷撑起折叠好的一段壁纸，展开顶折的端头部分，并将边缘靠齐弹线，用排笔敷平一段，再展开下折，沿着弹线敷平，直到截贴好为止。

5）墙纸粘贴后，若发现空鼓、气泡时，可用针刺放气，再注射挤进粘结剂，也可用墙纸刀切开泡面，加涂粘结剂后，用刮板压平密实。

7. 成品保护

1）为避免损坏、污染，裱贴墙纸应尽量放在施工作业的最后一道工序，特别应放在塑料踢脚板铺贴之后。

2）裱贴墙纸时空气相对湿度不应过高，一般应低于 85%，湿度不应剧烈变化。

3）在潮湿季节裱贴好的墙纸工程竣工后，应在白天打开门窗，加强通风，夜晚关闭门窗，防止潮湿气体侵蚀。

4）基层抹灰层宜具有一定吸水性。混合砂浆和纸筋灰罩面的基层，较为适宜于裱贴墙纸。若用石膏罩面效果更佳。水泥砂浆抹光基层的裱贴效果较差。

8. 裱糊工程的质量要求

裱糊工程材料品种、颜色、图案应符合设计要求。裱糊工程的质量应符合下列规定：

1）壁纸和墙必须粘贴牢固，表面色泽一致，不得有气泡、空鼓、裂缝、翘边、皱折和斑污，斜视时无胶痕。

2）表面平整，无波纹起伏。壁纸、墙布与挂镜线、贴脸板和踢脚板紧接，不得有缝隙。

3）各幅拼接应横平竖直，拼接处花纹、图案吻合，不离缝，不搭接，距墙面 1.5m 处正视，不显拼缝。

4）阴阳转角垂直，棱角分明，阴角处搭接顺光，阳角处无接缝。

5）壁纸、墙布边缘平直整齐，不得有纸毛，阳角处无接缝。

6）不得有漏贴、补贴和脱层等缺陷。

10.8.2 软包工程

1. 材料要求

1）软包墙面木框、龙骨、底板、面板等木材的树种、规格、等级、含水率和防腐处理，必须符合设计图纸要求和《木结构工程施工质量验收规范》（GB 50206—2012）的规定。

2）软包面料及其他填充材料必须符合设计要求，并应符合建筑内装修设计防火的有关规定。

3）龙骨料一般用红白松烘干料，含水率不大于12%，厚度应根据设计要求，不得有腐朽、节疤、劈裂、扭曲等疵病，并预先经防腐、防火处理。

4）面板一般采用胶合板（五合板），厚度不小于3mm，颜色、花纹要尽量相似，用原木板材作面板时，一般采用烘干的红白松、锻木和水曲柳等硬杂木，含水率不大于12%。其厚度不小于20mm，且要求纹理顺直、颜色均匀、花纹近似，不得有节疤、扭曲、裂缝、变色等疵病。

5）外饰面用的压条、分格框料和木贴脸等面料，一般采用工厂加工的半成品烘干料，含水率不大于12%，厚度应根据设计要求选择，外观要完好，并预先经过防腐处理。

2. 主要机具

主要机具有：木工工作台、电锯、电刨、冲击钻、手枪钻、切（裁）织物布（革）工作台、钢直尺（1m长）、裁织革刀、毛巾、塑料水桶、塑料脸盆、油工刮板、小辊、开刀、毛刷、排笔、擦布或棉丝、砂纸、长卷尺、盒尺、锤子、錾子、线锯、铝制水平尺、方尺、多用刀、弹线用的粉线包、墨斗、小白线、笤帚、托线板、线坠、红铅笔、工具袋等。

3. 基层或底板处理

凡做软包墙面装饰的房间基层，大都是事先在结构墙上预埋木砖、抹水泥砂浆找平层、刷喷冷底子油、铺贴一毡二油防潮层、安装50mm×50mm木墙筋（中距为450mm）、上铺5层胶合板，此基层或底板实际是该房间的标准做法。如采取直接铺贴法，基层必须作认真的处理，方法是先将底板拼缝用油腻子嵌平密实、满刮腻子两遍，待腻子干燥后用砂纸磨平，粘贴前，在基层表面满刷清油（清漆+橡胶水）一道。如有填充层，此工序可以简化。

4. 吊直、套方、找规矩、弹线

根据设计图纸要求，把该房间需要软包墙面的装饰尺寸造型等通过吊直、套方、找规矩、弹线等工序，把实际设计的尺寸与造型落实到墙面上。

5. 计算用料、套裁填充料和面料

首先根据设计图纸的要求，确定软包墙面的具体做法。一般做法有两种：一是直接铺贴，此法操作比转简便，对基层或底板的平整度要求较高；二是预制铺贴镶嵌法，此法有一定的难度，要求必须横平竖直、不得歪斜，尺寸必须准确等，故需要做定位标志以利于对号入座；然后按照设计要求进行用料计算和底材（填充料）、面料套裁工作。要注意同一房间、同一图案与面料必须用同一卷材料和相同部位（含填充料）套裁面料。

6. 粘贴面料

如采取直接铺贴法施工时，应待墙面细木装修基本完成，边框油漆达到交活条件，方可粘贴面料；如果采取预制铺贴镶嵌法，则不受此限制，可事先进行粘贴面料工作。首先按照设计图纸和造型的要求先粘贴填充料（如泡沫塑料、聚苯板或矿棉、木条、五合板等），按设计用料（粘结用胶、钉子、木螺钉、电话铝帽头钉、铜丝等）把填充垫层固定在预制铺贴镶嵌底板上，然后把面料按照定位标志找好横竖坐标上下摆正。首先把上部用木条加钉子临时固定，然后把下端和两端位置找好后，便可按设计要求粘贴面料，并同时安装贴脸或装饰边线，最后修饰镶边油漆成活。

7. 修整软包墙面

如软包墙面施工安排靠后，其修整软包墙面工作比较简单，如果施工插入较早，由于增加了成品保护膜，则修整工作量较大，例如增加除尘清理、钉粘保护膜的钉眼和胶痕处理等。

8. 安全生产、现场文明施工要求

1）对软包面料及填塞料的阻燃性能严格把关，达不到防火要求的，不予使用。

2）软包布附近尽量避免使用碘钨灯或其他高温照明设备，不得动用明火。

3）控制电锯、切割机等施工机具产生的噪声、锯沫粉尘的排放对周围环境的影响。

4）控制甲醛等有害气体，以及油漆、稀料、胶、涂料的气味的排放对周围环境的影响。

5）严禁随地丢弃废油漆刷、涂料辊筒。

6）控制油漆、稀料、胶、涂料的运送遗洒，防火、防腐涂料的废弃，废夹板等施工垃圾的排放对周围环境的影响。

9. 质量控制要点

1）软包面料、内衬材料及边框的材质、颜色、图案、燃烧性能等级和木材的含水率应符合设计要求及国家现行标准的有关规定。

2）软包工程安装的允许偏差和检验方法应符合表 10-33 的规定。

表 10-33　软包工程安装的允许偏差和检验方法

项　次	项　目	允许偏差/mm	检 验 方 法
1	垂直度	3	用 1m 垂直检测尺检查
2	边框宽度、高度	0；−2	用钢直尺检查
3	对角线长度差	3	用钢直尺检查
4	裁口、线条接缝高低差	1	用钢直尺和塞尺检查

本 章 小 结

装饰工程是建筑施工的重要分部，本章引用《建筑工程施工工艺规程》的部分内容，分别概述了抹灰施工中的材料、工具、一般抹灰施工及装饰抹灰施工的内容；各种类型门窗施工的内容；楼地面工程的组成内容及几类楼地面工程的一般要求和施工方法；各种饰面类型的施工内容及相应注意要点；玻璃幕墙、石材及金属幕墙的相关内容；涂料涂饰工程及美术涂饰工程中的各工序施工的内容。

思考题与习题

1. 简述抹灰的常用材料组成。
2. 简述抹灰层的各层厚度要求。
3. 一般抹灰中普通抹灰和高级抹灰的区别有哪些？
4. 抹灰分项分层处理的要点有哪些？
5. 简述关于装饰抹灰表面质量的相应规定。
6. 简述门窗产品进场所必备的内容。
7. 简述木门窗的施工工艺流程。
8. 木门窗小五金安装的注意事项有哪些？
9. 铝合金门窗固定工序中的要点有哪些？
10. 列举必须使用安全玻璃的部位？
11. 厕浴间、厨房和有排水要求的建筑地面面层的标高有哪些要求？
12. 建筑地面工程施工质量的检验批如何划分？
13. 建筑地面工程检验方法应符合哪些规定？
14. 简述水泥混凝土面层的施工流程。
15. 如何进行砖面层的预排砖？
16. 简述整体面层的质量要求。
17. 釉面砖的排列方法有哪些？
18. 外墙釉面砖镶贴的组成有哪些？
19. 简述湿法和干法铺贴工艺的适用范围。
20. 简述各种金属饰面板的定义及适用建筑。
21. 简述玻璃幕墙的施工工艺流程。
22. 简述石材幕墙的施工工艺流程。
23. 简述金属幕墙的施工工艺流程。
24. 列举涂料涂饰施工的主要施工方法。
25. 简述软包的基层处理要求。

第 11 章 季节性施工

一项完整的建筑工程施工包括诸如：基础工程、主体工程、屋面工程、装饰工程的多项单位工程的施工，整个施工过程往往要跨季节、跨年度甚至更长的时间。我国疆域辽阔，气候差别很大，东北、华北、西北地区及青藏高原气候寒冷，在这些地区冬期施工的矛盾尤为突出；华南及沿海地区雨量丰沛、雨季漫长，在这些地区雨期施工的矛盾尤为突出；华中、华东地区则在一定程度上既存在着冬期施工又存在着雨期施工的问题，所以，有必要研究一下建筑工程冬、雨期施工的问题。

11.1 冬期施工

11.1.1 冬期施工的特点、原则和施工准备

冬期施工所采取的技术措施以气温作为依据。我国现行《建筑工程冬期施工规程》(JGJ 104—2011)规定：根据当地多年气象资料统计，当室外日平均气温连续 5d 稳定低于 5℃ 即进入冬期施工；当室外日平均气温连续 5d 高于 5℃ 时解除冬期施工。

冬期施工的准备工作如下：

(1) 收集有关气象资料作为选择冬期施工技术措施的依据。

(2) 冬期施工前一定要编制好冬期施工组织方案。合理安排冬期施工项目、部位及进度计划，明确工作重点，制定各分项工程在冬期施工中的施工方法及技术措施。按计划落实施工人员并进行必要的技术培训；按计划落实热源、机械、设备、保温材料及外加剂等的质量、数量和进场时间。编制工程质量控制要点及检查项目、方法和冬期安全生产和防火措施。制定各项经济技术控制指标及节能、环保等措施。

11.1.2 各分部工程冬期施工

1. 土方工程冬期施工

(1) 有关冻土的概念 当温度低于 0℃，含有水分而冻结的各类土称为冻土。冬季土层冻结的厚度叫冻结深度。土在冻结后，体积比冻前增大的现象称为冻胀。通常用冻胀率来评价冻胀的大小。

土的冻胀率反映了土体冻胀后体积增大的百分率，用 K_a 表示。

$$K_a = \frac{V_i - V_0}{V_0} \times 100\% = \frac{\Delta V}{V_0} \times 100\% \tag{11-1}$$

式中 K_a——冻胀率。

ΔV——土冻胀后的体积增量(cm^3)。

V_0——冻前土的体积(cm^3)。

地基土按冻胀率分为四类，它们对基础工程的危害深浅不一。

Ⅰ类：不冻胀。冻胀率 $K_a \leqslant 1\%$，对敏感的浅埋基础无危害。

Ⅱ类：弱冻胀。冻胀率 $K_a = 1\% \sim 3.5\%$，对浅埋基础的建筑物无危害，在最不利条件下，可能产生细小的裂缝，但不影响建筑物的安全。

Ⅲ类：冻胀。$K_a = 3.5\% \sim 6\%$，浅埋基础的建筑物将产生裂缝。

Ⅳ类：强冻胀。$K_a > 6\%$，浅埋基础将产生严重破坏。

（2）土壤的防冻与保温　地基土的保温防冻是指在冬季来临时土层未冻结之前，采取一定的措施使基础土层免遭冻结或减少冻结的一种方法。《建筑工程冬期施工规程》（JGJ 104—2011）给我们提供了松土防冻法、雪覆盖法、保温材料覆盖法和暖棚保温法等几种防冻结的方法。

1）松土防冻法。对于大面积的土方工程宜在土层未冻结之前，在预先确定的冬季土方作业地段上将表层土翻松耙平，利用松土中的许多充满空气的孔隙来降低土壤的导热性，达到防冻的目的。翻耕的深度一般在 $25 \sim 30\mathrm{cm}$。宽度宜为开挖时冻结深度的两倍加基槽（坑）底宽。

松土防冻法处理的土层，经 t 昼夜的冻结，土的冻结深度 H 可按式（11-2）求得：

$$H = \alpha(4P - P^2) \tag{11-2}$$

式中　α——土的防冻计算系数，可由表 11-1 查得；

P——冻结指数有公式，$P = \dfrac{\sum tT}{1000}$；

t——土壤冻结时间（d）；

T——土壤冻结期间的室外平均温度（℃）。

如计算结果不能满足施工要求时，可采用其他防冻方法综合使用。

表 11-1　土的防冻计算系数值（α）

土壤防冻系数	P 值											
	0.1	0.2	0.3	0.4	0.5	0.6	0.7	0.8	0.9	1.0	1.5	2.0
耕松耙平的深度/cm	15	16	17	18	20	22	24	26	28	30	30	30

2）雪覆盖防冻结法。在积雪最大的地方，可以利用雪作为保温层来防止土的冻结。覆雪防冻的方法可视土方作业的特点而定。对大面积的土方工程可在地面上设篱笆或筑雪堤，其高度为 $0.5 \sim 1.0\mathrm{m}$，其间距为高度的 $10 \sim 15$ 倍，设置时应使其长边垂直于主导风向，如图 11-1 所示。对面积较小的基槽（坑），土方开挖可在土冻结前，多次降雪后在地面上挖积雪沟，沟深 $0.3 \sim 0.5\mathrm{m}$，宽为为开挖时冻结深度的两倍加基槽（坑）底宽。在挖好的沟内，应尽快用雪填满，以防止未挖土层的冻结，如图 11-2 所示。

3）保温材料覆盖防冻法。面积较小的基槽（坑）的防冻，可直接用保温材料覆盖。常用保温材料有炉渣、锯末、膨胀珍珠岩、草袋、树叶，上面加盖一层塑料布。覆盖宽度为土层冻结深度的两倍加基槽（坑）宽度。在已开挖的基槽（坑）中，靠近基槽（坑）壁处覆盖的保温材料需加厚，以使土壤不致因水冻结或冻结轻微。对未开挖的基坑，覆盖土壤保温防冻时，所需的保温厚度按式（11-3）估算。

$$h = \frac{H}{\beta} \tag{11-3}$$

式中　h——土壤的保温层厚度(cm)；

　　　H——不保温时的土壤冻结深度(cm)；

　　　β——各种材料对土壤冻结影响系数，可按表 11-2 取值。

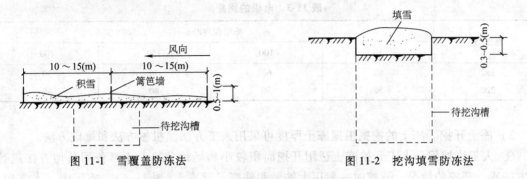

图 11-1　雪覆盖防冻法　　　　　图 11-2　挖沟填雪防冻法

表 11-2　各种材料对土壤冻结影响系数(β)

保温材料 土壤种类	树叶	刨花	锯末	干炉渣	茅草	膨胀珍珠岩	炉渣	芦苇	草帘	泥碳土	松散土	密实土
砂土	3.3	3.2	2.8	2.0	2.5	3.8	1.6	2.1	2.5	2.8	1.4	1.12
粉土	3.1	3.1	2.7	1.9	2.4	3.6	1.6	2.04	2.4	2.9	1.3	1.08
砂质黏土	2.7	2.6	2.3	1.6	2.0	3.5	1.3	1.7	2.0	2.31	1.2	1.03
黏土	2.1	2.1	1.9	1.3	1.6	3.5	1.1	1.4	1.6	1.9	1.2	1.00

注：1. 表中数值适用于地下水位低于 1m 以下。

　　2. 当地下水位较高或为饱和土时，其值可取 1。

（3）冻土的融化与挖掘

1）冻土的融化。融化冻土的施工方法应根据工程量大小、冻结深度和现场条件综合选用。融化冻土的方法有烟火烘烤法、蒸汽融化法和电热法三种，后两种方法因耗用大量能源，施工费用高，使用较少，只用在施工面积不大的工程中。融化时应按开挖顺序分段进行，每段大小应根据当天挖土的工程量划分，冻土融化后，挖土工作应昼夜连续进行，以免因间歇而使地基土重新冻结。

① 烟火烘烤。烟火烘烤法适用于面积较小、冻土不深且燃料充足的地区。常用锯末、谷壳等作燃料。在冻土上铺上杂草、木柴等引火材料，燃烧后撒上锯末，上面压一层土，让引火材料不起火苗地燃烧，250mm 厚的锯末，其燃烧产生的热量经一夜可融化冻土 300mm 左右，开挖时分层分段进行。烘烤时应做到有火有人，以防引起火灾。

② 蒸汽融化法。当热源充足，工程量较小时，可采矿用蒸汽融化法（蒸汽循环针）。应把带有喷气管的蒸汽循环针插入预先钻好的冻土层中，通蒸汽融化。冻土孔径应大于喷气管直径 1cm，其间距不宜大于 1m，深度应超过基底 30cm。当喷气管直径 D 为 2.0～2.5cm 时，应在钢管上钻成梅花状喷气孔，下端封死，融化后及时挖掘并防止基底受冻。蒸汽循环针如图 11-3 所示。

③ 电热法。在电源比较充足的地区，如工程量不大，可用电热法融化冻土。电极为 $\phi 16 \sim \phi 25$ 的下端带尖的钢筋。电极入土深度不宜小于冻结深度，并宜露出地面 10～25cm。

其间距按表 11-3 采用，电热时间根据冻结深度、电压高低等条件确定。当通电加热时可在地表铺用 1%~2% 浓度的盐溶液浸过的锯末，其厚度宜为 10～25cm，并应采取安全防护措施。

表 11-3　电极的间距

电压/V	冻结深度/cm			
	50	100	150	200
380	60	60	50	50
220	50	50	40	40

2）冻土开挖。冻土的挖掘根据冻土厚度可采用人工方法、机械方法和爆破方法。

① 人工法挖掘。人工开挖冻土适用开挖面积较小和场地狭窄、不具备用其他方法进行土方破碎、开挖的情况。开挖时一般用大铁锤和铁楔子劈冻土（图 11-4）。施工中一人掌楔，2～3 人轮流击打，一个组常用几个铁楔，当一个铁楔打入土中而冻土尚未脱离时，再把第二个铁楔在旁边的裂缝上加进去，直至冻土剥离为止。为防止震手或误伤，铁楔宜采用粗钢丝作为把手。施工时掌铁楔的人与掌锤的不能面对着面，必须互呈 90°。同时要随时注意去掉楔头打出的飞刺，以免飞出伤人。

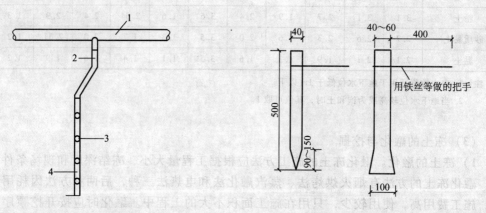

图 11-3　蒸汽循环针
1—主管　2—连接胶管
3—蒸汽孔　4—支管

图 11-4　松冻土的铁楔子

② 机械法开挖。当冻土层厚度在 0.25m 以内时，可用推土机或中等动力的普通挖掘机进行施工开挖；当冻土层厚度在 0.3m 以内时，可用拖拉机牵引的专用松土机破碎冻土层；当冻土层厚度在 0.4m 以内时，可用大马力的挖掘机（斗容量 ≥1m³）开挖土体；当冻土层厚度在 0.4～1m 时，可用松碎冻土的打桩机进行破碎。

最简单的施工方法是用风镐将冻土破碎，然后由人工和机械挖掘运输。

（4）冬期回填土施工　由于土体"冻胀融陷"，所以为了确保冬季冻土回填的施工质量，必须按施工及验收规范中对用冻土回填的规定组织施工。

冬期回填土应尽量选用未受冻的、不冻胀的土壤。填土前，应清除基槽内的冰雪和保温材料；填方边坡表层 1m 以内，不得用冻土填筑；填方上层应用未冻的、不冻胀的或透水性好的土料填筑。冬期填方每层铺土厚度应比常温施工时减少 20%~25%，预留沉降量应比常温施工时适当增加。用含有冻土块的土料作为回填土时，冻土块料径不得大于150mm；铺填时，冻土块应均匀分布、逐层压实。

冬期填方高度不宜超过表11-4的规定。用石块和不含冰块的砂土(不包括粉砂)、碎石类土填筑时，填方高度不受限制。

表11-4 冬期填方的高度

平均气温/℃	填方高度/m	平均气温/℃	填方高度/m
−5 ~ −10	4.5	−16 ~ −20	2.5
−11 ~ −15	3.5		

2. 砌筑工程冬期施工

根据对当地冬期施工讫止日期的有管规定，进入冬期施工期，砌体工程应采取冬期施工措施。而在冬期施工期限以外，当日最低气温低于0℃时，也应按冬期施工的有关规定进行。

砌筑工程的冬期施工方法有外加剂法、冻结法和暖棚法等。

砌筑工程的冬期施工应以外加剂法为主。对保温、绝缘、装饰等方面有特殊要求的工程，可采用冻结法或其他施工方法。

(1) 外加剂法 外加剂法就是在砌筑砂浆内掺入一定数量的抗冻剂(氯盐、亚硝酸钠、碳酸钾和硝酸钙等盐类)，来降低水的冰点，以保证水泥水化反应能在一定负温下进行。掺入盐类外加剂拌制的水泥砂浆、水泥混合砂浆等称为掺盐砂浆。采用这种砂浆砌筑的方法称为外加剂法。氯盐应以氯化钠为主。当气温低于−15℃时，也可与氯化钙复合使用。

1) 外加剂法的适用范围。由于氯盐砂浆吸湿性大，使结构保温性能和绝缘性能下降，并有析盐现象等。对下列有特殊要求的工程不允许采用掺盐砂浆法施工。

① 对装饰工程有特殊要求的建筑物。
② 使用湿度大于80%的建筑物。
③ 配筋、钢埋件无可靠的防腐处理措施的砌体。
④ 接近高压电线的建筑物(如变电所、发电站等)。
⑤ 经常处于地下水位变化范围内，以及在地下未设防水层的结构。

2) 对砌筑材料的要求。砌体工程冬期施工所用材料应符合下列规定：

① 砌体用砖或其他块材不得遭水浸冻，砌筑前应清除表面冰雪、冰污物等。
② 石灰膏、电石膏等应防止受冻，如遭冻结，应经融化后使用。
③ 拌制砂浆用砂不得含有冰块和大于10mm的冻结块。
④ 拌制砂浆宜采用两步投料法。水的温度不得超过80℃；砂的温度不得超过40℃。
⑤ 砂浆宜优先采用普通硅酸盐水泥拌制。冬期砌筑不得使用无水泥拌制的砂浆。

3) 砂浆的配制。掺盐砂浆配制时，当砂浆中氯盐掺量过少，砂浆内会出现大量冻结晶体，水化反应极其缓慢，会降低早期强度。如果氯盐掺量大于10%，砂浆的后期强度会显著降低，同时导致砌体析盐量过大，增大吸温性，降低保温性能。不同气温时掺盐砂浆规定的掺盐量见表11-5。

冬期施工砂浆试块的留置，除应按常温规定要求外，尚应增留不少于两组与砌体同条件养护的试块，分别用于检验龄期强度和转入常温28d强度。

拌制砂浆时应设专人先将外加剂配制成规定浓度溶液置于专用容器中，然后再按规定加入搅拌机中拌制成所需砂浆。掺盐砂浆应以热水搅拌砂浆，当水温超 60℃ 时，应先将水和砂拌合，然后再投放水泥。砂浆使用温度不应低于 5℃。当设计无要求，且最低气温等于或低于 −15℃ 时，砌筑承重砌体砂浆强度等级应按常温施工提高 1 级。

在氯盐砂浆中掺加微沫剂时，应先加氯盐溶液后加微沫剂溶液。搅拌的时间应比常温季节增加一倍。拌合后砂浆要注意保温。

表 11−5　氯盐外加剂掺量（占用水重量%）

氯盐及砌体材料种类		日最低气温/℃			
		≥ −10	−11 ~ −15	−16 ~ −20	−21 ~ −25
氯化钠（单盐）	砖、砌块	3	5	7	—
	砌　石	4	7	10	—
复盐	氯化钠	—	—	5	7
	氯化钙	—	—	2	3

注：掺盐量以无水盐计。

4）砌筑施工工艺。掺盐砂浆法砌筑砖砌体，应采用"三一"砌砖法进行砌筑，要求砌体灰浆饱满，灰缝厚度均匀，水平缝和垂直缝的厚度和宽度应控制在 10mm 以内。

冬期砌筑的砌体，由于砂浆强度增长缓慢，每日砌筑高度不宜超过 1.2m；墙体留置的洞口，距交接墙处不应小于 500mm。

采用掺盐砂浆法砌筑砌体时，在砌体转角处和内外墙交接处应同时砌筑，对不能同时砌筑而又必须留置的临时间断处，应砌成斜槎，砌体表面不应铺设砂浆层，宜采用保温材料加以覆盖。继续施工前，应先用扫帚扫净砖表面，然后再施工。

采用氯盐砂浆时，砌体中配置的钢筋及钢预埋件，应预先做好防腐处理。目前较简单的处理方法有：涂刷樟丹 2~3 遍；浸涂热沥青；涂刷水泥浆；涂刷各种专用的防腐涂料。处理后的钢筋及预埋件应成批堆放。搬运堆放时，应轻拿轻放，不得任意摔扔，防止防腐涂料损伤掉皮。

（2）暖棚法　暖棚法是利用简易结构和廉价的保温材料，将需要砌筑的工作面临时封闭起来，使砌体在正温条件下砌筑和养护。

采用暖棚法施工，块材在砌筑时的温度不应低于 5℃，距离所砌的结构底面 0.5m 处的棚内温度也不应低于 5℃。在暖棚内的砌体养护时间，应根据暖棚内温度，按表 11-6 确定。

表 11-6　暖棚法砌体的养护时间

暖棚的温度/℃	5	10	15	20
养护时间/d	≥6	≥5	≥4	≥3

由于搭暖棚需要大量的材料、人工，加温时要消耗能源，所以暖棚法成本高、效率低，一般不宜多用。主要适用于地下室墙、挡土墙、局部性事故修复工程的砌筑工程。

（3）快硬砂浆法　快硬砂浆法是用快硬硅酸盐水泥、加热水和砂拌合制成的快硬砂浆，在受冻前能比普通砂浆获得较高的强度。适用于热工要求高、温度大于 60℃ 及接触高压输电线路和配筋的砌体。

3. 混凝土冬期施工

（1）混凝土受冻临界强度 当温度降至 0℃ 以下时，水泥水化作用基本停止，混凝土强度亦停止增长。特别是温度降至混凝土冰点温度以下时，混凝土中的游离水开始结冰，结冰后的水体积膨胀约 9%。在混凝土内部产生冰胀应力，使强度尚低的混凝土结构内部产生微裂隙，同时降低了水泥与砂石和钢筋的粘结力，导致结构强度降低。受冻的混凝土在解冻后，其强度虽能继续增长，但已不能达到原设计的强度等级。试验证明，混凝土的早期冻害是由于内部的水结冰所致。混凝土在浇筑后立即受冻，抗压强度约损失 50%，抗拉强度约损失 40%。受冻前混凝土养护时间愈长，水化物生成愈多，能结冰的游离水就愈少，强度损失就愈低。所以，我们把受冻混凝土经解冻后，其各项性能指标能够正常增长而不遭受损害的受冻前的最低养护强度称为该混凝土受冻临界强度。

（2）混凝土冬期施工的要求 混凝土冬期施工的目的就是通过对混凝土的正温下浇筑，正温下养护，使其尽快地在冰冻前达到受冻临界强度，所以对原材料和施工过程均要求有必要的保证措施。

1）对材料的要求及加热

① 冬期施工中配制混凝土用的水泥，应优先选取用活性高、水化热大的硅酸盐水泥和普通硅酸盐水泥。水泥强度等级不应低于 32.5 级，最小水泥用量不宜少于 $300kg/m^3$，水灰比不应大于 0.6。使用矿渣硅酸盐水泥时，宜采用蒸汽养护。使用其他品种水泥时，应注意其中掺合材料对混凝土抗冻抗渗等性能的影响，掺用防冻剂的混凝土严禁使用高铝水泥。冷混凝土法施工宜优先选用含引气成分的外加剂，含气量宜控制在 2%~4%。

② 混凝土所用骨料必须清洁，不得含有冰雪等冰结物及易冻裂的矿物质。冬期骨料所用储备场地应选择地势较高不积水的地方。

③ 应优先考虑加热水，因为水的热容量大，加热方便，但加热温度不得超过表 11-6 所规定的数值。当水、骨料达到规定温度仍不能满足热工计算要求时，可提高水温到 100℃，但水泥不得与 80℃ 以上的水直接接触，以免发生"骤凝"现象。水的常用加热方法有三种：用锅烧水、用蒸汽加热水、用电加热水；水泥不得直接加热，使用前宜运入暖棚存放。

冬期施工拌制混凝土的砂、石温度要符合热工计算需要温度。骨料加热的方法有，将骨料放在底下加温的铁板上面直接加热；或者通过蒸汽管、电热线加热等，但不得用火焰直接加热骨料，并应控制加热温度（表 11-7）。

表 11-7 拌合水及骨料的最高温度

项目	水泥品种及强度等级	拌合水/℃	骨料/℃
1	强度等级小于 42.5 级的普通硅酸盐水泥、矿渣硅酸盐水泥	80	60
2	强度等级等于和大于 42.5 级的普通硅酸盐水泥、硅酸盐水泥	60	40

④ 钢筋冷拉可在负温下进行，但冷拉温度不宜低于 −20℃。当采用控制应力方法时，冷拉控制应力应符合规程 JGJ 104—2011 的规定；采用冷拉率控制方法时，冷拉率与常温时相同，试样不少于 4 个。钢筋的焊接宜在室内进行。如必须在室外焊接，其最低气温不低于 −20℃，且应有挡风遮雪措施。刚焊接的接头严禁立即碰到冰雪，避免造成冷脆现象。

⑤ 冬期浇筑的混凝土，宜使用无氯盐类防冻剂。对抗冻性要求高的混凝土，宜使用引气剂或引气减水剂。

2）混凝土的搅拌、运输、浇筑和养护

① 混凝土的搅拌。混凝土不宜露天搅拌，应尽量搭设暖棚。优先选用大容量的搅拌机，以减少混凝土的热损失。混凝土搅拌时间应根据各种材料的温度情况，考虑相互间的热平衡过程，可通过试拌确定延长的时间，一般为常温搅拌时间的 1.25～1.5 倍。拌制混凝土的最短时间应按表 11-8 采用。搅拌时为防止水泥出现"假凝"现象，应在水、砂、石搅拌一定时间后再加入水泥。搅拌混凝土时，骨料中不得带有冰、雪及冻团。

拌制掺用防冻剂的混凝土，当防冻剂为粉剂时，可按要求掺量直接撒在水泥上面与水泥同时投入；当防冻剂为液体时，应先配制成规定浓度的溶液，然后再根据使用要求，配制成施工溶液。各溶液应标志明显不得混淆，每班使用的外加剂溶液应一次配成。专人负责配制与加入防冻剂，并做好记录，掺入剂量要求准确。混凝土拌合物的出机温度不低于10℃。

表 11-8 拌制混凝土的最短时间 （单位:s）

混凝土坍落度/cm	搅拌机机型	搅拌机容积/L		
		< 250	250～650	> 650
≤3	自落式	135	180	225
	强制式	90	135	180
>3	自落式	135	135	180
	强制式	90	90	135

② 混凝土的运输。混凝土的运输过程是热损失的关键阶段，应采取必要的措施减少混凝土热损失，同时应保证混凝土的和易性，所以要设法提高运输行驶速度，选择便捷的行驶路线，以减少运输时间和距离；使用大容积的运输工具并采取诸如覆盖保温材料这样的保温措施，尤其是尽量减少倒运次数，最好是一台运输机械直抵混凝土入模处。保证混凝土入模温度不低于5℃。

③ 混凝土的浇筑。混凝土在浇筑前，应清除模板和钢筋上的冰雪和污垢，尽量加快混凝土的浇筑速度，防止热量散失过多。当采用加热养护时，混凝土养护前的温度不得低于2℃。

冬期不得在强冻胀性地基土上浇筑混凝土，当在弱冻胀性地基土上浇筑混凝土时，地基土应进行保温，以免遭冻。对加热养护的现浇混凝土结构，混凝土的浇筑程序和施工缝的位置，应能防止在加热养护时产生较大的温度应力。当分层浇筑厚大的整体结构时，已浇筑层的混凝土温度，在被上一层混凝土覆盖前，不得低于2℃。采用加热养护时，养护时的温度也不得低于2℃。

冬期施工混凝土振捣应用机械振捣，振捣时间应比常温时有所增加。

④ 混凝土的冬期养护。混凝土冬期养护方法主要有两大类，第一类为蓄热法、暖棚法、蒸汽加热法和电热法。这类冬期养护方法，实质是人为地创造一个正温环境，以保证新浇筑的混凝土强度能够正常地、不间断地增长。第二类为冷混凝土法，这类冬期养护方法，实质是在拌制混凝土时，加入适量的外加剂，可以适当降低水的冰点，使混凝土中的水在负温下

保持液相，从而保证了水化作用的正常进行，使得混凝土强度在负温环境中也能持续地增长。这种方法一般不再对混凝土加热。无论选择什么方法，其目的都是用最低的冬期施工费用来保证混凝土尽快达到受冻临界强度。

⑤ 混凝土的拆模。混凝土养护到规定时间，应将根据同条件养护的试块进行试压，证明混凝土已达到规定拆模强度后方可拆模。对加热法施工的构件模板和保温层，应在混凝土冷却到5℃后方可拆模。当混凝土和外界温差大于20℃时，拆模后的混凝土应注意覆盖，使其缓慢冷却。

在拆除模板过程中发现混凝土有冻害现象，应暂停拆模，经处理后方可拆模。

（3）混凝土冬期施工质量控制及检查

1）混凝土的温度测量。冬期施工测温的项目与次数为：室外气温及环境温度每昼夜不少于4次；搅拌机棚温度、水、水泥、砂、石有及外加剂溶液温度、混凝土出罐、浇筑、入模温度每一工作班不少于4次；在冬期施工期间，还需测量每天的室外最高、最低气温。

混凝土养护期间的温度应进行定点定时测量：蓄热法或综合蓄热法养护从混凝土入模开始至混凝土达到受冻临界强度，或混凝土温度降到0℃或设计温度以前，应至少每隔6h测量一次。掺防冻剂的混凝土强度在未达到受冻临界强度前（当室外最低气温不低于–15℃时不得小于$4.0N/mm^2$，当室外最低气温不低于–30℃时不得小于$5.0N/mm^2$）应每隔2h测量一次，达到受冻临界强度以后每隔6h测量一次。采用加热法养护混凝土时，升温和降温阶段应每隔1h测量一次，恒温阶段每隔2h测量一次。测温时，全部测温孔均应编号，并绘制布置图。测温孔应设在有代表性的结构部位和温度变化大、易冷却的部位，孔深宜为10 ~ 15cm，也可为板厚的1/2或墙厚的1/2。测温时，测温仪表应采取与外界气温隔离措施，并留置在测温孔内不少于3min。

2）混凝土的质量检查。冬期施工时，混凝土的质量检查除应按《混凝土结构工程施工质量验收规范》（GB 50204—2002）规定留置试块外，尚应检查混凝土表面是否受冻、粘连、收缩裂缝，边角是否脱落，施工缝处有无受冻痕迹；检查同条件养护试块的养护条件是否与施工现场结构养护条件相一致；采用成熟度法检验混凝土强度时，应检查测温记录与计算公式要求是否相符，有无差错；采用电加热法养护时，应检查供电变压器二次电压和二次电流强度，每一工作班不应少于两次。

混凝土试件的试块留置应较常规施工增加不少于两组与结构同条件养护的试件，分别用于检验受冻前的混凝土强度和转入常温养护28d的混凝土强度。与结构构件同条件养护的受冻混凝土试件，解冻后方可试压。

所有各项测量及检验结果，均应填写"混凝土工程施工记录"和"混凝土冬期施工日报"。

11.2 雨期施工

雨季施工时施工现场重点应解决好截水和排水问题。截水是指在施工现场的上游设截水沟，阻止场外水流入施工现场。排水是指在施工现场内合理规划排水系统，并修建排水沟，使雨水按要求排至场外。水沟的横断面和纵向坡度应按照施工期雨水最大流量确定，一般水沟的横断面不小于0.5m×0.5m，纵向坡度一般不小于3‰，平坦地区不小于2‰。

各工种施工根据施工特点不同，要求也不一样。

11.2.1　土方和基础工程

大量的土方开挖和回填工程应在雨期来临前完成。如必须在雨期施工的土方开挖工程，其工作面不宜过大，应逐级逐片的分期完成。开挖场地应设一定的排水坡度，场地内不能积水。

基槽（坑）或管沟开挖时，应注意边坡稳定。必要时可适当放缓边坡坡度或设置支撑。施工时要加强对边坡和支撑的检查。对可能被雨水冲塌的边坡，为防止边坡被雨水冲塌，可在边坡上挂钢丝网片，外抹50mm厚的细石混凝土，为了防止雨水对基坑浸泡，开挖时要在坑内投排水沟和集水井；当挖在基础标高后，应及时组织验收并浇筑混凝土垫层。

填方工程施工时，取土、运土、铺填、压实等各道工序应连续进行，雨前应及时压完已填土层，将表面压光并做成一定的排水坡度。

对处于地下的水池或地下室工程，要防止水对建筑的浮力大于建筑物自重进而造成地下室或水池上浮。基础施工完毕，应抓紧基坑四周的回填工作。停止人工降水时，应验算箱形基础抗浮稳定性和地下水对基础的浮力。抗浮稳定系数不宜小于1.2，以防止出现基础上浮或者倾斜的重大事故。如抗浮稳定系数不能满足要求时，应继续抽水，直到施工上部结构荷载加上后能满足抗浮稳定系数要求为止。当遇上大雨，水泵不能及时有效扬降低积水高度时，应迅速将积水灌回箱形基础之内，以增加基础的坑浮能力。

11.2.2　砌体工程

1）砖在雨期必须集中堆放，不宜浇水。砌墙时要求干湿砖块合理搭。砖湿度较大时不可上墙。砌筑高度不宜超过1.2m。

2）雨期遇大雨必须停工。砌体停工时应在砖墙顶盖一层干砖，避免大雨冲刷灰浆。大雨过后受雨冲刷过的新砌墙体应翻砌最上面两皮砖。

3）稳定性较差的窗间墙、独立砖柱，应加设临时支撑或及时浇筑圈梁，以增加墙体稳定性。

4）砌体施工时，内外墙要尽量同时砌筑，并注意转角及丁字墙间的搭接。遇台风时，应在与风向相反的方向加临时支撑，以保持墙体的稳定。

5）雨后继续施工，需复核已完工砌体的垂直度和标高。

11.2.3　混凝土工程

1）模板隔离层在涂刷前要及时掌握天气预报，以防隔离层被雨水冲掉。

2）遇到大雨应停止浇筑混凝土，已浇部位应加以覆盖，浇筑混凝土时应根据结构情况和可能，多考虑几道施工缝的留设位置。

3）雨期施工时，应加强对混凝土粗细骨料含水量的测定，及时调整混凝土的施工配合比。

4）大面积的混凝土浇筑前，要了解2~3d的天气预报，尽量避开大雨。混凝土浇筑现场要预备大量防雨材料，以备浇筑时突然遇雨进行覆盖。

5）模板支撑下部回填土要夯实，并加好垫板，雨后及时检查有无下沉。

本 章 小 结

本章主要介绍了基础工程、主体工程冬、雨期施工的问题。重点掌握混凝土工程冬期施工的要求。

思考题与习题

1. 地基土的冻胀性是如何分类的?
2. 掺盐砂浆法施工中应注意哪些问题?
3. 何谓混凝土冬期施工的临界强度?
4. 混凝土冬期施工的主要方法有哪些? 其特点是什么?
5. 混凝土冬期施工中,常用的外加剂有哪些? 其作用是什么?
6. 何谓混凝土的成熟度?
7. 冬雨期回填土施工要注意哪些问题?
8. 各分项工程雨期施工有什么要求?

参 考 文 献

[1] 蒋根谋. 建筑施工[M]. 北京：中国铁道出版社，2005.

[2] 袁朝庆. 土木工程施工[M]. 北京：科学出版社，2006.

[3] 赵志缙，赵帆. 高层建筑施工[M]. 北京：中国建筑工业出版社，2005.

[4] 沈恒范. 概率论与数理统计[M]. 北京：高等教育出版社，2003.

[5] 姚谨英. 建筑施工技术[M]. 北京：中国建筑工业出版社，2007.

[6] 中华人民共和国建筑法[M]. 北京：法律出版社，2002.

[7] 建设工程质量管理条例[S]. 北京：中国建筑工业出版社，2000.

[8] 建设工程安全生产条例[S]. 北京：煤炭工业出版社，2004.

教材使用调查问卷

尊敬的老师：

您好！欢迎您使用机械工业出版社出版的教材，为了进一步提高我社教材的出版质量，更好地为我国教育发展服务，欢迎您对我社的教材多提宝贵的意见和建议。敬请您留下您的联系方式，我们将向您提供周到的服务，向您赠阅我们最新出版的教学用书、电子教案及相关图书资料。

本调查问卷复印有效，请您通过以下方式返回：

邮寄：北京市西城区百万庄大街 22 号机械工业出版社建筑分社(100037)

　　　张荣荣　（收）

传真：010—68994437 张荣荣(收)　　　　　Email：54829403@qq.com

一、基本信息

姓名：_____ 职称：_____ 职务：_____

所在单位：_____

任教课程：_____

邮编：_____ 地址：_____

电话：_____ 电子邮件：_____

二、关于教材

1. 贵校开设土建类哪些专业？

□建筑工程技术　　　□建筑装饰工程技术　　　□工程监理　　　□工程造价

□房地产经营与估价　□物业管理　　　　　　　□市政工程

2. 您使用的教学手段：　□传统板书　□多媒体教学　□网络教学

3. 您认为还应开发哪些教材或教辅用书？_____

4. 您是否愿意参与教材编写？希望参与哪些教材的编写？

课程名称：_____

形式：　□纸质教材　　□实训教材(习题集)　　□多媒体课件

5. 您选用教材比较看重以下哪些内容？

□作者背景　　□教材内容及形式　　□有案例教学　　□配有多媒体课件

□其他_____

三、您对本书的意见和建议(欢迎您指出本书的疏误之处)_____

_____

_____

四、您对我们的其他意见和建议_____

_____

_____

请与我们联系：

100037　北京百万庄大街 22 号

机械工业出版社·建筑分社　张荣荣　收

Tel：010—88379777(O)，68994437(Fax)

E-mail：54829403@qq.com

http：//www.cmpedu.com(机械工业出版社·教材服务网)

http：//www.cmpbook.com(机械工业出版社·门户网)

http：//www.golden-book.com(中国科技金书网·机械工业出版社旗下网站)